液压元件与系统故障诊断排除

典型案例

张利平　编著

化学工业出版社

·北京·

本书由上、中、下三篇共 15 章组成。上篇（共 3 章）在介绍液压故障诊断技术及其发展的基础上，着重介绍了液压元件（液压介质、液压泵及马达、液压缸、液压阀及液压辅件）的典型故障和液压系统共性故障的诊断排除方法及案例；中篇（共 11 章）主要介绍了材料成型机械、金属切削机床、纸业轻纺包装机械及橡塑机械、电力煤炭机械、冶金机械、建材建筑机械、汽车与拖拉机、工程机械与起重搬运及消防车辆、农林机械、铁路与公路机械、航空河海机械及武器装备等国民经济发展中 11 大类机械设备的液压系统故障诊断排除典型案例；下篇（共 1 章）提供了来自多个行业多类机械设备待诊断排除的 100 个液压故障案例，以供广大读者和相关人员结合工作实际和知识经验，发挥主观能动性，广开思路，举一反三，从不同角度去探讨其解决途径，提高诊断排除液压故障的分析动手能力。

本书可供液压机械与系统的一线工作（包括加工制造、安装调试、现场操作、使用维护与设备管理等）人员使用，也可作为液压系统使用维护与故障诊断技术的短期培训、上岗培训教材及自学读本，还可作为院校相关专业及方向的教学参考书或实训教材，同时可供液压技术爱好者学习参阅。

图书在版编目（CIP）数据

液压元件与系统故障诊断排除典型案例/张利平编著.
—北京：化学工业出版社，2019.9
ISBN 978-7-122-34676-6

Ⅰ.①液… Ⅱ.①张… Ⅲ.①液压元件-故障诊断-案例②液压元件-故障修复-案例 Ⅳ.①TH137.5

中国版本图书馆 CIP 数据核字（2019）第 119400 号

责任编辑：黄　滢　　　　　　　　　文字编辑：张燕文
责任校对：宋　玮　　　　　　　　　装帧设计：王晓宇

出版发行：化学工业出版社（北京市东城区青年湖南街 13 号　邮政编码 100011）
印　　刷：三河市航远印刷有限公司
装　　订：三河市宇新装订厂
787mm×1092mm　1/16　印张 22¾　字数 588 千字　2019 年 9 月北京第 1 版第 1 次印刷

购书咨询：010-64518888　　售后服务：010-64518899
网　　址：http://www.cip.com.cn
凡购买本书，如有缺损质量问题，本社销售中心负责调换。

定　　价：99.00 元

前言
PREFACE

尽管 21 世纪液压传动面临着来自电气传动及控制技术的新竞争和绿色环保的新挑战，但液压传动在拖动负载能力及操纵控制方面较其他传动方式具有显著优势，因而其应用几乎无处不在，且可以预料液压传动技术将在当前及今后的人工智能、工业互联网、互联网＋ 先进制造业发展中，作为大功率机械设备的主要传动控制手段和快速响应的工业机器人及电液伺服装置等高端机械设备的末端执行器，仍将发挥不可替代的巨大作用。 为了适应当代液压传动的工业生产机械及施工作业机械在智能化、自动化、绿色化及安全可靠方面的日益提高的要求，液压系统日趋复杂，往往是一个将光、机、电、液、气等融在一起的复合体，加之液压介质和液压元件的零件工作在封闭的腔体及管路系统内，出现故障具有隐蔽性、多样性、随机性和因果关系复杂性等特点，在出现故障后不易确定原因和排除，易导致主机受损，产品质量下降，生产线或作业机械瘫痪，甚者还会危及操作使用者人身安全，造成环境污染，带来巨大经济损失。 如何通过正确的思路与方法快速准确查明产生故障的原因并排除，保证液压元件与系统及其驱动的主机正常运行，是当代液压从业人员非常重视且亟待解决的重要课题。 编写本书的主要目的就是为液压元件与系统的故障排除提供正确思路、方案及科学合理且可操作性强的实用方法与技巧，并提供不同行业机械设备的液压元件与系统有实用价值的故障排除工程实际典型案例，以提高相关人员的液压排障能力和水平，从而提升液压技术的应用质量、水平和效益。

本书由上、中、下三篇共 15 章组成。 上篇（共 3 章）在介绍液压故障诊断技术及其发展的基础上，着重介绍了液压元件（液压介质、液压泵及马达、液压缸、液压阀及液压辅件）的典型故障和液压系统共性故障的诊断排除方法及案例；中篇（共 11 章）为本书的核心篇，主要介绍材料成型机械、金属切削机床、纸业轻纺包装机械及橡塑机械、电力煤炭机械、冶金机械、建材建筑机械、汽车与拖拉机、工程机械与起重搬运及消防车辆、农林机械、铁路与公路机械、航空河海机械及武器装备等国民经济发展中 11 大类机械设备的液压系统故障诊断排除典型案例；下篇（共 1 章）提供了来自多个行业多类机械设备待诊断排除的 100 个液压故障案例，以供广大读者和相关人员结合工作实际和知识经验，发挥主观能动性，广开思路，举一反三，从不同角度去探讨其解决途径，提高诊断排除液压故障的分析动手能力。

全书围绕突出体现系统性、先进性和实用性、多样性的目标选材和编写，主要体现在以下几个方面：①全书选材贯彻少而精又兼顾行业的多样性和代表性精神，所述内容和案例涉及前述众多领域和新兴产业，并力求反映当代液压技术的新成果和新进展，以拓展读者视野；②从满足各行业液压机械的加工制造、安装调试、现场操作、使用维护与设备管理的一线工作人员的需要，并突出体现实用性角度出发编写，全书力求紧密结合工程实际，许多内容及案例来自笔者在多年液压技术教学、科研特别是在为企业技术服务中所遇到的多种行业、多类国内外机械设备、多种元件及系统中的故障问题及所采取的对策、解决方法，取得的成果、工作经验和体会等，以增强本书内容的借鉴作用；③对每类机械首先概述其工况特点，对每个案例，均在概要介绍其功能结构及液压原理的基础上，侧重介绍其故障现象及其具体分析排除方法，最后给出具有指导意义的启示，使所介绍的内容方法更加系统，更加符合认知规律，更具可操作性和指导性；全书无繁杂的数学处理，目的是力求使读者容易理解和掌握所介绍的内容，在叙述和表达方式上，努力做到深入浅出、图文并茂、直观易懂，以使读者能够触类旁通；通过待诊断排除故障内容的介绍，对提高及检验读者分析和解决工程实际问题的能力，借鉴其中的经验得失而将其用于工作实际具有重要作用。

　　本书可供液压机械与系统的一线工作（包括加工制造、安装调试、现场操作、使用维护与设备管理等）人员使用，也可作为液压系统使用维护与故障诊断技术的短期培训、上岗培训教材及自学读本，还可作为院校相关专业及方向的教学参考书或实训教材，同时可供液压技术爱好者学习参阅。

　　本书由张利平编著。张津、山峻、张秀敏等参与了本书的前期策划及资料的搜集整理、部分插图的绘制和文稿的录入校对整理工作。王金业、樊志涛、刘健、耿卫晓、岳玉晓、窦赵明、刘鹏程、冯力伟、陈清华等先后参与了本书插图的绘制工作。

　　本书的编著工作得到了全国各地众多厂家（公司）以及作者的同事、学生（学员）的大力支持与帮助，提供了最新的技术成果、信息、经验，以及翔实生动的现场资料或建设性意见，作者还参阅了国内外同行的大量参考文献（包括纸质和网络资料），不便逐一列举，在此一并表示诚挚谢意。对于书中不当之处，欢迎同行专家及广大读者批评指正。

张利平

目录
Contents

中篇

第4章 材料成型机械液压系统故障诊断排除典型案例 …………………… 95

下篇

上篇

第1章

液压故障诊断技术概论

尽管新世纪液压传动面临着来自电传动（例如实现回转运动的伺服电机及实现直线运动的直线电机及电动缸等）的新竞争和节能环保的新挑战，但液压传动在力密度、构成、操控、响应、调速、过载保护及电液整合等方面所具有的显著优势，使其应用几乎无处不在，且可以预料液压传动技术将在当前及今后的人工智能、工业互联网、互联网＋先进制造业发展中，不但不会被取代，而且作为大负载机械设备的主要传动控制手段和关键基础技术之一，将在大口径球面射电望远镜（"天眼"）调节促动、高速高精度冷连轧厚控（AGC）、压力加工机械的电液伺服节能控制及工业机器人末端执行机构等高端机械装备的传动控制方面，仍将发挥不可替代的巨大作用。这也正向国内外流体传控领域的泰斗们所预言或断言的那样"对流体技术的未来毫不担心。它将继续发展。也许不像我们能够想象的那样，但它会找到新的路"；"由于流体特性及其应用领域的多样化及复杂性，流体传动与控制技术在未来有着无穷无尽的研究领域和无止境的应用范围"。

然而，液压技术在使用时也存在着许多问题：液压元件制造精度和使用要求高，造价高；油液的泄漏和空气的混入直接影响执行机构运转的平稳性和准确性；油液对清洁度和温度变化范围要求比较严格，有的液压伺服元件和系统要求油液清洁度达到 $1\mu m$，油液一旦被污染，极易造成系统故障，例如污物一旦将两级电液伺服阀的喷嘴与挡板间的极小间隙（0.02~0.06mm）堵塞，会使可变液阻乃至整个伺服阀失效，再如液压泵及液压阀内部微小直径（0.7mm 甚至更小）的阻尼孔被污物堵塞会使其失去应有作用导致整个元件失效。液压系统出现故障后，又难于准确快速地对故障点及其原因作出诊断并提出相应的解决方案或排除措施，从而直接影响液压机械设备的正常生产及施工作业，也在一定程度上影响了液压技术的声誉并制约了其推广应用。因为液压系统的故障既不像机械传动那样显而易见，又不如电气传动那样易于检测，所以欲使一套液压系统及其主机能正常、可靠地工作，必须满足诸多性能要求，例如对于液压传动系统主要是执行元件（液压缸和液压马达）的拖动功能及性能要求，包括推力（转矩）、行程、转向、速度（转速）及其调节范围等，对于液压控制系统主要是控制性能（稳定性、准确性及快速性）要求，此外液压系统还有效率、温升、噪声等性能要求。在实际运行过程中，液压系统若能完全满足这些要求，主机设备将正常、可靠地工作，如果不能完全满足这些要求，则认为液压系统出现了故障。

1.1 液压故障及其诊断的定义

液压系统在规定时间内、规定条件下丧失规定的功能或降低其液压功能的事件或现象称为液压故障，也称为失效。

液压系统出现故障后，不仅会造成液压执行机构某项或某几项技术及经济指标偏离正常值或正常状态，严重时还会造成主机损坏乃至操作者人身伤亡。例如不能动作，输出力或运动状态不稳定，输出力和运动速度不合要求，爬行，运动方向不正确，动作顺序错乱、突然失控滑落等，将影响正常作业及生产率。为使系统及主机恢复正常运转状态，液压系统出现故障必须进行及时诊断和排除。

液压故障诊断就是要对故障及其产生原因、部位、严重程度等逐一作出判断，是对液压系统健康状况的精密诊断，故其实质就是一种给液压系统诊治疾病的技术。利用液压故障诊断技术，操作者及相关人员可以了解和掌握液压系统运行过程中的状态，进而确定其整体或局部是否正常，发现和判断故障原因、部位及其严重程度，对液压系统健康状况作出精密诊断，显然这种诊断需要由专业的操作维护人员和技术人员来实施。

1.2　液压故障诊断排除应具备的条件

液压系统的故障诊断是一项专业性及技术性极强的工作，能否准确及时，往往有赖于用户及相关人员的知识水平高低与经验多寡。做好故障诊断及排除工作通常应具备以下条件。

（1）必备的理论知识

欲有效地排除液压系统故障，首先要掌握液压元件及系统的基本知识（例如液压工作介质及流体力学基础知识，泵、马达、缸、阀及过滤器等各类液压元件的构造与工作特性，常用液压基本回路和系统的组成及工作原理等）和常见液压故障诊断排除方法。因为分析液压系统故障时，必须从其基本工作原理出发，当分析其丧失工作能力或出现某种故障的原因是由于设计与制造缺陷带来的问题，还是因为安装与使用不当带来的问题时，只有懂得基本工作原理才有可能作出正确的判断。切忌在不明主机及系统结构原理时就凭主观想象判断故障所在或拆解液压系统及元件，否则故障排除就带有一定的盲目性。对于大型精密、昂贵的液压设备来说，错误的诊断必将造成维修费用高、停工时间长，从而导致降低生产率等经济损失。

（2）较为丰富的实践经验

很多机械设备的液压系统故障属于突发性故障和磨损性故障，这些故障在液压系统运行的不同时期表现形式与规律互不相同。诊断与排除这些故障，不仅要有专业理论知识，还要有丰富的设计研发、制造安装、调试使用、维修保养方面的实践经验，而液压故障诊断排除实践经验的获取，来自于对液压系统使用、维修及故障诊断排除工作的日积月累及学习总结。

（3）了解和掌握主机结构功能及液压系统的工作原理

检查和排除液压系统故障最重要的一点是在了解和明确主机的工艺目的、功能布局（固定还是行走、卧式还是立式等）、工作机构（运动机构）数量、这些机构是全液压传动还是部分液压传动、液压系统中各执行元件与主机工作机构的连接关系（例如液压缸是缸筒还是活塞杆与工作机构连接）及其驱动方式（是直接驱动还是通过杠杆、链条、齿轮等间接驱动）等基础上，掌握液压系统的组成［油源形式（泵的数量、定量还是变量）、油路结构（串联、并联等）］及工作原理（压力控制、方向控制、流量控制、分流与合流、每种工况下的油液流动路线等）。系统中每一个元件都有其功用，同一元件置于不同系统或同一系统不同位置，其作用将有很大差别，因此应熟悉每一元件的结构及工作特性。此外还要了解系统的容量（性能指标的额定值）以及系统合理的工作压力。每一液压系统性能指标都有其额定值，例如额定速度、额定转矩或额定压力等，负载超过系统的额定值就会增加故障发生的可能性。

合理的工作压力是系统能充分发挥效能的压力，应低于元件或设备的最大额定值。要知道工作压力是否超过了元件的额定值，就要用压力检测仪器仪表检查压力值。应把正确的工作压力标注在液压系统原理图中以供以后分析时参考。

1.3 液压系统故障分类

液压系统故障最终主要表现在液压系统或其回路中的元件损坏，并伴随漏油、发热、振动、噪声等不良现象，导致系统不能发挥正常功能。图 1-1 给出了液压系统故障常见的 6 种分类方式，各类故障都有其表现特征。

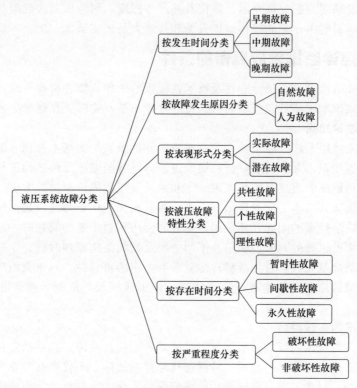

图 1-1　液压系统故障分类

1.4 液压系统的故障特点及故障征兆

1.4.1 液压系统的故障特点

众所周知，液压系统出现故障后，很难作出快速准确诊断，主要是因为液压故障具有下述三个显著特点。

(1) 因果关系具有复合性、复杂性和交织性

① 液压设备往往是机械、液压、电气及其仪表等多种装置复合而成的统一体，机械和电气故障与液压故障往往相互交织，出现故障后是哪一部分所致很难判断。

② 同一故障可能有多种原因。例如液压缸或液压马达速度变慢的可能原因有负载过大、工作机构卡阻、泵或流量阀故障、缸或马达磨损、系统存在泄漏等。

③ 一个故障源可能引起多种症状。例如液压泵的配流机构（叶片泵的平面配流盘或斜轴式轴向柱塞泵的球面配流盘）磨损后会使泵同时出现输出流量下降、泵表面发热和油温异常增高等现象。

(2) 故障点具有隐蔽性

液压管路内油液的流动状态，孔系纵横交错的油路块的阻、通情况，液压元件内部的零件动作，密封件的损坏等情况一般看不见摸不着，系统的故障分析受到各方面因素的影响，查找故障难度较大。

（3）故障相关因素具有随机性

液压系统运转中，受到多种多样随机性因素的影响，例如电源电压的突变，负载的变化，外界污染物的侵入，环境温度的变化等，从而使故障位置和变化方向更不确定。

1.4.2　液压系统故障的常见征兆

尽管液压故障难于诊断，但在一般情况下，任何液压故障在演变为大故障之前都会伴有种种不正常的征兆。显然，了解这些征兆，有助于液压系统的故障诊断和排除。常见征兆有如下几种。

① 声音异常。液压系统工作中一般会伴随一定声音，只是声音不大，不会对操作者听力造成损伤或淹没工作及报警信号。运转中若突然出现异常声音，例如斜盘式轴向柱塞液压泵正常使用过程中泵的噪声突然增大，则很可能预示着柱塞和滑靴滚压包球铰接松动，或泵内部零件损坏，此时必须停机，进行拆解检修；又如先导式溢流阀工作中突然出现高频噪声，则意味着先导阀部分的固有频率与液压源的脉动频率接近导致共振而激发噪声。

② 执行机构出现无力（例如挖掘机铲斗挖不动作业面）及作业速度下降（例如毛呢罐蒸机卷染机构卷绕速度达不到额定值）现象。

③ 油箱中出现液位下降、油液变质现象。

④ 液压元件外部表面出现工作液渗漏现象。

⑤ 出现油温过高现象。

⑥ 出现管路损伤、松动及共振。

⑦ 出现发臭或焦煳气味等。此时可能意味油液已变质，橡胶密封件因过热即将失效，或电加热器功率太大使油液烧焦变质等。

1.5　液压系统的故障诊断排除策略及一般步骤

1.5.1　故障诊断排除策略

（1）由此及彼、触类旁通

液压元件及装置在结构原理、功能及加工工艺等方面存在着很多相似性，例如齿轮泵、叶片泵和柱塞泵，尽管其结构不同，但从功能原理上都由定子、转子和挤子组成（只是其表现形式因泵的不同而异），极为相似。以实物的相似性为桥梁，在认识一事物的情况下去认识另一事物，在故障诊断问题的探讨中具有特殊的意义。由于条件的限制，可能通过类比和故障的计算机模拟仿真（目前适合这一工作的有图 1-2 所示的 FESTO 公司的 FluidSim 等软件程序）等方式去认识与某一事物类似的另一事物。利用事物之间的相似性，可缩短认识过程，降低把握新事物的困难程度。

（2）积极假设、严格验证

假设-验证分析法将积极的探索精神与严密的逻辑论证紧密地结合起来，是典型的科学思维方法在液压

图 1-2　FluidSim

故障诊断中的具体应用，很值得在实践中广泛推行。

(3) 化整为零、层层深入

在考察问题时，将考察对象划分为低层次的若干个子系统，每个子系统又作出进一步的划分，直至分出系统的最基本的构成单元。液压系统是复杂庞大的，难以直接查出故障的具体位置，又不能盲目搜寻，只能逐步深入地判断故障点。在液压系统中，一个症状对应一系列的故障原因，通过对故障原因的总结与分类，可以划分出故障原因的不同层次，以及各层次所包含的子系统。故障原因的化整为零可通过因果图或故障树等方法来实现。总之，某一液压故障的排除最终都要归结到某一个或几个基本构成元件的故障排除。

(4) 聚零为整、综合评判

液压系统发生故障后，其故障信息是多方面的，它们通过不同的途径传播。由于液压故障因果关系的重叠与交错，只从某一方面判断系统的问题可能无法得出结论。通过对系统多方面信息的综合考察，可大大缩小问题的不确定性，得出更加具体的结论。在故障诊断过程中，除了对系统的主要症状进行必要的观测外，还要考察其他方面的情况，看是否有异常现象，将各种症状综合起来，形成一个有机的故障信息群。信息群中的每条信息说明一个问题，随着信息量的增多，问题得以具体描述与刻画，答案也就显露出来了。

(5) 抓住关键、顺藤摸瓜

现代液压机械日趋复杂，往往是机、电、液、气多个部分并存，相互交织。进行故障诊断时必须通过系统图来理清故障线索，这就有必要采取抓住关键问题，顺藤摸瓜的策略，使查阅系统图更加有的放矢。

鉴于液压系统故障的特点及故障诊断的重重困难，讲究策略是必要的。大量工程实践表明上述液压系统故障诊断策略对现场液压系统故障的诊断十分奏效，而且为建立液压系统故障诊断专家系统及计算机查询系统的推理提供了极有价值的设计思路。

上述策略在具体操作上，可简要归纳为三个方面：弄清整个液压系统的工作原理和结构特点；根据故障现象利用知识和经验进行判断；逐步深入、有目的、有方向地逐步缩小范围，确定区域、部位，以至某个元件。

1.5.2　故障诊断排除的一般步骤

(1) 做好故障诊断前的准备工作

通过阅读机械设备（包括液压系统）使用说明书和调用有关的档案资料，掌握以下情况：液压系统的结构组成，各组成元件的结构原理与性能，系统的工作原理、性能及机械设备对液压系统的要求；货源及厂商信誉，制造日期，主要技术性能；液压元件状况，原始记录，使用期间出现过的故障及处理方法等。由于同一故障可能是由多种不同的原因引起的，而这些不同原因所引起的同一故障有一定的区别，因此在处理故障时，首先要查清故障现象，认真仔细地进行观察，充分掌握其特点，了解故障产生前后机械设备的运转状况，查清故障是在什么条件下产生的，弄清与故障有关的一切因素。

(2) 分析判断

在现场检查的基础上，对可能引起故障的原因进行初步的分析判断，初步列出可能引起故障的原因。分析判断时的注意事项如下。

① 充分考虑外界因素对系统的影响，在查明确实不是该原因引起故障的情况下，再将注意力集中在系统内部来查找原因。

② 分析判断时，一定要把机械、电气、液压、气动几个方面联系在一起考虑，切不可孤立地单纯考虑液压系统。

③ 分清故障是偶然发生的还是必然发生的。对必然发生的故障，要认真分析故障原因，

并彻底排除；对偶然发生的故障，只要查出故障原因并作出相应的处理即可。

（3）调整试验

对仍能运转的液压机械经过上述分析判断后，针对所列出的故障原因进行压力、流量和动作循环的调整及试验，以便去伪存真，进一步证实并找出更可能引起故障的原因。调整试验可按照已列出的故障原因，依照先易后难的顺序一一进行；如果把握不大，也可首先对怀疑较大的部位直接进行试验，有时通过调整即可排除故障。

（4）拆解检查

对经过调整试验后被进一步认定的故障部位进行拆检。拆解时应注意记录拆解顺序并画草图，要注意保持该部位的原始状态，仔细检查有关部位，不要用脏手或脏布乱摸和擦拭有关部位，以免污物粘到该部位上。

（5）处理故障

对检查出的故障部位进行调整、修复或更换，勿草率处理。

（6）重试与效果测试

按照技术规程的要求，仔细认真地处理故障。在故障处理完毕后，重新进行试验与测试。注意观察其效果，并与原来的故障现象对比。若故障已经消除，则证实了对故障的分析判断与处理是正确的；若故障还未排除，就要对其他怀疑部位进行同样处理，直至故障消失。

（7）分析总结

故障排除后，对故障要认真地进行定性、定量的分析总结，以便对故障的原因、规律得出正确的结论，从而提高处理故障的能力，也可防止同类故障的再次发生。

查找液压故障元件的步骤如图 1-3 所示，其说明见表 1-1。

表 1-1　查找液压故障元件步骤的说明

步骤	说　明
①	液压机械设备运转不正常（无动作、运动不稳定、方向不对、速度不合要求等）都可归纳为压力、流量和方向三大问题
②	审核液压系统图，并逐个检查组成元件，确认其作用和性能，初步评定其质量状况
③	列出可能与故障有关的元件清单，进行逐个分析（不可遗漏对故障有重大影响的元件）
④	对清单所列元件按以往经验和元件检查难易排列顺序（必要时列出重点检查的元件和元件重点检查部位），同时安排检测仪器仪表
⑤	对清单所列重点检查元件进行初检。应判断以下问题：元件使用安装合适否？元件的测量装置、仪器和测试方法合适否？元件外部信号合适否？ 特别注意某些元件的故障征兆，如过高的噪声、温度及异常的振动、冲击等
⑥	若初检没有查出故障，要用仪器仪表反复进行检查
⑦	识别出发生故障的元件，并进行调整、修理或更换
⑧	在重新启动主机及系统前，必须认真思考一下此次故障的原因与后果。如果故障是因污染和温度过高引起的，则应预料到另外元件也可能出现故障，并采取清洗等补救措施 排除故障后，不能操之过急盲目启动。启动要遵照主机及系统说明书的要求和程序来进行，以免产生新的故障。液压机械重启的一般程序如图 1-4 所示

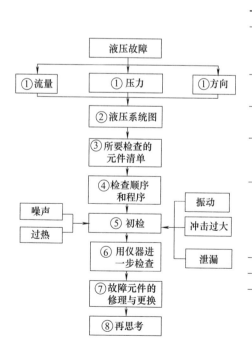

图 1-3　查找液压故障元件的步骤框图

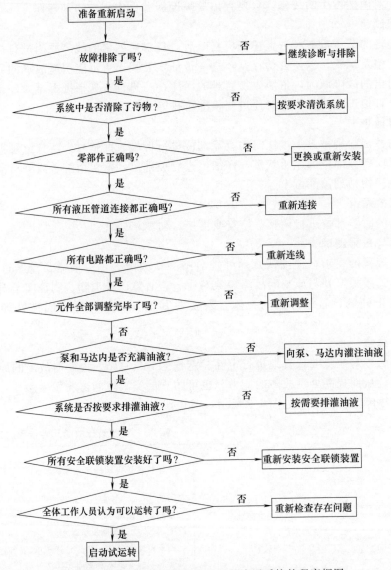

图 1-4　故障排除后重新启动主机及液压系统的程序框图

1.6　液压系统故障诊断常用方法

　　液压系统的故障诊断大体上有定性分析法和定量分析法两类。前者又可分为逻辑分析法、对比替换法、观察诊断法（简易故障诊断法）等；后者又可分为仪器专项检测法和智能诊断法等。

1.6.1　逻辑分析法

　　逻辑分析法是一种根据液压系统工作原理进行逻辑推理的方法，也是掌握故障判断技术及排除故障的最主要的基本方法。

(1)　要点

　　逻辑分析法的要点是根据液压系统原理图，按一定的思考方法并合乎逻辑地进行分析，根据逻辑框图，逐一查找原因，排除不可能的因素，最终找出故障所在。根据系统的构成，它一般分为以下两种情况。

① 对于较为简单的液压系统，可根据故障现象和液压系统的基本原理进行逻辑分析，按照液压源→控制元件→执行元件的顺序，逐项渐查并根据已有检查结果，排除其他因素，逐渐缩小范围，逐步逼近，最终找出故障原因（部位）并排除。

② 对于较为复杂的液压系统［如带有控制油路（用虚线表示）和主油路（用实线表示）的磨床机-液控制操纵箱，大吨位液压机的电液动换向系统等］，通常可根据故障现象按控制油路和主油路两大部分进行分析，逐一将故障排除。

（2）步骤

逻辑分析法较为简单，但要求判断者有比较丰富的知识和经验，具体步骤如下。

① **了解主机的功能结构及性能** 认真阅读说明书，对机械设备的规格与性能，液压系统原理图，液压元件的结构与特性等进行深入仔细的研究。

② **查阅设备运行记录和故障档案** 了解设备运行历史和当前状况，阅读故障档案，调查情况。

③ **仔细询问** 向操作者询问设备出现故障前后的工作状况和异常现象等。

④ **现场观察** 如果设备还能启动运行，就应亲自启动一下或请操作者启动一下，操纵有关控制部分，观察故障现象及有关工作情况。

⑤ **归纳分析** 对上述情况进行综合分析，认真思考，然后进行故障诊断与排除。

此法实际上是根据液压系统中各回路内所有液压元件有可能出现的故障采取的一种逼近的推理检查方法。

（3）分类

逻辑分析法还可细分为列表法、框图法、因果图法及故障树法等。

① **列表法** 利用表格将系统出现的故障现象、故障原因、故障部位及故障排除方法简明列出，其示例见表 1-2。

表 1-2 日常检查排障表

故障现象	故障原因	故障排除方法
油温上升过高	①工作油黏度高 ②介质消泡性差 ③环境温度过高,工作介质劣化加剧 ④换向的操作过猛,系统常处于溢流状态	更换合格、合适的液压工作介质,平稳操作,防止冲击,尽可能减少系统溢流损失
工作介质气泡增多,噪声增加	①工作介质混入空气,执行元件运动不到位 ②介质温度上升	检查工作介质是否过量,泵及管路的密封性,使用消泡性好的工作介质

② **框图法** 利用矩形框、菱形框、指向线和文字描述故障及故障判断过程。其特点是通过框图，即使故障复杂，也能做到分析思路清晰，排除方法层次分明，解决问题一目了然。

图框有两种：叙述框（用矩形画），表示故障现象或要解决的问题，一般每个框只有一个入口和一个出口；检查、判断框（用菱形画），一般每个框有一个入口，两个出口，判断后形成两个分支，在两个出口处，必须注明哪一个分支是对应满足条件的，哪一个分支是对应不满足条件的。

框图法的示例如图 1-5 所示。

③ **因果图法** 此法是将故障的特征与可能的影响因素联系在一起进行故障诊断的方法。因其图形与鱼骨相似，故又称为鱼刺图法。这是一种将故障形成的原因由总体至部分按树枝状逐渐细化的分析方法，是对液压系统工作可靠性及其液压设备液压故障进行分析诊断的重要方法。其目的是判明基本故障，确定故障的原因、影响因素和发生概率。此法已被公认为是可靠性、安全性分析的一种简单有效的方法。

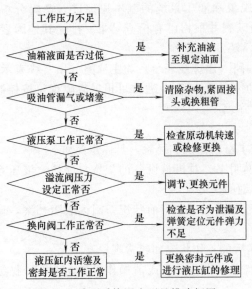

图1-5 液压系统压力不足排障框图

算对故障出现的条件和概率进行定量分析。

一般情况下，因果图的右端表示故障模式，与故障模式相连的为主干线（鱼脊骨）。在主干线两侧分别为引起故障的可能的大、中、小原因，大、中、小原因之间具有一定的逻辑关系。

作为示例，图1-6给出了磨床工作台液压系统爬行故障分析的鱼刺图。

④ 故障树法 此法属于失效模式影响分析法的一种，主要用于复杂系统的可靠性、安全性及风险的分析与评价。它是一种将液压系统故障形成的原因由总体至部分按树枝状逐步细化的分析方法，其目的是判明基本故障，确定故障的原因、影响因素和发生概率。

故障树是根据液压系统的工作特性与技术状况之间的逻辑关系构成的树状图形，对故障发生的原因进行定性分析，并运用逻辑代数运

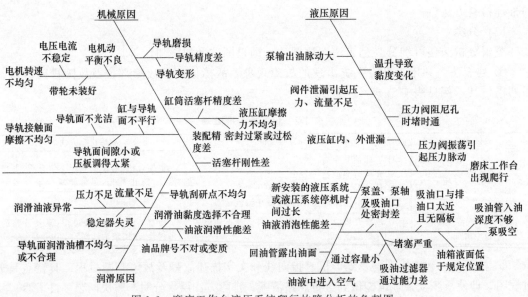

图1-6 磨床工作台液压系统爬行故障分析的鱼刺图

故障树是一个基于被诊断对象结构、功能特征的行为模型，也是一种定性的因果模型。它是以系统最不希望事件（系统故障）为顶事件，以可能导致顶事件发生的其他事件为中间事件和底事件，并用逻辑门表示事件之间联系的一种倒树状结构。它反映了特征向量与故障向量（故障原因）之间的全部逻辑关系。图1-7所示为一个简单的故障树，其中顶事件是系统故障，它由部件A或部件B引发；而部件A的故障又是由两个元件1、2中的一个失效引起，

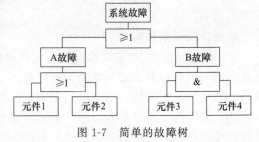

图1-7 简单的故障树

部件 B 的故障是在两个元件 3、4 同时失效时发生。图 1-8 所示为某机床液压系统压力不足的故障树示例。

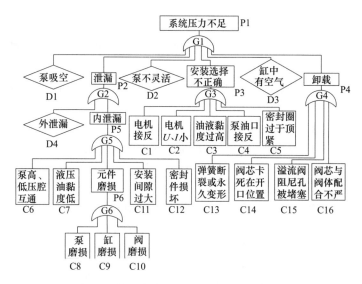

图 1-8　某机床液压系统压力不足的故障树

由上可见，正确构建造故障树是进行故障诊断的核心与关键，只有建立了正确、完整的故障逻辑关系，才能保证分析结果的可靠性。故障树法步骤如下。

a. 选择合理的顶事件，一般以待诊断对象的故障为顶事件。

b. 对故障进行定义，分析故障发生的直接原因。

c. 构建正确合理的故障树。分析故障事件之间的联系，用规定的符号画出系统的故障树。首先将顶事件作为第一级用规定的符号画在故障树的最上端，分析引发顶事件的可能因素，并将其作为第二级并列地画在顶事件的下方；其次，按照这些因素与顶事件之间的关系，选择相应的逻辑门（与门、或门等）符号，使这些因素与顶事件相连接；然后，依次分析第二级以后的各个事件及其影响因素，并按照逻辑关系相互连接，直到不能进一步分析的底事件为止，最后形成一个自上而下倒置的树状逻辑结构图。

d. 故障搜寻与诊断。根据搜寻方式不同，可分为逻辑推理诊断法和最小割集诊断法。前者是采用从上而下的测试方法，从故障树顶事件开始，先测试最初的中间事件，根据中间事件测试结果判断测试下一级中间事件，直到测试底事件，搜寻到故障原因及部位。后者的割集是指故障树的一些底事件集合，当这些底事件同时发生时，顶事件必发生，而最小割集是指割集中所含底事件除去任何一个时，就不再成为割集了。一个最小割集代表系统的一种故障模式。故障诊断时，可逐个测试最小割集，从而搜寻故障源，进行故障诊断。

故障树法是一种将系统故障形成的原因，由总体至局部按树状进行逐级细化的分析方法。当液压系统出现了某一故障症状，难以在引起症状的多种可能原因中找出故障的真正原因时，适合采用故障树法。在工程实际中，通常是把故障或故障的本质原因作为树根，以按结构原理推断出的分支原因作为树干，将故障的常见原因作为树枝，构成一棵向下倒长的树状因果关系图。这种方法将故障原因化整为零，使液压系统复杂的故障因果关系直观地展示出来，对故障分析人员有直接的提示作用。根据故障树，可以排除那些概率较小的故障点，找出概率较大的故障点，其步骤为直接观察、简单仪表测量、拆卸元件，亦即将可能引起故障的原因直观地表达出来，结合感官、简单仪表测量排除一些概率较小的故障点，找出概率较大的故障点，再对可能的故障部位进行拆检、修理，最后对整个系统进行调试、试车。在各故障原因可能性大小并不清楚的情况下，应按"先易后难"的原则进行，即先检查易于拆卸的元件，再检查较难拆卸的元件。

1.6.2 对比替换法

对比替换法是在现场缺乏测试仪器时检查液压系统故障的一种有效方法。它有以下两种情况。

① 用两台同型号和同规格的主机及系统进行对比试验，从中查找故障。试验过程中对可疑液压元件用新件或完好机械的液压元件进行替换，再开机试验，如性能变好，则故障所在便知。否则可用同样的方法或其他方法检查其他元件。

② 对于两台具有相同功能回路的液压系统，用软管分别连接同一主机进行试验，遇到可疑元件时，更换或交换元件（可以不拆卸可疑元件，只交换两台系统中元件的相应软管接头）即可。

采用对比替换法检查故障，由于结构限制、元件储备、拆卸不便等原因，从操作上来说是比较复杂的。但对于体积小、易拆装的元件（如平衡阀、溢流阀、单向阀等），采用此法是较方便的。具体实施对比替换过程中，一定要注意连接正确，不要损坏周围的其他元件，这样才有助于正确判断故障，且能避免出现人为故障。此外，在未搞清具体故障所在部位时，应避免盲目拆解液压元件总成，否则极易导致其性能降低，甚至出现新的故障。

1.6.3 观察诊断法

观察诊断法（简易故障诊断法）是目前液压系统故障诊断中一种方便易行的最普遍的方法。它是凭借维修人员个人的经验，利用简单仪表，客观地按"望闻问切"（八看五闻，六问四摸）的手段和流程（表1-3），对零部件的外表进行检查，判断一些较为简单的故障（如管道破裂、元件漏油、螺栓松脱、壳体变形等）。此法既可在液压设备工作状态下进行，也可在停车状态下进行。

观察诊断法的优点是简单可行，特别是在缺乏完备的仪器、工具的情况下更为有效。注意积累经验，运用起来就会更加自如。

一般情况下，任何故障在演变为大故障之前都会伴有种种不正常的征兆（见1.4.2小节），这些现象只要勤检查，勤观察，便不难被发现。将这些现场观察到的现象作为第一手资料，根据经验及有关图表、数据资料，就能判断出是否存在故障、故障性质、发生部位及故障具体产生的原因，就可以着手进行故障排除，以防大故障的发生。

表 1-3　液压故障简易故障诊断排除法中的"望闻问切"

项目		内　　容
望（看）（看系统实际工作状态和技术资料）	①看速度	执行机构运动速度有无变化和异常现象
	②看压力	液压系统中各测压点的压力值大小,压力值有无波动现象
	③看油液	油液是否清洁,是否变质,油液表面是否有泡沫,油量是否在规定的液位高度范围内,油液黏度是否符合要求等
	④看泄漏	液压缸端盖,活塞杆外伸端,液压泵,马达轴端,液压管道各接头,油路块接合面等处是否有渗漏、滴漏等现象
	⑤看振动	液压缸活塞杆、工作台等运动部件工作时有无因振动而跳动的现象
	⑥看工作循环	能否完成要求的动作及衔接,判断系统压力、流量的稳定性
	⑦看产品	根据液压机械加工出来的产品质量(如机械零件的表面粗糙度,带钢轧制卷取跑偏程度,卷纸机所卷纸品的平滑度等)判断运动机构的工作状态、系统工作压力和流量的稳定性
	⑧看资料	查阅设备技术档案中的系统原理图、元件明细表、使用说明书,有关故障分析和修理记录,查阅日检和定检卡,查阅交接班记录和维修保养记录

项目		内　容
闻(听和嗅)(用听觉和嗅觉判断系统工作是否正常)	①听噪声	液压泵和液压系统工作时的噪声是否过大及噪声的特征,溢流阀、顺序阀等压力控制元件是否有尖叫声
	②听冲击声	工作机构液压缸换向时冲击声是否过大,液压缸活塞是否有撞击缸底的声音,换向阀换向时是否有撞击端盖的现象
	③听气蚀和困油异常声	检查液压泵是否吸进空气,是否有严重困油现象
	④听敲打声	液压泵运转时是否有因损坏引起的敲打声
	⑤闻气味	用嗅觉器官辨别油液是否发臭变质和烧焦,橡胶件是否因过热发出特殊气味等
问(询问设备操作者,了解设备平时运行状况)	①液压系统工作是否正常,液压泵有无异常现象	
	②液压油更换时间,过滤器是否清洁	
	③发生事故前,变量泵、压力阀或流量阀是否调节过,有哪些不正常现象	
	④发生事故前是否更换过密封件或液压件	
	⑤发生事故前后液压系统出现过哪些不正常现象	
	⑥过去经常出现哪些故障,是怎样排除的,哪位维修人员对故障原因与排除方法比较清楚	
切(摸)(用手摸允许摸的运动部件以便了解其工作状态)	①摸温升	接触液压泵、油箱和阀类元件外壳表面,若 2s 感到烫手,就应检查温升过高原因
	②摸振动	运动部件和管子若有高频振动,应检查产生的原因
	③摸爬行	当工作台在轻载低速运动时,用手接触工作台感觉有无爬行现象
	④摸松紧程度	用手拧一下挡铁、微动开关和紧固螺钉等感觉松紧程度

说明:

1. 耳听主要用于根据液压元件中的机械零部件损坏造成的异常响声判断故障点以及可能出现的故障形式、损坏程度。液压故障不像机械故障那样响声明显,但有些故障还是可以利用耳听来判断的,例如液压泵吸空、溢流阀闭闭、元件卡阻等故障,都会发出不同的响声,如冲击声或"水锤"声等。当遇到金属元件破裂时,还可敲击可疑部位,倾听是否有嘶哑的破裂声。嗅味主要用于根据有些部件由于过热、摩擦、润滑不良、气蚀等原因而发出的异味来判断故障点,例如有焦化油味可能是液压泵或液压马达由于吸入空气而产生气蚀,气蚀后产生高温把周围的油液烤焦而出现的。此外,还要注意有无橡胶味及其他不正常的气味

2. 手摸用于感觉漏油部位的漏油情况,特别适合用于一些眼睛不能直接观察到的地方,判断磨损和紧固情况。可用于判断油管油流的通断,因系统油压较高且具有一定的脉动性,当油管内(特别是胶管)有压力油流过时,用手握住会有振动或类似脉搏的感觉,而无油液流过或压力过低时则没有这种现象。据此,可以初步判断油压的高低及油路的通断。另外,手摸还用于判断带有机械传动部件的液压元件润滑情况是否良好,当润滑不良时,通常会出现元件壳体过热现象,用手感觉一下壳体温度的变化,便可初步判断内部元件的润滑情况

注:在"望闻问切"中,对各种情况必须了解得尽可能清楚。判断结果会因每个人的感觉、判断能力和实践经验而异。但这种差异不会永远存在,是暂时的,经过反复实践,故障原因是特定的,终究会被确认并予以排除。

1.6.4　仪器专项检测法

(1) 原理

仪器专项检测法是使用仪器、仪表进行故障诊断的方法,它主要是通过对系统各部分参数(压力、流量、油温等)的测量来判断故障点。其主要原理是通过仪器仪表(见 1.7 节)在进行参数测量后,与正常值相比较从而断定是否有故障。因为任何液压系统当运转正常时,其系统参数都工作在设计和设定值附近。当范围突破后,一般可认为故障已经发生或将要发生。一般而言,利用仪器仪表是检测液压系统故障最为准确的方法,多用于重要设备。仪器专项检测时,压力测量应用较为普遍,流量大小可通过执行元件动作的快慢作出粗略的判断(但元件内泄漏只能通过流量测量来判断)。

液压系统压力测量一般是在整个液压系统选择几个关键点来进行(例如泵的出口、执行元件的入口、多回路系统中每个回路的入口、故障可疑元件的出口和入口等部位),将所测数据与系统图上标注的相应点的数据对照,可以判定所测点前后油路上的故障情况。

在测量中，通过压力还是流量来判断故障以及如何确定测量点，要灵活运用液压技术的两个工作特征：力（或力矩）是靠液体压力来传递的；负载运动速度仅与流量有关而与压力无关。

（2）实施要点

利用参数检测法诊断液压系统故障时，首先要根据故障现象，调查了解现场情况（设备周边环境情况），亲自查看机器的构成（机械、电气、液压）、工作机构及其状态，对照实物仔细分析该机的液压系统原理图，弄清其组成、工作原理及工作条件，系统各检测点的位置和相应标准数据。在此基础上，对照故障现象进行分析，初步确定故障范围，编写检查诊断的逻辑程序，然后借助仪器对可疑故障点进行检测，将实测数据和标准数据进行比较分析，确定故障原因与故障点。

（3）注意事项

仪器专项检测法的不足是操作烦琐，主要是一般液压系统所设的测压接头很少，要测故障系统中某点的压力或流量，都要制作相应的测压接头；另外，由于技术保密等原因，系统图上给出的数据也较少。因此，要想顺利地利用检测法进行故障检查，必须注意以下事项。

① 对所测系统各关键点的压力值要有明确的了解，一般在液压系统图上会给出几个关键点的数据，对于没有标出的点，在测量前也要通过计算或分析得出其大概的数值。

② 要准备几个不同量程的压力表，以提高测量的准确性，量程过大会测量不准，量程过小则会损坏压力表。

③ 平时多准备几种常用的测压接头，主要考虑与系统中元件、油管接口连接的需要。

④ 要注意有些执行元件回油压力的检查，由于回油压力油路堵塞等原因造成回油压力升高，以致执行元件入口与出口的压力差减小而使元件工作无力的现象时有发生。

1.6.5 智能诊断法

智能诊断法基于液压设备故障诊断专家系统（计算机系统），借助于计算机的强大的逻辑运算能力和记忆能力，将液压故障诊断知识系统化和数字化。专家系统通常由置于计算机内的知识库（规则基）、数据库、推理机（策略）、解释程序、知识获取程序和人机接口6个部分组成（图1-9）。

知识库是专家系统的核心之一，其中存放各种故障现象、故障原因及两者的关系，这些均来自有经验的维修人员和本领域专家。知识库集中了众多专家的知识，汇集了大量资料，扣除了解决时的主观偏见，使诊断结果更加接近实际。一旦液压系统发生故障，用户即可通过人机接口将故障现象送入计算机，计算机根据输入的故障现象及知识库中的知识，按推理机中存放的推理方法推出故障原因并报告给用户，还可以提出维修或预防措施。

智能诊断法无疑是液压系统故障诊断的发展方向和必由之路，新型专家系统包括模糊专家系统、神经网络专家系统、互联网专家系统等。专家系统目前存在着缺乏有效的诊断知识表达方法以及不确定性推理方法，诊断知识获取困难问题，故还处于研究探讨之中。

为了便于液压系统现场故障诊断排除，笔者开发了一种基于计算机的液压故障诊断查询系统（图1-10），用于液压系统出现故障后可能原因及排除方法的快速查询，以提高故障诊断排除的效率和水平。该系统利用 Visual Basic 语言和 Access 数据库技术，对液压故障诊断知识进行了系统化和数字化处理，实现了液压故障诊断知识的快速查询，弥补了很多现场操作者和技术人员缺乏液压故障诊断知识的不足。本软件提供了故障诊断信息的快速查询功能、诊断信息的更新与维护功能、诊断知识的打印功能和液压元件库功能等。其中，快速查询功能可以通过故障元件名称、故障现象以及两者的组合查询；诊断信息的添加可通过文本文件批量导入，也可采用输入窗体逐条输入，并可对知识库中已有的数据进行编辑；对于查询到的诊断知识可直接进行打印。

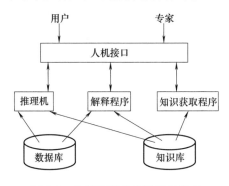

图 1-9　故障诊断专家系统的组成

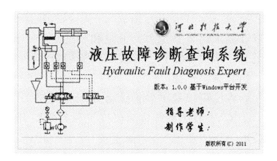

图 1-10　查询软件系统起始界面

1.7　液压系统故障现场快速诊断仪器及其典型应用

表征液压系统工作状态的参数主要有压力、流量、温度、振动、噪声、转矩和转速等，包含系统状态信息最多的是压力和流量这两个参数。液压系统现场快速诊断仪器主要是基于液压参数进行检测而对故障进行诊断的，它主要有通用诊断仪器、专用诊断仪器和综合诊断仪器 3 类，可根据需要进行选用。

1.7.1　通用诊断仪器

机械式压力表和容积式椭圆齿轮流量计是液压系统故障诊断最常用的仪表。特别是机械式（弹簧管）压力表的应用更为广泛，主要是因为压力参数携带着最多的系统状态信息，表达着最明显的故障特征。压力表接入系统方便，显示直观，计量准确；仪表本身价廉，故障率低。故大多数液压系统在一些表征系统运行状态的关键点就事先接入压力表，既对系统运行状态进行监控，又对发生的故障进行直接显示。

1.7.2　专用诊断仪器

(1) 压力诊断仪器

压力诊断仪器大多是基于压力传感器技术发展的。例如浙江大学研发的流体压力波形采集仪，可由维修人员携带到现场进行测试、记录、显示系统压力数值和波形，以便进行系统故障分析诊断，具有体积小、重量轻、易携带的特点，电池供电，可连续工作 5h 以上，测量精度达 2‰，交流频响为 350Hz。再如美国 Dennison（丹尼逊）液压公司生产的压力诊断专用仪，将 LPT（Liquid Pressure Transducers）压力传感器与读数器配合使用，用于液压试验台、机床和其他流体传控领域，操作简便、测试准确，测压范围为 1～40MPa，测量精度为 5‰，输出信号为 0～10V 或 0～10mA。

(2) 流量诊断仪器

基于超声波原理发展的超声波流量计可便利地用于液压系统的现场故障诊断。按传感器与被测介质是否接触分为插入式和非插入式。插入式的需事先在被测点的管道上开孔，测试时把传感器接入。非插入式的则不需事先在被测管道开孔，传感器夹持在被测点管道外壁上，便于现场测试，可实现不断流接入，在线检测，但价格较高。国内有泰隆尔测控工程（武汉）公司开发的 MTPCL 系列流量计（图 1-11）；国外有德国 KROHNE 公司 UF 系列流量计，美国 Controltron 公司的 DDF 系列流量计等。

图 1-11　MTPCL 智能
超声流量计

1.7.3 综合诊断仪器

综合诊断仪器是将多种检测功能集于一体的诊断仪器，更方便现场故障诊断的多参数检测，所以又称"液压万用表"。从检测功能而言有6种组合方式：压力和流量组合；压力、流量和温度组合；压力、流量和转速组合；压力、流量和功率组合；压力、流量、温度和功率组合；压力、流量、温度和转速组合。

(1) 国内产品

国内已可以提供多种综合液压测试仪。

① CYJ液压系统检测仪（工程兵学院开发）　其检测功能是压力、流量和转速组合。测试精度：压力±0.7%，流量±1.5%，转速±0.2%。

② PFM8-200全数字式液压测试仪（成都小松检测技术研究所产）　用于工程机械液压系统和发动机-液压泵组的状态监测或故障诊断。可在一个检测点同时读出温度、压力、流量及功率。变换测试仪在液压系统中的连接（串联或并联）的位置，能测试系统中动力元件（液压泵）、控制元件（溢流阀、换向阀）和执行元件（液压缸、马达）的性能与工况，可迅速查找出故障部位。该测试仪由测试系统与数据处理系统组成。测试系统包括膜片式安全阀、模拟加载的负荷阀、硅应变片式压力传感器、流量传感器、热电阻温度传感器等，所测的液压系统各物理量被转换成电参数，送往数据处理系统。数据处理系统包括接口电路、微处理器、显示器、触摸开关、低电平指示灯、蓄电池等，测试系统传来的电压或脉冲信号经处理后，在液晶显示器上显示出测试结果。

PFM8-200全数字式液压测试仪的测试原理及具体应用见1.7.4小节。

③ 便携式工程机械液压系统故障检测仪（总装工程兵某科研机构研制）　由硬件和软件两部分组成（图1-12），硬件部分包括ECM-945工控机、基于ARM芯片的嵌入式数据采集系统及液晶屏、触摸屏、电源模块和传感器等，软件系统包括数据采集程序、故障诊断和检测主程序、输出打印程序等。对挖掘机、推土机和装载机等工程机械液压系统的工作主泵、回转马达、转向泵、伺服泵、阀等元件的温度、压力、流量等参数进行检测，判断液压元件及整机液压系统的工作状况，可用于工程机械液压系统的完好性检测和故障诊断，并为工程机械的使用维护保养提供故障原因界定方法。

(2) 国外产品

国外综合液压测试仪较多。

① SP3600液压系统检测仪（美国）　由转换器和仪表盒两部分组成：转换器由涡轮流量计、热电阻、压力表接头和用伺服电机控制的节流式加载阀等组成；仪表盒表面上有压力表、温度表、转速表和流量表等。转换器和仪表盒之间用一根高压软管和一根电缆连接。高压软管传递油压信号，以测量系统压力。电缆传递热敏电信号和流量计电信号等，以测量液流温度和流量。该检测仪也可对液压系统各回路的漏损进行检测，判断泵、缸、阀是否有故障，从而进一步对单个液压泵、缸进行流量、压力、转速的测定。

② 8050液压万用表（德国Hydrotechnik公司）　可用于液压系统压力和流量以及温度、转速、转矩、位移、速度、电流、功率的现场测量，其配置（图1-13）适合现场调试与测试用，也适合中型试验台使用。该仪器仅3.1kg，采用24 VDC

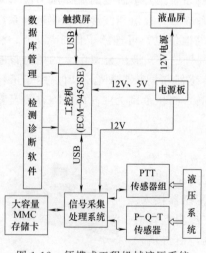

图 1-12　便携式工程机械液压系统
故障检测仪组成

直接供电，具有欠压、过压、过载保护；具有 16 个输入通道（压力流量等模拟量输入通道 10 个，直流电压和电流通道各 1 个，流量和转速等频率输入通道 4 个）和 6 个输出通道，通过 PC 联机软件可以显示各类分析曲线，可以打印报表，具备硬件滤波，适用于噪声环境；可以数字显示压力、流量、温度、转速，可以实时或离线显示时间曲线、XY 曲线等，采集速度最高可以到 0.1ms；综合精度为模拟量输入±0.1%，电压、电流输入±0.2%。

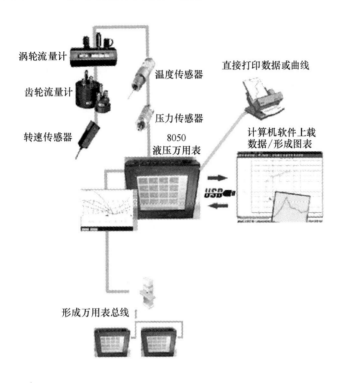

图 1-13　8050 液压万用表

1.7.4　液压测试仪器在检测液压系统故障中的典型应用

此处以 PFM8-200 全数字式液压测试仪（见 1.7.3 小节）为例来说明液压测试仪器在检测液压系统故障中的典型应用。

(1) 测试原理

当测试仪与被测液压回路并联时，封堵测试部位的出油口，切断主油路，将测试部位的泄油口连接油箱，升高油压使之达到卸载油压，此时系统总流量即等于泄漏流量与通过测试仪的流量之和；当测试仪串联接入液压回路时，升高油压使之达到卸载油压，此时通过测试仪的流量即为被测部位的泄漏流量。

(2) 液压泵泄漏流量的测试

① 如图 1-14 所示，测试仪安装在液压泵 1 出油口与油箱的回油路之间，让油流全部通过测试仪后返回油箱。图 1-14 中的 A 处必须封堵。

② 将测试仪负荷阀完全打开，读出在零压时的最大泵流量即额定转速下的空载流量 q_0，即使液压泵磨

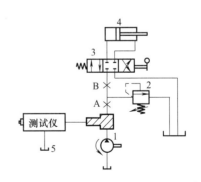

图 1-14　PFM8-200 全数字式液压测试仪
测试泵、系统和阀的泄漏流量
1—液压泵；2—溢流阀；3—换向阀；
4—液压缸；5—油箱

损很严重，q_0 也应接近于液压泵的额定流量。

③ 关闭负荷阀，从零压时开始记录压力升至规定油压或最大泵压时的流量 q_p，以便确定液压泵的技术状况，测试压力绝不可超过系统的安全压力，因为此时溢流阀未进入测试回路，不能保护液压泵。

④ 液压泵的额定流量可从泵的铭牌上或机器的使用维修说明书中查得，缺乏资料时也可用额定流量近似值 q_0 代替。

液压泵的泄漏量 $\Delta q = q_0 - q_p$，泵的容积效率 $\eta_v = q_p/q_0 = 1 - \Delta q/q_0$。

齿轮泵设计的容积效率一般为 80%～85%，柱塞泵设计的容积效率一般为 95%～98%，如果齿轮泵的 $\Delta q/q_0 > 30\%$、柱塞泵的 $\Delta q/q_0 > 20\%$，表明液压泵内泄严重，应拆解检修。

（3）液压系统泄漏流量的测试

① 如图 1-14 所示，将换向阀 3 切换至换向位置（左位或右位），使液压缸位于行程末端。测试液压马达时，应使它所驱动的执行机构处于锁死位置。此时图 1-14 中油路的 A、B 处不封堵。

② 将测试仪负荷阀完全打开，读出零压时通过测试仪的流量数值，即额定转速下的空载流量 q_0。

③ 关小测试仪负荷阀，达到测试压力时，记下流量读数 q_1。

④ 系统的总泄漏量 $\Delta q = q_0 - q_1$，它是液压泵 1、溢流阀 2、换向阀 3、液压缸 4 几个部位泄漏量之和。

（4）溢流阀泄漏流量的测试

① 将测试仪安装在液压泵和溢流阀相连的管路中，堵住外接出油口，让溢流阀出油管接到油箱上。此时图 1-14 中油路 B 处必须封堵。

② 测试时，首先完全打开负荷阀，使系统的工作压力为零。液压泵在额定转速下运转，此时测试仪指示的流量数值应是液压泵的空载流量 q_0。

③ 慢慢关闭测试仪的负荷阀，测试油压逐渐升高，当测试仪的流量数值突然降到零时，此时测试仪指示的压力数值应是溢流阀的开启压力 p_r。将实测的溢流阀开启压力与说明书上规定的溢流阀设定压力相比较，并进行相应的调整。当油压接近溢流阀的开启压力 p_r 时，读出测试仪指示的流量 q_{pr}。

④ 泄漏量 $\Delta q = q_0 - q_{pr}$，它包括液压泵 1、溢流阀 2 两个部位的泄漏量之和。溢流阀的泄漏量 $\Delta q_r = q_p - q_{pr}$。

⑤ 若溢流阀有泄漏，应修复后再测试，并调节其压力至设定压力。

（5）换向阀泄漏流量的测试

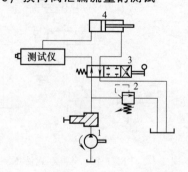

图 1-15　PFM8-200 全数字式液压测试仪
在线测试液压缸或马达的泄漏流量

1—液压泵；2—溢流阀；3—换向阀；4—液压缸

连接方式如图 1-14 所示，但油路 A、B 处不封堵，换向阀 3 置于中位，测试方法同上。

（6）在线测试

在线测试属于查找液压缸、液压马达、过载阀故障的测试，其步骤如下。

① 将换向阀 3 置于换向位置（左位或右位），使液压缸 4 位于行程末端。测试马达时将它所驱动的执行机构处于锁死位置。测试仪安装位置如图 1-15 所示。

② 关小测试仪负荷阀，当达到测试压力时，记下流量读数，此时通过测试仪的流量即为液压

缸或马达的泄漏流量。

1.8　液压元件故障诊断与维修中拆解时的一般注意事项

在液压系统使用出现异常现象或发生故障后，除非被迫不得已，不应拆解元件，在未加分析或不明用途、原理情况下更不应拆解元件。一般应首先试用调整的方法解决问题。若不能奏效，则可考虑拆解修理或更换元件。除了清洗后再装配和更换密封件或弹簧这类简单修理之外，重大的拆解修理（如电液伺服阀、多功能液压泵）要十分小心，对于液压技术的一般用户，最好到液压元件制造厂或有关大修厂检修。在拆解液压元件（系统）的过程中，应注意如下细节。

①　拆解检修的工作场所一定要保持清洁，最好在净化间内进行。

②　在检修时，要完全卸除液压系统内的液体压力，同时还要考虑好如何处理液压系统的油液问题，在特殊情况下，可将液压系统内的油液排除干净。

③　拆解时要用适当的工具，以免将如内六角和尖角损坏或将螺钉拧断等。

④　拆解时，各液压元件及其零部件应妥善保存和放置，不要丢失。对于液压技术一般的用户，建议记录拆卸顺序并绘制装配草图和关键零件的安装方位图。

⑤　液压元件中精度高的加工表面较多，在拆解和装配时，不要被工具或其他东西将加工表面碰伤。要特别注意工作环境的布置和准备工作。

⑥　在拆卸油管时，事先应将油管的连接部位周围清洗干净。拆解后，在油管的开口部位用干净的塑料制品或石蜡纸将油管包扎好。不能用棉纱或破布将油管堵塞住，同时注意避免杂质混入。在拆解多执行元件液压机械（如大型井下采掘机）较为复杂的管路系统时，应在每根油管的连接处扎上白铁皮片或塑料片并写上编号，以便于装配时不至于将油管装错。

⑦　在更换橡胶密封件时，不要用锐利的工具，不要碰伤工作表面。在安装或检修时，应将与密封件相接触部件的尖角修钝，以免密封圈被尖角或毛刺划伤。

⑧　拆解后再装配时，各零部件必须清洗干净。

⑨　在装配前，O形密封圈或其他密封件应浸放在油液中，以待使用，在装配时或装配好后，密封圈不应有扭曲现象，而且要保证滑动过程中的润滑性能。

⑩　在安装液压元件或管接头时，拧紧力要适当。尤其要防止液压元件壳体变形、滑阀的阀芯不能滑动、接合部位漏油等现象。

⑪　若在重力作用下，液压执行元件（如液压缸等）可动部件（如压力机滑块、工程机械的动臂）有可能下降，应利用支撑架将可动部件牢牢支撑住，以防造成人身伤亡及设备损坏事故。

第**2**章
液压共性故障诊断排除方法

2.1 液压油液的污染及其控制

在液压系统中，液压油液主要用于传递能量和工作信号，对元件进行润滑、防锈，冲洗系统污染物质及带走热量，提供和传递元件及系统失效的故障信息等。液压系统运转的可靠性、准确性和灵活性，在很大程度上取决于所使用的油液。众所周知，系统的故障有70%以上是因油液污染而致。因此，要使液压系统可靠工作，就必须设法保持油液清洁，对污染进行控制。

2.1.1 污染物种类及危害

(1) 污染物种类

在液压油液中，凡是油液成分以外的任何物质都认为是污染物。主要有固体颗粒物、水和空气等，微生物、各种化学物质；系统中以能量形式存在的静电、热能、放射能及磁场等。

上述污染物来源主要有三个途径：一是系统内部残留（如液压元件、油路块、管道加工和液压系统组装过程中未清除干净而残留的型砂、金属切屑、焊渣、尘埃、锈蚀物和清洗溶剂等）；二是系统外界侵入（如通过液压缸活塞杆侵入的固体颗粒物和水分，以及注油和维修过程中带入的污染物等）；三是系统内部生成（如各类元件磨损产生的磨粒和油液氧化及分解产生的有害化学物质等）。

(2) 油液污染对液压系统的危害

颗粒污物会堵塞和淤积引起元件故障；加剧磨损，导致元件泄漏、性能降低；加速油液性能劣化变质等。空气侵入会降低油液体积弹性模量，使系统刚性和响应特性变差，压缩过程消耗能量而使油温升高；导致气蚀，加剧元件损坏，引起振动和噪声；加速油液氧化变质，降低油液的润滑性；气穴破坏摩擦副偶合件之间的油膜，加剧磨损。油液中侵入的水与油液中某些添加剂的金属硫化物（或氯化物）作用产生酸性物质而腐蚀元件；水与油液中某些添加剂作用产生沉淀物和胶质等有害污染物，加速油液劣化变质；水会使油液乳化而降低油液的润滑性；低温下油液中的微小水珠可能结成冰粒，堵塞元件间隙或小孔，导致元件或系统故障。

2.1.2 污染度及其测量

污染度是评定油液污染程度的一项重要指标，它通常是指在单位体积油液中固体颗粒物的含量，即油液中固体颗粒污染物的浓度。固体颗粒污染度主要采用质量污染度（mg/L）和颗粒污染度［单位体积油液中所含各种尺寸范围的固体颗粒污染物数量，颗粒尺寸范围可用区间（如 $5\sim15\mu m$，$15\sim25\mu m$）表示，或用大于某一尺寸（如 $>5\mu m$，$>15\mu m$ 等）表示］。

表 2-1 列出了油液污染度的一些测量方法，其中显微镜计数法和自动颗粒计数器法在实

际中应用较多。

表 2-1 油液污染度的测量方法

方 法	内 容	特 点
重量(或质量)分析法	将一定体积样液中的固体颗粒全部收集在微孔滤膜上,通过测量滤膜过滤前和过滤后的质量,计算污染物的含量(参照 ISO 4405)	报告数据:污染物浓度(单位:mg/L)。结果只反映污染物总量,不能反映颗粒物的尺寸分布及浓度,操作费时间,目前应用不普遍
显微镜计数法	将过滤一定体积样液的滤膜在光学显微镜下观察,对收集在滤膜上的颗粒物按给定的尺寸范围计数(参照 ISO 4407)	报告数据:每 1mL(或 100mL)样液中各种尺寸范围的颗粒数,测量尺寸为颗粒的最大长度,能观察到颗粒的形貌,可大致判断颗粒物的种类。计数的准确性与操作人员的经验和主观性有关,测试时间长。用于一般实验室和现场油液分析
显微镜比较法	在专门的显微镜下,将过滤样液的滤膜和标准污染度样片(具有不同等级污染度)进行比较,由此判断油液的污染度等级	操作简便,测试速度快,但只能给出大致的污染度等级,准确度较差。用于现场粗略的油液污染度测定
自动颗粒计数器法	利用自动颗粒计数器对油液中的颗粒尺寸分布及浓度进行自动测定(参照 ISO 11500)	报告数据:每 1mL 油液中各种尺寸范围的颗粒数,最小计数尺寸可达 1~2μm。测量速度快,精确度高,操作简便,但设备投资较大。目前已广泛应用于各工业部门,作为油液污染分析的主要方法
滤膜(网)堵塞法	通过测量由于颗粒物对滤膜(网)堵塞而引起的流量或压差的变化,确定油液的污染度	报告数据:大致的油液污染度等级。结构简单,体积小,操作方便,适用于现场油液污染度检测
扫描电子显微镜法	利用扫描电镜和统计学方法对收集在滤膜上的颗粒物进行尺寸和数量测定	测试精确度高,仅用于颗粒分析要求极高的情况,如标准试验粉尘颗粒尺寸分布的验证
图像分析法	利用摄像机将滤膜上收集的颗粒物或直接将液流中的颗粒物转换为显示屏上的影像,并利用计算机进行图像分析	20 世纪 70 年代生产的与显微镜配合的 IIMC 图像分析仪,因设备复杂而未能推广。今后用于在线颗粒分析,仍有发展前景

注:1. 油液污染度通常通过从液压系统中取出一定量的油液为样液来测量。油液取样必须满足两个要求:一是所取的样液能够代表整个系统的油液污染状况;二是取样过程中样液不受污染。油液取样可以采用容器从管路或油箱中取得,前者应在管路中液体为紊流状态下进行,后者应把取液管伸入油箱液面以下一半的深度处,利用真空将油液吸入取样容器内。

2. 现代液压系统有的采用在线污染分析,即把污染检测装置接入液压油路中,直接测定系统的油液污染度。它省去了容器取样操作,可实现油液污染度的连续或定时监测。

现已有多种油液污染度检测仪器可供选用,表 2-2 分别列举了一种遮光式颗粒计数器和一种污染度检测仪产品。

表 2-2 遮光式颗粒计数器和污染度检测仪

名称及型号	产品功用和主要特点	外形	主要参数
XP74LJ150 型遮光式颗粒计数器[①]	仪器采用遮光法原理用于检测油液中固体颗粒的大小和数量,仪器内置 GB/T 14039—2002(ISO 4406—1999)和 NAS 1638 污染度等级标准,可用于航空、机械、冶金等多个领域液压油及水基液压液的固体颗粒污染度检测。精密柱塞泵实现进样速度恒定和进样体积精确控制,内置阈值-粒径曲线,可任意设置通道粒径值,触摸屏菜单操作,大屏幕液晶显示,可根据标准给出液压油等级,绘制分布直方图等。内置打印机,RS232 接口可接计算机		测量范围:1~450μm;灵敏度:1μm;测量通道:8 个颗粒尺寸通道;进样体积:0.5~9mL,10~100mL;进样速度:5~60mL/min;电源:100~245V,50Hz,80W

名称及型号		产品功用和主要特点	外形	主要参数
KLD 系列污染度检测仪②	KLD-B 型便携式	即时检测油液中颗粒含量,帮助工作人员正确分析液压系统中油液污染情况,及时判断机械零件的工作状况	内置激光传感器,检测精准度高;有在线、取样两种检测方式,在实验室和现场均可使用;能以数字、图表等方式彩色显示 ISO 4406、NAS 1638、GJB 420A 污染度等级数值,并能通过污染度变化曲线看出油液污染的变化趋势;触摸式液晶大屏幕显示,便于用户操作和数据显示;内置泵阀,可直接对容器内静态油液进行抽取检测;内置 PC 机,不需再另接计算机即可方便进行数据综合查询、数据 USB 传输、系统升级等;内置锂电池,不接通电源,也可保持 0.5h 左右取样检测或 2h 左右在线检测;内置打印机,可对正在检测的数据进行打印;体积小、重量轻、携带方便,性价比高		油样瓶容积:500mL;流量:50～300mL/min;黏度:10～355mm²/s;在线油压:3～30MPa;灵敏度:1μm;适用电源:220V;充电电池
	KLD-Z 型在线式		内置激光传感器,检测精准度高;检测速度快,45s 即给出检测结果;能以数字、图表方式同时彩色显示 ISO、NAS 等级标准;固件坚硬,不易损坏,可于低压、高压下在线检测污染度等级;体积小、重量轻,携带、安装、拆卸、加装方便;通过仪器的油液流量很小,对整个液压系统的正常工作不构成影响;提供光纤数据转换线和软件光盘,可将数据传输到 PC 机或显示屏;可实现在线打印、报警功能		流量:50～500mL/min;油压:3～30MPa;供电电源:12VDC;质量:2.5kg;外形尺寸:94mm×87mm×46mm

① 北京中西泰安技术服务有限公司产品;② 北京航峰科伟装备有限公司产品。

注:ISO 4406、NAS 1638、GJB 420A 分别为国际标准化组织、美国宇航学会以及军队油液污染度等级标准。

2.1.3 污染度等级标准

污染度等级标准用于液压油液污染度的描述、评定和控制,常用油液污染度等级标准如下。

(1) 美国宇航学会污染度等级标准 NAS1638

此标准按照 $5\sim10\mu m$、$10\sim25\mu m$、$25\sim50\mu m$、$50\sim100\mu m$ 和大于 $100\mu m$ 几个尺寸范围的颗粒浓度划分等级(14 个等级),适应范围更广。相邻两个等级颗粒浓度的比为 2,因此当油液污染度超过表 2-3 中 12 级,可用外推法确定其污染度等级。英国液压研究协会(HBRA)将 NAS1638 的最高污染度等级扩大到 16 级。

表 2-3 NAS1638 污染度等级(100mL 中的颗粒数)

污染度等级	颗粒尺寸范围/μm				
	5～10	10～25	25～50	50～100	>100
00	125	22	4	1	0
0	250	44	8	2	0
1	500	89	16	3	1
2	1000	178	32	6	1
3	2000	356	63	11	2
4	4000	712	126	22	4

续表

污染度等级	颗粒尺寸范围/μm				
	5～10	10～25	25～50	50～100	>100
5	8000	1425	253	45	8
6	16000	2850	506	90	16
7	32000	5700	1012	180	32
8	64000	11400	2025	360	64
9	128000	22800	4050	720	128
10	256000	45600	8100	1440	256
11	512000	91200	16200	2880	512
12	1024000	182400	32400	5760	1024

　　实际液压系统中颗粒尺寸分布与标准中的尺寸分布并不一致，标准中的小尺寸颗粒数相对较少，这可能由于当时制定该标准时，颗粒分析技术不够完善，小颗粒计数结果偏少。故在使用过程中，NAS 标准均有局限性，往往是大、小尺寸颗粒间的等级可能相差 1～2 级以上，故无法仅用一个污染度等级数码来描述油液实际污染度。

　　采用该标准时（以自动颗粒计数器测量油液污染颗粒为例），根据实测结果，查出相应的大于 $2\mu m$、$5\mu m$ 和 $15\mu m$ 颗粒数的等级数码，即可确定油液的污染度等级。

（2）国际标准化组织污染度等级标准 ISO 4406—1999

　　该标准按每 1mL 油液中的颗粒数，将污染度划分为 30 个等级，每个等级用一个数码表示，颗粒浓度越大，代表等级的数码越大（表 2-4）。如果采用自动颗粒计数器测量油液污染颗粒时，采用三个数码表示油液的污染度，三个数码采用一斜线分割，其中第一个数码表示每毫升油液中尺寸大于 $2\mu m$ 的颗粒数等级，第二个数码表示尺寸大于 $5\mu m$ 的颗粒数等级，第三个数码表示尺寸大于 $15\mu m$ 的颗粒数等级。例如污染度等级 18/16/13 表示油液中大于 $2\mu m$ 的颗粒数等级数码为 18，每 1mL 油液中的颗粒数在 1300～2500 之间；油液中大于 $5\mu m$ 的颗粒数等级数码为 16，每 1mL 油液中的颗粒数在 320～640 之间；油液中大于 $15\mu m$ 的颗粒数等级数码为 13，每 1mL 油液中的颗粒数在 40～80 之间。如果采用显微镜测量油液污染颗粒时，仍用两个代码表示油液污染度等级，为了与前述表达方式保持形式上的一致，缺少的一个代码以"—"表示，例如—/16/13。

表 2-4　ISO 4406—1999 污染度等级数码

1mL 油液中的颗粒数		标号	1mL 油液中的颗粒数		标号	1mL 油液中的颗粒数		标号
大于	小于或等于		大于	小于或等于		大于	小于或等于	
2500000		>28	2500	5000	19	2.5	5	9
1300000	2500000	28	1300	2500	18	1.3	2.5	8
640000	1300000	27	640	1300	17	0.64	1.3	7
320000	640000	26	320	640	16	0.32	0.64	6
160000	320000	25	160	320	15	0.16	0.32	5
80000	160000	24	80	160	14	0.08	0.16	4
40000	80000	23	40	80	13	0.04	0.08	3
20000	40000	22	20	40	12	0.02	0.04	2
10000	20000	21	10	20	11	0.01	0.02	1
5000	10000	20	5	10	10	0.005	0.01	0

　　注：目前 ISO 4406 标准已被世界各国普遍采用，我国制定的 GB/T 14039—2002 也采用这一国际标准。

（3）我国国家标准 GB/T 14039—2002

该标准是采用 ISO 4406—1999 对 GB/T 14039—1993 修订而来。GB/T 14039—2002 规定，当采用自动颗粒计数器测量油液污染颗粒时，采用≥4μm、≥6μm 和≥14μm 三个尺寸范围的颗粒浓度代码表示油液污染度等级，每个代码间用一条斜线分割，代码总数为 30 个。例如污染度等级 18/16/13：第一个数码 18 表示每 1mL 油液中尺寸大于或等于 4μm 的颗粒数等级；第二个数码 16 表示每 1mL 油液中尺寸大于或等于 6μm 的颗粒数等级；第三个数码 13 表示每 1mL 油液中尺寸大于或等于 14μm 的颗粒数等级。当采用显微镜测量油液污染颗粒时，按照 ISO 4406—1999 进行计数：第一部分用以"—"表示，第一个代码用≥5μm 的颗粒数确定，第二个代码用≥15μm 的颗粒数确定，例如—/16/13。

2.1.4 液压系统与液压元件清洁度等级（指标）

典型液压系统清洁度等级见表 2-5，JB/T 7858—2006 规定了各液压元件的清洁度指标（表 2-6）。一个新制造的液压系统（元件）在运行前和已正在运转的旧系统的污染度等级与典型液压系统的清洁度等级或液压元件清洁度指标进行比对，如果污染度等级在典型液压系统的清洁度等级或液压元件清洁度指标范围内，即认为合格，否则即为不合格。

表 2-5　典型液压系统清洁度等级

清洁度等级[②]　级别[①]	4	5	6	7	8	9	10	11	12	13	14
系统类型	12/9	13/10	14/11	15/12	16/13	17/14	18/15	19/16	20/17	21/18	22/19
污染极敏感系统											
伺服系统											
高压系统											
中压系统											
低压系统											
低敏感系统											
数控机床液压系统											
机床液压系统											
一般机器液压系统											
行走机械液压系统											
重型设备液压系统											
重型和行走设备传动系统											
冶金轧钢设备液压系统											

① 指 NAS 1638；② 相当于 ISO 4406—1987。

表 2-6　液压元件清洁度指标（摘自 JB/T 7858—2006）

产品名称	产品规格		清洁度指标/mg		备注
齿轮泵及马达	公称排量/(mL/r)	V≤10	≤30(铝壳体)	≤60(铸铁壳体)	
		10<V≤50	≤40(铝壳体)	≤70(铸铁壳体)	
		50<V≤100	≤60(铝壳体)	≤100(铸铁壳体)	
		100<V≤200	≤70(铝壳体)	≤120(铸铁壳体)	
		V>200	≤100(铝壳体)	≤180(铸铁壳体)	
轴向柱塞泵及马达	公称排量/(mL/r)	V≤10	≤25(定量)	≤30(变量)	
		10<V≤25	≤40(定量)	≤48(变量)	
		25<V≤63	≤75(定量)	≤90(变量)	
		63<V≤160	≤100(定量)	≤120(变量)	
		160<V<250	≤130(定量)	≤155(变量)	

续表

产品名称	产品规格		清洁度指标/mg	备注
压力控制类阀	公称通径/mm	≤10	≤15	包括溢流阀、减压阀、顺序阀
		16	≤19	
		20	≤22	
		25	≤29	
		≥32	≤35	
调速阀	公称通径/mm	≤10	≤22	
		16	≤26	
		20	≤30	
		25	≤35	
		≥32	≤45	
分片式多路阀	公称通径/mm	10	≤25＋14N	N 为片数
		15	≤30＋16N	
		20	≤33＋22N	
		25	≤50＋31N	
		32	≤67＋47N	
双作用液压缸	缸筒内径/mm	$\phi40\sim\phi63$	行程为 1m 时，≤35	
		$\phi80\sim\phi110$	行程为 1m 时，≤60	
		$\phi125\sim\phi160$	行程为 1m 时，≤90	
		$\phi180\sim\phi250$	行程为 1m 时，≤135	
		$\phi320\sim\phi500$	行程为 1m 时，≤260	
活塞式、柱塞式单作用缸	缸径、柱塞直径/mm	$>\phi40$	行程为 1m 时，≤30	
		$\phi40\sim\phi63$	行程为 1m 时，≤35	
		$\phi80\sim\phi110$	行程为 1m 时，≤60	
		$\phi125\sim\phi160$	行程为 1m 时，≤90	
		$\phi180\sim\phi250$	行程为 1m 时，≤135	
多级套筒式单作用缸	缸径、柱塞直径/mm	$\phi50\sim\phi70$	行程为 1m 时，≤40	
		$\phi80\sim\phi100$	行程为 1m 时，≤70	
		$\phi110\sim\phi140$	行程为 1m 时，≤110	
		$\phi160\sim\phi200$	行程为 1m 时，≤150	
软管总成	内径/mm	5	≤1.57L	L 为软管长度，单位为 m
		6.3	≤1.98L	
		8	≤2.52L	
		10	≤3.15L	
		12.5	≤3.93L	
		16	≤5.03L	
		19	≤5.98L	
		22	≤6.92L	
		25	≤7.86L	
		31.5	≤9.91L	
		38	≤11.95L	
		51	≤16.04L	
叶片泵及马达	公称排量/(mL/r)	$V\leq10$	≤25	
		$10<V\leq25$	≤30	
		$25<V\leq63$	≤40	
		$63<V\leq160$	≤50	
		$160<V\leq400$	≤65	
低速大扭矩马达	公称排量/(mL/r)	$V\leq1600$	≤120	
		$1600<V\leq8000$	≤240	
		$8000<V\leq16000$	≤390	
		$16000<V\leq25000$	≤525	

产品名称	产品规格		清洁度指标/mg	备注
节流阀	公称通径/mm	≤10	≤10	
		16	≤12	
		20	≤14	
		25	≤19	
		≥32	≤27	
电磁、电液换向阀	公称通径/mm	6	≤12	
		10	≤25	
		16	≤29	
		20	≤33	
		25	≤39	
		≥32	≤50	
二通插装阀	公称通径/mm	16	≤0.68	表中为插装件的指标。控制盖板的指标按相应通径增加20%；先导阀的指标按相应阀类指标
		25	≤1.72	
		32	≤3.6	
		40	≤6.96	
		50	≤11.64	
		63	≤26.3	
囊式蓄能器	公称容积/L	1.6	≤6	
		2.5	≤14	
		4	≤17	
		6.3	≤27	
		10	≤34	
		16	≤49	
		25	≤70	
		40	≤93	
		63	≤120	
		100	≤168	
		160	≤228	
		200	≤281	
		250	≤362	
过滤器	公称流量/(L/min)	10	≤7	
		25	≤11	
		63	≤17	
		100	≤23	
		160	≤29	
		250	≤42	
		400	≤57	
		630	≤78	

说明：

1. 双作用液压缸、活塞式与柱塞式单作用缸、多级套筒式单作用缸的实际指标按下式计算：$G \leq 0.5(1+x)G_0$（G 为实际指标，mg；x 为缸实际行程，m；G_0 为表中给定的指标，mg）。多级套筒式单作用缸套筒外径为最终一级柱塞直径和各级套筒外径之和的平均值

2. 表中未包括的元件和辅件，其清洁度指标可根据产品结构形式和规格参照同类型产品的指标，如单向阀，可参照二通插装阀的指标

注：1. 本标准仅对 GB/T 20110—1996《液压传动 零件和元件的清洁度与污染物的收集、分析和数据报告相关的检验文件和准则》中的称重法的具体操作程序详细叙述，同时推荐相应的元件清洁度指标。

2. 本标准规定了以液压元件内部残留污染物质量评定液压元件清洁度的方法以及按液压元件内部污染物允许残留量（质量）确定的清洁度指标。

3. 液压元件的清洁度指标应按相应产品的规定，产品标准中未作规定的主要液压元件和辅件的清洁度指标应按本表的规定。

2.1.5　液压工作介质的污染控制措施

污染控制的具体措施见表 2-7。

表 2-7　污染控制的具体措施

控制措施	说　　明
系统残留污染物的控制	制造液压元辅件及油路块要加强工序之间的清洗、去毛刺,防止零件落地、磕碰;装配液压元件及油路块前要认真清洗零件,加强出厂试验和包装环节的污染控制;保证元件出厂清洁度并防止在运输和储存中被污染;装配液压系统之前要对油箱、油管及管接头等彻底清理和清洗,未能及时装配的管件要加护盖;在清洁的环境中用清洁的方法装配系统;启动之前冲洗新的和大修后的系统,暂时拆掉执行器及伺服阀之类的精密元件而代之以冲洗板;与系统连接之前要保证执行器内部清洁等
系统外界侵入污染物的控制	存放油液的器具要放置在凉爽干燥处;向油桶或油罐注油或从中放油时都要经过便携式过滤装置(如过滤机或滤油车等);保证油桶或油罐的封盖或阀的有效密封;从油桶取油之前先清除封盖周围的污染物;注入油箱的油液要按规定过滤;注油所用器具要先行清理;系统漏油未经过沉淀不得返回油箱;与大气相通的油箱必须装有通气过滤器,通气器要与机器的工作环境及系统温度相适应,要保证通气器始终安装正确和固定紧密,污染严重的环境可考虑采用加压油箱或呼吸袋;注意密封油箱的所有开口及油管穿过处防止空气进入系统,尤其是经液压泵的吸油管进入系统。应保证处于负压区或泵吸油管的接头气密性。要保证所有管子的管端都低于油箱中的最低液面;液压泵吸油管应该足够低,以防止在低液面时空气经旋涡进入泵;制止来自冷却器或其他水源的水漏进系统。进行止漏修理维修时严格执行清洁操作规程 　　为了排除沉积在油箱内的污染物,可采用不同于传统矩形油箱的"自清洁油箱",此种油箱为带有圆锥形箱底的竖直圆筒形组合结构(图 2-1),其竖直柱面与锥底平滑连接,系统的回油口与圆柱壁相切,过滤器或离线过滤回路的进油路位于油箱底部(锥顶)。当系统回油进入油箱时,油箱里的油液趋于缓慢旋转。由于固体污染物的密度要比液压油的密度大很多,从而使固体污染物被旋涡卷入油箱底部中心处,经过滤回路被油滤器滤除(图 2-2),而不是沉积于传统矩形油箱的整个底面上,从而提高了系统的清洁度
系统内部生成污染物的控制	要在系统的适当部位设置具有一定过滤精度和一定容量的过滤器,并在使用中经常检查与维护,及时清理或更换滤芯,使液压系统远离或隔绝高温热源(如炉子),将油温设计并保持于最佳值,需要时设置冷却器。发现系统污染度超过规定时,要查明原因,及时消除引起异常污染的原因;仅靠系统的在线过滤器无法净化过分污染的系统油液时,可用便携式过滤装置进行体外(离线)循环过滤净化;定期取油样分析,以确定颗粒性污染物、热量、水分和空气的影响,表明需要对哪些因素加强控制,还是更换油液;每当油箱放空时,都应彻底清理油箱中的所有残留污染物。如果需要,重涂保护漆或进行喷塑等其他表面处理。完成后系统立即加油,否则要封盖好所有开口
其他	除了在液压动力源装置设计中,在有关管路或元件前设置过滤器、在油箱顶盖设置通气过滤器外,还应在各连接面间采取适当的密封措施。对于工作在高粉尘环境下的液压装置,建议在液压站上加设防尘器(罩);对于大型冶金设备的中央型液压装置,建议将液压站安放在专门的地下室内,以防止污物侵入

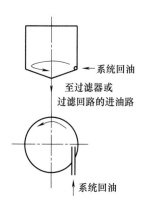

图 2-1　自清洁锥底圆筒形油箱

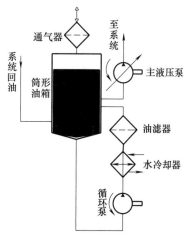

图 2-2　带自清洁油箱和离线过滤
回路的液压系统

2.2　液压元件常见故障及其诊断排除方法

液压元件包括能源元件（液压泵）、执行元件（液压缸和液压马达）、控制调节元件（液压阀）及辅助元件（过滤器、蓄能器等），其结构类型及品种甚多，故障现象各异。出现故障后一般不宜随便拆解，而应首先通过产品样本和使用说明书等相关技术资料，在熟悉并掌握其功能作用、具体结构、工作原理和特性基础上，经过仔细对故障的现场观测、分析研究，找出相应对策，及时有效地排除其所出现的故障。

2.2.1　液压泵常见故障及其诊断排除方法

液压泵是系统的能源元件，用于给系统提供一定压力和流量的油液。按结构不同液压泵有齿轮泵、叶片泵和柱塞泵等类型，常见故障及其诊断排除方法见表 2-8。

表 2-8　液压泵的常见故障及其诊断排除方法

故障现象		产生原因	排除方法
A. 液压泵不输油	1. 泵不转	(1)电动机轴未转动 ①未接通电源 ②电气线路及元件故障	①接通电源 ②检查并排除故障
		(2)电动机发热跳闸 ①电动机驱动功率不足 ②系统溢流阀调压值过高或阀芯卡阻堵塞超载后闷泵 ③泵出口单向阀装反或阀芯卡阻而闷泵 ④电动机故障	①加大电动机功率 ②调节溢流阀压力值,检修阀 ③检修单向阀 ④检修或更换电动机
		(3)泵轴或电动机轴上无连接键 ①漏装 ②折断	①补装键 ②更换键
		(4)泵内部滑动部分卡死 ①配合间隙太小 ②零件精度差,装配质量差,齿轮与轴同轴度误差太大;柱塞头部卡死;叶片垂直度差;转子摆差太大;转子槽有伤口或叶片有伤痕受力后断裂而卡死	①拆开检修,按要求选配间隙 ②更换零件,重新装配,使配合间隙达到要求
	2. 泵反转	电动机转向错误 ①电气接线错误 ②泵上旋向箭头错误	①纠正电气接线 ②纠正泵体上旋向箭头
	3. 泵轴仍可转动	泵轴内部折断 ①轴质量差 ②泵内滑动副卡死	①检查原因,更换新轴 ②排除方法见本表 A.1(4)
	4. 泵不吸油	(1)油箱油位过低 (2)吸油过滤器内包装漏拆或过滤器堵塞 (3)泵吸油管上阀门未打开 (4)泵或吸油管密封不严 (5)泵吸油高度超标、吸油管细长且弯头太多 (6)吸油过滤器过滤精度太高或通流面积太小 (7)油液的黏度太高	(1)加油至油位线 (2)检查、清洗滤芯或更换 (3)检查并打开阀门 (4)检查和紧固接头处,紧固泵盖螺钉,在泵盖接合处和接头连接处涂上油脂,或先向泵吸油口注油 (5)降低吸油高度,更换管子,减少弯头 (6)选择合适的过滤精度,加大过滤器规格 (7)检查油液黏度,更换适宜的油液,冬季应检查加热器的效果

故障现象		产 生 原 因	排 除 方 法
A. 液压泵不输油	4. 泵不吸油	(8)叶片泵叶片未伸出或卡死	(8)拆开清洗,合理选配间隙,检查油质,过滤或更换油液
		(9)叶片泵变量机构动作不灵敏或磨损,使定子与转子偏心量为零	(9)修复、调整或更换变量机构
		(10)叶片泵配油盘与泵体之间不密封	(10)拆开清洗重新装配
		(11)柱塞泵变量机构失灵或磨损,如加工精度差,装配不良,配合间隙太小,泵内部摩擦阻力太大,伺服活塞、变量活塞及弹簧心轴卡死,通向变量机构的个别油道有堵塞以及油液太脏,油温过高,使零件热变形等	(11)拆开检查,修配或更换零件,合理选配间隙;过滤或更换油液;检查冷却器效果;检查油箱内的油位并加至油位线
		(12)柱塞泵缸体与配油盘之间不密封(如柱塞泵中心弹簧折断)	(12)更换弹簧
B. 液压泵出油量不足	1. 容积效率低	(1)泵内部滑动零件磨损严重 ①齿轮端面与侧板磨损严重 ②齿轮泵轴承损坏使泵体孔磨损严重 ③叶片泵配油盘端面磨损严重 ④柱塞泵柱塞与缸体孔磨损严重 ⑤柱塞泵配油盘与缸体端面磨损严重	①研磨修理或更换 ②更换轴承并修理 ③研磨配油盘端面 ④更换柱塞并配研,清洗后重新装配 ⑤研磨两端面达到要求,清洗后重新装配
		(2)泵装配不良 ①齿轮与泵体、齿轮与侧板、定子与转子、柱塞与缸体之间的间隙太大 ②齿轮泵、叶片泵的泵盖上螺钉拧紧力矩不均或有松动 ③叶片和转子反装	①重新装配,按技术要求选配间隙 ②重新拧紧螺钉并达到受力均匀 ③纠正方向,重新装配
		(3)油的黏度过低,如用错油或油温过高	(3)更换油液,检查油温过高原因,采取降温措施
	2. 泵有吸气现象	参见本表 E. 1.、2.	参见本表 E. 1.、2.
	3. 泵内部机构工作不良	参见本表 E. 4.	参见本表 E. 4.
	4. 供油量不足	非自吸泵的辅助泵供油不足或有故障	修复或更换辅助泵
C. 压力不足或压力不能升高	1. 漏油严重	参见本表 B. 1.	参见本表 B. 1.
	2. 驱动机构功率过小	(1)电动机输出功率过小 ①设计不合理 ②电动机有故障	①核算电动机功率,若不足应更换 ②检查电动机并排除故障
		(2)机械驱动机构输出功率过小	(2)核算驱动功率并更换驱动机构
	3. 泵排量选得过大或调压值过高	造成驱动机构或电动机功率不足	重新计算匹配流量、压力和功率,使之合理
D. 压力失常或流量失常	1. 泵有吸气现象	参见本表 E. 1.、2.	参见本表 E. 1.、2.
	2. 油液污染	个别叶片在转子槽内卡阻或伸缩困难	过滤或更换油液
	3. 泵装配不良	(1)个别叶片在转子槽内间隙过大,造成高压油向低压腔流动 (2)个别叶片在转子槽内间隙过小,造成卡滞或伸缩困难 (3)个别柱塞与缸体孔配合间隙过大,造成内泄漏量大	(1)拆洗、修配或更换叶片,合理选配间隙 (2)修配,使叶片运动灵活 (3)修配后使间隙达到要求
	4. 泵的结构因素	参见本表 E. 4.	参见本表 E. 4.

故障现象		产 生 原 因	排 除 方 法
D. 压力失常或流量失常	5. 供油量波动	非自吸泵的辅助泵有故障	修理或更换辅助泵
E. 液压泵噪声大	1. 吸空现象严重	(1)吸油过滤器有部分堵塞,吸油阻力大 (2)吸油管距液面较近 (3)吸油位置太高或油箱液位太低 (4)泵和吸油管口密封不严 (5)油液黏度过高 (6)泵的转速太高(使用不当) (7)吸油过滤器通流面积太小 (8)非自吸泵的辅助泵供油量不足或有故障 (9)油箱上空气过滤器堵塞 (10)泵轴油封失效	(1)清洗或更换过滤器 (2)适当调整吸油管长度或位置 (3)降低泵的安装高度或提高液位 (4)检查连接处和接合面的密封,并紧固 (5)检查油质,按要求选用油液黏度 (6)控制在最高转速以下 (7)更换通流面积大的过滤器 (8)修理或更换辅助泵 (9)清洗或更换空气过滤器 (10)更换油封
	2. 吸入气泡	(1)油液中溶解一定量的空气,在工作过程中又生成的气泡 (2)回油涡流强烈生成泡沫 (3)管道内或泵壳内存有空气 (4)吸油管浸入油面的深度不够	(1)在油箱内增设隔板,将回油经过隔板消泡后再吸入,油液中加消泡剂 (2)吸油管与回油管要隔开一定距离,回油管口要插入油面以下 (3)进行空载运转,排除空气 (4)加长吸油管,向油箱中注油使其液面升高
	3. 泵运转不良	(1)泵内轴承磨耗严重或破损 (2)泵内部零件精度低或磨损严重 ①齿轮精度低,摆差大 ②定子环内表面磨损严重	(1)拆开清洗,更换 ①研配修复或更换 ②更换定子环
	4. 泵的结构因素	(1)困油严重产生较大的流量脉动和压力脉动 ①卸荷槽设计不佳 ②加工精度差 (2)变量泵变量机构工作不良(间隙过小,加工精度差,油液污染严重等) (3)双级叶片泵的压力分配阀工作不良(间隙过小,加工精度差,油液污染严重等)	 ①改进设计,提高卸荷能力 ②提高加工精度 (2)拆洗,修理,重新装配到性能要求,过滤或更换油液 (3)拆洗,修理,重新装配到性能要求,过滤或更换油液
	5. 泵安装不良	(1)泵轴与电动机轴同轴度差 (2)联轴器安装不良,同轴度差并有松动	(1)重新安装达到技术要求,同轴度一般应达到 0.1mm 以内 (2)重新安装达到技术要求,并用紧定螺钉紧固
F. 液压泵异常发热	1. 装配不良	(1)间隙选配不当(如齿轮与侧板、叶片与转子槽、定子与转子、柱塞与缸体等配合间隙过小,造成滑动部位过热烧伤) (2)装配质量差,传动部分同轴度未达到技术要求,运转不畅 (3)轴承质量差或装配时被打坏,或安装时未清洗干净,造成运转不畅 (4)经过轴承的润滑油排油口不畅通 ①回油口螺塞未打开(未接管子) ②安装时油道未清洗干净,有脏物堵住 ③安装时回油管弯头太多或有压扁现象	(1)拆开清洗,测量间隙,重新配研达到规定间隙 (2)拆开清洗,重新装配,达到技术要求 (3)拆开检查,更换轴承,重新装配 ①安装好回油管 ②清洗油道 ③更换管子,减少弯头
	2. 油液质量差	(1)油液的黏-温特性差,黏度变化大 (2)油中含有大量水分造成润滑不良 (3)油液污染严重	(1)按规定选用油液 (2)更换合格的油液,清洗油箱内部 (3)更换油液

故障现象		产 生 原 因	排 除 方 法
F. 液压泵异常发热	3. 管路故障	(1)泄油管变形或堵死 (2)泄油管管径太细,不能满足排油要求 (3)吸油管管径细、弯头多,吸油阻力大	(1)清洗或更换 (2)更改设计,更换管子 (3)加粗管径,减少弯头,降低吸油阻力
	4. 受外界条件影响	外界热源高,散热条件差	清除外界影响,采取隔热措施
	5. 内部泄漏大,容积效率过低	参见本表 B.1。	参见本表 B.1。
G. 液压泵轴封漏油	1. 安装不良	(1)密封件唇口装反	(1)拆下重新安装,拆装时不要损坏唇部。若有变形或损伤应更换
		(2)骨架弹簧脱落 ①轴的倒角不当,密封唇口翻开,使弹簧脱落 ②装轴时不小心,使弹簧脱落	①按加工图样要求重新加工 ②重新安装
		(3)密封唇部粘有异物	(3)取下清洗,重新装配
		(4)密封唇口通过花键轴时被拉伤	(4)更换后重新安装
		(5)油封装斜 ①沟槽内径尺寸太小 ②沟槽倒角过小	①检查沟槽尺寸,按规定重新加工 ②按规定重新加工
		(6)装配时造成油封严重变形 (7)轴倒角太小或轴倒角处太粗糙使密封唇翻卷	(6)检查沟槽尺寸及倒角 (7)检查轴倒角尺寸和粗糙度,可用砂布打磨倒角处,装配时在轴倒角涂上油脂
	2. 轴和沟槽加工不良	(1)轴加工错误 ①轴颈不适宜,使油封唇口部位磨损,发热 ②轴倒角不合要求,使油封唇口拉伤,弹簧脱落 ③轴颈外表有车削或磨削痕迹 ④轴颈表面粗糙使油封唇边磨损加快	①检查尺寸,换轴。油封处的公差常用 h8 ②重新加工轴的倒角 ③重新修磨,消除磨削痕迹 ④重新加工达到图样要求
		(2)沟槽加工错误 ①沟槽尺寸过小,使油封装斜 ②沟槽尺寸过大,油从外周漏出 ③沟槽表面有划伤或其他缺陷,油从外周漏出	(2)更换泵盖,修配沟槽达到配合要求
	3. 油封有缺陷	油封质量不好,不耐油或与油液相容性差、变质老化、失效造成漏油	更换相适应的橡胶油封件
	4. 容积效率过低	参见本表 B.1。	参见本表 B.1。
	5. 泄油孔被堵塞	泄油孔被堵后,泄油压力增加,造成密封唇口变形太大,接触面增加,摩擦产生热老化,使油封失效,引起漏油	清洗油孔,更换油封
	6. 外接泄油管管径过细或管道过长	泄油困难,泄油压力增加	适当加粗管径或缩短泄油管长度
	7. 未接泄油管	泄油管未打开或未接泄油管	打开螺塞接上泄油管

2.2.2 液压阀常见故障及其诊断排除方法

(1) 液压阀的功用与结构原理及分类

液压阀是系统的控制调节元件,用于控制调节液压系统中油液的流向、压力和流量,使执行元件及其驱动的工作机构获得所需的运动方向、推力(转矩)及运动速度(转速)等,满足不同的动作要求。液压阀是液压技术中品种与规格最多、应用最广泛、最活跃的部分，也是液压系统中极易出现故障的元件。

液压阀的基本结构主要包括阀芯、阀体和驱动阀芯相对于阀体产生运动的装置。阀芯的结构形式多样；阀体上除了开设与阀芯配合的阀体（套）孔或阀座孔外，还有外接油管的主油口（进、出油口）、控制油口及泄油口等孔口；阀芯可以用手调（动）机构、机动机构进行驱动，也可以用弹簧或电气机构（电磁铁或力矩马达等）驱动，还可以用液压力驱动或将电气与液压结合起来进行驱动等。在工作原理上，液压阀多是利用阀芯相对于阀体的运动来控制阀口的通断及开度的大小，以实现方向、压力和流量控制。所有液压阀在工作时，其阀口大小（开口面积 A），阀进、出油口间的压力差 Δp 以及通过阀的流量 q 之间的关系都符合孔口流量特性通用公式 $q=CA\Delta p^{\varphi}$（C 为由阀口形状、油液性质等决定的系数，φ 为由阀口形状决定的指数），仅是参数因阀的不同而异。液压阀的分类方法很多，同一种阀在不同的场合，因其着眼点不同会有不同的名称。例如按功能及使用要求分为普通液压阀和特殊液压阀；按阀芯的结构形式分为圆柱滑阀、提升阀（锥阀及球阀）和喷嘴挡板阀及射流管阀；按操纵方式分为手动阀、机械操纵阀、电动阀、液动阀、电液动阀等；按安装连接方式分为管式阀、板式阀、叠加阀和插装阀等；控制方式分为定值（或开关）控制阀和连续控制的电液控制阀（含电液伺服阀和电液比例阀）。

(2) 普通液压阀常见故障及其排除方法

普通液压阀包括方向阀、压力阀和流量阀三类，以手动、机械、液动、电动、电液动等操控方式，启、闭液流通道、定值控制（开关控制）液流方向、压力和流量，多用于一般液压传动系统。

① 压力阀 包括溢流阀、减压阀、顺序阀和压力继电器等，其常见故障及其诊断排除方法见表 2-9～表 2-12。

② 方向阀 包括单向阀、换向阀和压力表开关等，其常见故障及其诊断排除方法见表 2-13～表 2-15。

③ 流量阀 包括节流阀、调速阀、溢流节流阀和分流集流阀等，其常见故障及其诊断排除方法见表 2-16。

表 2-9 溢流阀的常见故障及其诊断排除方法

故障现象	产生原因	排除方法
1. 调紧调压机构，不能建立压力或压力不能达到额定值	(1)进、出口装反 (2)先导式溢流阀的导阀芯与导阀座处密封不严，可能有异物（如棉丝）存在于导阀芯与导阀座间 (3)阻尼孔被堵塞 (4)调压弹簧变形或折断 (5)导阀芯过度磨损，内泄漏过大 (6)遥控口未封堵 (7)三节同心式溢流阀的主阀芯三部分圆柱不同心	(1)检查进、出口方向并更正 (2)拆检并清洗导阀，同时检查油液污染情况，如污染严重，则应换油 (3)拆洗，同时检查油液污染情况，如污染严重，则应换油 (4)更换新的调压弹簧 (5)研修或更换导阀芯 (6)封堵遥控口 (7)重新组装三节同心式溢流阀的主阀芯
2. 调压过程中压力非连续上升，而是不均匀上升	调压弹簧弯曲或折断	拆检换新

续表

故障现象	产生原因	排除方法
3. 调松调压机构,压力不下降甚至不断上升	(1)导阀孔堵塞 (2)主阀芯卡阻	(1)检查导阀孔是否堵塞。如正常,再检查主阀芯卡阻情况 (2)拆检主阀芯,若发现主阀孔与主阀芯有划伤,则用油石和金相砂纸先磨后抛;若检查正常,则应检查主阀芯的同轴度,如同轴度差,则应拆下重新安装,并在试验台上调试正常后再装回系统
4. 噪声和振动	导阀弹簧自振频率与调压过程中产生的压力-流量脉动合拍,产生共振	迅速拧调节螺杆,使之超过共振区,如无效或实际上不允许这样做(如压力值正在工作区,无法超过),则在导阀高压油进口处增加阻尼,如在空腔内加一个松动的堵,缓冲导阀的先导压力-流量脉动

表 2-10　减压阀的常见故障及其诊断排除方法

故障现象	产生原因	排除方法
1. 不能减压或无二次压力	(1)泄油口不通或泄油通道堵塞,使主阀芯卡阻在原始位置,不能关闭 (2)无油源 (3)主阀弹簧折断或弯曲变形	(1)检查拆洗泄油管路、泄油口使其通畅,若油液污染,则应更换油 (2)检查油路排除故障 (3)更换弹簧
2. 二次压力不能继续升高或压力不稳定	(1)导阀密封不严 (2)主阀芯卡阻在某一位置,负载有机械干扰 (3)单向减压阀中的单向阀泄漏过大	(1)修理或更换导阀芯或导阀座 (2)同本表 1.(1),检查排除执行元件机械干扰 (3)拆检、更换单向阀零件
3. 调压过程中压力非连续升降,而是不均匀下降	调压弹簧弯曲或折断	拆检换新
4. 噪声和振动	同溢流阀(见表 2-9)	

表 2-11　顺序阀的常见故障及其诊断排除方法

故障现象	产生原因	排除方法
1. 不能起顺序控制作用(子回路执行元件与主回路执行元件同时动作,非顺序动作)	(1)先导阀泄漏严重 (2)主阀芯卡阻在开启状态不能关闭 (3)调压弹簧损坏或漏装	(1)拆检、清洗与修理 (2)拆检、清洗与修理,过滤或更换油液 (3)更换调压弹簧或补装
2. 执行元件不动作	(1)先导阀不能打开,先导管路堵塞 (2)主阀芯卡阻在关闭状态不能开启,复位弹簧卡死	(1)拆检、清洗与修理,过滤或更换油液 (2)拆检、清洗与修理,过滤或更换油液,修复或更换复位弹簧
3. 作卸荷阀时液压泵一启动就卸荷	(1)先导阀泄漏严重 (2)主阀芯卡阻在开启状态不能关闭	(1)同 1.(1) (2)同 1.(2)
4. 作卸荷阀时不能卸荷	(1)先导阀不能打开,先导管路堵塞 (2)主阀芯卡阻在关闭状态不能开启,复位弹簧卡死	同 2.

表 2-12　压力继电器的常见故障及其诊断排除方法

故障现象	产生原因	排除方法
1. 压力继电器失灵	(1)微动开关损坏不发信号	修复或更换
	(2)微动开关发信号,但 ①调节弹簧永久变形 ②压力-位移机构卡阻 ③感压元件失效	①更换弹簧 ②拆洗压力-位移机构 ③拆检和更换失效的感压元件(如弹簧管、膜片、波纹管等)

续表

故障现象	产生原因	排除方法
2. 压力继电器灵敏度降低	(1)压力-位移机构卡阻 (2)微动开关支架变形或零位可调部分松动引起微动开关空行程过大 (3)泄油背压过高	(1)拆洗压力-位移机构 (2)拆检或更换微动开关支架 (3)检查泄油路是否接至油箱或是否堵塞

表 2-13　单向阀的常见故障及其诊断排除方法

阀名称	故障现象	产生原因	排除方法
普通单向阀	1. 单向阀反向截止时,阀芯不能将液流严格封闭而产生泄漏	(1)阀芯与阀座接触不紧密 (2)阀体孔与阀芯的同轴度误差过大 (3)阀座压入阀体孔有歪斜 (4)油液污染严重	(1)重新研配阀芯与阀座 (2)检修或更换 (3)拆下阀座重新压装 (4)过滤或更换油液
普通单向阀	2. 单向阀启闭不灵活,阀芯卡阻	(1)阀体孔与阀芯的加工精度低,两者的配合间隙不当 (2)弹簧断裂或过分弯曲 (3)油液污染严重	(1)修整 (2)更换弹簧 (3)过滤或更换油液
液控单向阀	1. 反向截止时(即控制口不起作用时),阀芯不能将液流严格封闭而产生泄漏	同普通单向阀1.	同普通单向阀1.
液控单向阀	2. 复式液控单向阀不能反向卸载	阀芯孔与控制活塞孔的同轴度误差超标,控制活塞端部弯曲,导致控制活塞顶杆顶不到卸载阀芯,使卸载阀芯不能开启	修整或更换
液控单向阀	3. 液控单向阀关闭时不能回复到初始封油位置	同普通单向阀2.	同普通单向阀2.

表 2-14　滑阀式换向阀的常见故障及其诊断排除方法

故障现象	产生原因	排除方法
1. 阀芯不能移动	(1)换向阀阀芯表面或阀体孔划伤 (2)油液污染使阀芯卡阻 (3)阀芯弯曲	(1)拆开换向阀,仔细清洗,研磨修复 (2)仔细清洗阀芯或更换油液 (3)校直或更换阀芯
1. 阀芯不能移动	(4)阀芯与阀体孔配合间隙不当 ①间隙过大,阀芯在阀体内歪斜,使阀芯卡住 ②间隙过小,摩擦阻力增加,阀芯移不动	(4)检查配合间隙。阀芯直径小于 20mm 时,正常配合间隙为 0.008~0.015mm;阀芯直径大于 20mm 时,间隙为 0.015~0.025mm ①间隙太大,重配阀芯,也可采用电镀工艺 ②间隙太小,研磨阀芯
1. 阀芯不能移动	(5)弹簧太软,阀芯不能自动复位;弹簧太硬,阀芯推不到位 (6)手动换向阀的连杆磨损或失灵 (7)电磁换向阀的电磁铁损坏 (8)液动换向阀或电液换向阀两端的单向节流器失灵 (9)液动或电液动换向阀的控制压力油压力过低 (10)油液黏度太大 (11)油温太高,阀芯热变形卡住 (12)连接螺钉有的过松,有的过紧,致使阀体变形,致使阀芯移不动 (13)安装基面平面度误差超标,紧固后阀体也会变形	(5)更换弹簧 (6)更换或修复连杆 (7)更换或修复电磁铁 (8)仔细检查节流器是否堵塞、单向阀是否泄漏,并进行修复 (9)检查压力低的原因,对症解决 (10)更换黏度合适的油液 (11)查找油温高的原因并降低油温 (12)松开全部螺钉,重新均匀拧紧 (13)重磨安装基面,使基面平面度达到规定要求

续表

故障现象	产 生 原 因	排 除 方 法
2. 电磁铁线圈烧坏	(1)线圈绝缘不良 (2)电磁铁铁芯轴线与阀芯轴线同轴度不良 (3)供电电压太高 (4)阀芯被卡住,电磁力推不动阀芯 (5)回油口背压过高	(1)更换电磁铁线圈 (2)拆卸电磁铁重新装配 (3)按规定电压来纠正供电电压 (4)拆开换向阀,仔细检查弹簧是否太硬、阀芯是否被脏物卡住以及其他推不动阀芯的原因,进行修复并更换电磁铁线圈 (5)检查背压过高的原因,对症解决
3. 外泄漏	(1)泄油腔压力过高 (2)O形密封圈失效造成电磁阀推杆处外渗漏 (3)安装面粗糙 (4)安装螺钉松动 (5)漏装 O 形密封圈或密封圈失效	(1)检查泄油腔压力,如对于多个换向阀泄油腔串接在一起,则将它们分别接回油箱 (2)更换密封圈 (3)磨削安装面使其粗糙度符合产品要求(通常阀的安装面的粗糙度 Ra 不大于 $0.8\mu m$) (4)拧紧螺钉 (5)补装或更换 O 形密封圈
4. 噪声过大	电磁铁推杆过长或过短	修整或更换推杆

表 2-15　压力表开关的常见故障及其诊断排除方法

故障现象	产 生 原 因	排 除 方 法
1. 测压不准确	①阻尼孔堵塞,压力表指针剧烈跳动 ②阻尼调节过大,压力表指针摆动迟缓	①清洗或换油 ②阻尼大小调节适当
2. 内泄漏增大	阀口磨损过大,无法严格关闭,或密封面磨损过大,间隙增大,内泄漏量增大,使各测量点的压力互相串通	修复或更换被磨损的零件
3. 外渗漏增大	①压力表接口处密封不良 ②板式连接的压力表安装面处的密封圈失效	①重新加装密封材料 ②更换密封圈

表 2-16　流量控制阀的常见故障及其诊断排除方法

阀名称	故障现象	产 生 原 因	排 除 方 法
节流阀	1. 流量调节失灵	①密封失效 ②弹簧失效 ③油液污染致使阀芯卡阻	①拆检或更换密封装置 ②拆检或更换弹簧 ③拆开并清洗阀或换油
	2. 流量不稳定	①锁紧装置松动 ②节流口堵塞 ③内泄漏量过大 ④油温过高 ⑤负载压力变化过大	①锁紧调节螺钉 ②拆洗阀 ③拆检或更换阀芯与密封 ④降低油温 ⑤尽可能使负载不变化或少变化
	3. 行程节流阀不能压下或不能复位	①阀芯卡阻 ②泄油口堵塞致使阀芯反力过大 ③弹簧失效	①拆检或更换阀芯 ②泄油口接油箱并降低泄油背压 ③检查更换弹簧
调速阀	1. 流量调节失灵	见节流阀 1.	见节流阀 1.
	2. 流量不稳定	①调速阀进、出口接反,压力补偿器不起作用 ②～⑥见节流阀 2.	①检查并正确连接进、出口 ②～⑥见节流阀 2.
溢流节流阀	参照调速阀		
分流集流阀	1. 同步失灵(几个执行元件不同时运动)	油液污染或油温过高致使阀芯和换向活塞径向卡阻	拆检或清洗阀芯和换向活塞、换油、采取降温措施

续表

阀名称	故障现象	产生原因	排除方法
分流集流阀	2. 同步精度低	油液污染或油温过高致使阀芯和换向活塞轴向卡紧;使用流量过小和进、出口压差过小	拆检或清洗阀芯和换向活塞、换油,采取降温措施;使用流量应大于公称流量的 25%,进、出口压差不应小于 0.8~1MPa
	3. 执行元件运动到终点动作异常	常通小孔堵塞	拆检并清洗阀

(3) 特殊液压阀常见故障及其排除方法

特殊液压阀是在普通液压阀的基础上,为进一步满足某些特殊使用要求发展而成的液压阀,包括多路阀、叠加阀、插装阀、电液控制阀等,这些阀的结构、用途和特点各不相同。

① 多路阀 是一种以两个以上的滑阀式换向阀为主体,它通常将换向阀、单向阀、安全溢流阀、补油阀、分流阀、制动阀等集成为一体,而阀之间无连接管件,可对两个以上的执行元件集中操纵,一般具有方向和流量控制两种功能。多路阀主要用于车辆与工程机械等行走机械的液压系统中。一组多路阀通常由几个换向阀组成,每一个换向阀为一联。按油口连通方式多路阀有并联、串联、串并联、复合油路等形式,每种连通方式的特点和功能不同。多路阀的常见故障及其诊断排除方法见表 2-17。

② 叠加阀 由几种阀相互叠加起来靠螺栓紧固为一整体而组成回路的阀类,其阀体兼作系统的公用油道体,内部构造与普通液压阀基本相同,其常见故障及其诊断排除方法与普通液压阀类似,可参见本小节 (2) 中相关内容。

③ 插装阀 没有阀体,主要由插装元件(简称插件)、先导控制阀(小规格电磁阀、压力阀和流量阀等)和集成块三部分组成。由于先导控制阀与常规液压阀相同,故先导控制阀的故障及其诊断排除方法可参照本小节 (2) 中的相关内容。插装元件的实质从原理上讲就是起"开"和"关"的作用,从结构上看,相当于一个单向阀。集成块是一个油道体,各插件插入其孔腔中,通过内部通道实现油路联系。插装阀的常见故障及其诊断排除方法见表 2-18。

表 2-17 多路阀的常见故障及其诊断排除方法

故障现象	产生原因	排除方法
1. 滑阀不能复位及定位位置不能定位	①复位弹簧变形 ②定位弹簧变形 ③定位套磨损 ④阀体与阀芯之间不清洁 ⑤阀外操纵机构不灵活	①更换复位弹簧 ②更换定位弹簧 ③更换定位套 ④拆洗 ⑤调整阀外操纵机构,重新拧紧连接螺钉
2. 外泄漏	①换向阀阀体两端 O 形密封圈损坏 ② 各阀体接触面间 O 形密封圈损坏	更换 O 形密封圈
3. 安全阀压力调不上去或不稳定	①调压弹簧变形 ②先导阀磨损 ③锁紧螺母松动 ④主阀芯的阻尼孔堵塞 ⑤液压泵不良	①更换调压弹簧 ②修复、更换先导阀 ③拧紧锁紧螺母 ④清洗主阀芯,使阻尼孔畅通 ⑤检修或更换液压泵
4. 滑阀在中位时工作机构明显下沉	①阀体与滑阀间因磨损间隙增大 ②滑阀位置没有对中 ③锥形阀处磨损或被污物垫住 ④R 形滑阀内钢球与钢球座棱边接触不良	①修复或更换滑阀 ②使滑阀位置保持对中 ③更换锥形阀或清除污物 ④更换钢球或修整棱边

表 2-18　插装阀的常见故障及其诊断排除方法

故障现象	产　生　原　因	排　除　方　法
1. 失去"开"和"关"的作用,不动作	主要是由于阀芯卡死在开启或关闭的位置上: ①油液中的污物进入阀芯与阀套的配合间隙中 ②阀芯棱边处有毛刺,或者阀芯外表面有损伤 ③阀芯外圆和阀套内孔几何精度差,产生液压卡紧 ④阀套嵌入集成块的过程中,内孔变形或者阀芯和阀套配合间隙过小而卡住阀芯	过滤或更换油液,保持油液清洁,处理阀芯和阀套的配合间隙至合理值,并注意检测阀芯和阀套的加工精度
2. 反向开启,不能可靠关闭	①控制油路无压力或压力突降 ②控制油路的梭阀被污染或密封性差	①在控制油路上增加梭阀,确保控制油路的压力,使插装元件可靠关闭 ②控制油路上若有梭阀,清洗梭阀或更换密封件
3. 不能封闭保压	①普通电磁换向阀(滑阀式)作先导阀,由于该阀泄漏,造成插装单元不能保压 ②插装元件的阀芯与阀套的配合锥面不密合或阀套外圆柱面上的 O 形密封圈失效	①采用零泄漏电磁球阀或外控式液控单向阀为导阀 ②提高阀芯与阀座的加工精度,确保良好的密封或更换密封圈
4. 内、外泄漏	①阀芯与阀套配合间隙超差或锥面密合不良造成内泄漏 ②先导控制阀与插装元件之间的接合面密封圈损坏造成外泄漏	①提高阀芯与阀座的加工精度,确保良好的密封 ②更换密封圈

④ 电液控制阀（电液伺服阀和电液比例阀）　电液伺服阀是接受电气模拟控制信号并输出对应的模拟液体功率的阀类，阀的控制水平、控制精度和响应特性较高，工作时着眼于阀的零点（一般指输入信号为零的工作点）附近的性能及其连续性。电液伺服阀主要由电气-机械转换器、液压放大器和检测反馈机构等部分组成，是一个典型的机电液一体化控制元件，主要用于控制精度和响应特性要求较高的闭环自动控制系统。伺服阀有单、两级流量伺服阀、三级流量伺服阀、压力伺服阀等类型。由于电液伺服阀结构的复杂性和精密性，高昂的制造成本与较高的动静特性和使用维护技术要求，极易因油液污染等原因引起诸如压力或流量不能连续控制等故障，所以它堪称一个"富贵"元件。电液伺服阀的常见故障及其诊断排除方法见表 2-19。

表 2-19　电液伺服阀的常见故障及其诊断排除方法[①]

故障现象	产　生　原　因	排　除　方　法
1. 阀不工作(伺服阀无流量或压力输出)	①外引线或线圈断路 ②插头焊点脱焊 ③进、出油口接反或进、出油路未接通	①接通线路 ②重新焊接 ③改变进、出油方向或接通油路
2. 伺服阀输出流量或压力过大或不可控	①阀控制级堵塞或阀芯被脏物卡住 ②阀体变形使阀芯卡死或底面密封不良	①过滤油液并清理堵塞处 ②检查密封面,减小变形
3. 伺服阀输出流量或压力不能连续控制	①油液污染严重 ②系统反馈断开或出现正反馈 ③系统存在间隙、摩擦或其他非线性因素 ④阀的分辨率差,滞环增大	①更换或充分过滤油液 ②接通反馈,改成负反馈 ③设法减小 ④提高阀的分辨率,减小滞环
4. 伺服阀反应迟钝,响应降低,零漂增大	①油液脏,阀控制级堵塞 ②系统供油压力低 ③调零机构或电气-机械转换器部分(如力矩马达)零件松动	①过滤、清洗 ②提高系统供油压力低 ③检查、拧紧
5. 系统出现抖动或振动	①油液污染严重或混入大量气体 ②系统开环增益太大,系统接地干扰 ③伺服放大器电源滤波不良 ④伺服放大器噪声大 ⑤阀线圈或插头绝缘变差 ⑥阀控制级时通时堵	①更换或充分过滤、排除空气 ②减小增益,消除接地干扰 ③处理电源 ④处理放大器 ⑤更换 ⑥过滤油液,清理控制级

故障现象	产生原因	排除方法
6. 系统变慢	①油液污染严重 ②系统极限环振荡 ③执行元件及工作机构阻力大 ④伺服阀零位灵敏度差 ⑤阀的分辨率差	①更换或充分过滤 ②调整极限环参数 ③减小摩擦力,检查负载情况 ④更换或充分过滤油液,锁紧零位调整机构 ⑤提高阀的分辨率
7. 外泄漏	①安装面精度差或有污物 ②安装面密封件漏装或老化损坏 ③弹簧管损坏	①清理安装面 ②补装或更换 ③更换

　① 电液伺服控制系统出现故障时,应首先检查和排除电路和伺服阀以外各组成部分的故障。当确认伺服阀有故障时,应按产品说明书的规定拆检清洗或更换伺服阀内的滤芯或按使用情况调节伺服阀零偏,除此之外用户一般不得分解伺服阀。如故障仍未排除,则应妥善包装后返回制造商处修理排除。维修后的伺服阀,应妥为保管,以防二次污染。

　　电液比例阀是介于普通液压阀和电液伺服阀之间的一种液压阀,此类阀可根据输入的电气控制信号（模拟量）信号的大小成比例、连续、远距离控制液压系统中液体的流动方向、压力和流量,多用于开环系统,也可用于闭环系统。电液比例阀包括比例压力阀、比例流量阀,比例换向阀、比例复合阀和比例多路阀等。电液比例阀的结构组成与伺服阀类似,但一般的电液比例阀,其主体结构组成及特点与常规液压阀相差无几,故其常见故障及其诊断排除方法可参看本小节（2）中的相关内容。而其电气-机械转换器部分的常见故障及其诊断排除方法可参看产品说明书。

　　对于电液伺服比例方向阀等高性能比例阀,其常见故障及其诊断排除方法参看本小节电液伺服阀的相关内容。

2.2.3　液压辅件常见故障及其诊断排除方法

　　液压辅助元件是油箱、过滤器、蓄能器、连接件与密封装置等元件的统称,是液压系统不可缺少的重要部分,其性能对系统的工作稳定性、可靠性、寿命等工作性能的优劣有直接的影响。

　　油箱的常见故障及其诊断排除方法见表2-20。

　　过滤器的常见故障及其诊断排除方法见表2-21。

　　蓄能器的常见故障及其诊断排除方法见表2-22。

　　连接件包括油管、管接头和油路块,其常见故障及其诊断排除方法见表2-23。

　　密封装置中,非金属密封件应用较为普遍,其常见故障及其诊断排除方法可参见表2-38。

表 2-20　油箱的常见故障及其诊断排除方法

故障现象	产生原因	排除方法
1. 油箱温升过高	①油箱离热源近,环境温度高 ②系统设计不合理,压力损失大 ③油箱散热面积不足 ④油液黏度选择不当	①避开热源 ②改进设计,减小压力损失 ③加大油箱散热面积或强制冷却 ④正确选择油液黏度
2. 油箱内油液污染	①油箱内有油漆剥落片、焊渣等 ②防尘措施差,杂质及粉尘进入油箱 ③水与油混合(冷却器破损)	①采取合理的油箱内表面处理工艺 ②采取防尘措施 ③检查漏水部位并排除
3. 油箱内油液与空气难以分离	油箱设计不合理	油箱内设置消泡隔板将吸油和回油隔开(或加金属斜网)
4. 油箱振动、有噪声	①电动机与泵同轴度误差大 ②液压泵吸油阻力大 ③油液温度偏高 ④油箱刚性太差	①通过调整,减小同轴度误差 ②控制油液黏度,加粗吸油管 ③控制油温,减少空气分离量 ④提高油箱刚性

表 2-21　过滤器的常见故障及其诊断排除方法

故障现象	产生原因	排除方法
1. 网式、烧结式滤油器滤芯变形	滤油器强度低且严重堵塞,通流阻力大幅增加,在压差作用下,滤芯变形或损坏	更换高强度滤芯或更换油液
2. 烧结式滤油器滤芯颗粒脱落	滤芯质量不合要求	更换滤芯
3. 网式滤油器金属网与骨架脱焊	锡铜焊料的熔点仅为183℃,而过滤器进口温度已达117℃,焊接强度大幅降低(常发生在高压泵吸油口处的网式滤油器上)	将锡铜焊料改为高熔点银镉焊料

表 2-22　蓄能器的常见故障及其诊断排除方法

故障现象	产生原因	排除方法
1. 供油不均	活塞或皮囊运动阻力不均	检查活塞密封圈或皮囊并排除运动阻碍
2. 皮囊内压力充不起来	①充气瓶(充氮车)无氮气或气压低 ②气阀泄漏 ③皮囊或蓄能器盖向外漏气	①补充氮气 ②修理或更换已损零件 ③紧固密封或更换已损零件
3. 供油压力太低	①充气压力低 ②蓄能器漏气	①及时充气 ②紧固密封或更换已损零件
4. 供油量不足	①充气压力低 ②系统工作压力范围小且压力过高 ③蓄能器容量偏小	①及时充气 ②调整系统压力 ③更换大容量蓄能器
5. 不向外供油	①充气压力低 ②蓄能器内部泄油 ③系统工作压力范围小且压力过高	①及时充气 ②检查活塞密封圈或皮囊,找出泄漏原因,及时修理或更换 ③调整系统压力
6. 系统工作不稳定	①充气压力低 ②蓄能器漏气 ③活塞或皮囊运动阻力不均	①及时充气 ②紧固密封或更换已损零件 ③检查受阻原因并排除

表 2-23　油管、管接头和油路块的常见故障及其诊断排除方法

故障现象	产生原因	排除方法
漏油	软管破裂,接头处漏油	更换软管,采用正确连接方式
	钢管与接头连接处密封不良	连接部位用力均匀,注意表面质量
	焊接管与接头处焊接质量差	提高焊接质量
	24°锥结构(卡套式)接合面质量差	更换卡套,提高24°锥表面质量
	螺纹连接处未拧紧或拧得太紧	螺纹连接处用力均匀拧紧
	螺纹牙形不一致	螺纹牙形要一致
	板式阀的油路块之间的叠积面处或阀与块的安装面间漏装密封圈或密封圈老化	加装或更换密封圈
	插装阀油路块上的插装元件漏装密封圈或密封圈老化	加装或更换密封圈
	油路块上阀的安装面或孔精度低或有污物	提高安装面或孔的精度或清除污物
振动和噪声	液压系统共振	合理控制振源,加装蓄能器或消声器及滤波器
	双泵双溢流阀设定压力过近	控制压差大于1MPa
橡胶软管失效	内胶层腐蚀	液压软管腐蚀经常会导致外部泄漏。内胶层腐蚀通常是由集中高速流体的作用或者由流体中的细小颗粒所导致。为了避免内胶层腐蚀,根据建议的最大流速来确定适当的软管通径。此外,应确保软管总成没有产生过紧的弯曲,以及流体介质对软管的内胶层不会产生过大的磨蚀。在软管组装过程中,要遵守每种软管工程规范中所规定的最大弯曲半径以及直径要求

故障现象	产生原因	排除方法
橡胶软管失效	液体兼容性差	不兼容的液体将会导致软管总成内胶层变质、膨胀和脱层。在某些情况下，内胶层也可能会部分被破坏。因此软管必须与所传输的液体兼容。应确保液体不仅与内胶层兼容，并且也与外胶层、接头甚至 O 形密封圈兼容
	陈旧或干燥空气	软管的内胶层可能会由于陈旧或干燥空气而产生许多微小裂缝。有时此类故障难以被发现，因软管仍然可以保持柔性，但是会出现外部泄漏的迹象。为了避免陈旧或干燥空气问题，应确认软管评级是否适合极度干燥空气
	弯曲半径过小	如果不满足最小弯曲半径，那么软管总成可能会快速失效。在真空或抽吸应用当中，如果超过最小弯曲半径，软管可能会在弯曲区域变得扁平。这将会阻碍或限制介质的流动。如果弯曲过于严重，软管可能会发生扭结。故为了防止发生最小弯曲半径软管故障，应当仔细核查所建议的弯曲半径
	插入深度不满足要求	当软管总成未获得正确扣压时，可能会造成非常危险的情况。因此必须将接头完全推到软管上，以便满足所建议的插入深度要求。接头外壳上最后一圈的抓握力对于软管保持强度来说非常重要
	污染	对于液压软管总成来说，污染可能会导致多种问题。在切割软管时，如果没有进行适当冲洗，金属颗粒和碎屑可能会沉积在软管内。这些遗留在软管内的磨料将会污染液压系统。此外，它还可能导致在软管总成的内管上产生小裂纹，从而导致泄漏。为了防止因污染所导致的软管故障，软管在插入接头之前必须进行适当清洁。总成扣压完成之后，应确保将端头装上，以便保持软管清洁，避免在运输过程中产生二次污染
	热老化	软管总成过热也会导致软管故障。过热将会导致软管变得非常硬，并开始开裂，因为弹性体当中的增塑剂会在高温下分解或硬化。在某些情况下，覆盖层可能会显示干燥过度的迹象。软管总成在移除之后可能会保持安装时的形状，如果对其进行弯曲，将会听到碎裂的声音。为了防止液压软管总成过热，应确认软管的额定温度符合应用的温度要求。此外，采取降温措施或使用防护罩和屏蔽层，将可保护软管免于附近高温区域的影响
	磨损	液压软管每天都需要经历严苛环境，其影响最终将会在软管上显现出来。若不定期进行检查，磨损可能会导致软管总成发生破裂和泄漏。如果软管与外部物体甚至另外一条软管发生过度摩擦，将会磨掉软管上的涂覆层，并最终磨损强化层。因此应正确组装和安装软管，以延长软管的寿命，进而减少停机时间和维护成本

2.3　液压系统共性故障及其诊断排除方法

液压系统常见的故障类型有执行元件动作失常、系统压力失常、系统流量失常、振动与噪声大、系统过热等。

2.3.1　液压执行机构动作失常故障及其诊断排除方法

液压缸、液压马达和摆动液压马达在带动其工作机构工作中动作失常是液压系统最容易直接观察到的故障［如系统正常工作中，执行元件突然动作变慢（快）、爬行或不动作等］，其诊断排除方法见表 2-24。

表 2-24　液压执行机构动作失常故障及其诊断排除方法

故障现象	产 生 原 因	排 除 方 法
无动作	系统无压力或流量	按表 2-25 和表 2-26
	执行元件磨损	大修或更换
	限位或顺序装置调整不当或不工作	大修或更换
	电液控制阀不工作	大修或更换
	电液伺服阀、电液比例阀的放大器无指令信号	修复指令装置或连线
	电液伺服阀、电液比例阀的放大器不工作或调整不当	调整、修复或更换
动作过慢	流量不足	按表 2-26
	液压介质黏度过高	检查油温和介质黏度,需要时换油
	执行元件磨损	大修或更换
	液压阀控制压力不当	按表 2-25
	主机导轨缺乏润滑	润滑
	伺服阀卡阻	清洗并调整或更换伺服阀;检查系统油液和过滤器状态
	电液伺服阀、电液比例阀的放大器失灵或调整不当	调整、修复或更换
动作过快	流量过大	按表 2-26
	超越负载作用	平衡或布置其他约束
	反馈传感器失灵	大修或更换
	电液伺服阀、电液比例阀的放大器失灵或调整不当	调整、修复或更换
动作不规则	压力不规则	按表 2-25
	液压介质混有空气	按表 2-25
	主机导轨缺乏润滑	润滑
	执行元件磨损	大修或更换
	指令信号不规则	修复指令板或连线
	反馈传感器失灵	大修或更换
	电液控制阀的放大器失灵或调整不当	调整、修复或更换
不换向	换向阀故障	按表 2-14
	系统无压力或流量	按表 2-25 和表 2-26
锁紧不可靠	液压缸缸筒与活塞的密封圈损坏	更换密封圈
	利用三位换向阀中位锁紧,但滑阀磨损间隙大,泄漏大	更换
	利用液控单向阀锁紧,但三位换向阀中位机能不能使液控单向阀控制油路卸压致使锥阀不能关闭;锥阀密封带接触不良	更换中位机能可使液控单向阀控制油路卸压的三位换向阀或配研修复锥阀
	液压马达的液压缸制动器弹簧失效或折断	检修更换
顺序动作不正常	顺序阀或压力继电器的调压值太接近先动作执行元件的工作压力;与溢流阀的调压值也相差不大	将顺序阀或压力继电器的调压值调为大于先动作执行元件工作压力 0.5～1.0MPa;将顺序阀或压力继电器的调压值调为小于溢流阀调整压力 0.5～1.0MPa

2.3.2　液压系统压力失常故障及其诊断排除方法

液压系统压力失常故障及其诊断排除方法见表 2-25。

表 2-25　液压系统压力失常故障及其诊断排除方法

故障现象	产 生 原 因	排 除 方 法
无压力	无流量	按表 2-26
压力过低	存在溢流通路	按表 2-26
	减压阀调压值不当	重新调整到正确压力

续表

故障现象	产生原因	排除方法
压力过低	减压阀损坏	维修或更换
	液压泵或执行元件损坏	维修或更换
压力过高	系统中的压力阀(溢流阀、卸荷阀与减压阀或背压阀)调压不当	重新调整到正确压力
	变量液压泵或变量马达的变量机构失灵	维修或更换
	压力阀磨损或失效	维修或更换
压力不规则	油液中混有空气	排除空气
	溢流阀磨损	维修或更换
	油液污染	更换堵塞的过滤器滤芯,给系统换油
	蓄能器充气丧失或蓄能器失效	检查充气阀的密封状态,充气到正确压力,蓄能器失效则大修
	液压泵、液压缸及液压阀磨损	检修液压泵、液压缸、液压阀内部易损件磨损情况和系统各连接处的密封性

2.3.3 液压系统流量失常故障及其诊断排除方法

液压系统流量失常故障及其诊断排除方法见表 2-26。

表 2-26 液压系统流量失常故障及其诊断排除方法

故障现象	产生原因	排除方法
无流量	电动机不工作	大修或更换
	液压泵转向错误	检查电动机接线,改变旋转方向
	联轴器打滑	更换或找正
	油箱液位过低	注油到规定高度
	方向控制设定位置错误	检查手动位置,检查电磁阀控制电路,修复或更换控制泵
	全部流量都溢流(串流)	调整溢流阀
	液压泵磨损	维修或更换
	液压泵装配错误	重新装配
流量不足	液压泵转速过低	在一定压力下把转速调整到需要值
	流量设定过低	重新调整
	溢流阀、卸荷阀调压值过低	重新调整
	流量被旁通回油箱	拆修或更换,检查手动位置,检查电磁阀控制电路,修复或更换控制泵
	油液黏度不当	检查油温或更换黏度合适的油液
	液压泵吸油不良	加大吸油管径,增加吸油过滤器的流通能力,清洗过滤器滤网,检查是否有空气进入
	液压泵变量机构失灵	拆修或更换
	系统外泄漏过大	旋紧漏油的管接头
	泵、缸、阀内部零件及密封件磨损,内泄漏过大	拆修或更换
流量过大	流量设定值过大	重新调整
	变量机构失灵	拆修或更换
	电动机转速过高	更换转速正确的电动机
	液压泵规格错误	更换规格正确的液压泵
流量脉动过大	液压泵固有脉动过大	更换液压泵,或在泵出口增设吸收脉动的蓄能器或亥姆霍兹消声器
	原动机转速波动	检查供电电源状况,若电压波动过大,待正常后工作或采取稳压措施,检查内燃机运行状态,使其正常

2.3.4 液压系统异常振动和噪声故障及其诊断排除方法

液压系统异常振动和噪声故障及其诊断排除方法见表 2-27。

表 2-27　液压系统异常振动和噪声故障及其诊断排除方法

故障部位	产 生 原 因	排 除 方 法
液压泵	内部零件卡阻或损坏	修复或更换
	轴颈油封损坏	清洗、更换
	进油口密封圈损坏	更换
液压马达	制造精度不高	更换
	个别零件损坏	检修更换
	联轴器松动或同轴度差	重新安装
	管接头松动漏气	重新拧紧使其紧密
溢流阀	阻尼孔被堵死	清洗
	阀座损坏	修复
	弹簧疲劳或损坏,阀芯移动不灵活	更换弹簧,清洗、去毛刺
	远程调压管路过长,产生啸叫声	在满足使用要求的情况下,尽量缩短该管路长度
电液阀	电磁铁失灵	检修
	控制压力不稳定	选用合适的控制油路
液压管路	液压脉动	在液压泵出口增设蓄能器或消声器及滤波器
	管长与元件安装位置匹配不合理	合理确定管长与元件安装位置
	吸油过滤器阻塞	清洗或更换
	吸油管路漏气	改善密封性
	油温过高或过低	检查温控组件工作状况
	管夹松动	紧固
液压油	液位低	按规定补足
	油液污染	净化或更换
机械部分	液压泵与原动机的联轴器同轴度差或松动	重新调整,紧固螺钉
	原动机底座、液压泵支架、固定螺钉松动	紧固螺钉
	机械传动零件(传动带、齿轮、齿条,轴承、杆系)及电动机故障	检修或更换

2.3.5　液压系统过热故障及其诊断排除方法

液压系统过热故障及其诊断排除方法见表 2-28。

表 2-28　液压系统过热故障及其诊断排除方法

故障部位	产 生 原 因	排 除 方 法
液压泵	气蚀	清洗过滤器滤芯和进油管路,调整液压泵转速,维修或更换补油泵
	油中混有空气	给系统放气,旋紧漏气的接头
	溢流阀或卸荷阀调压值过高	调至正确压力
	过载	找正并检查密封和轴承状态,布置并纠正机械约束,检查工作负载是否超过回路设计
	泵磨损或损坏	维修或更换
	油液黏度不当	检查油温或更换油液
	冷却器失灵	维修或更换
	油液污染	清洗过滤器或换油
液压马达	溢流阀或卸荷阀调压值过高	调至正确压力
	过载	找正并检查密封和轴承的状态,布置并纠正机械约束,检查工作负载是否超过回路设计
	马达磨损或损坏	维修或更换
	油液黏度不当	检查油温或更换油液
	冷却器失灵	维修或更换
	油液污染	清洗过滤器或换油
溢流阀	设定值错误	调至正确压力
	液压阀磨损或损坏	维修或更换
	油液黏度不当	检查油温或更换油液

续表

故障部位	产生原因	排除方法
溢流阀	冷却器失灵	维修或更换
	油液污染	清洗过滤器或换油
电磁阀	电源错误	更正
	油液黏度不当	检查油温或更换油液
	冷却器失灵	维修或更换
	油液污染	清洗过滤器或换油

2.3.6 液压油起泡故障及其诊断排除方法

液压油起泡故障及其诊断排除方法见表 2-29。

表 2-29 液压油起泡故障及其诊断排除方法

故障部位	产生原因	排除方法
吸油口	吸油管路泄漏	检查处理
	油箱液位过低	适量加油
液压泵及回油管路	液压泵转轴密封或吸油端密封损坏	检查更换密封件或进行处理
	回油管路未浸入油中	采取措施使回油管路浸入油中

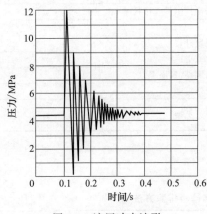

图 2-3 液压冲击波形

2.3.7 液压系统的冲击及其控制

在液压系统中，由于某种原因引起的系统压力在瞬间骤然急剧上升，形成很高的压力峰值，此种现象称为液压冲击。液压冲击时产生的压力峰值往往比正常工作压力高出几倍（图 2-3），故常使液压元件、管道及密封装置损坏失效，引起系统振动和噪声，还会使顺序阀、压力继电器等压力控制元件产生误动作，造成人身及设备事故。所以，正确分析并采取有效措施防止或减小液压冲击，对于高精度加工设备、仪器仪表等机械设备的液压系统尤为重要。液压系统的冲击及其控制措施见表 2-30。

表 2-30 液压系统的冲击及其控制措施

产生原因	防止措施
液压泵带载启动产生压力超调	空载启动液压泵
工作机构快慢速换接时的惯性作用,限压式变量泵自动变量机构灵敏度不够	采用行程节流阀,双泵系统使大泵提前卸荷,变量泵系统使用安全阀
执行元件制动时,换向阀关闭瞬间,因惯性引起回油路压力升高,换向阀关闭时管路中流量变化快	在回油路加安全阀,用节流阀调节换向阀移动速度,或用带阻尼器的电液动换向阀代替电磁换向阀
工作负载突然消失,引起前冲现象,冲击性负载作用	设置背压阀或缓冲装置,工作缸接超载安全阀
因油液的压缩性,当困在液压执行元件中的大量高压油突然与大气接通时产生冲击	采用节流阀使高压油在换向时逐渐降压,采用带卸载阀芯的液控单向阀泄压
背压阀调压值过低,溢流阀存在故障使系统压力突然升高	提高背压阀压力,排除溢流阀故障
系统中有大量空气	排除空气

2.3.8 气穴现象及其防止

在液压系统中，由于绝对压力降低至油液所在温度下的空气分离压 p_g（小于一个大气压）时，使原溶入液体中的空气分离出来形成气泡的现象，称为气穴现象（或称空穴现象）。气穴现象会破坏液流的连续状态，造成流量和压力的不稳定。当带有气泡的液体进入高压区时,气泡将急速缩小或溃灭,从而在瞬间产生局部液压冲击和高温,并引起强烈的振动及噪声。过高的温度将加速工作液的氧化变质。如果这个局部液压冲击作用在金属表面上,金属壁面在反复液压冲击、高温及游离出来的空气中氧的侵蚀下将产生剥蚀(气蚀)。有时,气穴现象中分离出来的气泡还会随着液流聚集在管道的最高处或流道狭窄处而形成气塞,破坏系统的正常工作。

气穴现象多发生在压力和流速变化剧烈的液压泵吸油口和液压阀的阀口处,预防气穴及气蚀的主要措施见表 2-31。

表 2-31　预防气穴及气蚀的主要措施

序号	预 防 措 施
1	减小孔口或缝隙前后压力差,使孔口或缝隙前后压力差之比 $p_1/p_2 < 3.5$
2	合理确定液压泵吸油方式。限制液压泵吸油口至油箱油面的安装高度(一般吸油高度不大于 500mm)或限制液压泵的自吸真空度(一般不大于 0.03MPa),尽量减少吸油管道中的压力损失,必要时将液压泵浸入油箱的油液中或采用倒灌吸油(泵置于油箱下方),以改善吸油条件
3	按说明书规定选择驱动泵的电动机或内燃机转速
4	适当加大吸油管径、缩短长度、降低流速等,提高各元件接合处管道和接头的密封性,防止空气侵入
5	进、回油管隔开一段距离(隔板),回油管应插入液面以下(100mm),回油路要有适当背压(约 0.5MPa)
6	油箱加足油液,防止液压泵吸空
7	对易产生气蚀的零件采用耐腐蚀性强的材料,增加零件的机械强度,并降低其表面粗糙度

2.3.9　液压卡紧及其消除

因毛刺和污物楔入液压元件配合间隙的卡阀现象,称为机械卡紧;液体流过阀芯与阀体(阀套)间的缝隙时,作用在阀芯上的径向力使阀芯卡住,称为液压卡紧。轻度的液压卡紧,使液压元件内的相对移动件(如阀芯、叶片、柱塞、活塞等)运动时的摩擦增加,造成动作迟缓,甚至动作错乱的现象。严重的液压卡紧,使液压元件内的相对移动件完全卡住,不能运动,造成不能动作(如换向阀不能换向,柱塞泵柱塞不能运动而实现吸油和压油等)、手柄的操作力增大等。消除液压卡紧和其他卡阀现象的措施见表 2-32。

表 2-32　消除液压卡紧和其他卡阀现象的措施

序号	预 防 措 施
1	提高阀芯与阀体孔的加工精度,提高其形状和位置精度。目前液压件生产厂家对阀芯和阀体孔的形状精度,如圆度和圆柱度能控制在 0.03mm 以内,达到此精度一般不会出现液压卡紧现象
2	在阀芯表面开如图 2-4 所示的均压槽(槽宽和槽深一般为 0.3~1mm),且保证均压槽与阀芯外圆同心
3	采用锥形台肩(图 2-5),台肩小端朝着高压区(顺锥),利于阀芯在阀孔内径向对中
4	有条件者使阀芯或阀体孔作轴向或圆周方向的高频小振幅振动(50~200Hz、幅值不超过 20% 的正弦或其他波形的电流),此法多用于电液伺服阀和电液比例阀中
5	仔细清除阀芯台肩及阀体孔沉割槽锐边上的毛刺,防止碰伤阀芯和阀体孔
6	提高油液的清洁度,控制系统温升

图 2-4　阀芯表面开均压槽

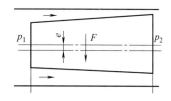

图 2-5　液压阀芯顺锥安放

2.3.10　液压控制系统常见故障及其诊断排除方法

液压控制系统有开环控制和闭环控制之分。当液压控制系统出现故障后,为了迅速准确地判断和查出故障器件，机械、液压和电气工作者应协同配合。为了对系统进行正确的分析，除了要熟悉每个器件的技术特性外，还必须具有分析相关工作循环图、液压原理图和电气接线图的能力。开环和闭环液压控制系统如果出现故障，可以分别参考表 2-33、表 2-34 进行诊断和排除。

表 2-33　开环液压控制系统的故障诊断

故障现象	故障原因	
	机械/液压部分	电气/电子部分
轴向运动不稳定,压力或流量波动	液压泵故障;管道中有空气;液体清洁度不合格;两级阀先导控制油压不足;液压缸密封摩擦力过大引起忽停忽动;液压马达速度低于最低许用速度	电功率不足;信号接地屏蔽不良,产生电干扰;电磁铁通断电引起电或电磁干扰
执行机构动作超限	软管弹性过大;遥控单向阀不能及时关闭;执行器内空气未排尽;执行器内部泄漏	偏流设定值太高;斜坡时间太长;限位开关超限;电气切换时间太长
停顿或不可控制的轴向运动	液压泵故障;控制阀卡阻(由于脏污);手动阀及调整装置不在正确位置上	接线错误;控制回路开路;信号装置整定不当或损坏;断电或无输入信号;传感器机构校准不良
执行机构运行太慢	液压阀内部泄漏;流量控制阀整定值太低	输入信号不正确,增益值调整不正确
输出的力和力矩不够	供油及回油管道阻力过大;控制阀压力设定值太低;控制阀两端压降过大;泵和阀由于摩损而内部泄漏	输入信号不正确,增益值调整不正确
工作时系统内有撞击	阀切换时间太短;节流口或阻尼损坏;蓄能系统前未节流;机构重量或驱动力过大	斜坡时间太短
工作温度太高	管道截面不够;连续大量溢流消耗;压力设定值过高;冷却系统不工作;工作中断或间歇期间无压力卸荷	
噪声过大	过滤器堵塞;液压油起泡沫;液压泵组安装松动;吸油管阻力过大;控制阀振动;阀电磁铁腔内有空气	高频脉冲调整不正确
控制信号输入系统后执行器不动作	系统油压不正常;液压泵、溢流阀和执行器有卡锁现象	放大器的输入、输出电信号不正常,电液阀的电信号有输入和有变化时,液压输出也正常,可判定电液阀不正常。阀故障一般应由生产厂家处理
控制信号输入系统后执行器向某一方向运动到底		传感器未接入系统;传感器的输出信号与放大器误接
执行器零位不准确	阀调零不正常	阀的调零偏置信号调节不当;阀的颤振信号调节不当
执行器出现振荡	系统油压太高	放大器的放大倍数调得过高;传感器的输出信号不正确
执行器跟不上输入信号的变化	系统油压太低;执行元件和运动机构之间游隙太大	放大器的放大倍数调得过低
执行机构出现爬行现象	油路中气体没有排尽;运动部件的摩擦力过大;液压源压力不够	

表 2-34　闭环液压控制系统的故障诊断

故障现象	故障原因	
	机械/液压部分	电气/电子部分
1. 静态工况		
低频振荡	液压功率不足;先导控制压力不足;阀磨损或脏污	比例增益设定值太低;积分增益设定值太低;采样时间太长

故 障 现 象		故障原因	
		机械/液压部分	电气/电子部分
1. 静态工况			
高频振荡		液体起泡沫;阀因摩损或脏污有故障;阀两端压降大大;阀电磁铁室内有空气	比例增益设定值太高;电干扰
短时间内出现一个或两个方向的高峰(随机性的)		机械连接不牢固;阀电磁铁室内有空气;阀因磨损或脏污有故障	偏流不正确;电磁干扰
自激放大振荡		液压软管弹性过大;机械非刚性连接;阀两端压降过大;液压阀增益过大	比例增益值太高;积分增益值太高
2. 动态工况:阶跃响应			
一个方向的超调		阀两端压降过大	微分增益值太低;插入了斜坡时间
两个方向的超调		机械连接不牢固;软管弹性过大;控制阀离驱动机构太远	比例增益设定值太高;积分增益设定值太低
逼近设定值的时间长		控制阀压力灵敏度过低	比例增益设定值太低;偏流不正确
驱动未达到设定值		压力或流量不足	积分增益设定值太高;增益及偏流不正确;比例及微分增益设定值太低
不稳定控制		反馈传感器接线时断时续;软管弹性过大;阀电磁铁室内有空气	比例增益设定值太高;积分增益设定值太低;电噪声
抑制控制		反馈传感器机械方面未校准;液压功率不足	电功率不足;没有输入信号或反馈信号;接线错误
重复精度低及滞后时间长		反馈传感器接线时断时续	比例增益设定值太高;积分增益设定值太低

故障现象		故障原因	
		机械/液压部分	电气/电子部分
3. 动态工况：频率响应			

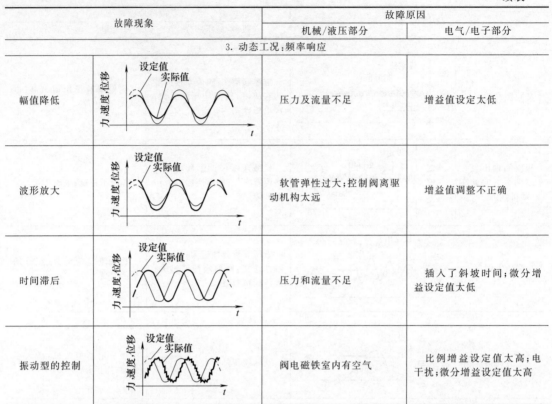

故障现象	机械/液压部分	电气/电子部分
幅值降低	压力及流量不足	增益值设定太低
波形放大	软管弹性过大；控制阀离驱动机构太远	增益值调整不正确
时间滞后	压力和流量不足	插入了斜坡时间；微分增益设定值太低
振动型的控制	阀电磁铁室内有空气	比例增益设定值太高；电干扰；微分增益设定值太高

2.3.11 液压系统泄漏故障及其诊断排除方法

(1) 泄漏及其危害

液压系统中的油液，由于某种原因越过了边界，流至其不应去的其他容腔或系统外部，称为泄漏。从元件的高压腔流到低压腔的泄漏称为内泄漏，从元件或管路中流到外部的泄漏称为外泄漏。液压系统泄漏的主要部位有管接头、固定接合面、轴向滑动表面密封处和旋转轴密封处等。泄漏的主要危害见表 2-35。

表 2-35　液压系统泄漏的主要危害

序号	项　　目
1	浪费液压介质
2	污染环境，限制了液压技术在医药、卫生、食品等领域的应用
3	降低系统的容积效率，影响液压系统的正常工作
4	影响和制约液压技术应用、声誉和发展，泄漏已成为某些液压元件和系统高压化的瓶颈

(2) 密封装置及其使用与故障排除

为了控制液压系统的泄漏，首先要对液压系统各组成部分的泄漏量加以限制。控制泄漏主要靠密封装置及其正确选用和使用，靠密封装置有效地发挥作用。

液压密封分为静密封与动密封两大类：工作零件间无相对运动的密封称为静密封；工作零件间有相对运动的密封称为动密封，动密封又可分为往复运动密封和旋转运动密封两类。密封件是实现密封的重要元件，常用密封件及材料见表 2-36。液压密封又可分为间隙密封、橡胶密封圈密封、组合密封等多种类型，其中最常用的是种类繁多的橡胶密封圈密封（它们既可用于静密封，也可用于动密封）。橡胶密封圈的尺寸系列、预压缩量、安装沟槽的形状、尺寸及加工精度和粗糙度等都已标准化，常用橡胶密封件标准目录见表 2-37，其尺寸系列和适用工况等细节可从液压工程手册中查得。

表 2-36　常用密封件及材料

密封装置类型			主要密封件	密封件材料及要求			
				纤维	弹塑性体	无机材料	金属
静密封	非金属静密封		O 形密封圈、橡胶垫片、密封带	植物纤维、动纤维物、矿物纤维及人造纤维	橡胶、塑料、密封胶等	碳石墨、工程陶瓷等	有色金属、黑色金属、硬质合金、贵金属等
	金属静密封		金属密封垫圈、空心金属 O 形密封圈				
	半金属静密封		组合密封垫圈				
	液态静密封		密封胶				
动密封	非接触式密封		迷宫式、间隙式密封装置	最常用的密封件材料是橡胶。对密封件材料的要求：对工作介质有良好的适应性和稳定性、难溶解、难软化和硬化体积变化小（不易膨胀或收缩）；压缩复原性好，永久变形小；良好的温度适应性（耐热和耐寒）及吸振性；适当的机械强度和硬度，受工作介质的影响小；摩擦因数小、耐磨性好；材料密实；与密封面贴合的柔软性和弹性；对密封表面和工作介质的化学稳定性好；耐臭氧性和耐老化性好；加工工艺性好，价廉			
	接触式密封	自密封型密封 挤压密封	O 形密封圈、方形密封圈、X 形密封圈及其他				

表 2-37　常用橡胶密封件标准目录

类别	结构简图	标准内容	标准号
O 形橡胶密封圈		液压、气动用 O 形橡胶密封圈尺寸及公差	GB/T 3452.1
		活塞密封沟槽尺寸	GB/T 3452.3
		活塞杆密封沟槽尺寸	
		轴向密封沟槽尺寸	
		沟槽各表面的表面粗糙度	
		沟槽尺寸公差	
同轴密封圈（格来圈与斯特封）	轴用　　轴用　孔用　孔用　格来圈　斯特封	液压缸活塞和活塞杆动密封装置用同轴密封件尺寸系列	GB/T 15242.1
		液压缸活塞和活塞杆动密封装置用同轴密封件安装沟槽尺寸系列和公差	GB/T 15242.3
旋转轴唇形密封圈	铁骨架　螺旋弹簧	旋转轴唇形密封圈	GB/T 13871
单向密封橡胶圈	压环　密封环　支承环	活塞杆用高低唇 Y 形橡胶密封圈和蕾形织物橡胶密封圈	GB/T 3452.3
		活塞用高低唇 Y 形橡胶密封圈和蕾形夹织物橡胶密封圈	
		活塞杆用 V 形夹织物橡胶组合密封圈	
		活塞用 V 形夹织物橡胶组合密封圈	

续表

类别	结 构 简 图	标准内容	标准号
双向密封橡胶密封圈	鼓形圈和山形圈 塑料支承环	双向密封橡胶密封圈	GB/T 10708.2
往复运动橡胶防尘密封圈	A型密封结构及A型密封圈 B型密封结构及B型密封圈 C型密封结构及C型密封圈	A型液压缸活塞杆用防尘圈	GB/T 10708.3
		B型液压缸活塞杆用防尘圈	
		C型液压缸活塞杆用防尘圈	
Y_X形橡胶密封圈	孔用　　　轴用	孔用 Y_X 形橡胶密封圈	JB/ZQ 4264
		轴用 Y_X 形橡胶密封圈	JB/ZQ 4265

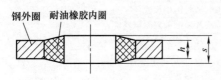

钢外圈　耐油橡胶内圈

图 2-6　组合密封垫圈（JB 982—1977）

除橡胶密封圈密封外，还有一种主要用于管接头等处的端面密封的金属橡胶组合密封垫圈（图 2-6），它由耐油橡胶内圈和钢（Q235）外圈压制而成，安装时外圈紧贴两密封面，内圈厚度 h 与外圈厚度 s 之差即为压缩量。由于其安装方便、密封可靠，故应用广泛。

在安装和拆卸液压密封件时，应防止密封件被螺纹、退刀槽等尖角划伤或其他损坏而影响其密封性。

（3）非金属密封件常见故障及其诊断排除方法

非金属密封件常见故障及其诊断排除方法见表 2-38。

表 2-38　非金属密封件常见故障及其诊断排除方法

故障现象	产 生 原 因	排 除 方 法
密封件从间隙中挤出	间隙过大	检修或更换
	压力过高	降低压力，设置支承环或挡圈
	密封沟槽尺寸不合适	检修
	放置状态不良	检修或重新安装
老化开裂	低温硬化	查明原因并解决
	存放和使用时间过长	检修或更换
	温度过高	检查油温，严重摩擦过热应及时检修或更换
扭曲	横向负载	设置挡圈
表面损伤	润滑不良	加强润滑
	装配时损伤	检修或更换
	密封配合面损伤	检查油液污染度、配合表面的加工质量，及时检修或更换

续表

故障现象	产 生 原 因	排 除 方 法
收缩	与液压油液不相容	更换介质或密封件(注意成本对比)
	时效硬化	更换
膨胀	与液压油液不相容	更换油液或密封件(注意成本对比)
	被溶剂溶解	避免与溶剂接触
	液压工作油液老化	更换油液
损坏黏着变形	润滑不良	加强润滑
	安装不良	重新安装或检修更换
	密封件质量差	更换合格密封件
	压力过高、负载过大	设置支承环或挡圈

(4) 液压系统泄漏控制的基本准则

液压系统产生泄漏的原因是多方面的,既有设计、制造、装配方面的问题,也有维护保养方面的问题,故必须在各个环节给予高度重视。液压装置泄漏控制的基本准则如下。

① 正确设计 要根据对主机的工作要求和工作环境等,正确、合理地进行液压系统的功能原理设计和施工设计,采取必要的防漏措施,增设必要的防漏结构。尽量选用密封性好的液压元件并尽量减少连接部位的数量。实践表明,液压控制阀组采用无管集成是简化管路布置、减少连接管件的有效途径。对于所选用的元件及管件应杜绝先天性泄漏。密封是保证液压系统正常工作的关键之一。在液压系统中,每个环节都离不开密封。故必须正确选用密封装置及合适的密封件及密封材料。密封部位的沟、槽、面的加工尺寸和精度、粗糙度应严格符合有关标准和规范的要求,这是保证密封装置起作用、杜绝泄漏的基本条件。正确选用管接头、管材和连接螺纹,合理布置液压管路系统。根据液压系统的环境温度及工况,合理选择温控装置。采取必要的防冲击、振动和噪声措施。

② 正确加工和装配 油路块上液压阀的安装面应平直;密封沟槽的密封面要精加工,杜绝径向划痕。液压阀与油路块的连接及油路块间的连接预紧力应足以防止表面分离。正确制定液压装置装配工艺文件,配置必要的装配工具,并严格按装配工艺执行。在液压装置装配前,应按有关标准检验系统元件的耐压性和泄漏量。若发现问题,要采取相应措施,问题严重者,应予以更换。保持液压元件及附件、密封件和管件的清洁,以防粘上颗粒异物和污染,并应检查密封面和连接螺纹的完好性。不宜将各接头拧得过紧,否则会使某些零件严重变形甚至破裂,造成泄漏。避免在装配过程中损坏密封件。正确布置和安装管路。保持装配环境清洁,避免污物进入系统。系统装配完毕,要试车检查,观察系统各部位有无泄漏。发现泄漏,要采取相应措施。例如板式连接元件接合面各油口要装 O 形密封圈,不得漏装,必要时可辅以密封胶治漏等。试车后,整个系统不渗不漏才可装入主机使用。

③ 正确维护保养 要保持系统清洁,防止系统污染。必要时,可给液压站加防护罩。液压系统中的过滤器堵塞后要及时清洗或更换滤芯。更换或增添新油时,油液必须按规定经过滤后才能注入油箱。维修液压系统、拆修(或更换)液压元件时,应保持维修部位的清洁。维修完毕后,各连接部位应紧固牢靠。

液压系统的泄漏控制措施见表 2-39。

表 2-39 液压系统的泄漏控制措施

泄漏部位	故 障 源	措 施
管接头泄漏	管接头未拧紧	拧紧管接头
	锥形管螺纹部分热膨胀	热态下重新拧紧
	接头振松	如果接头、螺母未裂则重新拧紧。采用带有减振器的管夹作支承

泄漏部位	故 障 源	措 施
管接头泄漏	组合垫圈损坏	更换
	液压冲击	如接头无裂纹则重新拧紧;带蓄能器的系统,应对蓄能器重新充气;采用缓冲阀等缓冲元件
	管接头螺纹尺寸不合适	检查尺寸,重新更换
	公制细牙螺纹管接头拧入锥螺孔中	更换,并用锥形管接头加密封带拧紧
	螺纹或螺孔在安装前磨损、弄脏或损坏	用丝锥或板牙重新修整螺纹或螺孔
	锥形管接头拧得太紧使螺纹孔口裂开	更换零件
静密封泄漏	密封件挤压或被咬伤	更换密封件并检查密封面是否平整,初始紧固力矩是否太小,压力脉动是否过大,正常工作压力如超过 10MPa 要加挡圈
	密封件严重磨损	更换密封件并检查密封面是否太粗糙,密封件的材料或硬度是否搞错
	密封件过硬或 O 形密封圈已有过量永久变形	更换密封件并检查系统油温是否过高,密封件的材料、硬度是否选择适当
	密封接触面有伤痕、毛刺或有小槽、刀痕	修整密封接触面,去除痕迹,修去毛刺
	密封圈在安装时被切伤	密封槽边倒棱,修毛刺,安装密封圈时要涂润滑油或油脂。如密封圈必须通过尖槽或尖锐的螺纹,要采用保护垫片或保护套
动密封泄漏	轴磨损	检查表面硬度是否过低,更换密封件后,在轴上加经淬火的轴套,否则要换轴
	轴表面粗糙	抛光轴表面
	轴损坏	换轴
	密封面上有粘咬痕迹和油漆	用细纱布擦净,装配和涂漆时将轴遮盖好
	密封唇割破或撕裂	更换动密封件,安装时用润滑油润滑密封面和轴,经过键槽、花键和尖键时,要使用套筒
	密封唇弹簧损坏	更换旋转轴唇形密封圈,并检查选用的旋转轴唇形密封圈尺寸是否合适,要避免密封唇和弹簧过分拉伸
	旋转轴唇形密封圈安装孔与轴的同轴度误差过大	进行校准或更换有关零件

第3章
液压元件故障诊断排除典型案例

液压泵、液压马达和液压缸、液压阀及油箱、管道、过滤器等液压辅件是组成液压系统的四个重要部分。了解这些元件的典型故障及其诊断排除方法，具有重要指导和借鉴作用。

3.1 液压泵及液压马达故障诊断排除

3.1.1 齿轮泵吸油故障诊断排除

某组合机床液压系统采用齿轮泵供油，因吸油过滤器滤芯堵塞更换新件后出现了泵吸不上油来的故障。经检查泵的电动机及系统各组成部分均正常，但发现新更换的吸油过滤器滤芯外包装袋未去除，从而导致泵吸不上油来，拆除该外包装袋后，故障消失，齿轮泵工作恢复正常。

3.1.2 CBU3-160系列高压齿轮泵泄漏故障诊断排除

(1) 功能结构

某公司两种机型装载机上所用的CBU3-160系列高压齿轮泵主要由泵体、前盖、后盖、侧板、齿轮、轴套及密封组件等组成，采用了自动轴向间隙补偿侧板结构，具有效率高、抗冲击性能好、噪声低、抗污染性好等特点。泵的额定压力为20MPa，额定转速为2200r/min。

(2) 故障现象

在新泵使用一个多月左右，少量泵出现漏油现象，影响了客户的生产及效益。

(3) 原因分析

经对部分泵进行全面仔细的检查、拆解、统计与分析后，总结此类型泵出现漏油的原因主要有以下两个方面。

① 泵体4×M20螺钉孔漏油。在试验和工作时，由前、后盖螺钉孔的位置出现渗油、大量滴油。由于该系列泵为高压泵，泵体型腔大，同时为保证泵体的强度，泵体最小壁厚达27mm，最大达45mm，故容易造成铸件出现裂纹、气孔、缩松等缺陷。

② 泵体与前、后盖接合部位漏油。受尺寸及空间的限制，该系列泵前、后盖的厚度相对较薄，整个泵虽用8个高强度螺钉紧固，但因进、出油口位置大小的影响，中间部位2个螺钉跨度达到104mm，造成前、后盖紧固强度下降、与泵体端面接合部位无法贴紧，再加上装载机工作环境的影响，微小粉尘易累积于泵体与前、后盖接合部位的中间部分，使液压油从该部位的薄弱部分漏出。此点从对退回泵进行拆解可证实，此部位靠近螺钉四周存在黑色泥状物（粉末与液压油混合物），而在泵体与前、后盖接合部位的中间部分有明显液体流过的痕迹。综合可判断为前、后盖及螺钉紧固强度不够。

另外，泵体与前、后盖接合部位的密封槽采用矩形橡胶圈进行密封，在拆解退回泵的过程中发现此端面密封圈出现断裂，甚至存在被抽空的现象。这个现象表明，一是泵的前、后盖及螺钉紧固强度不够，二是作为大排量工作泵，工作时液压油流速较快，各种压力损失增大，吸油不畅，容易在低压区形成吸空的现象，再加上密封槽靠近进油腔的低压区设计了回油槽，导致了密封圈被严重磨损、切断甚至被抽空。

(4) 改进方案

① 改变材料及铸造工艺。

a. 改变材料，提高铸件质量。将该铸件材质由原来为 QT600-X 改为 HT300 铸件，并在熔炼时添加了 0.5% 的铬和 0.8% 的铜，同时还采用高效孕育剂，对铁水进行孕育处理细化结晶，以提高致密性。经多次强度试验，$\sigma_b > 320$MPa，硬度达到 $200 \sim 230$HB，满足泵体的技术要求。避免了因采用 QT600-X 材料，在冷却时易在"热节点"处产生缩松倾向。

b. 采用铁模覆砂型芯，提高泵体内腔材质致密性。常规砂芯工艺铸造的铸件内腔致密深度只有 3mm，而采用新型铁模覆砂型芯生产的铸件，内腔致密深度约 8mm，经过切削加工后，还保留一层较厚的致密层，极大地消除了泵体内腔在高压作用下渗油的隐患。

c. 采用高效孕育剂，改善组织性能。采用硅-钡高效孕育剂，在浇注铸件时进行瞬时孕育处理，单位面积的共晶团数量提高了 3 倍，组织得到均匀细化，提高了材质的致密性。

② 增加螺钉，保证预紧力。在泵体及前、后盖中间部位 2 个螺钉跨度 104mm 的中间处，高、低压对称两边分别增加 2 个 M12 的高强度螺钉，使前、后盖端面在锁紧条件下能够完全与泵体两端面贴紧，使整个泵体与前、后盖及螺钉出现被拉伸，重复着间断性舒张、回复原形的过程而不出现松动，保证矩形密封圈达到预定的压缩量，保证其密封性。

③ 改变结构，减少密封失效。

a. 改变密封槽结构。原密封槽靠近低压区设计宽 4mm、深 0.5mm 的回油槽，易导致密封圈被严重磨损甚至吸空，现把这一结构去掉，在泵体与前、后盖端面完全贴紧的情况下，即使吸油腔出现吸空密封圈也不至于被破坏。

b. 增加零件厚度，加宽筋板。原前、后盖厚度较薄，泵工作过程中，在高压液压力作用下，易产生变形，同时筋板宽度只有 20mm，且是单体结构，铸造过程中面与面的铸造圆角较小，易形成应力集中。现增加其厚度，筋板宽度增加到 60mm，与螺钉锁紧面通过斜面逐渐过渡，增强其强度。

(5) 效果

采取上述措施后，重装的 100 台该系列泵经过严格台架渗漏、超载等试验后未发现漏油现象，同时将新装配的该系列泵重新投入工业运行，未收到出现漏油的反馈，实现了无漏油、稳定可靠运行，解决了长期存在的密封不良问题，提高了产品质量及客户满意度。

3.1.3 ZCBG3350 型齿轮泵高噪声故障诊断排除

(1) 泵的功用

ZCBG3350 型齿轮泵是某液压元件生产企业为用户开发的低压大排量齿轮泵，主要用于船舶齿轮箱的润滑和冷却。

(2) 故障现象

在该泵装机试验时发现噪声高［约 91dB（A）］，影响系统性能和使用寿命，同时不利于船舶的工作和生活环境，其他性能基本正常，用户表示无法随主机使用。

(3) 原因分析

首先，分析可能由于齿轮的节距误差和齿形误差太大，造成齿轮啮合不平稳，产生比较高的机械噪声，为此，采用磨齿工艺，调整齿轮啮合侧隙，并提高了齿轮的加工精度，但试验后，噪声无明显下降。其次，把泵装配后的轴向和径向间隙适当加大，减小用户系统的吸油口压力损失（以防气蚀噪声）等，但效果仍不理想。经多次分析对比试验，断定主要由于此泵侧板（高压侧）卸荷孔通流面积太小，引起困油在高压区卸载不畅，产生很大的周期性液压冲击，造成很高噪声。而减小困油现象危害最常用的方法是在齿轮啮合部分的侧板（或轴套）上开卸荷槽，当闭死体积变小时，通过卸荷槽与排油腔相通，避免压力急剧上升，当此体积增大时，通过低压卸荷槽与吸油腔相通，避免形成真空。因该齿轮泵是在成型产品 CBG3200 型中高压齿轮泵的基础上改进而来的，主要变化是齿宽比 CBG3200 型齿轮泵增加了 75%，故困油量相应增加了 75%，而卸荷孔结构尺寸未变（图 3-1），当主、从动齿轮两啮合点（A、B）相对于啮合节点对称时，此时齿侧间隙最小，而高压侧卸荷孔与困油腔通流面积很小，势必引起困油卸载不通畅、不彻底，产生振动和噪声。

（4）改进方案

按以上分析，对 ZCBG3350 型齿轮泵的结构采取了如下两点改进方案。

① 把侧板改为浮动轴套，DU 轴承装在轴套内，能更好地保证装配同轴度，因浮动轴套比侧板厚很多，与泵体内孔配合面长，冲击产生的振动相对小；同时，卸荷槽深度可以不受厚度限制（因侧板厚度只有 7mm，为保证一定强度，卸荷槽不可太深）。

② 把圆形卸荷孔改为高、低压腔不对称长方形卸荷槽（图 3-2），深度由 2.5mm 增大至 6mm；高压侧卸荷槽通流能力大为改善，且低压侧体积增大，可及时由低压卸荷槽补充油液，避免形成真空。

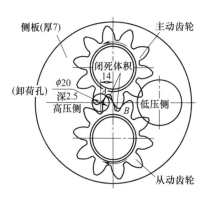

图 3-1 齿轮泵的啮合及侧板卸荷孔

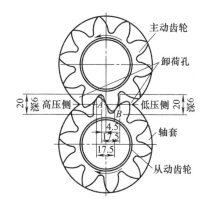

图 3-2 齿轮泵的啮合及轴套卸荷槽

（5）效果

采用上述改进方案后，通过模拟用户工况进行试验和不同位置多次测量，噪声值均降为 82dB（A）左右，能满足用户主机使用要求。证明了改变卸荷槽形状、增大卸载通流面积，可降低齿轮泵液压冲击产生的噪声的正确性。

3.1.4 双作用定量叶片泵不能正常启动故障应急排除

（1）泵的功用

4 台双作用定量叶片泵用于旋转锻造机的润滑系统，24h 连续工作，以保证机器连续运行。

（2）故障现象

泵长时间运行，在停机后都不能保证正常启动条件（启动时油压为 5MPa、工作时油压为 3MPa，用压力油托起旋转轴），现场急于立刻修复。

（3）故障原因及排除方法

对泵进行拆解，发现叶片顶部磨损严重，它是导致不能上压 5MPa 的主要原因。为此，将叶片反转 180°装回即可启动了。一周后修复叶片前倒角，顺利地保证了生产，减少了经济损失。排障机理分析如下。图 3-3 所示为泵的结构原理，其排量应为

$$q = 2\pi B(r_1^2 - r_2^2) - 2B\delta Z(r_1 - r_2)/\cos\theta$$

式中，r_1 为定子内表面圆弧部分的长半径；r_2 为定子内表面圆弧部分的短半径；B 为叶片宽度；δ 为叶片厚度；θ 为叶片的倾角；Z 为叶片数。

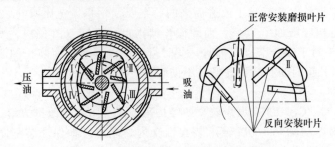

图 3-3　双作用定量叶片泵的结构原理

由于定子内曲线 r_1、r_2 的存在，工作时叶片底部通压力油，在 I、III 区吸油，压力油作用使叶片顶部磨损严重，II、IV 区压油，叶片顶部和底部液压力基本平衡，因此磨损轻微。叶片在转子上沿径向有倾角 θ，叶片反向安装后由原来磨损后的面接触变为线接触，有效地保证了密封容积，这样叶片泵故障得以临时排除。

3.1.5　PV2R 型叶片泵叶片折断故障诊断排除

(1) 功能结构

PV2R 型高压低噪声叶片泵是 20 世纪 80 年代我国引进日本油研公司专有技术生产的新产品。泵的额定压力为 16MPa，叶片为单一叶片，采用减薄厚度（叶片最小厚度为 1.6mm）和提高定子强度等方法使泵的工作压力提高。它由定子、转子、叶片和配油盘等组成，其结构基本上与我国 YB1 系列叶片泵类似，定子过渡曲线为高次曲线，故泵的噪声较低。该泵用作一种专用液压机（6 台同样设备）的油源。

(2) 故障现象

泵在连续使用 3 个月后，发现 1 台液压机的叶片泵叶片同时折断。

(3) 原因分析

由叶片泵工作原理可知，泵在工作时，叶片随转子一起转动，在过渡区（压油区），叶片前后上下压力相同，叶片径向伸缩运动阻力不大。而在工作区（密封区）情况则不同，此时叶片起封闭高、低压油腔的作用，叶片前后存在着压力差，并在叶片槽中产生倾斜现象（图 3-4）。这样，在 A、B 两点，叶片与转子发生接触，产生了卡紧力，随着泵的工作压力的增加，压差作用面积增大，卡紧力也会增大。此时，如果叶片未进入过渡区，叶片不作径向运动，不至于折断叶片；一旦进入过渡区，叶片必须作径向运动，由于该泵叶片较薄，若泵在原生产过程中有隐患（如叶片机械加工、热处理、材质性能漏检未达设计要求）及系统油液污染度超差等，叶片将会因卡紧而折断。

另外，当叶片刚进入压油区时，叶片被定子内表面推入转子槽内，因要作径向运动，但由于配油盘环形孔端部三角槽仍未接通密封腔，此时叶片处于单边受力状况，而且，叶片上下受力也不平衡，只受根部液压力；同时，叶片、转子与定子间隙为 15～30μm，油液中污染物大于间隙时，叶片最容易卡紧折断。

(4) 防止措施

为防止叶片折断，一方面应采用先进的过渡曲线，

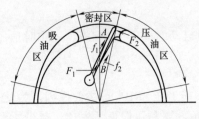

图 3-4　PV2R 型叶片泵叶片受力分析

使叶片运动平稳而无冲击，同时，当叶片进入压油区时，配油盘压油区环形孔端部三角槽应接通密封腔；另一方面，操作者应每月定期检查液压系统中的进、回油口过滤装置及带加油过滤的空气过滤器。该泵使用介质为 46 号普通液压油，其质量指标应符合有关规定，泵在使用中应经常保持油液介质清洁度，其清洁度在 NAS1638 中规定的 12 级以内。

(5) 效果

当定期检查油液清洁度达标时，PV2R 型叶片泵工作正常。

3.1.6　63PCY14-1 型斜盘式恒压变量轴向柱塞泵噪声大与压力不能上调故障诊断排除

(1) 故障现象

某新设备液压系统使用国产 63PCY14-1 型斜盘式恒压变量轴向柱塞泵，在设备运抵后，参照威格士系列液压泵选择好富顿公司 HS620 防火液压油，并按要求用注油车加入系统。设备整机启动 15min 后，从泵至集成油路块进口处有"嘣嘣"的噪声，管路伴有振动，用长柄旋具听，在集成油路块进、回油口处有清脆的金属敲击声，泵的变量头处有微弱的振动和噪声，系统压力仅能升至 5MPa，继续调节溢流阀，压力很难调上去，且噪声急剧增大，但管路固定螺栓处无噪声。手摸上去泵壳较烫。

(2) 原因分析与排除方法

在排除液压系统溢流阀故障等原因，确信为液压泵故障后，决定拆解柱塞泵。拆开后发现有 3 个柱塞已与滑靴拉脱，其中 2 个滑靴被拉裂，1 个滑靴已被拉烂，同时发现柱塞与缸套配合面有擦伤。于是立即拆下回油过滤器，发现系统从出现故障到确认液压泵损坏短短 1 个多小时，滤芯上就有大量金属屑，液压油被严重污染。究其原因，是由于设备制造厂家未彻底清洗油箱等液压元件，且设计存在失误，将柱塞泵泄油口设计在油箱内部紧靠泵的进油管处。

在初步查清故障后，过滤液压油、清洗系统等，重新换上一台新的柱塞泵，但故障现象依旧。最后查出所用 HS620 防火液压油的黏度为 43cSt❶，处于 PCY 系列柱塞泵生产厂要求液压油黏度 41.4～74.8cSt 的最低限。而现场气温偏高，加上 HS620 防火液压油润滑性较差，对国产泵而言，滑靴与斜盘之间流体静压支承效果较差，滑靴不能浮起导致极短时间内柱塞泵损坏，据此认为液压油选择不当。在更换液压泵后，改用 YB-N68 抗磨液压油，设备运转正常。

(3) 启示

上述故障因使用不当（所用泵选择的液压油品种与黏度不当）及故障原因尚未完全查清即换泵启动，导致连续 2 台新泵损坏，加上被污染的 2 桶液压油，造成经济损失近 2 万元。

国外液压泵因其制造精度高、材料好，在高温环境下可使用 HS620 防火液压油，但国产液压泵在质量、性能上与进口液压泵还存在一定差距，故在选择液压油时必须非常慎重，以免导致经济损失。

3.1.7　斜盘式压力补偿变量轴向柱塞泵电机超电流故障诊断排除

(1) 系统原理

矫直校平压力机用于工程机械关键工作部件的矫直校平加工，其液压系统（图 3-5）采用高、低压双泵［低压大排量定量柱塞泵（带内置限压阀）1＋高压小排量变量柱塞泵（压力补偿变量）2］组合供油。液压缸 8 驱动工作机构对工件进行加工。当电磁阀 6 和电液动换向阀 7 均切换至右位时，双泵合流供油，液压缸空载快速前进；当工作机构对工件加压时，卸荷阀 3 开启，低压泵 1 经阀 3 卸荷，高压泵 2 独立向液压缸提供高压油，工作机构转

---

❶　1cSt＝1mm²/s。

为高压慢速加载。

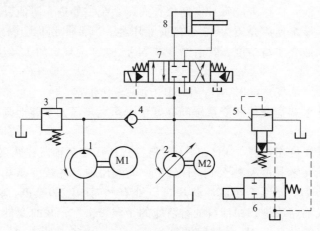

图 3-5 矫直校平压力机液压原理

1—定量泵；2—变量泵；3—卸荷阀；4—单向阀；5—溢流阀；6—电磁阀；7—电液动换向阀；8—液压缸

(2) 故障现象

上述系统的变量泵 2 在变量工作点（拐点）时，其功率为 18.5kW 的驱动电机 M2 超电流达近 150A（正常值为 36.3A）并伴随强烈噪声，有烧毁电机的危险。

(3) 原因分析与排除方法

根据上述故障现象及该系统曾在室外环境放置的情况，怀疑变量泵 2 的变量机构锈蚀卡阻。

拆解发现斜盘销轴确有锈蚀致其不能正常转动，为此更换一台同型号新泵，故障消失，系统工作恢复正常。

(4) 启示

变量液压泵电机超电流故障，如果变量机构正常，此时，可对电机启动电路及电气元件进行检查，以免电气元件故障导致电机超电流。

3.1.8 径向变量柱塞泵系统无法达到正常工作压力故障诊断排除

(1) 功能结构

某建筑材料厂使用的液压系统以径向变量柱塞泵（德国博世公司）作为油源。图 3-6 所示为该泵的结构原理，星形的液压缸转子 3 装在配油轴 4 上，转子 3 产生的驱动转矩通过十字联轴器 2 传出，定子 7 不受其他横向作用力。位于转子 3 中的径向柱塞 5 通过静压平衡的滑靴 6 紧贴着偏心行程定子 7。柱塞 5 和滑靴球相连，并通过卡环锁定。2 个挡环 8 将滑靴卡在行程定子上，泵转动时，它依靠离心力和液压力压在定子 7 上。当转子 3 转动时，由于行程定子 7 的偏心作用，柱塞 5 作往复运动，其行程为定子偏心距的 2 倍，改变偏心距即可改变泵的排量。由泵的结构可以看出，滑靴与定子为线接触，接触应力高，当配油轴受到径向不平衡液压力的作用时，易磨损，磨损后的间隙不能补偿，使泄漏量加大，故泵的工作压力、容积效率和转速

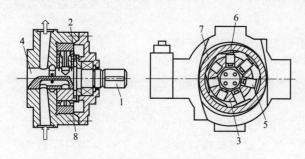

图 3-6 径向变量柱塞泵的结构原理

1—传动轴；2—十字联轴器；3—转子；4—配油轴；
5—柱塞；6—滑靴；7—定子；8—挡环

均比轴向柱塞泵低。

（2）故障现象

该泵在使用过程中，出现液压系统无法达到正常工作压力（要求工作压力高于 25MPa，并能调整压力使之逐渐降低，流量要求能自动调节），导致无法提起模具和满足使用要求。

（3）原因分析

根据径向柱塞泵结构特点，认为是由于滑靴与定子接触处为线接触，特别容易磨损，很可能就是故障点。通过拆检，果然发现滑靴与定子的贴合圆弧面磨损严重，圆弧面上的合金层已有磨痕，部分合金层已磨掉。定子内曲面的磨损程度稍轻，仅仅只有划痕。由于滑靴圆弧推力面大于活塞上的推力面，使其无法贴紧在定子内曲面上，故密封不严而造成内泄漏增大，致使液压系统无法建立起较高的压力。

（4）修复方案

根据上述分析，对滑靴圆弧面和定子内曲面进行了修复。

① 滑靴的修复。滑靴的圆弧推力面上有一合金层，现已有磨损伤痕，针对这一情况，采用研磨的方法，利用定子的内圆弧面，用平面工装靠在研磨轨迹上，加 800 号研磨膏进行研磨，研磨后将滑靴圆弧推力面贴紧在定子内曲面上。为了检验研磨后两面贴合情况，将煤油从滑靴上的通径口倒入，煤油不漏，证明其研磨效果良好，起到了密封作用。

② 定子的修复。定子内曲面的磨损程度稍轻（只有划痕），采用金相砂纸轻轻磨去表面划痕，并将 8 个滑靴的圆弧推力面分别与其配研。滑靴的圆弧推力面不漏油即可。

（5）效果

零件修复完后进行装配，并将该泵接入实际使用的液压系统，系统运行良好，能够建立起较高的压力，最高压力可达 35MPa，工作压力可达 28MPa，模具能被轻松提起，之后压力逐步降低，流量增大到超过 80L/min，效率提高，完全符合工作要求。

3.1.9　PV18 型电液伺服双向变量轴向柱塞泵难以启动故障诊断排除

（1）系统原理

PV18 型电液伺服双向变量轴向柱塞泵是美国 RVA 公司生产的石棉水泥管卷压成型机液压系统的主液压泵，通过控制变量泵的排油压力间接对压辊装置压下力实施控制。PV18 型泵是整个系统的核心部件，图 3-7 所示为该泵的结构原理，它主要由柱塞泵主体 9、伺服缸 8 和控制盒 2 ［内装伺服阀 13 及用凸轮耳轴 5 与斜盘 6 机械连接的位置检测器（LVDT）3］组成，与泵配套的电控柜内，装有伺服放大器和泵控分析仪。由泵的液压原理（图 3-8）可知，PV 泵内还附有双溢流阀组 2、溢流阀 3 和双单向阀的溢流阀组 4 等液压元件。当泵工作时，控制压力油从油口 C 经油路 9 进入 PV 泵的电液伺服变量机构（Servo），通过改变斜盘倾角，改变泵的流量和方向；控制压力由溢流阀 3 调定；斜盘位置可通过与 LVDT 3 相连的机械指示器 1 观测并反馈至信号端；双溢流阀组 2 对 PV 泵双向安全保护；另配的补油泵可通过油口 S 和阀组 4 向 PV 泵驱动的液压系统充液补油；由阀组 4 和阀 3 排出的低压油经油路 6

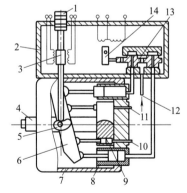

图 3-7　PV18 型电液伺服双向变量轴向柱塞泵的结构原理

1—机械指示器；2—控制盒；3—位置检测器（LVDT）；4—泵主轴；5—耳轴；6—斜盘；7—壳体；8—伺服缸；9—柱塞泵主体；10，11—泵主体进、出油口；12—控制油进口；13—电液伺服阀；14—力矩马达

及节流小孔 7 可冷却泵内摩擦副发热并冲洗磨损物，与泵内泄油混合在一起从泄油管 8 回油箱；阀 5 为单向背压阀。PV 泵的额定压力为 12MPa，额定流量为 205L/min，额定转速为 900r/min，驱动电机功率为 18kW，控制压力为 3.5MPa，控制流量为 20L/min。PV 泵实质上是一个闭环电液位置控制系统，其控制原理方块图如图 3-9 所示。

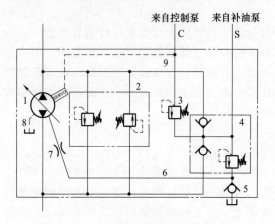

图 3-8　PV18 型电液伺服双向变量轴向
柱塞泵的液压原理

1—柱塞泵；2—双溢流阀组；3—溢流阀；

4—双单向阀的溢流阀组；5—单向阀；

6,9—油路；7—节流小孔；8—泄油管

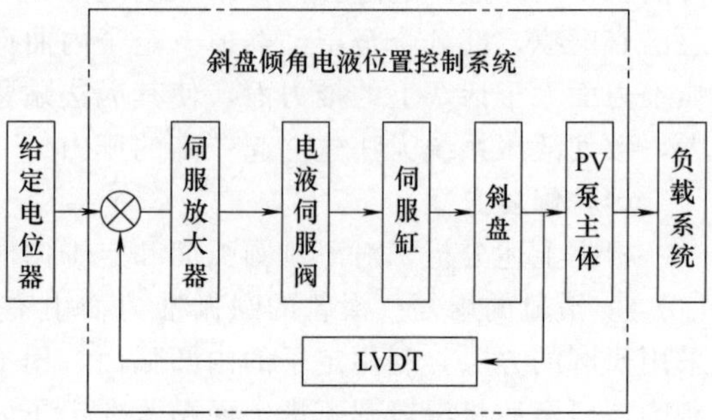

图 3-9　PV 泵控制原理方块图
（闭环电液位置控制系统）

（2）故障现象及其分析排除

PV 泵一般情况下工作良好，但有时出现难以启动甚至完全不能启动的故障。起初，试图用加大控制信号（调高电路增益）的方法解决，但未能奏效。后来经认真分析认为石棉水泥管卷压成型机及其液压系统工作环境恶劣，粉尘较多，容易对液压系统的油液造成污染，从而引起 PV 泵内电液伺服阀堵塞和卡阻。检查果然发现，伺服阀周围有大量铁磁性物质和非金属杂质，清洗后故障得以排除。进一步分析发现，该泵的控制油路原已装有 10μm 过滤精度的过滤器，但仍出现这样问题，表明使用的过滤器过滤精度太低，不能满足要求，因此更换为 5μm 纸质带污染发信过滤器，效果较好。

（3）启示

柱塞泵特别是电液伺服变量柱塞泵综合性能优良，但对油液清洁度要求较高，为保证其工作可靠，应特别重视介质防污染问题。

3.1.10　试验台用 2.5MCY14-1B 型斜盘式定量轴向柱塞泵压力上不去故障诊断排除

（1）系统原理

图 3-10（a）所示为最初的焊接式管接头打压试验台液压原理（最高工作压力为 25MPa，额定流量为 25L/min），该系统用于特种汽车中液压和气压管路系统的焊接式管接头装配前的耐压和保压试验。管接头试验要求的压力分别为 13MPa、16MPa、22MPa、25MPa 等。液压系统主要由泵电机组 2、二位四通电磁阀 3、截止阀 4、压力表 5、溢流阀 6、7、8、10 及空气过滤器 11、液位计 12、电加热器 14 和油箱总成 13 等组成。

泵电机组 2 中的液压泵为 2.5MCY14-1B 型斜盘式定量轴向柱塞泵，其额定压力为 32MPa，排量为 2.5mL/r。泵和电机之间采用弹性联轴器连接，泵电机组安装在油箱盖板上，具有足够的刚度。在油箱里吸、排油口的隔挡之间装有 200 目的过滤器，在启动前通过泄油口向泵体内灌满洁净的工作油液，使用条件符合要求。

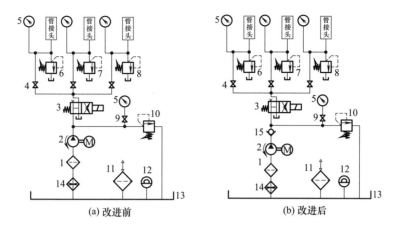

图 3-10　焊接管接头打压试验台液压原理
1—过滤器；2—泵电机组；3—二位四通电磁阀；4—球阀式截止阀；5—压力表；6～8、10—溢流阀；
9—压力表开关；11—空气过滤器；12—液位计；13—油箱总成；14—电加热器；15—单向阀

溢流阀在该系统中作为安全阀使用，主要是防止液压系统过载，保证系统安全。溢流阀设定值一般比系统的工作压力高 8%～10%。

二位四通电磁阀为 DSG-01-2B3B 型滑阀式换向阀，弹簧偏置，配有强吸力湿式电磁铁，具有承压高、通流能力大、压力损失小等特点。操作使用观察证实：换向阀能起到换向作用，但发现其有因磨损导致间隙大造成的内泄漏现象。

系统的试验操作主要步骤如下。

① 旋下试验台上的螺塞，将试验管接头与试验台上的变径管接头连接，用堵头将焊接管接头的敞口端堵住，拧紧各处螺纹连接处，保证密封不漏油。

② 将对应截止阀手柄打至水平，使其关闭→打开电源开关，给电机通电，按下泵启动按钮，启动液压系统→将截止阀手柄扳至竖直向上，使管路接通→按下电磁阀开关按钮，给其通电→当压力达到试验压力时将截止阀手柄扳至水平，进行保压试验。

③ 打压完成后拆卸管接头→先将截止阀手柄扳至竖直向上→按下电磁阀关闭按钮，系统卸载→按下泵关闭开关，关闭电源开关→拆下堵头，取下试验管接头。

（2）故障现象

试验台使用的前两年，试验压力大多在 13MPa、16MPa 低压范围内工作，试验台运转基本正常，期间更换过两次液压泵。之后，试验压力要求 25MPa 的管接头增多，试验压力开始明显上不去，只能到达 18MPa 左右，且试验过的管接头装配后仍出现渗油现象，此环节成为制约生产进度的瓶颈。

（3）故障及液压系统缺陷分析

① 液压泵易损坏。在前两年的使用中更换了两次泵，更换频率偏高，主要原因是因进行高压打压试验，保压后卸载压力油返回时对换向阀直接进行冲击，随后又对液压泵进行冲击所致，即保压后高压油的回冲是造成液压泵损坏的直接原因。

② 油液及液压元件温度高。在管接头保压试验过程中，整个系统发热很快，各液压元件温度很高，油液很快就达到 50～60℃，特别是液压泵、溢流阀和换向阀温度高达 80℃。主要原因是因卸载压力油返回时的冲击能量转化为热量，而使整个系统油液快速升温。

③ 系统压力低。系统压力只能达到 18MPa，无法达到高压管接头所需的 25MPa 压力。主要是因为系统存在冲击，使油液发热变稀并内漏，造成系统压力上不去。

④ 试验过的管接头装配后仍出现渗油现象。系统原使用 68 号抗磨液压油（黏度较高），换为 10 号航空液压油（黏度较低）进行打压，压力更上不去，导致试验无法进行，只好用原来的 68 号抗磨液压油勉强维持试验，两种油品的不同致使试验结果偏离。

⑤ 油液污染。油液的品质及其清洁度对液压元件和液压系统的稳定运行有着非常重要的影响。本系统在使用过程中由于忽视系统的维护，在清洗油箱时发现油箱底部存有油泥，油液中有颗粒物。此外，由于接头打压试验前未清洗，杂质在打压试验过程中进入液压系统中，成为油液污染的主要原因。这是使泵造成磨损而导致压力降低的又一重要原因。

（4）改进方案

根据上述分析和找出的原因，采取了以下主要改进方案。

① 更换液压油、清洗油箱及管路。将原用的 68 号抗磨液压油换为更适合轴向柱塞泵工作的 32 号抗磨液压油，该油黏度与 10 号航空液压油接近，可保证试验效果，清洗油箱及管路。

② 改进液压系统。在系统中增加管路单向阀 15，使高压油卸载时不能回冲至液压泵［图 3-10（b）］；在进油管口处选用和安装较大规格的过滤器，保证进入泵的液压油清洁，而又不至于阻力过大。由于换向阀受冲击导致磨损严重，而不能正常工作，故对换向阀进行更换，之后工作正常。增设换向阀的泄油口，使其泄油直接流回油箱。

③ 增加接头清洗工序。在接头打压前，对接头进行清洗，制作一个油箱，接普通泵对接头进行冲洗，并用毛刷刷去异物，随后用气管吹干；重新编制了接头打压保压试验的工艺并严格执行。

（5）效果

通过实施以上方案，从根本上解决了液压泵损坏的问题，压力保持稳定，试验台达到了良好的使用效果。

3.1.11 摆线马达输出无力故障诊断排除

（1）马达功用

某工程机械使用伊顿公司生产的平面配流的低速大扭矩多功能摆线马达，其压力为 15.5MPa，排量为 245mL/r。

（2）故障现象

该马达在工作中出现了输出无力现象。

（3）原因分析

拆检发现与马达定子、转子端面相接触的前端盖上和固定配油盘端面上分别有 3 道七边形波纹状的明显划伤痕迹。前端盖上的划伤较轻，深度较浅［图 3-11（a）］；固定配油盘端面划伤较重，划伤深度为 0.1～0.2mm、宽度为 0.1～0.3mm［图 3-11（b）］。由于前端盖及配油盘端面划伤后，将使马达 7 个封闭油腔相互串通，造成马达内泄漏严重，从而严重影响马达输出力矩，在工作中表现为马达工作无力。由于该机工作条件十分恶劣，作业对象是水泥砂石，又缺乏必要的防尘措施，使液压油严重污染，造成马达端面运动副磨损划伤，这是主要原因。

(a) 前端盖划伤痕迹　　(b) 固定配油盘端面划伤痕迹

图 3-11　摆线马达划伤情况

（4）修复方法

① 因前端盖划伤较轻微，故可采取研磨法修复，即在研磨平台上涂上红丹粉，用 600 号研磨砂作磨料，反复研磨，最终磨去划痕，

并保证最低粗糙度值和最高精度。

② 因配油盘端面划痕较深，且该表面上的 A 面比 B 面低，同时还存在密封沟槽、配油通道，故研磨时必须注意它们之间的尺寸要求。

（5）效果与启示

研磨后清洗、装配和试机表明性能良好，达到了修复的目的。为了控制因油液污染导致的磨损划伤，应采取如下措施：更换液压油，清除系统内残存的杂质颗粒及污染物；重新设置高精度过滤器；给油箱安装防尘装置，防止杂质进入油箱；加强防护措施，定期检查并换油。

3.1.12　斜轴式变量轴向柱塞马达内部构件损坏故障诊断排除

（1）系统原理

几台小松 PC400-3 型液压挖掘机的行走马达为斜轴式变量轴向柱塞马达。如图 3-12 所示，该马达由壳体 1、缸体 2、柱塞 9、配油盘 12、中心轴 13、输出轴 6 以及停车制动器（含制动箱 7，制动活塞 3，内、外齿制动碟 5、4 和制动弹簧 10 等）组成。制动器为弹簧上闸制动，液压松闸结构，即当机器不行走时，马达提供压力油，始终在制动弹簧 10 的弹力作用下处于上闸制动状态，机器行走时，进入马达的高压油推动制动活塞 3，松开制动器，马达制动解除。

（2）故障现象

几台挖掘机仅使用了 3450h，其行走马达就出现了解除制动动作缓慢、制动活塞油封老化、制动碟内、外齿内部零件破损以及柱塞、缸体等内部零部件严重破损的故障。

（3）原因分析

因几台挖掘机在南方作业，环境温度较高，而机器本身的散热性能不足以保证充分的热交换，导致液压油温度过高，从而造成制动活塞 3 上的油封老化、破损，使其密封能力下降，由此导致的内泄漏使马达制动活塞缸的容积效率和机械效率均有不同程度的下降。容积效率下降，将直接导致制动活塞的运动速度变小，使解除制动所需的时间延长（即解除制动动作缓

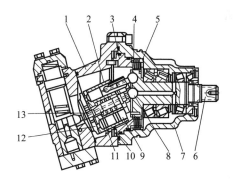

图 3-12　斜轴式变量轴向柱塞马达
1—壳体；2—缸体；3—制动活塞；4—外齿制动碟；
5—内齿制动碟；6—输出轴；7—制动箱；8—中心球；
9—柱塞；10—制动弹簧；11—弹簧；
12—配油盘；13—中心轴

慢）。另外，制动活塞的液压推力也会因机械效率的降低（压力损失变大）而变小。当液压马达开始工作驱动机器行走时，因解除制动缓慢，同时推动制动活塞的液压推力变小，而制动弹簧 10 的弹力保持不变，使制动未能完全解除，造成机器行走乏力，从而引起制动碟间产生摩擦磨损，并造成内齿制动碟 5 的内齿与马达输出轴 6 的圆盘齿轮部分产生相对运动；外齿制动碟 4 的外齿与马达壳体上的内齿部分也产生相对运动。这样，内、外齿制动碟上的内、外齿部位就会产生不正常磨损与冲击，较长时间运转后可导致内、外齿部分破损。磨损或破损所产生的金属颗粒和碎片将进入马达的柱塞、缸体和滑阀等部位，从而造成了这些零部件的严重损坏。同时，摩擦产生的热量将使油温进一步升高，加剧马达的损坏。

（4）预防措施及效果

每隔 2000h 更换一次液压马达制动活塞的油封，自采取该措施后，几台小松液压挖掘机使用近 10000h 再未出现过上述故障。此外，应每月清洗一次液压油冷却器，以保证其良好的散热效果，并按使用说明书的要求选用符合技术标准的液压油，并按时更换过滤器，以防马达损坏，保证主机正常工作。

3.1.13 IQJM42-4.0型低速大扭矩液压马达壳体爆裂及轴端泄漏故障诊断排除

(1) 马达功用

某热带厂十字打包回转台采用 IQJM42-4.0 型液压马达拖动，使十字打包结构得到了优化。该马达为球塞式内曲线低速大扭矩液压马达，其额定压力为 10MPa，尖峰压力为 16MPa，排量为 4.0mL/r，输出转速为 1～160r/min，输出转矩为 5920N·m。

(2) 故障现象

该打包台自投产以来，频繁发生液压马达轴端泄漏等故障。随着产量及荷重（带钢卷重）不断增加，故障率也成直线上升，甚至出现了液压马达壳体爆裂等严重事故。

(3) 原因分析

① 壳体爆裂原因。由打包台液压原理 [图 3-13 (a)] 可知，当电磁铁 1YA 或 2YA 通电时，可使三位四通电磁换向阀 1 切换至左位或右位，从而使液压马达 4 驱动十字回转台顺时针或逆时针方向旋转 90°或 180°（旋转角度大小取决于工作台上的按钮控制电磁铁的通电时间长短）。当电磁铁 1YA 或 2YA 断电时，阀 1 复至中位。此时，A-A1 腔与 B-B1 腔形成一个闭路，而十字回转台和带钢卷在锁紧装置作用下需要准确定位以进行打包工作，但十字回转台和带钢卷在惯性力作用下继续旋转，压缩或吸空封闭油腔 A-A1 与 B-B1 内的液压油，使液压马达两侧产生较大的压力差，十字回转台和带钢卷负荷越大，惯性力就越大，液压马达两侧的压力差也越大。通过在 A-A1 腔、B-B1 腔安装压力表 3 检测表明：正常旋转时，工作压力为 4～5MPa；阀 1 处于中位时，A-A1 腔或 B-B1 腔高达 13MPa，有时甚至达到液压马达的峰值压力，从而导致液压马达出现故障甚至发生壳体爆裂。

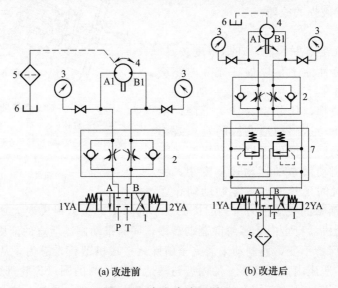

(a) 改进前　　　　(b) 改进后

图 3-13　打包台液压原理

1—三位四通电磁换向阀；2—双单向节流阀；3—压力表；4—液压马达；5—过滤器；6—油箱；7—双向溢流阀

② 轴端泄漏原因。液压马达设有泄油腔，其压力一般为 0.4MPa，泄油经回油过滤器 5 流回油箱 6。过滤器最大阻力应在 0.35MPa 以下，而实际生产中有时因未及时更换或清洗滤芯，过滤器阻力超过 0.4MPa，背压超过液压马达轴端的密封许用压力，导致马达轴端漏油。

(4) 改进方法

①缓解瞬间压力冲击。在系统中增设 Z2DB10VD2-30/31.5 型双向溢流阀 7 [图 3-13

(b)]，构成双向制动缓冲回路，并将溢流阀压力调整至 $5\sim6$MPa（高于工作压力 1MPa），使压缩腔内的压力一旦超过溢流阀的设定压力时，就会迅速向吸空腔泄放，从而保证了系统压力在允许范围内。

② 更换过滤器及其位置。将液压马达泄油管直接接回油箱，将过滤器 5 换为压力管路过滤器并接至电磁换向阀 1 之前 [图 3-13（b）]。这样，一旦过滤器阻力增大，不至于液压马达轴端泄油。

(5) 效果与启示

改进前该厂在 7 个月中曾消耗液压马达 9 台之多，因液压马达故障而引起的停产时间平均为 8h/a。改进后的 1 年内，液压马达的消耗及因液压马达故障而引起的停产时间为零，收到了良好的效果。

即使是优质液压马达，也要合理设计和使用其制动缓冲回路和泄油路，以保证马达及其拖动的工作机构可靠工作。

3.2　液压缸故障诊断排除

3.2.1　双作用活塞式单杆液压缸节流调速系统增压故障诊断排除

(1) 系统原理

某钢管加工厂的加厚机芯棒旋转系统，采用双作用活塞式单杆液压缸节流调速系统驱动。如图 3-14（a）所示，液压缸 4 为双作用单杆活塞缸（缸径和活塞杆直径分别为 $\phi63$mm 和 $\phi45$mm，行程为 220mm），电磁换向阀 1 控制缸 4 的进、退动作；缸 4 的动作速度采用双单向节流阀 2 回油节流控制。与液压缸有杆腔相连的高压胶管 3 的型号规格为 19Ⅱ-1500 JB1885-77，额定工作压力为 18MPa。系统的额定工作压力为 14MPa。

(2) 故障现象

试生产之初，高压胶管 3 经常发生爆裂。

(3) 原因分析

经运行跟踪分析，发现是因液压缸 4 工作过程中，有杆腔出现增压所致。对于图 3-14（a）所示的系统，在液压缸匀速前进（$v=$ 常数）时，活塞受力 [图 3-15（a）] 平衡方程（忽略摩擦力）为

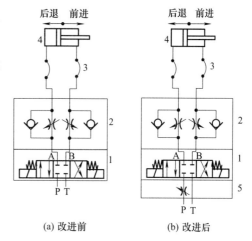

图 3-14　双作用单杆缸节流调速液压原理
1—三位四通电磁换向阀；2—双单向节流阀；
3—高压胶管；4—液压缸；5—节流阀

$$F = p_1 A_1 - p_2 A_2 \tag{3-1}$$

即
$$F = p_1 \frac{\pi D^2}{4} - p_2 \frac{\pi(D^2 - d^2)}{4} \tag{3-2}$$

式中，D 和 d 分别为缸筒内径和活塞杆直径；A_1 和 A_2 分别为无杆腔和有杆腔有效面积；p_1 和 p_2 分别为无杆腔和有杆腔压力；F 为负载阻力。由式（3-2）可得

$$p_2 = \frac{(D/d)^2 p_1}{(D/d)^2 - 1} - \frac{F}{\pi(D^2 - d^2)/4} \tag{3-3}$$

考虑到芯棒旋转时阻力很小，即 $F=0$，并令缸的两腔面积比为 $\varphi=(D/d)^2$，则有

$$p_2 = \frac{\varphi^2 p_1}{\varphi^2 - 1} \tag{3-4}$$

将系统的有关参数代入式（3-4）得

$$p_2 = \frac{(63/45)^2 p_1}{(63/45)^2 - 1} \approx 2p_1 \tag{3-5}$$

由上述结果得出，芯棒旋转液压缸前进时，其有杆腔的压力 $p_2 \approx 2 \times 14 = 28\text{MPa}$，高于系统额定工作压力 $p_1 = 14\text{MPa}$，即出现了增压现象，而且升高的压力 $28\text{MPa} > 18\text{MPa}$，即因增压现象使液压缸有杆腔的压力高于高压胶管的额定工作压力很多，故胶管容易爆裂。

(4) 解决方法

为了消除增压现象，在原液压系统中电磁换向阀 1 之前的进油路上增加一节流阀 5，构成图 3-14（b）所示的系统，其液压缸 4 前进时的活塞受力情况如图 3-15（b）所示。由小孔流量-压力特性方程可得节流阀 1 的流量为

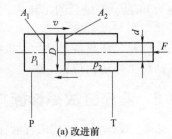

(a) 改进前

$$q_1 = C_d a_1 \sqrt{\frac{2(p - p_1)}{\rho}} \tag{3-6}$$

节流阀 2 的流量为

$$q_2 = C_d a_2 \sqrt{\frac{2 p_2}{\rho}} \tag{3-7}$$

又

$$q_1 = v \frac{\pi D^2}{4} \tag{3-8}$$

$$q_2 = v \frac{\pi (D^2 - d^2)}{4} \tag{3-9}$$

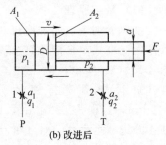

(b) 改进后

图 3-15　液压缸受力状态
分析简图

整理式（3-6）～式（3-9）可得

$$p_2 = \frac{2(a_1/a_2)^2}{8 + (a_1/a_2)^2} p \tag{3-10}$$

式中，p 为系统额定工作压力；a_1 和 a_2 分别为节流阀 1 和 2 的开口面积；C_d 为阀口流量系数；ρ 为油液密度。

为消除系统的增压现象，即 $p_2 < p$，则 $\dfrac{2(a_1/a_2)^2}{8 + (a_1/a_2)^2} < 1$，从而

$$a_2 > 0.35 a_1 \tag{3-11}$$

由此得出：当节流阀 2 的通流面积比节流阀 1 的 0.35 倍通流面积大时，液压缸的有杆腔压力就会低于系统的额定工作压力 $p = 14\text{MPa}$，从而消除液压缸在工作时的增压现象。

对于图 3-14（b）所示改进后的系统，其运动状态应按如下顺序进行调整：先调整节流阀 5，使液压缸 4 的前进速度接近设定的速度；其次调整双单向节流阀 2，使缸 4 的前进速度降低至设定速度。然后，在缸 4 前进时，用压力表测量液压缸有杆腔的压力，如果压力高于系统压力，可把节流阀 5 的开口面积调小，再把节流阀 2 的开口面积调大，使液压缸的前进速度达到设定值即可。

3.2.2　液压缸反向行走故障诊断排除

(1) 系统原理

图 3-16 所示的液压回路，其执行元件为双作用单活塞杆液压缸 4。通过操作按钮切换三位四通电磁换向阀 1 的电磁铁 1YA 或 2YA，使液压缸完成工进或后退；通过调节双单向节

流阀 3，调整回油流量的大小，得到液压缸工作所需的任意速度；双液控单向阀 2 用于电磁阀中位时，液压缸准确锁紧定位。

（2）故障现象

上述回路中有时出现液压缸反向行走的故障。当需要液压缸工进时，缸却返回；或者需要液压缸返回时，缸却工作；需要液压缸行走时，缸不动作；需要液压缸定位时，缸向一侧浮动。

如果发生液压缸反向行走故障，极易造成安全事故，危害很大。

（3）原因分析及排除

① 电气故障。电磁换向阀 1 的电磁铁 1YA 和 2YA 的接线错位，导致误动作，液压缸反向行走。只要将电磁换向阀的接线插头对调，即可排除此故障。

② 阀油路不通故障。当阀的油路不通（主要有双单向节流阀 3 卡死或节流孔堵死；双液控单向阀 2 卡死或控制油孔堵塞；电磁换向阀 1 卡死）时，液压缸就会因未进油或不能回油而不能动作。拆修清洗相关阀件，使液压回路导通即可排除这类故障。

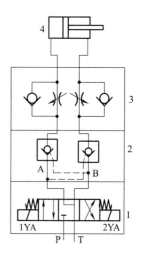

图 3-16　液压回路
1—三位四通电磁换向阀；
2—双液控单向阀；
3—双单向节流阀；
4—液压缸

③ 液压缸活塞密封件损坏故障。液压缸活塞密封件损坏，造成缸内泄漏。在这种情况下，当电磁换向阀切换至中位状态，需液压缸定位时，缸的活塞会向有杆腔浮动，导致液压缸无法定位。原因是，电磁换向阀切换到中位状态的瞬间，双液控单向阀将 A、B 两端油路截止，而液压缸活塞杆腔的液压油由于惯性作用继续向前流动，通过损坏的活塞密封件进入液压缸无杆腔，活塞两侧受力面积不同，结果迫使活塞向有杆腔浮动。排除故障的方法是及时更换活塞密封。

④ 液压缸活塞密封件损坏与阀油路堵塞故障同时存在。

a. 双单向节流阀 A 路节流孔堵塞。在此情况下，当电磁铁 1YA 通电时，液压缸工进。电磁铁 2YA 通电时，因双单向节流阀 A 路节流孔堵塞，液压缸无杆腔不能通过管路回油，液压缸有杆腔的液压油会通过损坏的活塞密封件进入无杆腔，由于活塞两侧受力面积不同，导致液压缸工进，与所需方向相反。排除故障的方法是，更新液压缸活塞密封件，同时拆修双单向节流阀，使 A 路节流孔导通。

b. 双液控单向阀 A 路控制油孔堵塞。在这种情况下，当电磁铁 1YA 通电时，液压缸工进。电磁铁 2YA 通电时，因双液控单向阀 A 路不通，液压缸无杆腔不能通过管路回油，B 路液压油通过损坏的活塞密封件进入无杆腔，由于活塞两侧受力面积不同，液压缸工进，与所需方向相反。排除故障的方法是，更新液压活塞密封件，同时拆修双液控单向阀，使 A 路控制油孔导通。

（4）启示

为使液压设备发挥其优良的性能，在维修液压设备时，应本着正确诊断，对症下药的原则，及时做好设备的维修与检查工作。对于应急维修的设备，应及时更换液压密封件，修复阀件，使设备恢复原貌，以免因未及时更换旧密封件而使其日益老化，产生碎屑，污染油源，导致更多的液压故障。

3.2.3　液压缸活塞杆非正常回退故障诊断排除

（1）系统原理

在插头插座试验中，采用了液压传动，插头的插合和回收动作完全依靠液压缸活塞杆的运动来实现。如图 3-17（a）所示，当液压缸 5 实施插合动作时，三位四通电磁换向阀 1 切

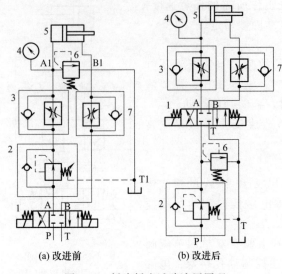

图 3-17　插头插座试验液压原理

1—三位四通电磁换向阀；2—单向减压阀；3,7—单向调速阀；

4—压力表；5—液压缸；6—直动式溢流阀

换至左位，压力油依次经过阀1、阀2中的减压阀、阀3中的单向阀，进入缸5的无杆腔；液压缸有杆腔的油液依次经阀7中的调速阀和阀1排回油箱。当液压缸实施回收动作时，电磁换向阀1切换至右位，压力油依次经阀1、阀7中的单向阀进入液压缸有杆腔；无杆腔的油液依次经阀3中的调速阀、阀2中的减压阀和阀1排回油箱。当插头处于插合到位时，电磁换向阀1处于中位，其P、T、A、B油口互不相通，液压缸两腔油液处于断流状态，进入保压过程。在以上操作中，系统为回油调速，单向调速阀3和7分别控制液压缸的回收、插合速度；单向减压阀2主要用于控制插合时液压缸无杆腔的压力值；直动式溢流阀6作安全阀使用，限定液压缸无杆腔内的压力不超过指标值；回收时液压缸有杆腔的压力值由系统决定。

（2）故障现象

现场试验时，在换向阀处于中位使插头和插座处于插合状态下，活塞杆出现缓慢回退现象（活塞杆非正常回退），回退量随着系统保压时间的延长而逐渐增加，并最终启动机械解锁，导致处于插合状态下的插头非正常脱落。

（3）原因分析及排除

① 故障原因。液压缸无杆腔的部分油液经过阀3、阀2的泄油口及阀6阀芯和阀体之间的间隙流回油箱，造成无杆腔泄压，压力降低。无杆腔泄压后，造成液压缸两腔的压差进一步增加，当活塞两边的压差足以克服活塞和缸体的摩擦力时，活塞杆出现自行回退现象。

② 排除方案。根据以上分析，同时从节约成本和对系统在原有基础上进行改进的角度出发，对系统进行如下改进：将溢流阀6放在电磁换向阀1前面的进油路上；将单向减压阀2置于电磁换向阀1之前，以避免电磁换向阀1处于中位时油液从溢流阀6的泄油口回油箱，而使液压缸两腔压差增大。图3-17（b）所示为改进后的液压原理，当液压缸实施插合动作时，电磁换向阀1切换至右位，液压油依次经单向减压阀2、电磁换向阀1、阀3中的单向阀，进入液压缸5的无杆腔；有杆腔的油液依次经过阀7中的调速阀和电磁换向阀1排回油箱。当插合完毕后，电磁换向阀1处于中位，此时系统进油口的油液经阀2中的减压阀和溢流阀6回油箱，而液压缸两腔的油液处于密闭状态，无杆腔的油液没有额外的泄油口，腔内的油液不会出现外泄情况，同样有杆腔的油液也没有额外的泄油口，腔内的油液也不会出现外泄情况，故两腔的压差不会变化，活塞的力平衡状态不会改变，则不会出现在插合状态下的非正常回退现象。

当液压缸实施回收动作时，电磁换向阀1切换至左位，压力油依次经阀2中的减压阀、电磁换向阀1、阀7中的单向阀进入液压缸有杆腔；无杆腔的油液依次经阀3中的调速阀、电磁换向阀1、阀2中的减压阀排回油箱。

改进后的液压系统，调速方式不变，依然为回油调速，单向调速阀3和7分别控制液压缸的回收、插合速度；单向减压阀 2 由原来只控制插合时液压缸无杆腔的压力值，改变为控制插合时液压缸无杆腔的压力值和回收时控制液压缸有杆腔的压力值；直动式溢流阀 6 由原来只控制液压缸插合时的系统压力值，改变为既控制液压缸插合时的系统压力值又控制液压缸回收时的系统压力值。

（4）改进后的系统特点

① 液压缸两腔所在两个油路的密封形式相同，避免了油液泄漏后形成过大压差，也避免了活塞杆非正常回退的现象。

② 原方案中插合时进入液压缸的油压是通过减压阀的，回收时进入液压缸的油压是系统压力，新方案中由于减压阀始终在系统的进油路上，无论是插合还是回收，进入液压缸的油压是相同的，同时由于位于电磁换向阀之前，提前调节了液压缸的工作压力，减少了对换向阀的液压冲击，在一定程度上降低了沿程损失和局部损失。

③ 溢流阀安放在单向调速阀 3 和 7、三位四通电磁换向阀 1（O 型）的进油口之前，在系统压力升高时提前开启溢流阀，避免电磁换向阀 1、单向调速阀 3 和 7、液压缸受到过大压力的冲击，在一定程度降低了对元件的损伤程度，也避免了安全隐患，同时降低了系统的能量损失，提高了系统能量的利用率。

④ 在未增加额外元件的基础上实现了优化目标。

（5）启示

在液压系统设计时，不仅要从满足功能的角度出发，还要从消除故障隐患、节约成本及节能等角度出发来考虑问题。

3.2.4 高压工具液压缸超压故障诊断排除

（1）系统原理

高压工具液压缸（简称工具缸）在许多有严格的防油污渗漏要求的工作现场，多使用防漏快速接头进行连接。其典型应用的液压原理如图 3-18 所示。工具缸 15 顶升时，液压泵 5 的压力油经换向阀 9 右位、液控单向阀 10 和防漏快速接头 12、14 进入工具缸无杆腔，有杆腔油液经防漏快速接头 13、11 及换向阀 9 排回油箱，有杆腔压力很低。

（2）故障现象

实际工作中经常因防漏快速接头不能正常接通，造成工具缸有杆腔增压效应，导致施工中工具缸胀缸或有杆腔爆管事故。

（3）原因分析

排除质量问题外，故障分析如下。

① 因工具缸推力要足够大，故额定工作压力 $p \geqslant 60\text{MPa}$。

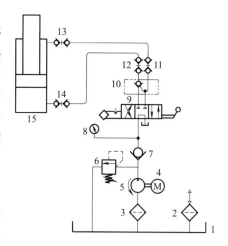

图 3-18 高压工具缸防漏快速接头液压原理

1—油箱；2—空气过滤器；3—过滤器；4—电动机；
5—液压泵；6—溢流阀；7—单向阀；8—压力表；
9—三位四通换向阀；10—液控单向阀；
11~14—防漏快速接头；15—工具缸

② 通常要求工具缸重量轻、体积小、方便移动，故制造企业设计时安全系数取得较小。

③ 作为主要用于顶出的工具缸，往往要求回程速度较快，速比大，有杆腔与无杆腔面积比较大，一般为 1：2 甚至 1：4（多级缸尤为突出）。

④ 防漏快速接头操作错误。防漏快速接头的工作原理：防漏快速接头正常连接，油路打开，典型结构如图 3-19 所示；连接断开后两端的单向阀在弹簧力的作用下封闭油路，避

免了运输及移动过程中液压缸及油管存油漏出，污染现场。

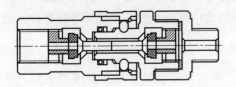

图 3-19　防漏快速接头结构

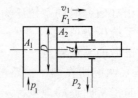

图 3-20　工具缸计算简图

因防漏快速接头质量出了问题，或操作者在使用防漏快速接头连接液压缸时操作不到位，防漏快速接头没有彻底打开，导致千斤顶有杆腔油路不通（有杆腔油液回不到油箱），在千斤顶顶出工况时有杆腔憋压，由此产生了有杆腔增压效应，增压压力常常远超出缸的安全工作压力，从而导致胀缸或爆管事故的发生。

正常工作时（图 3-20，忽略机械效率）：

$$F_1 = p_1 A_1 - p_2 A_2 = \frac{\pi}{4}\left[(p_1 - p_2)D^2 + p_2 d^2\right] \tag{3-12}$$

$$F_2 = p_2 A_2 = \frac{\pi}{4} p_2 (D^2 - d^2) \tag{3-13}$$

增压效应出现时（$v_1 = 0$，$F_1 = F_2$）：

$$p_2 = \frac{F_1}{A_2} = p_1 \frac{A_1}{A_2} \tag{3-14}$$

以工程中常用的 200 t 千斤顶液压缸为例，其工作压力为 63MPa，缸径为 200mm，杆径为 150mm，行程为 200mm 两腔面积比为 $200^2/(200^2 - 150^2) = 2.286$，有杆腔憋压时实际工作压力可达 $63 \times 2.286 = 144$MPa，远远超过了 80MPa 的安全压力。此时图 3-18 中防漏快速接头 12 不通会导致胀缸，防漏快速接头 14 不通则会导致额定压力为 60MPa 的胶管爆裂。

(4) 故障排除及效果

① 针对上述问题，在一些可以不用防漏快速接头的场合，尽量不用。

② 当必须用防漏快速接头时，必须严格按照防漏快速接头的使用说明进行操作。

③ 最佳方案是对高压工具缸的结构进行技术改造，在设计时从结构上保证高压工具缸有杆腔不出现超压。改造结构之一是在高压工具缸的有杆腔加装一个安全阀（图 3-21）。当有杆腔憋压超过 80MPa 的安全压力时，安全阀开启卸荷，有效地解决了胀缸和爆管问题。这种方法可在已有千斤顶的基础上方便地进行改造，带来的新问题是安全阀工作时的喷油污染和油液浪费无法避免。改造结构之二是另一种加装安全阀的方法（图 3-22），在活塞杆上

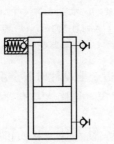

图 3-21　工具缸改造结构之一

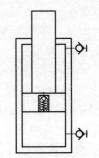

图 3-22　工具缸改造结构之二

加装一个事先设定压力为 15～20MPa 的插装式溢流阀，当有杆腔憋压，出现增压效应时，溢流阀打开，向低压的无杆腔泄流，确保有杆腔压力不超压，既美观又可靠地解决了上述问题。但此结构方案在设计生产阶段就要进行，另外在高压工具缸主要承受拉力的工况下也不宜采用。

实践证明，改造后的系统，可靠性、安全性得到了大幅度提高。

3.2.5 冶金机械液压缸几类常见故障诊断排除

在冶金机械中液压缸使用量很大，因其负载大、频繁作业且工况恶劣，故极易发生故障而影响生产。

3.2.5.1 150t 精炼炉电极升降液压缸泄漏不保压故障及其排除

(1) 原因分析

液压缸工作时，腔内压力远大于腔外压力，油液可通过静密封（如缸筒与缸盖连接处）或动密封（如缸筒与活塞的间隙）而泄漏（图 3-23），影响泄漏的因素见表 3-1。

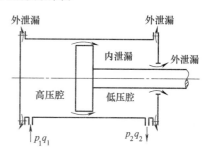

图 3-23　液压缸的泄漏示意

表 3-1　影响泄漏的因素

影响因素	描述
密封件的材质与结构形式	密封件材质太软，致使液压缸工作时，密封件易挤入缸筒的密封间隙而损伤造成泄漏；密封件材质太硬，在较大外力作用下，密封件也难变形，对密封面产生的初始接触应力和附加接触应力达不到密封要求造成泄漏；密封材料与液压油液不相容导致密封件产生溶胀、软化及溶解等现象，使弹性降低而丧失密封能力造成泄漏
密封沟槽与密封接触表面质量	密封沟槽与密封接触表面粗糙度及形位公差达不到要求将导致密封件损伤，引起泄漏
密封件安装与磨损	密封件具有较高尺寸精度和形位精度，密封件装配过程中损伤或磨损，是液压缸泄漏的主要原因
液压缸的工作环境	过高或过低的环境温度均会加速密封件的损坏，导致密封件失效而泄漏
液压缓冲阀磨损	对于阀缓冲液压缸，液压缓冲阀阀芯与阀座磨损是液压缸泄漏的主要原因
液压系统污染	液压系统污染，液压油液中的颗粒物对密封件运动表面产生研磨作用，导致密封件失效产生泄漏
焊接工艺不良	焊接工艺不当，承受变载荷疲劳形成裂纹，使液压缸产生外泄漏

(2) 故障排除及效果

对于本故障，目测液压管道及各组成元件（含液压缸）无介质外泄漏；系统启动正常，泵未失效。测量介质温度为 60～70℃，正常工作油温应为 40～60℃。液压缸在满载时，用手摸液压缸有烫手的感觉，可坚持约 5s，故推断液压缸有质量问题或其密封已损坏。拆解液压缸发现密封有磨损，表面有撕裂痕迹。

电极升降液压缸密封为氟橡胶（FPM）V 形圈，缸的提升速度为 4.8m/min，压环、支承环及密封环均采用夹织物，液压介质为水-乙二醇。尽管氟橡胶适合该液压介质，但氟橡胶（FPM）不适合制作 V 形圈。本故障可能是密封磨损导致液压缸内泄漏，引起介质升温，升温又加剧密封磨损、内漏并导致其他元件损伤。针对上述情况，在密封材质上用聚丙烯酸酯橡胶（ACM）代替氟橡胶（FPM），在密封构造上用橡胶和夹织物相间的形式代替全夹织物的形式并添加密封挡圈防止缝隙挤压变形。改进后效果明显，故障发生时间延长半年以上。

3.2.5.2 2200m³ 高炉下密封阀旋转液压缸缸筒组件有杆腔螺栓多次断裂故障及其排除

下密封阀旋转液压缸（缸径 $D=80mm$，活塞杆直径 $d=56mm$，行程 $L=350mm$，压力 $p=38MPa$）有杆腔在打开瞬间受到的冲击力最大，此时连接法兰所受瞬时最大冲击力为

$$F = pA = p\frac{\pi}{4}(D^2 - d^2) = 38 \times 10^6 \times \frac{\pi}{4} \times (0.08^2 - 0.056^2) = 9.74 \times 10^4 \text{N}$$

螺栓受到的合成应力为

$$\sigma_a = \sqrt{\sigma^2 + 3\tau^2} \approx 1.3\sigma = \frac{1.3 \times 4kF}{\pi d_1^2 Z} = \frac{1.3 \times 4 \times 2.5 \times 9.74 \times 10^4}{\pi \times 13.552^2 \times 6} = 365.94 \text{MPa}$$

式中，k 为变载荷时的螺栓拧紧系数，$k = 2.5$；d_1 为螺栓危险截面直径，$d_1 = d_0 - 1.224t = 16 - 1.224 \times 2 = 13.552 \text{mm}$；$d_0$ 为螺栓直径，$d_0 = 16 \text{mm}$；t 为螺距，$t = 2 \text{mm}$；Z 为螺栓个数，$Z = 6$。

设计时取安全系数 $n = 2$，8.8 级高强度螺栓的许用应力 $[\sigma] = 320 \text{MPa} < \sigma_a = 365.94 \text{MPa}$，可见 8.8 级高强度螺栓无法满足工况要求。说明设计时对螺栓强度的核算未考虑到液压系统的瞬间冲击压力远大于最高工作压力，为此，改用 12 级高强度螺栓，问题得到解决。

3.2.5.3 精炼炉旋转加紧装置松开液压缸和液压炮旋转液压缸不动作故障及其排除

① 对于精炼炉旋转加紧装置松开液压缸不动作，检查发现其系统压力和各阀件操作均正常，进一步检查发现液压缸活塞与缸筒机械卡死。卸下缸并测得活塞杆导向套与缸筒同轴度误差过大，活塞在缸筒中的运动轨迹偏移，致使活塞与缸筒机械卡死。通常要求上述同轴度误差不大于 0.04mm/1000mm。

② 对于液压炮旋转液压缸不动作，对其更换后仅使用了一次堵口，退炮时即不动作。按照经验判断，问题在于液压缸本身，检查发现缸的活塞与杆脱离。分析活塞与活塞杆靠半环与卡簧固定，半环与活塞的贴近程度是其受冲击的关键，本次故障的主要因素为卡簧强度不够而折断，导致活塞脱落。使用更高强度卡簧后，故障排除效果明显。

3.2.5.4 高炉大钟扁担梁两端拉杆驱动液压缸不同步故障及其排除

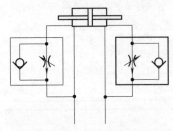

图 3-24 单向节流阀用于液压缸端部缓冲

由于液压缸不同步，造成高炉大钟关不严，高炉操作困难。经检查，是因液压缸本身产生机械杂质带入分流阀，造成流量不均衡而引起的，而机械杂质来自于液压缸产生的冲击。液压缸活塞在行程两端冲撞缸盖，产生了片状金属杂质。分析原因可能是缸的进油口处的二位二通电磁换向阀阀口突然关闭会因油液惯性形成真空，造成冲击。于是将该阀换成电液换向阀，从而延长了换向时间，逐渐关闭阀口，削弱了液压冲击。另外在液压缸端部设置单向节流阀（图3-24），控制排油速度，使液压缸运动到端部时平稳无冲击。改进后液压冲击消除，效果明显。

3.2.6 青储饲料收割机割台液压缸升降速度缓慢故障诊断排除

(1) 液压缸的功用

青储饲料收割机（图 3-25）是一种田间自行走式机械设备，用于把即将成熟的玉米及其青绿秸秆切割成一定长度的碎段并通过喷撒筒送入随机行走的运料车的车厢内。运料车将其运回倾倒入预先砌成的水泥坑窖内，用塑料薄膜封盖发酵牛、羊等牲畜一年内饲料，以增加奶、肉产量。机器以柴油发动机为动力源，通过液压驱动进行作业。由两个相同的柱塞缸并联驱动的升降式割台是机器的主要切

图 3-25 青储饲料收割机

割工作机构，用于调节收割机构距离地面的高度，并在田间两头快速驱动割台升降以完成整机换向动作。

（2）故障现象

某型收割机产品研发中发现割台的快速升降速度缓慢，致使机器辅助时间过长。

（3）原因分析

经检查，该机液压系统采用单定量泵供油，泵的流量与缸速直接匹配，而不进行调速。系统采用管式连接，管道及液压缸并无明显外泄漏。故推断故障原因是泵的流量较小，不能满足割台液压缸升降速度要求。检查发现液压泵的动力源（柴油机取力器）的转速在泵的允许转速范围（900～2000r/min）的下限附近，故由此转速产生的流量过小。

（4）解决方案

重新设计制作取力器，提高液压泵的输入转速后，割台升降速度提高，满足了使用要求。

（5）启示

设计液压系统时要合理确定各设计参数，以免因匹配不当而影响系统正常使用。

3.2.7　挖掘机小臂液压缸动作缓慢故障诊断排除

（1）故障现象

一台 PC220 型挖掘机小臂液压缸动作缓慢，有时完全无法操作。

（2）原因分析及排除

该挖掘机发生故障时已使用了 6200h，发生故障前使用良好，从另一工地调入时更换了小臂、铲斗等工作装置。检查该机液压油箱，发现油箱底部和回油滤芯有大量的铁屑。再检查小臂控制阀，发现阀芯有少量铁屑。查该机保养记录，在使用 6000h 时更换了液压油、回油滤芯等。拆检小臂液压缸后，发现小臂液压缸严重拉缸。由于该机液压系统为闭式循环，液压缸在工作中拉缸产生的铁屑会随液压油进入液压系统。为此，清洗了该机液压油箱和整个液压系统，更换液压油和回油滤芯，修复小臂液压缸后，该机小臂动作恢复正常。

3.2.8　煤气发生炉工艺阀门液压缸动作变慢故障诊断排除

煤气发生炉是化肥生产企业的重要工艺装备，其多个工艺阀门的启闭多采用液压缸驱动（图 3-26）。某企业所用炉子的液压系统在改造后运转时发现，一个阀门的开启速度较原来变慢。经检查是该阀门液压缸的回油管管路的变径管处有一铁块（为系统改造时为加设蓄能器开孔时的铁块遗漏此处），致使回油受阻，取出后故障消失。

图 3-26　煤气发生炉工艺阀门启闭液压缸

3.2.9　双液压缸驱动剪板机不能剪断标称厚度钢板故障诊断排除

某液压剪板机在系统规定工作压力下，不能将标称厚度的钢板剪断。这说明液压缸输出力不足。而影响出力的因素是液压系统压力和结构尺寸（缸径或有效作用面积）。由于缸的工作压力为规定值，回油背压不超标，经检测发现液压缸的规格尺寸不正确（过小），导致了剪板机出力不足而不能剪断标称厚度的钢板。纠正后故障消失。

3.3 液压阀故障诊断排除

3.3.1 液控单向阀引出的立置液压缸停位不准故障诊断排除

(1) 系统原理

图 3-27（a）所示为某立式机床液压系统改进前的平衡回路。在液压缸 6 有杆腔的油路上装设的液控单向阀 5，用于平衡立式机床工作头的重量，使其在任一位置都能停住，即当泵 1 卸荷或停止工作时，在工作头重力作用下，缸有杆腔油液产生背压以实现平衡，而工作时利用进入无杆腔的压力油打开液控单向阀，以满足正常工作时有杆腔排油的需要。

(2) 故障现象

当液压缸拖动机床工作头在任一位置停住时，三位四通电磁换向阀 4 切换至中位，但此时液压缸及工作头不能立即停止，还要继续下降一段距离，造成停位不准确。

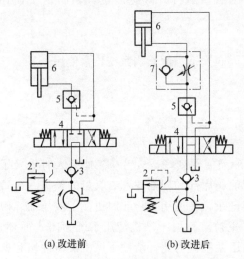

(a) 改进前　　　(b) 改进后

图 3-27　立式机床液压系统平衡回路

1—定量泵；2—溢流阀；3—单向阀；
4—三位四通电磁换向阀；5—液控单向阀；
6—液压缸；7—单向节流阀

(3) 原因分析

由图 3-27（a）可知，电磁换向阀 4 为 M 型中位机能，故当阀处于中位时，其 A、B 两工作口不能直通油箱而被封闭，造成液控单向阀的控制油路被封死，导致液控单向阀不能立即关闭，直到电磁换向阀阀内泄漏，继而使液控单向阀控制压力油泄压后，液控单向阀才能关闭。这一过程，导致液压缸不能准确停在要求的工位上，使设备不仅失去工作性能，甚至会造成各种事故。

(4) 改进方案

从上述分析可知，要使液压执行机构停位准确，关键在于液控单向阀 5 的控制压力油即时泄压，与之相配合的换向阀不能用 O 型、M 型中位机能，而必须选用 H 型或 Y 型中位机能，以便当换向阀处于中位时 A、B 两工作油口直通油箱。但仅此还不够，例如电磁换向阀选为 H 型中位机能，会看到当缸向下运行时，活塞断续向下跳动，伴随有激烈振动和噪声。这主要是因为当无杆腔进油，同时反向导通液控单向阀，构成回油通道后，活塞杆伸出，活塞将会因自重向下跌落，出现一个速度增量 Δv。由于泵 1 为定量泵，活塞及负载快速下行，当速度太快时，油液一时来不及补充液压缸无杆腔形成的空间，必然在整个进油路及液压缸活塞上产生短时的负压效应，导致液控单向阀的控制油路压力急降，因失压液控单向阀关闭，突然堵死系统唯一的主回路，液压缸急停。液控单向阀关闭后，系统继续供油，使进油油路油压回升，液控单向阀又打开，再次重复上述过程，使液压缸活塞断续下降，并引起强烈振动和噪声。为此可通过在回油路上安装单向节流阀来调整液压缸下降速度。单向节流阀安装于液控单向阀与液压缸之间 [图 3-27（b）]，从而构成回油节流调速回路，溢流阀 2 起定压溢流作用，使活塞下降平稳，液压缸无杆腔压力由溢流阀调控，即使液控单向阀打开，也不会出现失压，彻底消除了液控单向阀因失压而关闭，造成系统产生故障的隐患。

(5) 启示

在平衡回路的设计及使用中，除考虑停位的准确、停位的锁定和持久外，还应考虑由于重物下降运行过程中可能产生的负压效应带来的冲击和振动；系统中相关元件间的匹配是系统设计的一个至关重要的因素；在选用液控单向阀时，应了解其结构类型，当系统中有背压存在时应从功耗、系统发热等方面考虑，选用带有外泄口的液控单向阀较为合理。

3.3.2　双向液压锁引出的钻孔机整机猛烈振动故障诊断排除

（1）系统原理

SZKL600B 型步履式长螺旋钻孔机的塔高为 28m，最大钻孔直径为 600mm，孔深为 23m，可 360°回转，机械式起塔；利用 4 个支腿液压缸、纵移液压缸及行走小车进行步履行走。为使结构紧凑和操作维修方便，采用两联三位四通滑阀来进行控制，实现主机的动作要求。为了防止支腿液压缸在支撑过程中发生因缸上腔油路泄漏引起"软腿"现象，以及支腿液压缸下腔油路泄漏引起工作过程中的自行沉落现象，在每个支腿液压缸的油路中均设有双向液压锁（双液控单向阀）。图 3-28 所示为双向液压锁及支腿液压缸油路，当收起支腿时，操纵三位四通手动换向阀 5，使液压锁的 A 口进油，压力油打开单向阀 1 从 A_1 口进入支腿液压缸 7 的有杆腔，同时右推控制活塞 3，反向导通右边的单向阀 4 使液压缸无杆腔的压力油通过该单向阀和换向阀回油箱；当需

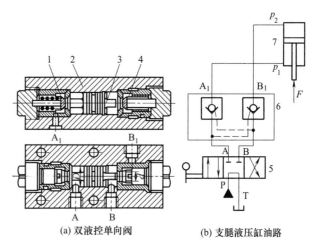

图 3-28　双向液压锁及支腿液压缸油路

1,4—单向阀；2—阀体；3—控制活塞；5—三位四通手动换向阀；
6—双向液压锁；7—液压缸

要放下支腿时，操纵换向阀，使液压锁的 B 口进油，压力油打开单向阀 4 从 B_1 口进入液压缸的无杆腔，同时左推控制活塞 3，反向导通单向阀 1，从而导通液压缸的回油路；当换向阀处于中位时，液压缸无杆腔的压力油把锥芯压紧在阀座上，油压越高压得越紧，可使液压油一点儿都不会漏回油箱，从而避免了液压缸活塞杆自动缩回的现象，真正起到"锁"的作用。

钻机在作业时，垂直支腿液压缸承受很大的负载，其无杆腔有很高的压力，从背后作用在单向阀 4 上（以下简称该压力为背压）。收支腿时，液压锁的 A 口进油推动控制活塞 3，克服单向阀 4 背压才能"开锁"，而在"开锁"之前 A 口压力传递到缸有杆腔，该压力的增大又使无杆腔压力进一步升高。设支腿液压缸的外负载为 F，其无杆腔的有效作用面积为 A，速比为 i，有杆腔油压为 p_1，无杆腔油压为 p_2，液压锁控制活塞 3 的直径为 D，单向阀前孔径为 d，则"开锁"的条件为

$$p_1 \frac{\pi D^2}{4} > p_2 \frac{\pi d^2}{4} \tag{3-15}$$

液压缸受力平衡方程为

$$p_2 = \frac{F}{A} + \frac{p_1}{i} \tag{3-16}$$

由上述两式得

$$p_1 > \frac{F}{\left[\left(\dfrac{D}{d} \right)^2 - \dfrac{1}{i} \right] A} \tag{3-17}$$

由式（3-17）可知，"开锁"压力 p_1 不仅与液压缸负载 F 及缸的结构尺寸（A、i）有关，还与液压锁的结构尺寸 D 和 d 有关。"开锁"的必要条件是 $(D/d)^2 > 1/i$，即 $D/d > \sqrt{1/i}$。若 $D/d < \sqrt{1/i}$，则无论有多高的压力 p_1，均不会开锁。比值 D/d 越大，开锁压力 p_1 越低。

（2）故障现象

在样机试制中，发现操纵换向阀收起支腿液压缸时，整机振动猛烈，而液压系统其余动作正常。

（3）原因分析

开始认为液压缸中存有气体，运行多次后发现故障现象依旧。由于双向液压锁是根据系统所需流量大小和压差，对原有液压锁进行改制，增大了进、出油口尺寸及改变了连接方式而成，故将分析的重点放在改制后的双向液压锁上。

因无生产厂家的详细设计资料，故认为可能是在设计液压锁时，未考虑使用工况（如整机质量为 40t）及泵的流量等因素，所确定的 D/d 值太小，致使开锁压力 p_1 很高，从而使单向阀 4 背压 p_2 也很高。这样，在开锁后的瞬间，通过阀口的流量很大，导致单向阀 4 的控制油路压力急降，因失压使单向阀 4 关闭，突然堵死系统唯一的主回路，支腿液压缸急停。而系统动力部分并未停止，继续供油，使进油油路油压 p_1 回升，当油路压力达到单向阀开启压力后，单向阀 4 打开，又重复上述过程，这种过程使液压缸活塞断续下降，使收支腿的瞬时动作很猛烈，造成强烈的振动与冲击。

（4）解决方案及效果

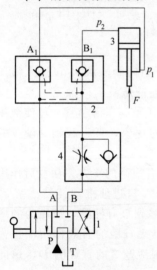

采用在回油路上安装单向节流阀来调整支腿液压缸的下降速度，增加单向阀 4 背压的方法。这种方式构成了回油节流调速回路，使液压缸下降平稳，彻底消除了液控单向阀因失压过快而关闭，造成系统产生故障的隐患。同时也可利用单向节流阀粗略调整 4 个支腿液压缸的同步，利于施工现场调平。故在原系统中增加 4 个旋套式单向节流阀，安装在双向液压锁与换向阀之间，不破坏原液压系统的配管（图 3-29）。经调试，支腿液压缸收缩平稳，满足主机的设计要求，故障得以排除。

（5）启示

液压系统中相关元件的匹配是系统设计的一个至关重要的因素；在选用液压锁等液压元件时，应全面了解其结构类型、重要性能参数及使用工况等，尤其是要求生产厂家对老产品改制时，应提出具体的要求。以免造成系统故障，影响主机运转。

图 3-29　改进后的支腿
液压缸油路
1—三位四通手动换向阀；
2—双向液压锁；3—液压缸；
4—单向节流阀

3.3.3　叶片泵出口串接单向阀的振动故障诊断排除

某液压系统要在 PV2R 型叶片泵（流量为 200L/min）的出口直接串接单向阀（开启压力为 2MPa），用户非常担心因此产生振动。

事实上，单向阀的阀芯、弹簧和液压阻尼可等效为一个强迫振动系统，阀芯质量、弹簧刚度和液压阻尼决定了这一系统的自振频率，如果它与泵的流量脉动频率接近或相等，则将产生共振，反之如果两个频率不同或相差较远，即可避免共振及噪声。

3.3.4　电磁换向阀长时间通电发热故障诊断排除

某液压系统使用二位四通电磁换向阀控制夹紧液压缸的动作，用户担心夹紧动作时电磁铁长时间通电会引起电磁铁过热甚至烧损。

二位四通电磁换向阀是单电磁铁阀，因此使用该阀控制夹紧液压缸换向的正确做法是要看夹紧和松夹哪个工况持续时间长，为了避免出现电磁铁过热甚至烧损，使电磁铁在持续时间长的工况保持断电即可。如果条件允许，改用三位四通电磁换向阀并使其在持续时间较长的夹紧工况处于断电中位并保压即可。

3.3.5　新液压系统安装调试时电磁换向阀卡死故障诊断排除

（1）故障现象

液压系统在正常工作过程中，若出现电磁换向阀阀芯卡死现象，多数情况下是由于液压油污染造成的。然而新的液压系统在安装完毕进行调试时，也会出现电磁换向阀阀芯卡死现象。实践表明，安装调试时阀芯卡死的电磁换向阀往往是小通径（约 6mm 以下）板式电磁换向阀，而叠加阀更容易出现阀芯卡死现象。这些阀安装在液压系统中之前，其阀芯运动自如，而当用螺栓将其与阀板或油路块紧固后就出现阀芯卡死现象。

（2）原因分析

图 3-30（a）所示为小通径板式电磁换向阀与阀板（块）用螺钉紧固在一起的情况。阀板（块）在加工时，一般均能按设计要求使其平面度达到足够的精度，出现用螺钉紧固后阀芯卡死的原因如图 3-30（b）、（c）所示，即当电磁换向阀底面凸出来或凹进去，此时小通径电磁换向阀由于阀体比较单薄，当用螺钉与阀板（块）紧固后，使阀体变形，从而造成阀芯卡死在阀腔中。

当电磁换向阀与阀板（块）之间夹有叠加节流阀（图 3-31）时，更容易出现电磁换向阀阀芯卡死现象。这是由于电磁换向阀底面、叠加节流阀上下接合面在加工中都可能出现加工精度不高的情况，叠加在一起累积误差增大，用螺钉紧固后造成电磁换向阀阀体变形而使阀芯卡死。

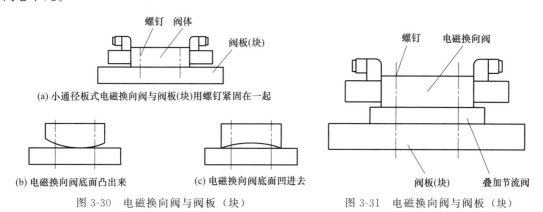

(a) 小通径板式电磁换向阀与阀板(块)用螺钉紧固在一起

(b) 电磁换向阀底面凸出来　　(c) 电磁换向阀底面凹进去

图 3-30　电磁换向阀与阀板（块）
紧固在一起及卡死原因示意

图 3-31　电磁换向阀与阀板（块）
之间夹有叠加节流阀

在多年的实践中发现，小通径板式电磁换向阀与阀板（块）用螺钉紧固后出现阀芯卡死的现象有时会遇到，而中间夹一叠加节流阀时，电磁阀阀芯卡死现象会经常出现。这是由于叠加节流阀阀体大多采用铸铁材质，上下接合面加工时，铸铁阀体尚未达到足够的时效时间，机械加工完毕的叠加阀，经一定时间后上下接合面产生变形，使其平面度大大降低。

（3）解决方法

只需把电磁换向阀底面或叠加节流阀上下表面重新加工一次，使之平面度达到足够的精度，即可解决问题。

3.3.6 三位四通电磁换向阀通电后切换不到位故障诊断排除

图 3-32 三位四通电
磁换向阀实物

某厂液压系统有一 34E-B4BH 型电磁换向阀（图 3-32），使用中发现该阀右位通电后总是不能切换到位。

由该阀型号可知，它是三位四通直流电磁换向阀，其压力等级为 B（2.5MPa），额定流量为 4L/min，板式连接，H 型中位机能，外泄方式。检查发现阀芯无机械卡阻，因此，怀疑故障原因是对中弹簧破损或外泄油口不通畅。进一步检查发现在外泄油口有污物部分堵塞通道，致使该换向阀泄油背压大，换向不彻底，清洗、换油甚至换阀即可消除故障。

3.3.7 二位二通电磁换向阀通电后不换向故障诊断排除

某车辆液压系统有一个二位二通螺纹插装式电磁换向阀（力士乐产品，常闭机能，通径为 8mm，流量为 40L/min），调试时发现接通 220V 交流电源后不换向。检查油液是清洁的。后检查铭牌发现标有 220VRC 字样，说明这是 220V 交流本整形电磁阀，需用配套的带半波整流器件的插头（但电磁铁仍为直流）。为此，改用带半波整流器件的插头，故障消失。

3.3.8 插装式电磁溢流阀引起的系统油温升高、压力急剧下降故障诊断排除

(1) 系统原理

插装阀是液压机中普遍应用的液压控制阀，电磁溢流阀组件是其中之一，它主要由压力阀插装件 1、调压阀 2、电磁换向阀 3 组成（图 3-33），件 1 和阀 2 及阻尼孔 R_1（压差液阻）和 R_2（动态液阻）构成一个先导式溢流阀，通过阀 3 可对系统加载（定压溢流）和卸载。其工作原理是当阀 3 断电处于图 3-33 所示右位时，压力油除直接作用于插装件 1 下腔外，还通过阻尼孔 R_1、R_2 进入控制腔 C 和调压阀 2 的进油口，当压力 p_A 低于调压阀 2 的设定压力 p_t 时，主阀芯关闭，压差液阻 R_1 前后无液体流动，故压差液阻 R_1 前后无压差，即 $p_A - p_v = 0$，当负载增加，使 p_A 增大到 $p_A > p_t$ 时，调压阀 2 开启，压差液阻 R_1 前后液体流动并产生压差（$p_A - p_v$），故主阀芯开启，电磁溢流阀开始起加载溢流作用。当主阀芯（件 1）开度一定时，调压阀 2、主阀芯（件 1）分别处于压力平衡状态，此时有 $p_v = p_c = p_t$。显然系统最高工作压力 p_A 由调压阀 2 的设定值 p_t 决定。动态液阻 R_2 主要用于防止压力冲击引起的主阀芯振动。当阀 3 通电切换至左位时，控制腔 C 及主阀芯入口 A 通油箱，电磁溢流阀开始起卸载作用。

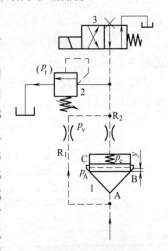

图 3-33 插装式电磁
溢流阀液压原理
1—插装件；2—调压阀；
3—电磁换向阀

(2) 故障现象

装有插装式溢流阀的液压机，在正常压制一段时间后，油液温度升高，系统压力急剧下降。

(3) 原因分析及排除

以某四柱 100t 液压机系统的上缸部分（图 3-34）为例进行分析。该液压系统在主缸活塞下降时，电磁铁 1YA、2YA、4YA、6YA、5YA 通电，主缸快速下行，当接触到行程开关 K4 时，6YA 断电，7YA 通电，主缸慢速加压，并进入整形模具，系统全压输出；当接

触到行程开关 K5 时，工作到位，1YA、2YA、4YA、6YA、5YA 断电，系统释压延时到发信，1YA、2YA、3YA 通电，主缸活塞回程。但是，在运行一段时间（1～2h）油温升高以后，系统压力只能达到 9MPa 左右（要求的整形压力是 16MPa 左右），主缸中途停下，而无法整形到位，系统压力明显不足。事实上，此液压机一直存在压力不足的问题，只是没这么明显而已，再加之产品数量不大，可间歇作业，然而，当产量提高时，问题就显现出来。这说明此故障是长期形成的，而不是突发故障，故考虑是因系统泄漏所致。

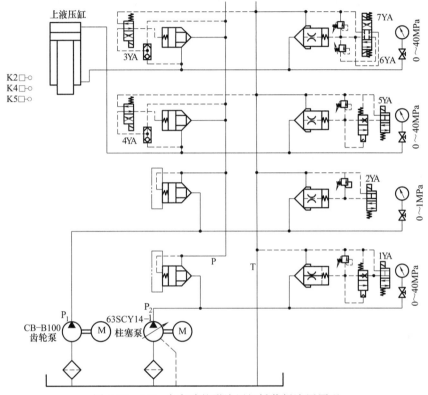

图 3-34　100t 全自动整形液压机插装阀液压原理

　　① 液压泵。考虑到系统压力是由柱塞泵提供的，齿轮泵只提供流量，柱塞泵内泄漏严重可能引起油温升高导致类似故障，故先检测液压泵。为此，手动电磁阀 1，发现空载下，泵源最高压力只能达到 9MPa 左右，而当油温冷却后，手动电磁阀 1，泵源最高压力却能达到 32MPa 左右，说明 3YA、4YA 所控制的液压阀无故障，更换泵也无济于事，即排除了泵的问题。

　　② 集成块。怀疑其有缝隙，拆开后未发现。

　　③ 电磁溢流阀组件有泄漏。经仔细检查，未发现明显的机械故障，经压力阀主阀芯的泄漏试验证明无问题。最终发现电磁溢流阀组件的电磁换向导阀的阀芯与阀体配合间隙过大，温升明显时油液黏度降低，使微泄漏增加，导致主阀芯的微量开启，更换电磁换向阀后故障排除。为了减少先导调压阀的泄漏，应尽量采用阀芯与阀体间隙小且配合段长的电磁换向阀以减少泄漏。这在 HPM200L 进口液压机上出现的类似问题的解决过程中也得到了成功验证。

3.3.9　MOOG30 系列伺服阀流量单边输出故障诊断排除

(1) 结构原理

MOOG30 系列伺服阀是一种适用于小流量精密液压控制系统的双喷嘴挡板式力反馈伺

服阀。它接收来自控制系统的电流信号，并转换成伺服阀的流量输出，伺服阀的流量转换成执行机构（液压缸）的位移，执行机构的位移又通过位移传感器送入控制系统，形成闭环反馈，构成了一个完整的电液控制系统。其中伺服阀起到电液信号的转换作用，是整套电液控制系统的核心。该系列伺服阀的工作压力可达 21MPa，流量为 $0.45 \sim 5.0 \mathrm{L/min}$。该系列伺服阀的电气-机械转换器为力矩马达，先导级阀为双喷嘴挡板阀，功率放大级主阀为滑阀，故是一个典型的两级流量控制伺服阀。其中双喷嘴挡板阀为对称结构（图 3-35）。高压油经过阀的内置过滤器分流到两个固定节流孔 R_1 和 R_2，再分别流过两喷嘴与挡板的间隙形成的可变节流孔 R_3 和 R_4，最后汇总经过回油阻尼孔 R_5 回到油箱。简化的工作原理如图 3-36 所示，组成两个对称的桥路，桥路中间点的控制压力 p_{c1}、p_{c2} 为左、右两喷嘴前的压力，其压差推动滑阀运动。

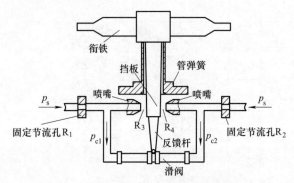

图 3-35　MOOG30 系列伺服阀结构

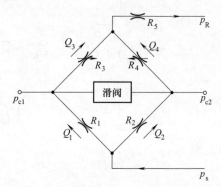

图 3-36　伺服阀简化工作原理

（2）故障现象

MOOG30 系列伺服阀国产化研制过程中曾出现过流量单边输出故障，即当伺服阀控制执行机构运动时，无论给伺服阀加上正向或反向电流，执行机构都向同一方向运动，直至活塞碰缸。将伺服阀装在试验台进行空载性能测试，出现下列异常现象。

① 该伺服阀喷嘴前控制压力 p_{c1}、p_{c2} 均与供油压力 p_s 基本相同，而正常值应为供油压力的一半左右。

② 阀的内泄漏量小于 82mL/min，而正常值应小于或等于 350mL/min。

③ 从空载流量曲线上看，$-10 \mathrm{mA}$ 时流量为 $-3.96 \mathrm{L/min}$，$0 \mathrm{mA}$ 时流量为 $-0.42 \mathrm{L/min}$，$+10 \mathrm{mA}$ 时流量为 $-0.242 \mathrm{L/min}$，流量负向单边输出。

④ 检测两喷嘴前压力差 Δp_c 与输入电流之间的对应关系：输入 $0 \sim +10 \mathrm{mA}$ 电流时，压力不变，压力差为恒定值 $\Delta p_c = 0.05 \mathrm{MPa}$（正常值 $\Delta p_c = 0.4 \sim 0.5 \mathrm{MPa}$）；输入 $0 \sim -10 \mathrm{mA}$ 电流时，左、右喷嘴前压力同时开始降低，$-10 \mathrm{mA}$ 电流时左、右喷嘴前最大压力差 $\Delta p_c = 0.55 \mathrm{MPa}$。

（3）原因分析

在伺服阀初调时，操作者通过改变液阻 R_3 和 R_4（图 3-36），即调整喷嘴与两个挡板之间的间隙，使 $R_1 R_3 = R_2 R_4$，此时 $p_{c1} = p_{c2}$，滑阀处于中位，当输入某一控制电流时，力矩马达电磁力矩的作用使挡板产生位移，液阻 R_3、R_4 发生反向变化，桥路失去平衡，即 $p_{c1} \neq p_{c2}$，形成先导级阀控制压力差 Δp_c。在 Δp_c 的作用下，滑阀产生位移，通过反馈杆反力矩作用，使桥路到达新的平衡位置，伺服阀输出相应的流量。伺服阀的输出流量与阀芯位移成正比，阀芯位移与输入电流成正比，伺服阀的输出流量与输入电流之间建立了一一对应的关系。

从故障现象上看，无信号输入时，伺服阀的控制压力 p_{c1}、p_{c2} 增大且近似相等，与供油压力 p_s 接近，说明两侧的喷嘴挡板之间基本没有间隙，液阻 R_3、R_4 趋于无穷大，流量 Q_3、Q_4 接近零，阀的内泄漏量小于 $82L/min$ 也证明了这一点。从空载流量曲线上看，当伺服阀输入正向电流时，控制压力 p_{c1}、p_{c2} 不变，阀芯位置不变，无流量输出。而当伺服阀输入负向电流量，控制压力 p_{c1}、p_{c2} 发生变化，产生压力差 Δp_c，伺服阀有负向流量输出，说明伺服阀的挡板在电磁力矩的作用下能向右侧移动，却不能向左侧移动。当挡板向右侧移动后左侧产生间隙，使控制压力 p_c 下降，压差推动滑阀阀芯向左侧移动，伺服阀产生负向流量输出。可以判断该伺服阀的故障为先导级阀堵塞，且堵塞处为右侧喷嘴与挡板间，左侧喷嘴与挡板靠死。

将该伺服阀拆解检查，在右喷嘴口发现条状堵塞物。取出堵塞物，在工具显微镜下观察，条状堵塞物形态为月牙形，尺寸为 $1.497mm \times 0.392mm \times 0.22mm$，材质为橡胶。

当伺服阀输入正向电流时，电磁力矩使挡板向左侧喷嘴偏转，由于喷嘴与挡板已接触，故堵塞状态无改善，控制压力无压力差，阀芯无位移，伺服阀无输出流量。当伺服阀输入负向电流时，电磁力矩使挡板向右侧喷嘴偏转，由于堵塞物为弹性体，故挡板有位移，左侧喷嘴与挡板间堵塞状态改善，前置放大级有压差，阀芯有位移，伺服阀有流量输出。因此说明是右侧喷嘴与挡板间隙被堵塞造成了伺服阀流量负向单边输出。

(4) 解决方案及效果

伺服阀先导级控制压力油必须经过伺服阀内部 $10\mu m$ 的过滤器才能到达喷嘴。经检查，过滤器并未失效。可以肯定，如此大的橡胶堵塞物是无法通过过滤器进入喷嘴的。仔细检查过滤器到喷嘴之间的所有密封件，在右端盖的密封圈上发现了与条状堵塞物形态相似、尺寸相似的凹形缺陷。经实物拼合，确认条状堵塞物即为右端盖密封圈上的脱落物。

经对该伺服阀端盖与阀体安装实际尺寸计算和作图分析，确定该伺服阀端盖密封圈挤伤、脱落的原因如下（参见图 3-37）。

① 该伺服阀的端盖为非对称性结构，密封圈的中心距上下螺钉安装孔的距离分别为 $6.9mm$ 和 $7.0mm$（图 3-37 中括号内尺寸），但没有识别标志，在实际装配中很难辨别方向。

② 在装配端盖时偏心方向装反，使端盖密封圈槽内径尺寸 $\phi11.7mm$ 与阀体喷嘴安装孔 $\phi3.2mm$ 边缘产生干涉（见图 3-37 中尺寸），在端盖与阀体界面形成尺寸约为 $1.5mm \times 0.15mm$ 月牙形通道。当端盖与壳体之间通过螺钉连接紧固后，端盖密封圈受到压缩变形，变形后的密封圈内圈覆盖在月牙形通道上的部分实体被挤入通道形成压痕。

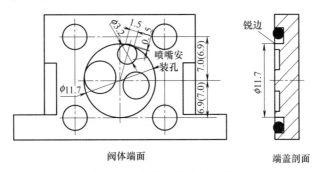

阀体端面　　　　　　　　　端盖剖面

图 3-37　伺服阀阀体与端盖

③ 喷嘴安装孔 $\phi3.2mm$ 孔口在图纸上有 $R0.1mm$ 的倒圆角要求，但在加工过程中未加以控制，以至最后的零件孔口为锐边。

④ 由于伺服阀在调试及各项工艺试验中工作压力需反复在 0～21MPa 之间变化，密封圈月牙形的实体压痕因被喷嘴安装孔的孔口锐边剪切变为挤伤，在工作中该实体最终产生脱落，进入喷嘴与挡板间隙内造成堵塞。

针对上述故障产生的原因，提出以下解决方案。

① 将壳体端面喷嘴安装孔由 $\phi3.2mm$ 改为 $\phi3.1mm$，并将孔口倒圆角 $R0.2mm$；

② 将端盖密封圈槽内径尺寸由 $\phi11.7mm$ 改为 $\phi12.1mm$，且将槽口锐边倒圆角 $R0.2mm$。经计算端盖与阀体装配时密封圈槽内孔 $\phi12.1mm$ 离开壳体喷嘴安装孔 $\phi3.1mm$ 边缘的最小距离为 0.1mm。

③ 将密封圈规格由 $\phi12.5mm\times\phi1.5mm$ 改为 $\phi12.9mm\times\phi1.3mm$，将端盖密封圈槽深尺寸由 1.1mm 改为 1.0mm。

④ 在端盖尺寸 6.9mm 一侧写标记，便于端盖装配时识别方向。

经过上述改进，该系列伺服阀从根本上杜绝了密封圈损坏脱落堵塞喷嘴与挡板间隙故障的发生，并在实际使用中使该结论得到验证。

(5) 启示

伺服阀单边输出故障的根本原因，既有设计问题，又有工艺问题，具有代表性。尽管伺服阀出现这种故障的概率很低，但是一旦出现，对整套电液控制系统却是致命的。所以在同类产品的开发设计时应给予重视。

3.3.10 电液伺服阀力矩马达衔铁变形及反馈杆端部轴承磨损故障诊断排除

(1) 功能结构

某轧钢分厂进口的奥地利 GFM 公司扁钢轧机组，其轧辊的速度及转矩驱动机构采用电液伺服阀控变量马达系统。该机组为 5 架轧机（平轧 3 架，立轧 2 架），采用连轧方式，微张力控制。平轧机由 4 台变量马达驱动，立轧机由 3 台变量马达驱动。马达的变量机构采用电液伺服阀控缸系统，使用的伺服阀为德国力士乐公司的 4WSZEM10-45/45B3ET315 型力反馈两级电液伺服阀。

喷嘴挡板式力反馈两级电液伺服阀的常见故障是电气-机械转换器的力矩马达线圈烧断、先导级的喷嘴因液压油污染堵塞（占 50％以上）、功率级滑阀卡死、滑阀锐边磨损、力反馈杆疲劳折断、力反馈杆上的小球磨损等，且这些故障能够通过伺服阀静态试验（包括空载流量、负载流量、压力增益和泄漏特性试验）以及伺服阀线圈的测试进行判断。

(2) 故障现象

在轧机机组上，当计算机给出控制指令后，该伺服阀能够控制马达斜盘摆动，但与正常情况相比，摆动速度十分缓慢。若给定 100％指令信号，伺服阀控斜盘摆动到位时间需 3s 多，而正常伺服阀控斜盘摆动到位时间小于 0.15s。若给定 30％指令信号，斜盘基本不动作。设备出现这种现象可以断定是伺服阀有问题。

(3) 原因分析

为了确定故障原因，对伺服阀进行了测试。测试前对伺服阀进行冲洗，根据额定参数按照国家标准，搭建伺服阀测试油路（压力传感器量程为 0～10MPa；流量传感器为齿轮式，量程为 $\pm80L/min$）。对该伺服阀进行静态性能测试，试验结果是无论控制信号如何变化（监控伺服阀电流是正常的），伺服阀的压力增益特性和空载流量特性均是一条偏向最大值的水平直线。

由于通过伺服阀静态试验结果很难判断出伺服阀的故障，故对其进行拆解。卸掉伺服阀力矩马达的外壳，发现衔铁向一侧偏至最大。给线圈一个三角波交变电流，仔细观察衔铁的运动情况（此时未通液压油），发现它没有比例变化现象，用万用表检测线圈电流，变化规律正常。断电后测量伺服阀线圈电阻，检查接线也无任何问题。由此可以断定是力矩马达部分出现故障。经仔细观察，发现力矩马达衔铁两端上翘，中间下凹（见图 3-38 中虚线）。变形最大处有 0.5mm。变形造成了衔铁与上、下磁钢（导磁体）气隙不均匀。衔铁受到不平衡极化磁通产生的力矩的作用产生转动，而且该不平衡力矩大于控制信号产生的可变力矩。这就是该伺服阀压力增益和空载流量试验时为一个常数的根本原因。

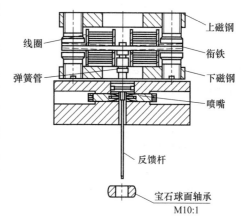

图 3-38　伺服阀力矩马达和喷嘴挡板部分结构示意

　　另外，在解体该伺服阀时还发现其另一故障，力反馈杆端部与滑阀接触的宝石球面轴承破损。该电液伺服阀的小球选用了人工红宝石球面轴承，其直径为 1.5mm，厚 0.17mm（图 3-38 中）。从控制角度来看，小球磨损后相当于在伺服阀力反馈回路中加入了一个非线性环节。当小球磨损严重时必然引起伺服阀静、动态性能的变化，在静态特性上表现为空载流量增益突跳，在动态特性上表现为不稳定。

（4）**解决方案**

① 衔铁变形的修复。用人工方式调直衔铁，在测量平板上选用等高块规垫起衔铁，用百分表量取衔铁上的几个点（不少于 5 个），调整衔铁使误差小于 0.02mm。

② 更换人工红宝石球面轴承。由于阀芯定位槽与小球之间有 0.005～0.01mm 的过盈，故在选配人工红宝石球面轴承时，关键在于测量阀芯定位槽 1.5mm 尺寸的精确性上。因 1.5mm 的尺寸太小，而且还要保证小球与定位槽之间的过盈量精确控制在 0.005～0.01mm 之间，要由检测经验丰富的人员使用 0 级块规进行定位槽尺寸的精确测量，再根据测量确定的最终尺寸定制人工红宝石球面轴承，只有这样才能保证维修后的电液伺服阀正常工作。

（5）**装配与调试**

① 力矩马达气隙的调试。该伺服阀线圈的额定电流为 ±7.5mA，用低频信号发生器输出三角波，周期选 30s，通过直流伺服放大器输出 ±10mA 电流，调节下磁钢螺钉与衔铁最大偏转位置保持 10μm 的间隙。再调节上磁钢，调节位置与下磁钢相同。

② 力矩马达与滑阀的装配。装配的关键是小球与定位槽之间的准确安装。由于人工红宝石只有 0.17mm 厚，位置略有偏差将会破坏。在安装力矩马达之前先将滑阀调零挡块和滑阀阀套端部的堵头卸下，使人工能自由移动阀芯，当阀芯上的定位槽居中时用 50～100 N 的力将小球压入定位槽，人工移动阀芯，观察阀芯与衔铁的运动关系是否正确，确认无误再安装其他部件。

③ 喷嘴与挡板间隙的调整。电液伺服阀喷嘴与挡板间隙是直接影响静、动态性能的重要尺寸。理想的喷嘴与挡板间隙是喷嘴直径的 1/3 左右。因此必须通过试验台调试才能完成。按照电液伺服阀空载流量测试回路，用周期为 30s 的三角波，调整左右喷嘴与挡板之间的位置，使伺服阀在额定阀压降下通过的流量大于或等于额定流量（45mL/min），并尽量保证伺服阀正、反向流量最大值接近。调试合格后，锁紧喷嘴调整螺母，再反复观察伺服阀的正、反向流量，若无变化，伺服阀喷嘴与挡板间隙调整完毕。

（6）试验效果与启示

对维修调整好的伺服阀进行全性能测试（含空载流量、负载流量、压力增益和泄漏特性四个静态试验和伺服阀频宽测试动态试验），当试验结果完全满足伺服阀出厂指标时，说明伺服阀维修合格，否则重新检查、分析、调整、试验。所维修的伺服阀最终测试结果表明该伺服阀维修合格。

伺服阀出现难以作出判断的特殊故障时，可通过进行反复试验、拆解分析来确定故障部位并通过仔细修整、试验来修复伺服阀。

3.3.11 整体式多路阀中限速阀的复位弹簧断裂故障诊断排除

（1）系统原理

该限速阀为我国从德国力勃海尔公司引进的整体多路阀系列产品中，用于自动防止液压挖掘机下坡行驶时滑坡的一种元件。图 3-39 所示为限速阀的结构，它由液控口 K、单向排油口、节流口、阀芯和复位弹簧等组成，集成在组合换向阀两端内腔。

整体式多路阀中限速阀在液压挖掘机行走回路中的工况如图 3-40 所示。当先导控制阀向整体式多路阀中的组合换向阀液控口输入控制压力油时，组合换向阀和限速阀处于换向位置。变量泵的压力油经组合换向阀进入行走液压马达（以下简称行走马达），带动行走机构工作。行走马达排出的液压油通过限速阀节流口回到油箱。限速阀通过压力反馈驱动阀芯自动调节行走马达回油流量来控制行走马达转速。限速阀节流面积梯度取决于行走马达进、出口的压力差，故限速阀在行走系统中限速是个动态过程。

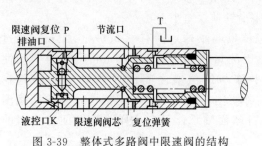

图 3-39　整体式多路阀中限速阀的结构

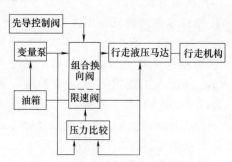

图 3-40　整体式多路阀中限速阀在
液压挖掘机行走回路的工况

当挖掘机行驶在下坡路工况时，势能转换成动能，使挖掘机行走速度加快，造成行走马达因转速过大发生自转，变为泵工况而产生自吸现象，导致系统变量泵失去负载而降低系统压力，促使马达出口压力大于其进口压力。此时，限速阀通过马达进、出口的压力差和复位弹簧的作用，自动调节行走马达的回油流量，以降低行走马达转速，达到限制挖掘机下坡行驶速度的目的。

当行走马达转速降至正常转速时，马达自吸现象自动消除，变量泵随之恢复负载。此时，行走马达进口压力大于其出口压力，限速阀在进、出口压力差的作用下，压缩复位弹簧将马达回油流量调大，即将限速阀开口调大至正常开度。

（2）故障现象

限速阀在使用中因其复位弹簧时有断裂，使限速阀失去固有的限速功能，造成挖掘机下坡行驶速度失控。

（3）原因分析

由图 3-41（a）所示的整体式多路阀的液压原理可知，多路阀在中位时，第 1～4 联换向阀的卸荷油道是串联油路，P 腔压力油可依次通过各联换向阀直接回油箱卸荷。多路阀换向时，第 4 联和前面 1～3 联换向阀的进油口为串联形式，第 1～3 联换向阀进油口是并联形式连接的。第 1 联换向阀中的限速阀压力控制口与 P 腔为常通式连接。

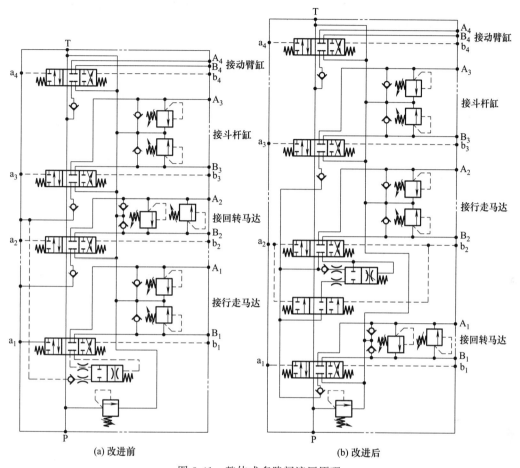

图 3-41　整体式多路阀液压原理

　　当第 1 联换向阀处于中位置时，若第 2～4 联换向阀中的任意一联阀处于换向状态，则多路阀 P 腔即产生高压油。由于限速阀的压力控制口与 P 腔常通连接，因而在 P 腔高压油的压力干扰作用下，限速阀阀芯随动换向，产生不必要的误动作。当 P 腔压力卸荷时，限速阀阀芯在复位弹簧的作用下复位。

　　液压挖掘机一般在挖掘土石方过程中，行走马达处于非工作状态，铲斗进行的挖掘、卸料动作，是通过系统中的动臂缸、斗杆缸、铲斗缸以及回转液压马达来实现的。因此，整体式多路阀中的第 2～4 联换向阀的工作次数是很频繁的，进而使限速阀阀芯在 P 腔压力干扰下也频繁产生误动作。限速阀误动作次数约为正常工作次数的 3 倍以上。由于限速阀阀芯动作次数剧增，造成限速阀复位弹簧因频繁工作而疲劳发生蠕变和断裂；限速阀阀芯密封间隙也会因磨损使内泄漏递增。因此，P 腔压力对限速阀的干扰，是使限速阀产生故障的根本原因。

　　（4）改进方案及效果

　　将整体式多路阀中的限速阀压力控制口与 P 腔的常通式连接改为常开式连接，以消除其他换向阀工作时产生的压力干扰。改进后的多路阀液压原理如图 3-41（b）所示，三位四通常开式换向阀不需在多路阀中单独设置，只需改变限速阀所在组合换向阀阀芯上的压力控制口的轴向位置，并把改进好的组合换向阀阀芯改装在多路阀第二路或第三路中，使之在中位时，限速阀压力控制口与 P 腔处于常开状态。

改进后的整体式多路阀，保持了原有的功能和特点，消除了限速阀的压力干扰和误动作，恢复了限速阀固有的工作频率，达到了延长限速阀使用寿命的目的。

3.3.12 液压阀板（块）击穿故障诊断修复

(1) 系统原理

液压系统的块式集成属于无管连接，与管式连接方式相比，结构紧凑，安全可靠，易于密封，装配方便，节省空间，是目前普遍采用的集成方式。如图 3-42 所示的 QX-3 型强力旋压机局部油路，其块式集成如图 3-43 所示。但因设计、制造和油液污染而堵塞等原因，阀板（块）易造成内部孔间击穿而成为液压机械最难判断的故障之一。

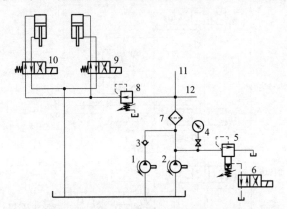

图 3-42　QX-3 型强力旋压机局部油路

1,2—液压泵；3—单向阀；4—压力表及其开关；5—先导式溢流阀；
6,9,10—二位四通电磁阀；7—过滤器；8—减压阀；11,12—其他油路

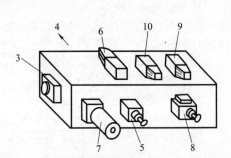

图 3-43　液压系统块式集成

注：图中数字编号同图 3-42。

(2) 原因分析

① 设计方面。在设计液压阀板（块）时，一般为使结构紧凑，内部孔系纵横交错且间隔较小。为防止在较高压力（＞7MPa）下被击穿，应对其最小间隔（壁厚）参照材料力学中的薄壁筒公式进行强度核算。

$$\delta \geqslant \frac{pd}{2[\sigma]} \qquad (3\text{-}18)$$

式中，p 为工作压力，Pa；d 为管子内径，m；$[\sigma]$ 为阀块（板）材料的许用应力，Pa；δ 为孔之间最小间隔（壁厚），m。

若忽略了上述核算，孔之间壁厚不能满足强度要求，则很容易被击穿。

② 加工。在设计上尽管进行了核算，但在阀板（块）加工过程中，特别是深孔加工时，实际中心线极易产生偏斜，往往造成孔之间的距离满足不了设计要求，也成为阀板被击穿的原因。

③ 使用。液压系统的介质污染使阀板（块）孔系局部堵塞，或液压冲击引起瞬间压力的增高等原因也会使阀板（块）被击穿。

(3) 故障诊断

某一液压故障现象，常由不同原因所致。如图 3-42 所示油路，液压泵启动后无油压，两缸均无动作。其故障原因有多个方面，例如油箱液位过低、泵失效、换向阀和卸荷阀故障等。为使诊断迅速准确，一般应遵循下述原则。

①缩小范围。应从最大可能性上缩小检查范围。如图 3-42 所示油路，可暂时封闭 11、12 两条油路，先检查直接与两缸动作相关联的油路。

② 从简到繁。油箱缺油与泵失效均可造成无油压，此时应先从油箱油位的简单问题查起，排除后再查泵这类较难的问题。

③ 分段查找，逐一排除（利用故障树法）。只有当所有外部可能性均排除后方可怀疑阀板击穿的可能性。检查阀板是否击穿一般可采用以下方法。

a. 绘制阀板（块）孔系轴测图分析法。图 3-42 所示油路经分段逐步检查后确认所有元件均正常，但此时对上述无油压两缸不动作故障，仅凭系统原理图很难分析故障所在，而阀板工作图因是投影图很难建立油路的实际形象走向，也不利于对故障分析。绘制图 3-44 所示的阀板（块）内部孔系轴测图，可迅速理顺其油路的内部走向（图 3-45）。

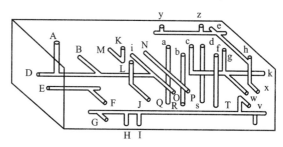

图 3-44　阀板（块）内部孔系轴测图

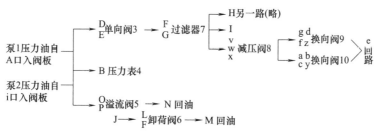

图 3-45　阀板（块）内部油路走向

借助孔系轴测图的油路走向和油路建不起压力的故障，排除了其他可能性，初步判定为压力油路与回油路击穿，进一步对照阀板工作图的孔间距离的实际尺寸，分析是回油路 x-h-e-z-y 与压力油路 c-k 最易击穿（因这两路距离最小，即壁厚最薄）。

b. 试验法。上述分析尚需进一步通过试验来验证。对于本故障，可启动泵，然后打开油口 e，发现有压力油直接从 e 泄漏，故可断定压力油路已直接与回油路击穿。为了进一步验证击穿部位，可采用吹烟法，按孔系轴测图逐条通路检查，最终确认击穿的具体部位。

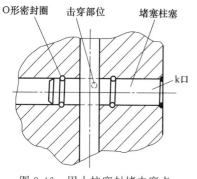

图 3-46　用小柱塞封堵击穿点

（4）修复方案及效果

经验证 c-k 压力油路与 h-x 回油路击穿，这时可根据实际情况重新封堵击穿点。如孔系轴测图 3-44 所示，由于压力油路 c-k 的 k 口是钻孔时的工艺堵口，可以重新钻开，嵌入带有 O 形密封圈（图 3-46）的小柱塞，封堵在与 h-x 回油路击穿的部位，击穿问题修复。

该旋压机液压系统的阀板击穿经修复后，已安全运转 10 年以上。且上述诊断修复方法还多次成功地用于其他多台液压设备的故障排除中。

3.4　液压辅件故障诊断排除

3.4.1　液压管路系统共振故障诊断排除

（1）系统原理

某钢铁公司一液压系统中有甲、乙两个液压泵站，系统的主要部分如图 3-47 所示。两泵站结构完全相同，阀站相似，仅泵站至阀站的管长及布管方式有所差异。两泵站均由两台 A2V 型 9 柱塞斜轴式柱塞泵（排量为 63mL/min，转速为 1500r/min）、两个 20mm 通径电磁溢流阀 5～8 以及过滤器、单向阀等组成。在阀站靠近执行元件处，各有一个 32mm 通径的 YF 型溢流阀 9、10 及远程调压阀 11、12。根据设计要求，以上两系统的压力脉动应小于 0.4MPa，为此，在泵出口及 32mm 通径溢流阀的进口分别设有容积为 0.6L 和 4L 的皮囊式蓄能器 13～18，用以吸收压力脉动。系统的工作压力为 20MPa。

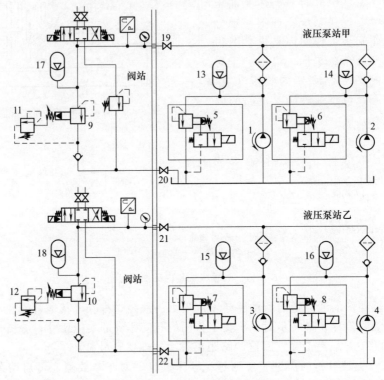

图 3-47　液压泵站液压原理

1～4—液压泵；5～8—电磁溢流阀；9,10—先导式溢流阀；11,12—远程调压阀；13～18—蓄能器；19～22—截止阀

(2) 故障现象

上述系统在调试时，出现如下现象。

① 系统甲全面达到了设计指标，无振动等不良现象，但系统乙在压力升至 10MPa 左右时，开始出现强烈的压力振荡，系统压力在 4～16MPa 之间大幅度脉动，系统几乎要破坏，故只得立即停机。

② 为了减弱振荡，在主溢流阀的遥控口至远程调压阀 12 的进口端增加了一个直径为 1mm 的阻尼孔，此时振动幅度有所减弱，但溢流阀的振动和噪声仍很大，仅 15min 左右，远程调压阀阀芯便损坏，另换远程调压阀后，情况相同。

③ 用压力传感器和 TD4073 分析仪所测得振荡的主要频率为 430～450Hz。

(3) 原因分析

仅根据上述现象，还不能确定振荡是由主溢流阀稳定性差造成的，还是由系统共振造成的，为了确诊，进行了下述试验。

① 关闭远程调压阀 12，以主溢流阀 10 作安全阀，以电磁溢流阀 7 或 8 作调压阀。启动一台泵时，系统的振动有所减弱，但仍很强烈，用压力传感器和光线示波器记录其压力振幅

达 ±5MPa。

② 在上述条件下，若关断截止阀 21（即改变管长），发现振荡基本消除。

上述试验结果说明，这种振荡是由系统管网共振造成的。这一振动有以下特点：谐振频率应在 220～450Hz 之间，在该频率下管网的阻抗趋于极大值，但要想在理论上准确计算复杂管网的阻抗特性尚有一定困难，有待进一步研究；振动的过程表现为强迫振动的形式，它是由泵的流量脉动所引起的，该振动频率近似等于泵流量脉动频率的倍频 $2f_0$。

$$f_0 = nZ/60 = 1480 \times 9/60 = 222\text{Hz}, 2f_0 = 444\text{Hz}$$

式中，n 为泵转速；Z 为泵的柱塞数；f_0 为流量脉动的一次谐波频率。

进一步分析发现，溢流阀中先导阀的固有频率 ω_{mf} 也与振动频率接近。

$$\omega_{mf} = \sqrt{\frac{K}{m}} = \sqrt{\frac{85 \times 10^3}{9.6 \times 10^{-3}}} = 2975\text{rad/s} = 473\text{Hz}$$

式中，K 为调压弹簧刚度及液压弹簧刚度之和；m 为溢流阀导阀芯及 1/3 弹簧的质量。

这一结果说明当管网的谐振频率、泵的流量脉动频率及溢流阀的阀芯固有频率三者相接近时，系统压力就会出现强烈的振荡现象，使系统无法正常工作。

蓄能器的固有频率仅几赫兹至几十赫兹，因此，对于 200Hz 以上的流量脉动不能起到滤波作用，增设蓄能器对消除振动作用不大。

（4）修复方案及效果

为了消除共振，减少压力脉动，在系统中增设了两个自制的简易消振滤波装置：一个称为"消振器"，设在泵出口处，用以降低泵出口的中频（220～450Hz）阻抗，通过反共振网络防止管网共振的形成；另一个称为"滤波器"，设置在阀站的主溢流阀 10 的进口处，通过"低通、高阻"的滤波原理，进一步滤除接近于溢流阀阀芯固有频率的高频压力谐波，防止溢流阀与管网形成共振。采取这一方案后，系统振动完全消除，压力脉动值符合设计要求。消振、滤波装置的工作原理及主要参数简介如下。

① 消振器。泵的流量脉动是引起压力脉动的根源。脉动流量 $\Delta Q(s)$ 与泵出口管网阻抗 $Z(s)$ 之积就是脉动压力 $p(s)$。故在一定脉动流量幅度下，管网阻抗越大，则压力脉动就越大。当 $Z(s)$ 在脉动频率 f_0 或倍频 $2f_0$ 处出现极大值时，系统就表现出共振现象。因此，只有降低从 f_0 至 $2f_0$（220～450Hz）的系统阻抗，才能防止共振的形成。基于此，在泵出口设置了如图 3-48 所示的串联共振型消振器。根据该消振器的模拟电路可知，其阻抗值 $|Z_c(\text{j}\omega)|$ 随频率发生变化。

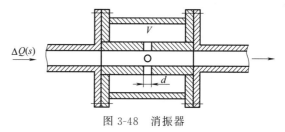

图 3-48　消振器

$$Z_c(s) = R_h + L_h(s) + \frac{1}{C_h s}; \quad Z_c(\text{j}\omega) = \sqrt{R_h^2 + L_h\omega\left(1 - \frac{\omega_h}{\omega}\right)^2}$$

式中，ω_h 为消振器固有频率；R_h 为液阻，$R_h = \dfrac{4l}{\pi d^2} \times \dfrac{1}{n}$；$L_h$ 为液感，$L_h = \dfrac{128\nu\rho l}{\pi d^4} \times \dfrac{1}{n}$；$C_h$ 为液容，$C_h = \dfrac{\nu}{\beta_e}$；$l$、$d$、$n$ 分别为小孔长度、孔径、数目；ν 为油液运动黏度；β_e 为油液弹性模量。

$$\omega_h = \sqrt{\frac{1}{L_h C_h}} \tag{3-19}$$

当流量脉动频率 ω 等于消振器的固有频率 ω_h 时，消振器处于串联共振状态，容抗与感抗抵消，其阻抗 $Z_c(j\omega)$ 达到极小值，$|Z_c(j\omega)| = \dfrac{128\nu\rho l}{n\pi d^4}$。

此时，若系统原管网阻抗 $Z_{L_0}(j\omega)$ 很大，并入消振器后，泵出口总阻抗 $Z_L(j\omega_n)$ 近似等于消振器的阻抗 $Z_c(j\omega_n)$，总阻抗大大减少，压力脉动的幅值会得到显著衰减。考虑到流量扰动频率主要为基频 f_0 和倍频 $2f_0$，本例中消振器的固有频率设计为 510Hz；消振器的工作容积为 510cm³。

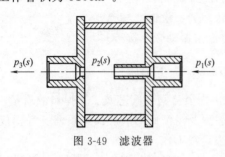

图 3-49 滤波器

② 滤波器。在溢流阀进口附近设置的滤波器如图 3-49 所示。该滤波器左端是一个薄刃节流孔，其液阻为 R，用于吸收、消耗溢流阀的部分振动能量，中间是一个容积约为 800cm³ 的容腔，该容腔的液容用 C_0 表示，右端是一个细长孔，它等效于液感 L_0 与液阻 R_2 串联，中间和右端构成串联分压式低通滤波器，用来进一步衰减从泵传来的高频压力脉动，以避免激起溢流阀的高频振荡，其衰减传递函数为

$$\frac{p_2(s)}{p_1(s)} = \frac{1}{L_0 C_0 s^2 + 1} = \frac{1}{\left(\dfrac{s}{\omega_0}\right)^2 + \left(\dfrac{2\xi_0}{\omega_0}\right)s + 1}$$

$$\omega_0 = \sqrt{\frac{1}{L_0 C_0}} \tag{3-20}$$

式中，ω_0 为滤波器的转折频率，本例设计约为 110Hz，可以使 220Hz 以上扰动压力衰减 60%～70% 甚至更大。

(5) 启示

当液压系统管网的阻抗在流量脉动频率的基频 f_0 或 $2f_0$ 附近趋于极大值时，系统可能在 f_0 或 $2f_0$ 处发生共振，若此时溢流阀阀芯固有频率与 f_0 或 $2f_0$ 接近，振动会进一步加剧；蓄能器对抑制管网共振作用不大；在有共振现象的液压系统中接入消振器和滤波器可消除振动，减小压力脉动，其中消振器的固有频率 ω_h 按式（3-19）计算，其取值应近似等于流量脉动频率的 2～3 倍，滤波器的转折频率 ω_0 按式（3-20）计算，其取值应低于流量脉动频率。

3.4.2 旋转接头泄漏故障诊断排除

(1) 功能结构

旋转接头在机械设备中广泛用于转动部件与非转动部件的连接。某公司板带工程冷轧项目从日本引进的五机架冷连轧机组，其开卷机使用了 2 套用于胀缩液压缸供油的旋转接头。在此冷连轧设备中，开卷机依轧机中心线对称布置于首架轧机前，用于承载钢卷重量和开卷，并在开卷过程中形成和控制带钢后张力。开卷机布置如图 3-50 所示。

工作时开卷机整体由液压缸驱动沿滑轨 3 移动接近钢卷，然后由胀缩液压缸 2 推动四棱锥斜楔插入钢卷内孔并胀紧钢卷。液压缸工作压力为 7MPa，开卷机主轴 5 由两套

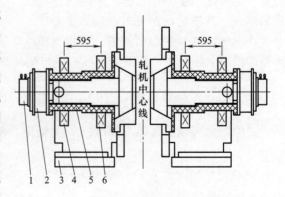

图 3-50 开卷机布置

1—旋转接头；2—胀缩液压缸；3—滑轨；
4,6—双列圆锥滚子轴承；5—开卷机主轴

英制系列双列圆锥滚子轴承 4、6 支承，轴承径向游隙为 $0.14\sim0.22\text{mm}$，开卷机座体与滑轨衬板间设计间隙为 $0.06\sim0.24\text{mm}$，旋转接头 1 刚性连接于开卷机主轴端胀缩液压缸的尾部。旋转接头结构如图 3-51 所示，接头两端各安装一套圆锥滚子轴承，轴承靠内泄的液压油润滑，端部采用骨架油封 2 和 8 密封，旋转接头转轴 4 与衬套 5 间采用间隙密封，转轴尺寸为 $\phi\,90_{-0.022}^{0}$ mm，转轴外圆柱面为光面，未开环形槽，衬套内孔尺寸 $\phi\,90_{0}^{+0.035}$ mm，泄漏到前端轴承腔的液压油，通过衬套上一条 $\phi5\text{mm}$ 孔道，汇流到后端轴承腔，然后经泄油口 7 通过外接油管流回油箱。旋转接头两供油管通过 $\phi42.4\text{mm}$ 无缝钢管与外部管路连接。

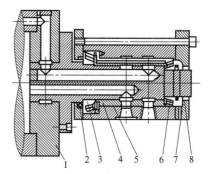

图 3-51　旋转接头结构
1—胀缩液压缸缸体；2,8—骨架油封；
3,6—圆锥滚子轴承；4—旋转接头转轴；
5—衬套；7—泄油口

(2) 故障现象

在调试生产中，频繁发生旋转接头两端部因骨架油封损坏而造成泄漏喷油故障。

(3) 原因分析

从现场设备结构和环境工况分析，造成旋转接头泄漏主要有以下两方面原因。

① 开卷机主轴使用的圆锥滚子轴承，径向游隙为 $0.14\sim0.22\text{mm}$，开卷机座体与滑轨衬板间设计间隙为 $0.06\sim0.24\text{mm}$，实际间隙达 1.5mm 左右。轧制带钢时，首架轧机与开卷机间将形成 $19\sim35$ kN 的张力，使开卷机机体头部上翘，由于旋转接头刚性连接于开卷机主轴端胀缩液压缸的尾部，开卷机各部件的所有间隙，都将造成旋转接头的偏心，按照尺寸关系换算，开卷机主轴前端圆锥滚子轴承 0.18mm 平均径向游隙、座体与滑轨间的 1.5mm 间隙，引起的旋转接头偏心分别为 0.34mm 和 0.35mm，两者累计达到 0.69mm 的偏心，由于旋转接头供油管与外部采用钢管连接，故旋转接头的偏心除部分被外接液压钢管的长度挠性缓解外，其余部分将直接造成转轴与衬套间的偏心摩擦，从而加剧磨损。此问题可由现场新更换的衬套运行 1 周时间，其内孔出现较严重划痕而得到验证。同时，这种随转动周期性的偏心也容易造成骨架油封唇口挤压翻边而发生密封失效泄漏。这是发生旋转接头泄漏的主要原因。

② 间隙密封是利用运动副间保持一很小的间隙，使其产生液体阻力来防止泄漏的一种密封方法，要求运动部件间的间隙要合适，并尽可能小，但不妨碍相对运动的顺利进行，一般间隙值为 $0.02\sim0.05\text{mm}$。间隙密封的缺点是泄漏大，磨损后不能补偿，仅适用于尺寸较小、压力较低、速度较快的场合。骨架油封允许工作压力一般为 0.3MPa。随着配合面磨损的增加，油液内泄量增大，而原设计衬套上一条 $\phi5\text{mm}$ 孔道排油不及时，造成左端轴承腔压力升高，导致油封破损泄漏。同时，油封质量的优劣对使用寿命也有一定影响，质量的差的油封唇口橡胶与骨架接合不紧密，容易发生破裂。

(4) 改造方案及效果

① 将旋转接头供油管与外部管路的刚性连接改为橡胶管柔性连接，消除开卷机主轴及座体的偏心影响，改善转轴与衬套间的工况。

② 由于受结构限制，不易实现前端轴承腔增设泄油口，故将衬套原设计一处 $\phi5\text{mm}$ 孔道改成均布两道 $\phi7\text{mm}$ 孔道，增大泄油的通流量。

③ 原旋转接头泄油是接入液压系统总泄油管后排回油箱的，后发现系统总泄油管泄油量较大，且有一定压力，故将旋转接头泄油采用单独泄油管路接回油箱。

④ 选用唇口橡胶与骨架接合较为紧密的质量较好的油封，如中国台湾 TTO 产品。

采取上述改造方案后,解决了旋转接头频繁泄漏喷油的故障,降低了设备故障率和维护人员的劳动强度,减少了泄漏油对乳化液的污染,降低了设备维护和生产成本,提高了机组生产作业率,取得了显著效益。

3.4.3 皮囊式液压蓄能器失效故障诊断排除

(1) 蓄能器功用

皮囊式蓄能器由耐压壳体、弹性皮囊、气门嘴、充气阀、提升阀、排液口等组成。弹性皮囊用合成耐油橡胶制成,其模压在气门嘴一端,形成一个密闭的空间。提升阀的作用是在液体全部排尽时,防止皮囊胀出壳体之外。蓄能器由皮囊与壳体自然分为两部分,囊内充氮气,囊外充液压油。当液压油进入蓄能器时,皮囊受压变形,气体体积随之缩小,储存液压油,当工作系统需要增加液压油时,则气体膨胀将液压油排出,使系统得到能量补偿。在线棒材轧机液压系统中,泵站与阀站之间使用了皮囊式蓄能器,其具体作用如下。

① 作紧急动力源。当液压泵发生故障或突然停电时,蓄能器作为紧急动力源将储存的能量立即释放出来,使夹紧缸还能有效夹紧工件,以免发生事故。

② 吸收液压冲击。在换向阀或液压缸等冲击源之前装设蓄能器,就可以吸收和缓冲由于换向阀突然换向或液压缸运动的突然停止产生的液压冲击,避免振动和噪声,保护仪表、元件和密封装置免受损坏。

③ 消除脉动降低噪声。液压系统中的柱塞泵和溢流阀,在系统正常工作时会引起系统的压力脉动,产生振动和噪声。安装蓄能器可以显著地降低噪声,使对振动敏感的仪表及阀的损坏事故大为减少。此外,蓄能器还能补偿泄漏、作为辅助动力源和当作液压空气弹簧等。

(2) 故障现象

皮囊式蓄能器在使用中有时会出现不能夹紧等情况,即蓄能器功能失效。

(3) 原因分析及排除

功能失效的故障大多是由蓄能器吞吐压力油的能力引起的,其原因大致有以下几种。

① 充气压力 p_A 不当。过高的充气压力是导致皮囊损坏的最常见原因,因过高的充气压力会将皮囊推入提升阀,导致提升阀总成以及皮囊的损坏,故一般应保证充气压力满足 $p_A \leqslant 0.9 p_2$(p_2 为系统最低工作压力);反之,过低的充气压力以及增加系统压力没有相应增加充气压力将会使皮囊挤入充气阀而损坏,通常规定充气压力满足 $p_A \geqslant 0.25 p_1$(p_1 为系统最高工作压力),这样限制皮囊系统工作时的变形范围,可以保护皮囊,并使皮囊有必要的工作寿命。由此得到充气压力的经验取值范围为

$$0.25 p_1 < p_A < 0.9 p_2 \tag{3-21}$$

排除此类故障的方法是,首先排出蓄能器内压力油,测定蓄能器内气压,给予确诊;其次找出具体故障源,当测知充气压力过低时,可能是设定值过低、充气不足、蓄能器充气嘴泄漏、皮囊破裂等,当测知充气压力过高时,可能是设定值过高、充气过量或者环境原因如温度升高所致。对症解决即可。

② 最高工作压力过高或过低。当蓄能器最高工作压力较低时,蓄能器的供油体积比较小。这时,若用蓄能器补油保压和夹紧必然出现压力下降快、保压时间短、夹紧失效之类的故障;若用蓄能器加速、快压射和增压时,也因供油体积太小,不能补油,导致不能加速、快压射和增压。若蓄能器最高工作压力比较高(但满足要求)时,就不会产生以上故障。但最高工作压力过高时,不但不能满足工作要求,而且会损坏液压泵、浪费功率。

对此,首先应设法测定蓄能器最高工作压力。若蓄能器最高工作压力过低,可能是由于液压泵故障、液压泵吸空、调压不当、压力阀及调压装置的故障造成的。对症解决即可。

③ 相邻液压元件泄漏使蓄能器不能发挥其作用。在液压系统中，与蓄能器相连的液压元件有单向阀、电磁换向阀和液压缸等，这些元件常出现密封不严、卡死不能闭合、因磨损间隙过大和密封件失效，造成蓄能器在储油和供油时压力油大量泄漏，致使蓄能器不能发挥其作用。

当确定故障原因是液压元件泄漏时，首先应确定是否为与蓄能器接邻的液压元件（单向阀、液控单向阀、换向阀和液压缸等）的泄漏故障。泄漏的原因大概有阀芯和阀座密封不严、阀芯卡阻、磨损造成相对运动面间隙大以及密封元件失效等。

中篇

第 4 章

材料成型机械液压系统故障诊断排除典型案例

4.1 铸造机械液压系统故障诊断排除

4.1.1 炼钢厂铸机主液压泵站噪声高、无压力与漏油故障诊断排除

(1) 系统原理

图 4-1 所示为某炼钢厂铸机主液压泵站原理，主泵为三用一备的液压泵 6～9，为力士乐 EA10VSO125DR 型恒压变量柱塞泵（电机转速为 1480r/min，系统工作介质为水-乙二醇液），主要用作大包及中包等设备上的 40 多个执行元件的液压源。

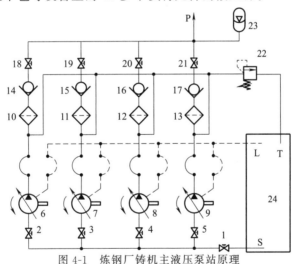

图 4-1 炼钢厂铸机主液压泵站原理

1～5—截止阀（对夹式蝶阀）；6～9—液压泵；10～13—过滤器；14～17—单向阀；
18～21—截止阀（球阀）；22—溢流阀；23—蓄能器；24—油箱

(2) 故障现象

在系统调试时，出现多台液压泵噪声异常高，紧接着输出压力变低或无压力输出，且液压泵传动轴头漏油，直至系统无法正常运行。

(3) 原因分析与改进方案

在检查中发现，液压泵滑靴断裂、液压泵轴旋转密封损坏，经分析是原系统设计不合理所致。其主要表现、原因和改进方案见表 4-1。

(4) 效果

针对上述原因，对系统进行了改造（图 4-2），改造后的系统运行良好。

表 4-1   主要表现和改进方案

主要表现	原因	改进方案
泵组吸油不畅	四台液压泵共用一根外径 φ108mm×4.5mm 的无缝钢管吸油,当三台液压泵在全排量状态下工作时,就会造成液压泵吸油不足,吸油口形成真空,导致泵的噪声加大甚至产生气蚀现象,从而造成液压泵损坏	①将原系统四台液压泵共用一根吸油管改为每台液压泵单独吸油的方式(图 4-2)。将吸油管规格改为 φ80mm×4.5mm ②以水-乙二醇作为液压介质时,应保证泵的吸油口有 0.02MPa 的正压。为此,将整个油箱抬高了 1m,使液压泵的吸油口始终有一定正压,以保证液压泵吸油顺畅
蝶阀式截止阀选择有误	液压泵原吸油管路使用了不带限位的对夹式蝶阀,这样很容易造成蝶阀关闭时液压泵的启动误操作而致液压泵机械损坏	将对夹式蝶阀改为带限位对夹式蝶阀(图 4-2)。当蝶阀关闭时,限位蝶阀的开关量信号不会到达液压泵站 PLC 控制系统,液压泵不能启动;而只有对夹式蝶阀打开时,开关量信号到达液压泵站 PLC 控制系统,液压泵才可以安全启动,以实现对液压泵的保护
泄油管道设计有误	原系统四台泵共用一跟 φ28mm×4mm 的泄油管道,容易造成泄油口回油不畅	将四台液压泵的泄油口均改接 φ28mm×4mm 无缝管单独接通油箱,使回油通畅(图 4-2)
泵用安全阀块设计不合理	原系统四台液压泵共用了一个溢流阀 22 对系统进行过载保护,但不能空载启动液压泵,故液压泵在启动时有很大的负载并伴有较大的振动与冲击,同时也影响电机和液压泵的使用寿命	每台液压泵均单独配置了电磁溢流阀安全块(图 4-2)。当液压泵启动时,电磁阀通电,液压泵卸荷而空载启动。延时 3s 后电磁铁断电,液压泵卸荷结束,从而延长了液压泵和电机的使用寿命
液压泵选型不合理	由于在相同黏度下,水-乙二醇液的润滑性远不如矿物油,故不能在金属表面生成牢固的极压润滑膜,这一点对于重载的滚动轴承影响较大。通常在使用水-乙二醇作介质时,以滚动轴承支撑的齿轮泵和轴向柱塞泵一般只能在 60% 额定压力下工作。原系统采用了力士乐公司的 EA10VSO 型恒压变量柱塞泵,额定工作压力为 25MPa,峰值压力为 31.5MPa,不适于用在水-乙二醇作介质的中高压系统中	应选用 EA4VSO 型恒压变量泵,该液压泵属于重型泵,额定工作压力为 31.5MPa,峰值压力为 40MPa,用在水-乙二醇作介质的中高压系统工作较为合适

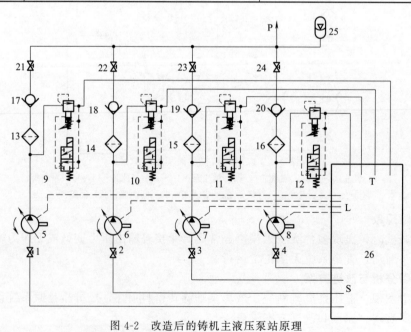

图 4-2   改造后的铸机主液压泵站原理

1~4—截止阀(带限位对夹式蝶阀);5~8—液压泵;9~12—安全块;

13~16—过滤器;17~20 单向阀;21~24—截止阀(球阀);25—蓄能器;26—油箱

4.1.2　500t 压铸机液压系统油温过高故障诊断排除

(1) 系统原理

某进口的 500t 压铸机（工作时间 3600h）工作循环及主要动作为：低压合模→高压锁模→浇料→压射缸慢压射→一级快压射→二级快压射→增压、保压→开模→压射缸退回，顶出缸顶出→停留等。压铸机液压系统的工作介质为水-乙二醇液（黏度为 $40mm^2/s$）。系统采用高、低压双联叶片泵供液，当主机低压工作时，双泵同时供油；在主机高压工作时，低压大流量泵卸荷，高压小流量泵单独供油；整个系统卸荷时，双泵同时卸荷。系统工作时，高压为 13.5MPa，低压为 5MPa，卸荷时压力为 0.2MPa 左右。图 4-3 所示为系统压射及增压部分液压原理，其中蓄能器 6 用于系统保压。

(2) 故障现象

在压铸机进行试生产时，出现了液压油温上升很快的故障现象。经过 20～30 次工作循环后，升至警戒油温（55℃），主泵电机自动停转（此时循环冷却泵仍在工作），需等待 20min 左右，才能重新启动主泵电机。工作一段时间后，再次出现故障。因压铸模的温度会直接影响其产品的质量，一般来说，压铸机需经过十几次工作循环，对模具进行预热，待模具达到一定温度后，才能生产出合格的产品。而本机系统油温上升太快，刚生产出合格产品，即自动停止，待油温下降后才能重新启动，此时模具温度也会下降，这样模具又要进入预热状态，故工作效率大大降低。同时，产品的质量也很难保证。

(3) 原因分析

液压系统中导致油温上升过快的原因是多方面的。

① 环境温度。液压油箱周围的空气温度约为 25℃，最佳工作温度为 40℃ 左右。由此看来，环境温度不会对油温的上升产生多大的作用。

② 液压介质。液压系统的工作液品种及黏度符合设备使用要求，不会产生因油液黏度不当，油液流动需要克服的摩擦阻力过大及能耗和发热过大。

③ 压力损失。本压铸机的管路设计和安装不至于使沿程压力和局部压力损失过大而使油温上升得如此快。

④ 冷却器。其入口的水温为 15℃ 左右，同时冷却水的供给量和输出量都较大。但为充分排除冷却器的因素导致油温上升，拆开冷却器，疏通冷却水管，重新安装后，温度上升未得到控制。

⑤ 系统压力。液压系统工作压力满足设备正常工作的指标。

⑥ 一个工作循环中高压、低压、卸荷的时间分配。双泵组合供油有利于节能。在保压阶段及压射缸退回后的一段时间内，液压系统仍持续高压，而这段时间占整个工作周期的 60% 以上。保压阶段的压力可由蓄能器提供的压力油来维持。另外，压射缸退回后，仅需短时间维持系统高压，以便对蓄能器 6 充液。这样便可以大大降低液压系统高压工作时间，降低不必要的能量损耗，最终去控制油温的上升。从电气控制原理图上发现，保压阶段及压射缸退回后，系统高压的工作时间是由时间继电器来控制的，把两个时间继电器高压工作时间调整为零。执行压铸机动作循环，发现在高压锁模阶段，系统压力由 11MPa（蓄能器 6 的充氮压力）经过一段时间逐步达到 13.5MPa。同时，压射缸退回后，系统处于卸荷状态，蓄能器 6 的氮气压力不断下降，直至 11MPa（蓄能器 6 中已无压力油）。从图 4-3 中可以看到，此时，一级快压射阀 4、二级快压射阀 5、蓄能器 6 及压力释放阀 7 均处于关闭状态，单向阀 1 反向关闭。

蓄能器 6 的油压下降，这说明系统中存在着较严重的泄漏。造成泄漏的原因可能是蓄能器 6 中的高压油经压力释放阀 7 直接流回油箱，也有可能高压油经一级快压射阀 4 或二级快

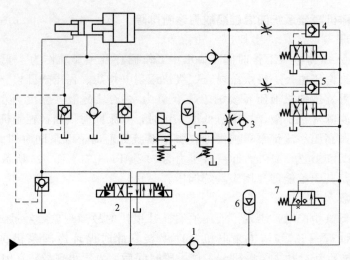

图 4-3　500t 压铸机压射及增压部分液压原理

1,3—单向阀；2—三位四通电磁换向阀（慢压射控向阀）；4—一级快压阀；
5—二级快压射阀；6—蓄能器；7—蓄能器压力释放阀

压射阀 5、单向阀 3 再经过慢压射换向阀 2 的中位流回油箱。对其逐一排除，最后发现二级快压射阀 5 的密封锥面严重损坏，导致了蓄能器 6 中的高压油严重泄漏，造成能量的较大损耗，最后使油温上升过快。

（4）解决方法及效果

对二级快压射阀 5 进行密封修复。之后发现在卸荷状态，蓄能器油压不再下降。同时系统执行高压时，压力很快上升至 13.5MPa。最后压铸机工作时，油温基本稳定在 42℃ 左右。

（5）启示

液压系统油温上升过快的原因是多方面的，同时又是相互联系的，需针对不同的故障情况，进行具体分析，以便快速、准确地排除故障。

4.1.3　IP-750 型压铸机系统液压泵气穴导致停机故障诊断排除

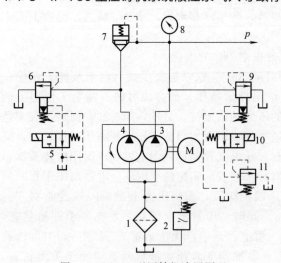

图 4-4　IP-750 型压铸机液压原理

1—过滤器；2—负压继电器；3—高压泵；4—低压泵；
5,10—二位二通电磁阀；6,9,11—溢流阀；
7—插装阀；8—压力表

（1）系统原理

IP-750 型压铸机系意大利生产的 750t 压铸机，其液压原理如图 4-4 所示，液压泵 3、4 为双联叶片泵（美国 VICKERS 公司产品），其中泵 3 为高压泵，先导式溢流阀 9 用于设定该泵高压工作压力（14MPa），远程调压阀（溢流阀）11 用于设定其低压工作压力（5.5MPa），二级压力转换由二位二通电磁阀 10 控制；泵 4 为低压泵，其压力设定（5MPa）与卸荷由先导式溢流阀 6 和电磁阀 5 完成，系统压力由压力表 8 显示。插装阀 7 是单向阀，用于高压工作期间高、低压泵的隔离。负压继电器 2 用于防止液压泵因吸油阻力太大引起负压而损坏，即保护液压泵。系统工作介质为水-乙二醇液，其允许黏度为 35mm²/s 左右（在

38℃情况下）。

（2）故障现象

在正常工作时，压铸机出现自动停机。强制消除设备所允许的报警，重新启动液压泵，仅 2～3s 时间，设备又停机。检查发现液位偏低，但不至于报警停机。考虑到液压泵的启动及液压系统中蓄能器（图中未画出）的充液会使液位进一步下降，于是向油箱加油约 200L，再启动液压泵，设备仍在 2～3s 后停机，说明故障仍未排除。当检查液压泵吸油口的负压继电器时，发现其在液压泵启动后马上动作，故初步确定是由于液压泵吸油阻力太大，引起负压继电器动作，从而停机。

（3）原因分析与排除

① 该压铸机是一成熟产品且已使用了几年，故可排除因设计原因导致的故障，主要原因应是使用方面的问题。例如过滤器堵塞、油液黏度过高等。另因本机所用吸油管为硬管，吸油管变形可以排除，同时液压泵吸油口在液面之下，液位问题也可排除。拆下过滤器，发现过滤器堵塞严重，清洗后安装好，再启动液压泵，发现负压继电器在 4s 左右动作，设备停机，后拆掉负压继电器，强行启动，发现液压泵能连续运行，但噪声过大，被迫停机。重新装好负压继电器，启起动液压泵，4s 后动作、停机。这确实表明是液压泵吸油阻力过大导致了气穴现象。

② 查阅原油液黏度检测资料，其黏度为 $50mm^2/s$（40℃时），已超过压铸机允许范围。同时由于温度较低的原因使黏度进一步增高，液压泵吸油更加困难。引起油温较低的原因有：环境温度低（环境温度为 -3℃ 左右）；停机时间长，从清洗过滤器到重新安装好，大约 2h，此时油箱冷却系统未关闭，冷却水温度很低；加入 200L 新油，其温度为环境温度。

③ 针对上述情况，考虑到液压工作介质为水-乙二醇液，故向油箱加入 70L 蒸馏水，以降低其黏度（水-乙二醇液在长时间使用后，水分会蒸发，其黏度会增高。为降低其黏度可直接加入蒸馏水），并加热油液，再启动液压泵，液压泵连续工作，但压力较低（3MPa 左右）。估计所加蒸馏水与水-乙二醇液未充分混合。为此，低压循环加以混合，但 1h 后压力仍未上升，故停机检查。

④ 由于此时压力表 8（图4-4）显示为 3MPa，使电磁阀 10 动作，油源压力仍为 3MPa，低于溢流阀 6 及远程调压阀 11 的设定压力。因此怀疑高压溢流阀 9 有故障，使无论是低压泵 4 还是高压泵 3 的液压油均可从溢流阀 9 泄掉，而在表 8 上反映不出高压来。但检查溢流阀 9 发现一切正常。安装后再开机，表 8 上的压力仍未上升。

⑤ 由液压原理图可知，若高压泵 3 损坏，会致使低压泵 4 的液压油液经插装阀 7 和泵 3 回到油箱，从而油源压力低于溢流阀 6 设定的低压泵 4 的工作压力。因此，对液压泵进行了拆解检查，发现连接高、低压泵的花键轴已断掉，故在启动液压泵后，只有低压泵工作；进一步拆开高压泵 3，发现连接定子与泵体的两定位销被拉断，在转子上，两相邻叶片间的一块转子断裂下来，并且与两叶片一起被卡住在定子圈内。两叶片及断裂的转子本该分别形成高、低压封闭区，由于转子的断裂，使高压泵 3 的高、低压区出现窜油，低压泵 4 的液压油通过阀 7 和泵 3 流回油箱，故压力表 8 显示的压力低于溢流阀 6 的设定值。

⑥ 更换高压泵及花键轴后，系统压力恢复正常，设备工作恢复正常。

（4）小结与启示

IP-750 型压铸机一开始由于过滤器堵塞，导致液压泵吸油时负压增大，从而使负压继电器 2 动作产生停机。后因停机时间长，环境温度低及原来水-乙二醇的黏度过高等因素，液压泵吸油阻力仍然很大，导致停机，而负压继电器的拆除及在负压过高的情况下频繁启动液压泵，使液压泵吸油侧产生气穴现象，从而导致高压泵转子的断裂。油箱加水后，液压泵正常启动，达到一定转速后，断裂的转子块与相邻两叶片由离心力的作用一起被甩出，突然被卡住在定子圈内，转子即对定子圈造成很大冲击，造成定子圈定位销被拉断。这样，定子圈被花键轴带动旋转。当定子圈在泵体内突然被卡住后，导致花键轴被拉断。

在液压系统使用过程中，要密切注意油液的黏度及油液的清洁度和滤网的过滤通流能力，尽量避免气穴现象的产生，使液压泵和液压系统能够可靠地工作。

4.1.4　ZJ022 型卧式转子压铸机液压系统不能卸荷启动与不能增压故障诊断排除

图 4-5 所示为 ZJ022 型卧式转子压铸机液压系统原理，系统动作状态见表 4-2。系统油源为双联泵（高压小流量泵 8 和低压大流量泵 9）。执行元件有合模缸 11、顶出缸 12、推出缸 13 和压射缸 14，分别由电液换向阀 15、16、17 和 3 控制。

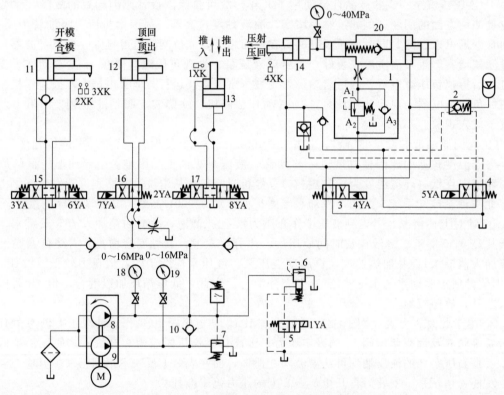

图 4-5　ZJ022 型卧式转子压铸机液压原理

1—自控平衡阀；2—快速阀；3,16—二位四通电液换向阀；4—二位四通电磁换向阀；5—二位二通电磁换向阀；
6—先导式溢流阀；7—外控卸荷阀；8—高压小流量泵；9—低压大流量泵；10—单向阀；11—合模缸；12—顶出缸；
13—推出缸；14—压射缸；15,17—三位四通电液换向阀；18—工作级压力表；19—启动级压力表；20—增压缸

4.1.4.1　系统不能卸荷启动故障及其诊断排除

（1）故障现象

启动液压泵电机时，系统无卸荷启动功能，且当一个工作循环周期结束后，电机不能实现无负荷（卸荷）运转。

表 4-2　ZJ022 型卧式转子压铸机液压系统动作状态

工况	电磁铁状态								备注
	1YA	2YA	3YA	4YA	5YA	6YA	7YA	8YA	
泵空载启动	+								
泵升压	−								延时断

续表

工况	电磁铁状态								
	1YA	2YA	3YA	4YA	5YA	6YA	7YA	8YA	备注
机械手移入		+							
合模			+						
慢压射			+	+					
快压射			+	+	+				
开模				+		+			
压射回程									
顶出							+		
顶回									
机械手移出								+	

（2）故障检查

① 按下启动按钮（8A），液压泵开始供油，启动级压力表 19 指针即显示 2.5MPa（不是从 0 起，逐渐增大至 2.5MPa，且一直不会泄压）。同时工作级压力表 18 即显示 8MPa。

将（4LK）选择开关置于"联动"工作位置，按下按钮（4A），机器即合模，再按下按钮（5A），机器即进行慢压射→快压射→开模→压回→顶出→顶回（未用机械手）联动时工作过程，两压力表 18 和 19 均显示 2MPa。当联动工作结束后，压力表 18 和 19 显示值又分别升为 2.5MPa 和 8MPa。压力表指针稳定，部件运动平稳，表明液压系统的过滤器、泵、缸及液压油质量均正常，联动循环动作正确。

② 启动液压泵后，调节溢流阀 6，从压力表 18 反映出该阀灵敏。调节卸荷阀 7，从压力表 19 反映出该阀灵敏，当工作级压力为 8MPa 时它还是不泄压，表明阀 7 远程控制部位有故障。检查电磁换向阀 5，手推阀芯移至左端时，工作级压力表显示值即从 8MPa 降为 0。不推阀芯时，压力表 18 显示值又上升为 8MPa，从而表明阀 5 的电磁铁或电源线有故障。

③ 拆下卸荷阀 7 检查，控制油口 K 处被污物堵塞，拆下电磁换向阀 5 检查，电源线接头处焊锡脱落，导致电源不通。

（3）原因分析及排除

① 卸荷阀 7 为外控顺序阀，将其出油口 P_2 接通油箱，阀盖转一个角度，使其上端的小泄油孔 L 从内部和阀体内的出油口 P_2 相通，控制油口 K 与系统高压油管接通，其作用是当机器部件运动到行程终点接触工作物时，系统压力立即升高，控制油口 K 的压力油作用于阀芯，打开进油口 P_1 和出油口 P_2 通道，使低压大流量泵泄荷（压力表指针显示值为 0）。卸荷阀 7 控制油口 K 孔径很小且使用频繁，时间久后液压油污染、油箱不清洁或加油时污物掉入等，使 K 口易被堵塞。根据检查结果，将污物清除，清洗卸荷阀 7 即可。

② 换向阀 5 的作用是通过其电磁铁 1YA 通、断电，使先导式溢流阀 6 的遥控口与油箱接通或断开，从而使泵卸荷启动或升压工作。1YA 通电使阀 5 切换至右位时，泵卸荷，延时 10～80s 结束。在电气线路元件控制下使 1YA 断电，阀 5 复至图 4-5 所示左位，液压泵即开始升压工作。当一个工作循环周期结束后，1YA 又通电，泵卸荷，电动机空载运转。电磁换向阀 5 的电源线接头锡焊质量欠佳，该阀使用频繁，长期受电磁铁吸合振动影响，故电源线接头易断脱。

根据检查结果，将电源线接头重新焊牢，阀 5 恢复正常，机器故障排除。

4.1.4.2　不能增压故障及其诊断排除

（1）故障现象

压射行程终了时，增压活塞不能增压。

(2) 故障检查

① 用压铸 Y182-4 型异步电动机转子进行试验。开动液压泵并合模后，按下按钮 (6A)，机器执行慢压射→快压射（无增压）→开模→压回→顶出→顶回的工作循环。压射压力为 9MPa，转子缝隙未铸满，铸件质量太差。但压力表指针稳定，机件运动平稳，表明机器联动循环动作正确。

② 检查换向阀 4 是否失灵，发现正常。分别调节快速阀 2 和换向阀 3，均反应灵敏。当调节自控平衡阀 1 时，压射压力无变化，表明阀 1 有故障。拆下阀 1 检查发现，主阀芯弹簧已断成三段。

(3) 原因分析及排除

自控平衡阀 1 为 Xl-B 型单向顺序阀，其作用是控制增压缸 20 中环形油腔压力，使压射活塞行程终止时进行增压。该阀的进油口 A_1 与增压缸环形油腔相通，出油口 A_2 和单向阀进油口 A_3 都与压射时的回油管路接通。工作原理是机器压射动作终止时，环形油腔的油压升高，当超过阀 1 的设定压力（根据压铸不同规格转子选定）时，阀 1 开启，打开 A_1 和 A_2 的通道，环形油腔压力油立即泄压，使增压活塞进行增压。压射活塞压回时，压力油经单向阀 A_3 口流进环形油腔，为下一次增压做准备。该阀使用频繁，由于使用次数超过寿命次数或质量欠佳等原因，弹簧易断裂，导致阀 1 失灵。

根据检查结果，更换主阀弹簧，清洗该阀后装回原位，机器故障排除。

4.1.5 MG9D 型单模浇注机液压系统常见故障诊断排除

MG9D 型单模浇注机系从德国马勒公司引进的铸造设备，用于发动机铝质活塞毛坯的浇注。主要动作有机械手的上升、前进及夹紧；中心模的上下；左右边芯模的进退；左右外模的进退；顶模的升降、床身的倾斜等，所有动作均由液压缸驱动。

常见故障及其排除方法。

MG9D 型单模浇注机液压系统常见故障及其排除方法见表 4-3。

表 4-3　MG9D 型单模浇注机液压系统常见故障及其排除方法

故障名称	故障现象	原因分析	排除方法及效果
液压泵站故障	该系统油源为两组双联叶片泵，一用一备。高压小排量泵和低压大排量泵的调定压力分别为 5.5MPa 和 5MPa 液压泵启动后，各压力表显示的压力值均正常。但液压缸工作时，系统压力便迅速降至 2.5MPa 左右，使液压缸的动作相应变慢，甚至有的液压缸停止不前，并且液压泵工作时发出较大噪声	经分析，故障是由低压溢流阀异常失效，导致系统供油流量不足引起的(图 4-6)。该阀为内外控式先导溢流阀，正常情况下当外控口(高压泵)压力达到 5.5MPa 时处于卸荷状态；压力低于 5.5MPa 时，在调定压力是 5MPa 时为安全溢流。液压系统工作压力由负载决定，正常情况下压力将低于 5.5MPa，约为 4.5MPa。故设备启动后，低压溢流阀应关闭，两泵同时向系统供油，以满足各液压缸正常工作所需的流量。但由于该阀阀芯阻尼孔的堵塞，使阀处于低压泵卸荷状态，故造成系统供油不足，引起所述故障	清洗整个溢流阀，疏通阻尼孔，使设备恢复正常。为避免重复出现故障，对设备所用的水基难燃液压油进行更换，并定期清洗油箱和回油过滤器，保持油液的清洁 故障消除后，不仅噪声减至正常状况，而且此故障再未出现
机械手部分故障	机械手液压原理如图 4-7 所示。动作过程是启动液压泵后，机械手处于原位，压下行程开关 S_1 后，其他动作才能实现，但若较长时间(2h 以上)不用，机械手因自重作用将立式液压缸活塞降至最下面，将开关 S_2 也压下，此时若再启动液压泵，换向阀已被换向，机械手就不能上升，造成其他动作均无	根据设计要求，当机械手下降到压下开关 S_2 位置时，三位四通换向阀处于 O 型机能中位，切断进、排油路，使机械手停止不动。然而实际情况是，由于机械手自重作用与阀的内泄漏及油缸的密封性原因，使机械手不可避免地往下降，如果工作时间间隔短就可避免此现象	控制液压缸活塞的有效行程。具体方法是在上升液压缸的下腔装置适当厚度的垫片，使其下降到开关 S_2 时为最低位置，以阻止其继续下落。采取此方法，排除了故障

续表

故障名称	故障现象	原因分析	排除方法及效果
中心模部分故障	中心模由齿条油缸带动齿轮,再由齿轮带动中心模上的齿条实现上下运动。故障现象表现为液压缸有动作,而中心模无动作。经检查发现中心模的齿条出现断齿现象,以后又相继出现液压缸齿轮打齿与无动作等故障现象	两种打齿现象,均是由于长期使用和拔模时需承受较大压力造成齿形疲劳失效,液压缸无动作则是由于支承齿轮轴的两个铜套因润滑不良导致烧死引起的	采取将齿条上下倒装的方法,这是因为该齿条只有下半部分有用,上半部分无用,而断齿部位处在最下端,所以可倒装使用。齿轮轴因断齿故更换新齿轮。铜套与齿轮轴烧死现象,需视烧死程度采用修刮或更换铜套的方法,但必须注意及时加注润滑油
中芯模与外模自动开模故障	中芯模和外模的动作均由 O 型机能的三位四通电磁换向阀控制。按设计要求,浇注时活塞的冷凝固过程靠换向阀的中位来保压。同时,中芯模、外模、边芯模和顶模均不得移动,否则铝水流出易出现废品、烧坏电线、烫伤操作者及卡死设备等事故。使用时还发现,无论设备处于手动状态还是自动状态,都出现中芯模下沉,外模自动开模故障现象	对于要求保压的液压缸必须采用保压回路,因 O 型中位阀与液压缸有内泄漏,故不能保压。根据所述故障现象,可以确定是因换向阀处于中位时内泄漏所致。换向阀因长期使用密封不严,造成两阀口互串油,同时液压缸的密封性也很差,因而造成所述故障	经分析,决定从电路上着手。具体方法是手动状况不变,在保证此状况时液压缸可在任意位置停留,以便更换模具;自动状况时,换向的两个电磁铁必须一个通电,使浇注时活塞在冷却凝固过程中靠压力油保压,避免自动开模故障,消除故障隐患。此方法的缺点是电磁铁长时间通电发热快,寿命缩短
外模动作不正常故障	该设备的左右外模由并联液压缸带动,工作时发现右边模运动不到位,液压缸活塞杆前进到某一位置时便停止不动,返回时也是同样情况,活塞杆退回一半就停止不动,左外模动作正常	经分析此故障是由于右外模液压缸异常和活塞破裂引起	将液压缸拆下,重新加工一个活塞装上后,设备恢复正常

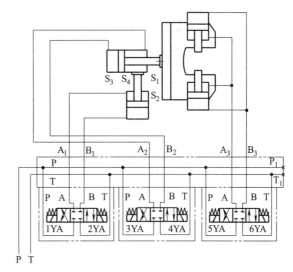

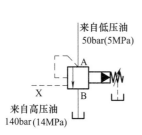

图 4-6　内外控式先导溢流阀图形符号

图 4-7　机械手液压原理

4.2　压力加工机械液压系统故障诊断排除

4.2.1　75B 型缩管机液压系统压力异常故障诊断排除

(1) 主机功能

75B 型缩管机用于压合高压胶管端头螺帽,其液压系统工作压力可高达 50MPa。

（2）故障现象

该机使用不到1年出现故障，液压系统的压力只能上升到12MPa。经修理（主要是清洗了油箱、进油过滤器、泵，调节溢流阀）后，压力能上升到22MPa，但电机却出现了转速急速变慢，最后停机的故障现象。

（3）原因分析

① 绘制液压原理图并进行分析。由于该设备说明书中无液压原理图，故根据其实物、系统油管的连接，通过分析自行绘制（图4-8），结合液压原理图分析其工作原理如下。

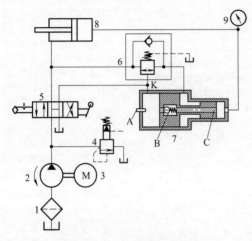

当三位四通手动换向阀5切换至左位时，液压泵2的压力油经阀5进入工作液压缸8的有杆腔，缸8无杆腔的回油经增压缸（增压比为4）7右腔，推动其活塞向左运动，其中腔补油通过外控式单向顺序阀6中的单向阀实现（因缸8无杆腔的容积大于缸7右腔的容积）。当缸7的活塞运动到左端后，缸8的活塞还没有运动到最右端，这时，由于缸7的推杆A将单向阀B打开，缸7右腔的油液通过内孔C和单向阀B，到达缸7左腔并经阀5排回油箱。

当手动换向阀5切换至右位时，液压泵2的压力油经阀5、缸7左腔（此时，因压力较低，阀6未能开启，故缸7中腔不能回油，因而缸7的活塞不能向右运动），通过阀B和内孔C及缸7右腔进入缸8无杆腔，推动缸8向左运动，当缸8运动接触到工件时，系统压力开始升高，当压力升高到阀6的设定值时，阀6

图4-8 缩管机液压原理
1—过滤器；2—液压泵；3—电动机；4—先导式溢流阀；
5—三位四通手动换向阀；6—外控式单向顺序阀；
7—增压缸；8—液压缸；9—压力表

打开，缸7中腔的油液通过阀6排回油箱，此时缸7的活塞向右运动，阀B脱离推杆A关闭，由于缸7的增压作用，故缸8的右腔输出的压力是泵2供油压力的4倍。缸8的回油排向油箱。

② 故障分析。根据工作原理的分析及故障现象看出，故障原因主要有两个方面。

a. 电动机本身的故障。当压力表9显示的压力到达某个值时（22MPa）输出功率超过电动机的实际功率，电动机超载，造成停机。

b. 阀B损坏，使缸7左右腔相通，增压缸7的增压作用失效；或者缸7的小活塞密封损坏，使缸7的右腔和中腔相通，缸7起不到增压功能；或者阀6的阀芯卡死，控制油K不能将其打开，始终处于关闭状态，这时缸7中腔油液不能流回，缸7活塞不能向右运动，单向阀B由于推杆A的作用，始终处于开启状态，从而缸7的左右两腔始终相通，缸7增压作用失效。在增压缸增压功能失效情况下，当系统压力上升到22MPa时，实际上就是液压泵压力已达到22MPa，而本系统中泵的额定压力仅16MPa，说明电动机已超过额定功率，电动机超载，造成停机。

按上述故障原因分析，逐个进行检查排除，最后发现是由于缸7的小活塞的密封件损坏导致的故障。

（4）解决办法及效果

更换质量合格的密封件，系统恢复正常。

（5）启示

① 液压设备出现故障后，不能盲目乱动，而应首先根据液压原理图，分析其工作过程，在此基础上，再从故障现象，逐个分析可能引起故障的原因，然后根据先易后难的原则，对各个可能的故障部位进行检查、修理以排除故障。

② 对于由于技术保密或遗失等种种原因没有原理图的液压设备，其故障排除较具有原理图的情况要困难得多，此时需要排障人员具有丰富扎实的液压知识（包括元件、回路、系统）并对故障主机的组成、功能、工艺目的及其与液压系统的联系十分了解。

4.2.2　YB32-500 型四柱万能液压机液压缸不动作、回油管路迸裂故障诊断排除

（1）系统原理

YB32-500 型四柱万能液压机是我国 500 t 油压机的早期产品，其液压系统所用液压件多为我国液压工业早期联合设计产品。图 4-9（a）所示为该机改进前的液压原理，执行元件为主液压缸（简称主缸）8（其缸径、杆径和行程分别为 500mm、450mm、900mm，无杆腔和有杆腔面积比为 5.26：1）和顶出液压缸（简称顶出缸）9，两缸换向分别采用电液换向阀 16 和 17 控制。系统主液压泵 2 和 3 均为压力补偿变量柱塞泵；为液控阀和电液阀提供控制压力油的定量液压泵 6（为齿轮泵）。系统额定压力为 25MPa。主缸的下行动作有快进、减速压制（工进）和保压三种工况，各工况原理如下。

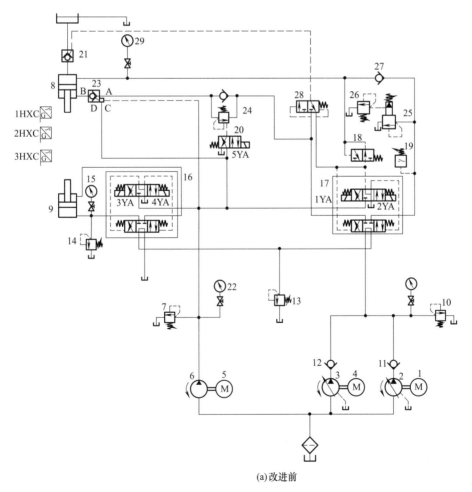

(a)改进前

图 4-9

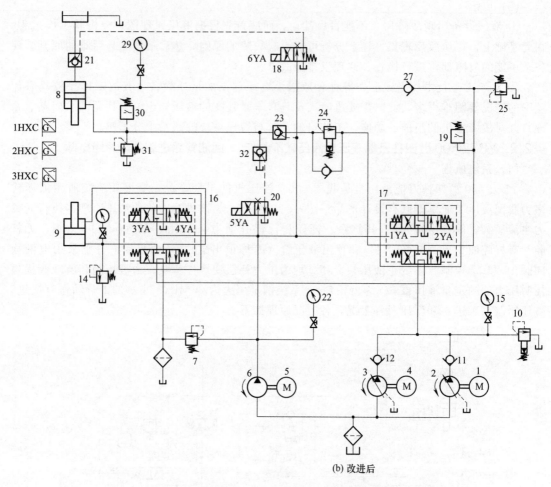

图 4-9　YB32-500 型四柱万能液压机液压原理

1,4,5—电动机；2,3—主液压泵；6—定量液压泵；7,10,13,14,25,31—溢流阀；8—主液压缸；
9—顶出液压缸；11,12,27—单向阀；15,22,29—压力表；16,17—三位四通电液换向阀；
18,28—二位二通液动换向阀；19,30—压力继电器；20—二位四通电磁换向阀；21—充液阀；
23,32—液控单向阀；24—单向顺序阀；26—远程调压阀

① 快进。液压泵 6 的控制油经进入液控单向阀 23 的 C 口，反向导通单向阀 23，使 B→A 导通的同时接通 C→D，使控制油进入电液换向阀 17 的电磁导阀。同时电磁铁，5YA 通电使阀 20 切换至右位，控制油经阀 20 进入液控顺序阀 24 的外控口，使阀 24 开启。

电磁铁 1YA 通电使电液换向阀 17 切换至右位，主泵 2、3 停止卸荷，泵输出的压力油经电液换向阀 17、单向阀 27 进入主缸的无杆腔，推动活塞下行，同时高架油箱通过充液阀 21 向主缸无杆腔补充油液，实现快进。主缸有杆腔回油经液控单向阀 23、单向顺序阀 24、电液换向阀 17 和电液换向阀 16 的液动主阀中位回油箱。

② 工进。当活塞快速下行接触到行程开关 2HXC 后，5YA 断电使电磁换向阀 20 复至左位，单向顺序阀 24 外控油压力为零，顺序阀只能通过内控油压力打开，调整该阀的设定压力，可在回油路上建立背压。同时液压缸无杆腔进油压力升高，充液阀关闭，停止补充油液。主泵 2、3 在压力控制下自动减小排量，实现低速压下。

③ 保压。当加压压力升至压力继电器 19 设定值时，电磁铁 1YA 断电，主泵 2、3 经阀

17 和阀 16 的中位卸荷，同时时间继电器接通，系统开始保压延时。

（2）故障现象

一台 YB32-500 型四柱万能液压机在操作时，主缸从下端位置提升到上端位置时工作正常，再从上端位置开始下行时，发现液压缸停止不动，继续操作发生了液压缸回油管路迸裂的事故。

（3）原因分析

液压缸回油管路迸裂时，液压系统工作压力为 14MPa。主缸不能下行随之发生液压缸有杆腔回油管路迸裂现象，唯一的解释是无杆腔正常供油时有杆腔不能正常回油，由于 5.26∶1 的面积比造成当液压缸无杆腔进油压力为 14MPa 时，对应有杆腔回油压力高达 73MPa，如此高的压力对于耐压 25MPa 的管路来说其危险性是可想而知的。造成主缸有杆腔回油路堵塞不能回油的几种可能原因如下。

① 主缸有杆腔管路上的液控单向阀 23 失效，使之不能反向导通。

② 有杆腔管路上的单向顺序阀 24 失效，使之不能开启。

③ 电磁换向阀 20 失效，使之不能向单向顺序阀 24 提供控制油而造成阀 24 不能开启。

对于多种可能原因，采用排除法对元件进行分析如下。

① 从结构上分析，液控单向阀 23 中推动单向阀阀芯反向开启的小柱塞同时起到 C、D 油道开关阀芯的作用。只有当小柱塞推开单向阀阀芯使 B→A 导通后油道 C、D 才能接通 (C→D)，控制油才能进入电液换向阀 17 使之换向，控制主缸下行。因此，在电液换向阀 17 已经完成换向，液压缸开始下行时，回油管路中的液控单向阀 23 必定已经处于反向导通状态。

② 对单向顺序阀 24 结构进行分析，该阀是在内控外泄式单向顺序阀的基础上另外加设外控油口形成的双重控制阀。如前面油路分析：当快进时，由外控油口控制顺序打开；当工进时，由内控油口控制顺序阀打开，起背压阀作用。因此，即使当电磁换向阀 20 失效，不能由外控油口进油控制顺序阀阀芯打开时，由于液压缸回油管路压力增高，仍然可以通过内控油口进油控制顺序阀阀芯打开，不会造成液压缸回油管路迸裂。

综上分析，造成主缸有杆腔回油管路迸裂现象，唯一的原因是单向顺序阀 24 中的顺序阀阀芯卡死或阀芯调压弹簧一侧泄油口堵塞，造成顺序阀失效。

（4）改造方案

考虑到在单活塞杆液压缸回路中，由于液压缸两腔存在面积差，有杆腔一侧极易因回油不畅而造成超压事故，对液压系统进行了改造，改造后的系统如图 4-9（b）所示。

① 在主缸有杆腔回油管路增加了一组由液控单向阀 32 和电磁换向阀 20 组成的快速排油回路，当 5YA 通电时，实现主缸快进。

② 在回油管路还增加了溢流阀 31 和压力继电器 30。前者压力调至 25MPa 时起安全保护作用；后者与电气控制系统配合，在回油管路超压时发信，控制电液换向阀 17 断电。这样一旦回油管路的液控单向阀 23 或单向顺序阀 24 因故障失效，可实现液压与电气的双重安全保护。

4.2.3　2000t 液压机液压系统压力失常、 内泄故障诊断排除

（1）系统原理

图 4-10 所示为 2000t 液压机液压原理，主泵为 3 台 160SCY14-1B 型手动变量轴向柱塞泵及 1 台 25SCY14-1B 型手动变量轴向柱塞泵。控制阀采用插装式集成阀块，由换向阀块和卸荷阀块组成。主缸压力通过远程调压阀设定为 22MPa。主缸工作过程为：快速下行→慢

速下行，接触工件→加压→快速回程→停止。

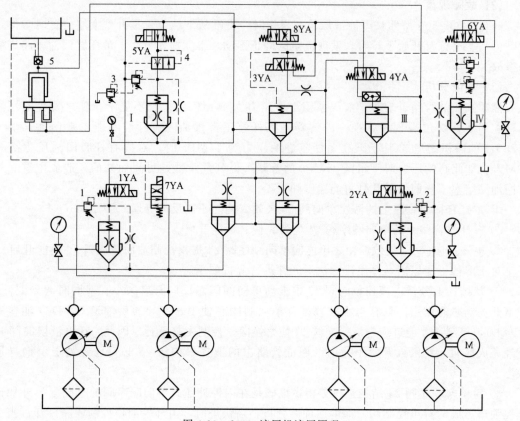

图 4-10　2000t 液压机液压原理

1,2,3—溢流阀；4—缓冲器；5—充液阀

（2）故障现象

该机在工作中出现了如下故障：初开机时压力为 21.5MPa，随着时间的延续，压力逐步下降，中午降至 18MPa，下午最低降至 13MPa，同时油温持续升高，初开机时为 25℃，下午高达 60℃。

（3）原因分析

根据液压原理图分析，判断故障原因为液压元件内部泄漏造成压力下降及油温升高。而液压元件的内泄故障具有隐蔽性，内部结构及工作状态不能直接观察到，同时产生故障的过程是渐发性的，故不易找到和确定故障部位，排除故障较为困难。所以在检修过程中，采取全面分析、逐步排除的方法，本着少拆卸、多分析、先易后难、逐步逼近的原则来分析排除这一故障。

首先全面阅读液压原理图，通过对液压原理的逻辑分析，一一列出故障疑点：主泵漏损；溢流阀、远程调压阀内泄；主缸高压腔密封失效；换向阀块Ⅰ、缓冲器 4 内泄；充液阀 5 密封失效。然后针对上述故障疑点，逐一进行分析排查，排除不可能的因素，最终确定故障部位，排除故障。

① 由液压原理图可知，加压时将 3YA 断开，如压力能恢复正常，则表明主泵及卸荷阀块各元件工作正常。因此，当压力降低时，断开 3YA，将各泵分别单独启动，按加压按钮，逐步调高压力（事先应将溢流阀 1、2 拧松），压力表显示四泵单独加压时均能达到 22MPa

以上，说明各泵及溢流阀 1、2 工作正常，可排除在外。

② 当主缸压力降低时，松开远程调压阀（溢流阀）3 回油口，未见有油液排出，则说明远程调压阀（溢流阀）3 无内部泄漏，该因素可排除。

③ 查阅维修记录，主缸密封圈近期已被全部更换过，发生失效的可能性不大，故此疑点可先不予理会。

④ 由于充液阀 5 位于主缸上部并浸入充液箱油液内，通过如下简单方法进行判断：当压力降低时，加压过程中听不到充液箱到主油箱的溢流管中有油流动的声音，观察充液箱液面未见有气泡翻动现象，说明充液阀 5 密封正常，没有回油现象，该项疑点可排除。

⑤ 经上述分析排查，排除掉不可能因素后，疑点集中于阀Ⅰ及缓冲器 4，对此部位进行拆卸解体检查，发现缓冲器阀芯磨损，间隙增大，造成压力油泄漏。

（4）解决办法及效果

更换此缓冲器后，压力升高，达到 22MPa，油温稳定在 50℃ 以下，液压机恢复正常工作。

4.2.4　人造板贴面设备液压机下滑故障诊断排除

（1）液压机功能

短周期贴面设备是从国外进口的高效设备，用于人造板生产中的贴面工序。液压机是其中的一台热压机。由图 4-11 可以看出，当素板的两面铺上装饰纸后，进入热压机开始加压，在高温高压下，约 60s 之后，热压机升起，压好的板子开始出料，然后进入修边与成垛环节。因该热压机每次同时压两张板子，故效率比普通的热压机高出一倍。热压机的液压系统（图 4-12）是该设备的关键部分，它决定着许多工艺参数。

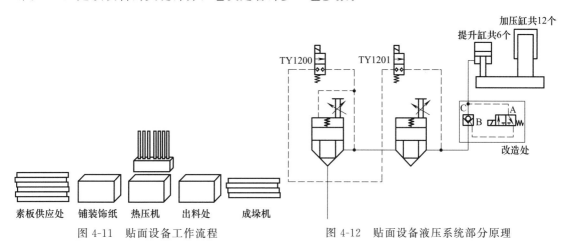

图 4-11　贴面设备工作流程　　　　图 4-12　贴面设备液压系统部分原理

（2）故障现象

热压机在工作十多年后，进入故障的多发期。其中，热压机非正常下滑是一个致命的故障。故障现象是，热压机升起后，素板尚未进入热压机下，热压机即开始下滑，故使板子没法进入热压机中。

（3）原因分析

热压机非正常下滑的原因，有可能是热压机慢降阀 Y1200 和快降阀 Y1201（包括电磁导阀和二通插装阀）的泄漏，所以经常给其更换密封，但是这样维修后，效果不理想。对液压原理图进行分析，压机非正常下滑的原因有如下几种。

① 阀类元件磨损致使泄漏。阀 TY1200、TY1201、TY1202（压机提升阀，图 4-12 中未画出）的内泄随着磨损而加大，而且这几个阀因无备件，故无法更换。

② 控制油路泄漏严重。该设备的控制油路为块式集成，比较复杂，维修起来难度较大。

③ 6 个提升缸的内泄等。

(4) 改造方案

由于采用更换元件与密封的维修办法不能从根本上解决问题，故决定在图 4-12 所示的提升缸管路上加装一个液控单向阀，以消除所有泄漏引起的热压机下滑问题。

① 液控单向阀的选择。因为提升缸共有 6 个，为保证所加单向阀的流量不影响提升和下降速度，必须选择大流量的液控单向阀，因泵的流量是 90L/min，故单向阀的流量大于 90L/min 即可（其型号为 20PA2-30）（该阀在国产液压机中常用）。改造部分的原理如图 4-12 所示（图中 A 为 3 WE6A50 型电磁换向阀，B 为液控单向阀，C 为安装底座）。

② 安装底座及连接的设计。液控单向阀要安装到管路上，必须要自行设计制作一个底座，以连接管路与液控单向阀。因安装空间较小，故底座尺寸应尽量小，便于安装。液控单向阀的控制油由提升缸自身提供，因为热压机的提升压力为 15MPa，这个压力能打开液控单向阀，故控制油道要设计到这个底座上，减少向外输出的接头，大大减少了外接接头的工作量，设计安装底座的三视图如图 4-13 所示，其尺寸主要根据液控单向阀和电磁换向阀的安装连接尺寸得出。

高压系统的连接是一个重要的环节，在设计时采用了卡套式（耐压 31.5MPa），符合要求。在密封形式上采用了紫铜垫密封，阀体之间的密封采用 O 形密封圈，效果很好。

③ 电气控制的设计。该液压系统的电气控制采用 PLC 控制，由原理可知，在热压机正常下落、加压、保压、提升的整个过程中，要求液控单向阀的电磁阀通电。从热压机功能图中看出，在下落期间通电的电磁阀是热压机快降电磁阀 Y1201，从下落到加压期间通电的电磁阀有慢降电磁阀 Y1201 与加压电磁阀 Y1204。因此，只需在其 PLC 梯形图的控制输出线圈上并联一个空闲的输出端子。本系统设为 Y1337，然后用 Y1337 控制电磁阀的实际线圈即可（图 4-14）。具体的操作方法是，用手持编程器的查找功能，找到 Y1201 的线圈，在其后面加 OUT Y1337 语句，其他类似。

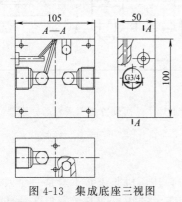

图 4-13　集成底座三视图

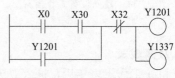

图 4-14　PLC 控制梯形图

(5) 改造效果与启示

经过上述改造，热压机的下滑故障彻底解决，液压系统泄漏对热压机的工作影响大大减小，经测试，热压机非正常下滑所用时间由原来的 1.5min 增加到 12h，远远满足工作要求。

采用上述措施，解决了热压机的下滑故障，提供了液压系统维修的一种思路。利用这一思路，在该设备保压管路上也加了液控单向阀，使保压效果明显变好。

4.2.5　Y32-300 型四柱式液压机主缸回程时下滑故障诊断排除

（1）故障现象

Y32-300 型四柱式液压机用于液化石油气钢瓶的上下封头拉深加工。该机的液压系统供油量小，并采用手动换向阀控制。为了提高设备效率与自动化程度，对该机液压系统进行了改造：更换了液压泵，使其排量从原来的 25mL/r 提高到 63mL/r，提高了主液压缸的运行速度和设备效率；取消了手动换向阀，用电液换向阀和行程开关配合电控装置，使液压机的工作过程实现自动化。图 4-15 所示为改造后的主缸部分液压原理，系统采用板式阀和块式集成。但是在设备投入使用时，当阀 3 切换至左位和阀 5 均切换至右位，液压泵停止卸荷，其压力油经换向阀 5 的 B 口进入主缸下腔，此时缸不是即时回程，而是下滑一段距离后再回程，致使滑过行程开关 8 而使之失灵。

（2）原因分析

液压缸在回程时出现下滑现象主要有以下两个原因。

① 重力作用。由于液压缸的活塞和主机滑块连接在一起，产生整体重力 F。当阀 3 和阀 5 处于图 4-15 所示位置时，系统卸荷，即 $p=0$。当卸荷停止，阀 5 切换至右位的过程中，系统未能建立起压力，重力大于回程力。

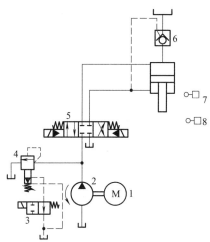

图 4-15　Y32-300 型四柱式液压机改造后主缸部分液压原理

1—电动机；2—液压泵；3—二位二通电磁阀；
4—先导式溢流阀；5—三位四通电液换向阀；
6—液控单向阀；7,8—行程开关

② 卸荷回路压力回升滞后。当阀 3 断开（通电切换至左位）时，先导式溢流阀 4 从卸荷状态转为调压状态的瞬间，阀 4 主阀芯从卸荷状态的最大开口位置处移动到调压所需开度的过渡时间，即为压力回升滞后时间。而在压力回升时间内，系统压力 $p<p_g$（液压缸回程工作压力），故产生下滑现象。

（3）改进方案

要消除下滑现象，必须在液压缸下腔先建立起背压 p_g 以满足式（4-1）。

$$F_1=p_gA \tag{4-1}$$

式中，F_1 为液压缸下腔支承力，$F_1 \geqslant F$；p_g 为液压缸回程工作压力；A 为液压缸下腔有效作用面积。

因此，有以下几种改进方案。

① 在阀 5 的回油管路上增加一背压阀（设定压力为 p_g）。但这将在液压缸下行工作过程中，使其工作压力也会随之增加，即 $\sum \rho = p + p_g$，增大了能耗，同时也使阀 6 失去充液补油作用，达不到快速下行的目的。

② 在阀 5 的 B 口安装液控单向阀，封闭液压缸下腔。当该液控单向阀的进油压力 p_1 大于出油口支承压力 p_g 时将被打开。但由于缸的自重作用而快速下行时，阀 6 打开，从而使液控单向阀的控制油口压力为零，单向阀关闭，缸停止下行至重新建立起压力。这样，形成缸下行时断续爬行现象，并产生液压冲击。

③ 应用节流器原理，将卸荷回路分为卸荷和调压单元（图 4-16），使 P 口建立起背压 p_g。当改变阀 3 中 T 口的孔径，可使 P 口的压力改变。由小孔流量特性公式可得

$$A_0 = \sqrt{\frac{q^2 \rho}{2C_q \Delta p}} \qquad (4\text{-}2)$$

式中，A_0 为 T 口通流面积；q 为通过阀孔的流量；ρ 为油液密度；C_q 为流量系数；Δp 为压力差，$\Delta p = p_g$。

从而可得出 T 口的孔径为

$$d = \sqrt{\frac{4A_0}{\pi}} \qquad (4\text{-}3)$$

该方案的改造工作量小，只需按上述公式中计算出的参数，改变阀 3 在集成块上的 T 口通油孔径，即可得到背压 p_g。故采用方案③，完善了设计改造。

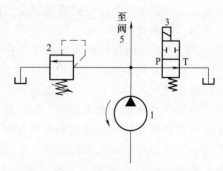

图 4-16　调压卸荷单元
1—液压泵；2—溢流阀；3—二位二通电磁阀

（4）效果

经上述改造后，回程反应灵敏、运行正常，达到了预期的效果，使液压机的效率提高了 2.5 倍，并实现了工作过程自动化。

4.2.6　W67Y-63/2500 型板料液压折弯机高压失控故障诊断排除

（1）系统原理

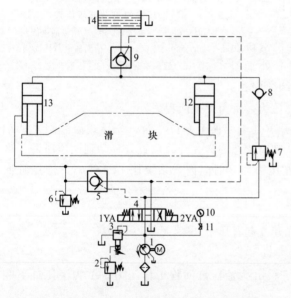

图 4-17　W67Y-63/2500 型板料液压折弯机液压原理
1—单向变量泵；2—远程调压阀；3—先导式溢流阀；
4—三位四通电液换向阀；5,9—液控单向阀；
6—溢流阀；7—顺序阀；8—单向阀；10—压力表；
11—压力表开关；12,13—液压缸；14—副油箱

W67Y-63/2500 型板料液压折弯机的最大折弯力为 630kN，其液压原理如图 4-17 所示。系统油源为单向变量高压轴向柱塞泵 1（$p = 31.5$MPa，$q = 10$L/min）。执行元件为两并联的活塞式单杆液压缸 12 和 13，用于驱动滑块实现快速下降、折弯、快速返回及中途停止循环，也可实现连续和点动动作。缸的往复运动方向变换由三位四通换向阀控制。各动作由机架上的行程开关和各电磁阀配合完成。系统最高压力由溢流阀 3 设定，不同材料所需的折弯力要求的工作压力由远程调压阀 2 设定，以满足不同折弯工作的需要。

滑块下行的工作原理为电磁铁 1YA 通电，泵 1 的压力油经换向阀 4 打开顺序阀 4（开启压力 $p = 0.6 \sim 1.6$MPa）和单向阀 8 进入双缸 12 和 13 的上腔，同时，反向导通液控单向阀 5（开启压力 $p = 0.4$MPa），使缸下腔接通油箱。与此同时，因重力作用，双缸上腔形成真空，液控单向阀 9（开启压力 $p = 0.04$MPa）打开，机架上部的副油箱 14 经阀 9 向双缸上腔充液补油，从而使滑块快速下行接触料件。阀 4 的换向时间由时间继电器控制，从而控制滑块下行与返程的时间，实现保压、连续或者单次操作（此由电气线路实现）。

（2）故障现象

该机使用一段时间后，出现滑块下行至下模接触工件时，压不住料件，无法进行正常的

折弯工作。检查其快速下降、返回上升及中间停顿等其他动作，均正常无误。从液压原理图可知，当滑块下行至接触下模时，液压系统应产生高压并维持住，只有高压的产生和维持，才能压紧料件并进行正常的折弯、卷边或成型工作。很显然，出现上述现象的原因在于液压系统无高压或无法维持此高压。

（3）原因分析

利用液压系统原理进行分析和判断，认为系统内泄漏和密封性不好是导致折弯机在液压缸推动滑块下行接触到下模而系统高压建立不起来的原因。而影响高压建立的元件有液压缸、溢流阀 3、电液换向阀 4、顺序阀 7、单向阀 8 等，这些元件的内泄漏影响的可能性较大。而系统的油源为高压小流量轴向柱塞泵，内泄漏和密封性不好则影响更大。经分析认为液控单向阀 9 的问题最大（当然其他阀也应作为被检对象）。于是，打开阀 9，发现阀内留有较多的铁屑，有的铁屑还连在阀体上，铁屑正好卡在阀芯与阀体需要密封的部位上，致使锥形阀芯无法封严阀体的油口，在建立高压时，油液从此进入上部油箱，故高压建立不起来。至于铁屑如何积在阀体上，分析认为是元件装配前未将毛刺及脏物清除干净所致。

（4）解决办法

对液控单向阀 9 进行清洗组装，然后试车，系统恢复正常。

4.2.7　CNTA-3150/16A 型液压剪板机动剪刀液压缸冲击撞缸、不能自动返回故障诊断排除

（1）系统原理

CNTA-3150/16A 型液压剪板机是从捷克进口的 20 世纪 80 年代的设备，采用全液压传动，可剪板厚 16mm、板宽 3150mm 的板料，具有生产效率高、产品精度高和使用调节灵活等特点。图 4-18 所示为该机液压原理。

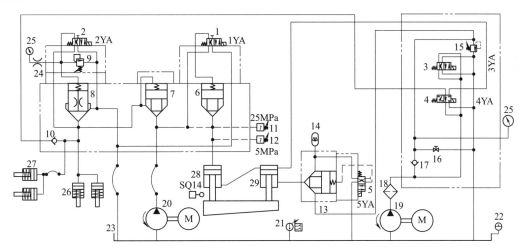

图 4-18　CNTA-3150/16A 型液压剪板机液压原理

1～3,5—二位四通电磁阀；4—特殊机能电磁阀；6～8,13—插装阀；9,15—溢流阀；
10,17—单向阀；11,12—压力继电器；14—蓄能器；16—截止阀；18—过滤器；19—辅助泵；20—主泵；
21—温度计；22—液位计；23—油箱；24—阻尼器；25—压力表；26,27—夹紧缸；28,29—主缸

① 执行元件。系统执行元件有夹紧缸 26 和 27，串联的动剪刀液压缸（简称主缸）28和 29。两主缸的同步精度由缸的制造精度确定。

② 动力源。系统以双泵加蓄能器为动力源，其主泵 20 为高压大流量柱塞泵，用于板料的剪裁；辅助泵 19 为低压小流量齿轮泵，用于协助蓄能器 14 回程、板料的预夹紧及剪刀刃

角的调节等。蓄能器可在出现意外松开手动按钮或停电时，使上刀口自动返回。

③ 控制阀。采用了插装式和板式阀。插装阀 6、7、8 主要用于对高压大流量液压油的方向和压力进行控制。插装阀 7 与单向阀 10 一起保证在剪裁作业中板料夹紧缸中压力不降低；插装阀 8 与先导阀（溢流阀 9 及电磁阀 2）一起构成电磁溢流阀，当电磁铁 2YA 通电切换至右位时，阀 8 关闭，此时主泵压力由溢流阀 9 设定，此压力既是夹紧板料的压力，也是剪裁板料的压力；当电磁铁 2YA 断电处于图 4-18 所示左位时，阀 8 开启，主泵卸荷。电磁阀 1 电磁铁的通断电控制插装阀 6 的启闭，即控制着主缸 28 和 29 的下裁与回升。电磁阀 5 的电磁铁 5YA 通断电对应着插装阀 13 的启闭状态，亦即控制着主缸 29 有杆腔油液是否与蓄能器 14 相通。蓄能器与缸 29 有杆腔在合适时刻相通对应着剪刀的下裁与上升。电磁阀 3 用于控制辅助泵 19 的卸荷，当电磁铁 3YA 通电使阀 3 切换至右位时，溢流阀 15 对泵 19 和蓄能器的压力进行调定。单向阀 17 用于保持蓄能器有足够的压力。电磁阀 4 的特殊机能是在通常工作时，辅助泵 19 的压力油用于板料的预夹紧，在需要对剪刀的刃角进行调整时，电磁铁 4YA 通电使阀 4 切换至左位，使主缸 29 的无杆腔通入压力油或与油箱相通。压力继电器 12 用于检测主缸和夹紧缸的压力，以利于顺序动作和过载报警。

系统的动作状态见表 4-4。

表 4-4　CNTA-3150/16A 型液压剪板机液压系统动作状态

工况	电磁铁状态					说明
	1YA	2YA	3YA	4YA	5YA	
板料预夹紧		+	+			2YA 通电，阀 8 关闭；3YA 通电，用小流量泵的压力油实现板料预夹紧时，1YA、5YA 通电，在板料夹紧的同时剪刀下落。1YA 断电，2YA 继续通电实现剪刀回升时仍有一定的夹紧力。蓄能器将剪刀提升在最大高度，其他压力释放，可以取料。5YA 通电，蓄能器的油液进入主缸 29 下腔；4YA 通电，主缸 29 的上腔油液排回油箱，剪刀刃角增大；3YA 通电，主缸 29 此时为差动连接，剪刀刃角减小
剪刀下裁	+	+	+		+	
剪刀上升		+	+			
取料					+	
刃角增大				+	+	
刃角减小			+		+	

（2）故障现象

该剪板机在实际使用过程中，其主缸回程时冲击较大，有撞缸现象，因未得到及时修理，又出现剪板机剪板结束后不能自动返回现象，严重影响了生产。

（3）原因分析

由剪板机液压原理可知，引起主缸返回失常的原因是蓄能器 14 不能提供合适压力和流量的液压油供主缸返程之用。其原因有如下几个方面。

① 蓄能器失效。在剪板机液压系统中，蓄能器作辅助动力源，用来提升上刀口，其有效补油量可由式（4-4）确定。

$$V_A = \frac{V_W(1/p_A)^{1/n}}{(1/p_2)^{1/n} - (1/p_1)^{1/n}} \tag{4-4}$$

式中，V_W 为蓄能器容积；p_A 为蓄能器充气压力；p_1 为蓄能器供油系统最高工作压力，p_2 为蓄能器供油系统最低工作压力；n 为多变指数（等温条件 $n=1$；绝热条件 $n=1.4$）。

若蓄能器皮囊漏气，则充气压力 p_A 下降，当 p_A 下降到一定值时，由式（4-4）可知，补充的液压油不足以提升上刀口，刀口回升不到位。若 p_A 下降到大气压（亦即蓄能器中的氮气漏完），则无压力油补充，主缸无法返回。

② 两串联主缸内漏。两串联主缸经长时间使用加之油液污染，密封圈磨损很快，磨损到一定程度会出现内漏。如一个液压缸内漏，则剪刀角度倾斜，不能同步返回；若两个液压缸同时内漏，蓄能器补充的液压油经两液压缸流回油箱，不能带动刀口返回。

③ 低压溢流阀调压不正常。低压溢流阀 15 既是辅助泵 19 的溢流阀也是蓄能器 14 的安

全阀，若阀 15 调压过低，则蓄能器充液压力 p_2 也很低。由式（4-4）可知，p_2 很低，则蓄能器补油量很少，主缸因补油不足而不能完全回程。若溢流阀设定值调得过高，则 p_2 也很高，蓄能器补油压力高，流量大，液压缸能完全返程，但冲击很大。若溢流阀损坏，不能正常调压，也会出现液压缸不能返回或返回冲击大等现象。

（4）解决办法及效果

① 检查蓄能器失效情况。打开截止阀 16，将蓄能器中的压力油放出，用充气工具直接检查充气压力，发现蓄能器中充入氮气的压力与剪板机说明书中提供的相符，蓄能器正常。

② 检查两液压缸内漏情况。在试机时，未发现两液压缸不同步即剪刀倾斜现象，说明不是两液压缸中有一缸内漏。用软管将低压泵和液压缸下油口连接起来，并在管路上并联一正常的管式溢流阀，启动低压泵，调节管式溢流阀，发现液压缸能正常动作，说明两液压缸都不内漏。

③ 检查低压溢流阀调压是否正常。启动低压泵，调节溢流阀 15，发现调节手柄调到压力最高位置，压力表 25 无变化。显然是溢流阀故障。将溢流阀 15 拆下，放到试验台上测试，发现溢流阀有时调节压力很高，调节调压手柄压力降不下来，有时调节压力很低，调节调压手柄压力升不上来。拆开溢流阀，看到溢流溢内有脏物。当主阀芯上阻尼孔堵塞，液压力传递不到主阀上腔和先导锥阀前腔，先导阀就失去对主阀压力的调节作用。因主阀上腔无油压力，弹簧力又很小，所以主阀成为一个弹簧力很小的直动式溢流阀，系统便建立不起压力。当先导锥阀座上的阻尼小孔堵塞，液压传递不到锥阀上，同样先导阀就失去了对主阀压力的调节作用。阻尼小孔堵塞后，在任何压力作用下，锥阀都不能打开泄压，阀内无油液流动，主阀芯上、下腔压力相等，主阀芯在弹簧作用下处于关闭状态，所以此系统的压力很高，蓄能器内压力处于极限状态。这就是剪板机动剪刀液压缸回程时冲击或不能返回的原因。

清洗溢流阀，冲洗油箱及所有管道和整个系统，然后加入干净的液压油，系统即能正常工作。

4.2.8　4000×500 型压弯机比例伺服系统液压缸颤抖故障诊断排除

（1）系统原理

4000×500 型压弯机系德国 BOSCH 公司产品（其液压系统和伺服放大线路板系德国 BOSCH 公司生产，控制系统为荷兰 DELEM 公司生产），其上、下模长 4m，压制力为 5MN。图 4-19 和图 4-20 分别为该机的比例伺服液压原理和工作状态。该系统采用了计算机程序控制，液压缸位置由一套位移测量系统 Y1、Y2 进行检测，并反馈到计算机，两液压缸 A、B 的位移同步由两个带阀芯位置反馈的比例伺服阀 10.1、10.2 控制。系统的压力由比例压力阀 3 控制。

根据不同的工件厚度、材质、期望的压弯角度及上、下模的编号，由计算机计算出速度转换点（上模接触钢板时，位移测量系统 Y1、Y2 的数值），以及压到期望角度时 Y1、Y2 的终了数值。压弯机的工作原理如下。

① 快速下降（Ⅰ）。液压缸 A、B 依靠压头和上模的自重下降，液压缸的上腔通过充液阀 5.1、5.2 充油，下降运动由比例伺服阀的 P→B 控制。此时，缸下腔油液经差动回路流向上腔，在屏幕上显示 Y1、Y2 的数值。

② 减速下降（Ⅱ）。比例伺服阀 10.1、10.2 通过斜坡函数缓冲进入零位而关闭，上模缓慢压向工件，即到达速度转换点。

③ 加压压弯（Ⅲ）：电磁铁 2YA 得电，充液阀 5.1、5.2 关闭，电磁铁 3YA 断电，差动回路关闭，通过比例压力 3 给系统加压，同步和位置控制仍然由两个比例伺服阀控制，缸

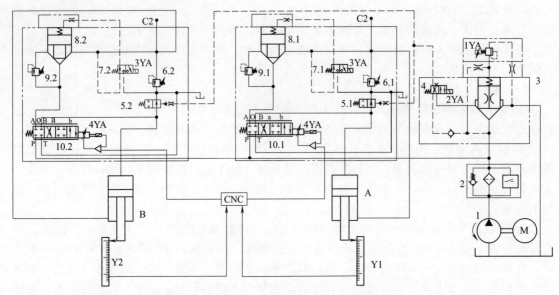

图 4-19 4000×500 型压弯机比例伺服液压原理

1—液压泵；2—过滤器；3—比例压力阀；4—二位四通电磁阀；5.1,5.2—二位二通液动换向阀（充液阀）；6.1,6.2,9.1,9.2—溢流阀；7.1,7.2—二位三通电磁球阀；8.1,8.2—插装式锥阀；10.1,10—比例伺服阀

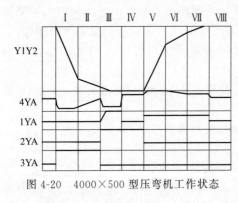

图 4-20 4000×500 型压弯机工作状态

的位置由位移测量系统检测，当 Y1、Y2 的数值达到终了值时，比例伺服阀进入零位，缸停止下压。

④ 卸压（Ⅳ）。经过斜坡函数缓冲，比例压力阀 3 的压力下降，比例伺服阀缓慢进入 b 位，使缸上腔保持一定压力。

⑤ 回程（Ⅴ）。比例压力阀 3 重新建立起泵压，比例伺服阀进入 b 位，液压缸的运动由 P→A 控制，2YA 失电，缸的上腔通过充液阀 5.1、5.2 卸压回油。

⑥ 减速停止（Ⅵ、Ⅶ）。经过斜坡函数缓冲，比例伺服阀缓慢回到零位，缸停止在 Ⅶ 位。

（2）故障现象

该压弯机在运行 3 年多后，突然出现如下故障现象：在加压压弯过程时，液压缸 B 高频低幅颤抖，屏幕上的 Y1、Y2 数值闪烁，泵出口的压力表（图中未画出）指针剧烈振荡。此时，若松开脚踏开关，液压缸停止，颤抖也消除；再踩下脚踏开关，又开始抖动。液压缸在抖动中缓慢下行，当 Y1、Y2 达到压制终了值时，抖动停止，并正常返回到上位。即缸 B 在加压压弯时出现高频抖动，其他过程正常。而缸 A 正常。

（3）原因分析

根据故障现象，绘出了图 4-21 所示的故障分析排除框图。虽然泵出口压力表指针剧烈振荡，但液压缸 A 却无抖动现象，故应排除泵源及比例压力阀引起的抖动。故障原因应在缸 B 及其对应的液压元件和电气系统上。

由于电气检测比较容易，故首先对其进行检查。检查时没有发现线路断路和接触不良现象，又更换了伺服放大板，故障未排除。液压缸在其他动作时运行平稳。在上位停止和关机状态下无下滑现象，初步判断缸本身无明显故障。缸的高频颤抖应该是阀10.2 在 a 位小流量控制时频繁开关引起的，由于在其他过程时，从 Y1、Y2 的数值观察，缸 A、B 的同步性很好，之所以再加压压弯时颤抖，是因为在这一过程中，位移传感器 Y2 检测液压缸位移失常，计算机不断给出纠正指令给阀 10.2，因而液压缸颤抖。

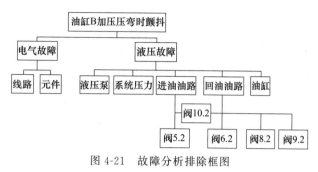

图 4-21　故障分析排除框图

分析压弯机加压压弯时的液压回路，由速度转换点进入慢速加压压弯过程中，比例伺服阀 10.2 由零位进入 a 位，阀的开口量较小，P→B 导通，2YA 得电，阀 5.2 关闭，压力油进入缸 B 的无杆腔；3YA 断电，锥阀 8.2 关闭，缸 B 有杆腔的油液经背压溢流阀 9.2 和比例伺服阀 10.2 的 B→T 回油箱。安全溢流阀 6.2 始终关闭。

因其他过程液压缸 A、B 的同步很好，基本上可以排除阀 10.2 有故障。若是阀 5.2 关闭不严或卡塞，液压缸上腔的压力将建立不起来，这将影响整个系统的压力建立，进而导致缸 A 的动作失常，可见，阀 5.2 工作正常。假设锥阀 8.2 关闭不严或卡塞，造成背压溢流阀 9.2 短路，因有杆腔的回油流量较小，背压会很小，这样缸在进入加压压弯时动作过速，突然下降，与故障现象不符。经检查，安全溢流阀 6.2 无问题，因此可以判断故障原因是背压溢流阀 9.2 设定的背压值偏低，引起液压缸位移变化反常，导致比例伺服阀 10.2 频繁的开关所引起。

（4）解决办法及效果

根据上述分析，采用测压胶管和压力表从压力检测点 C2 测量压力，发现加压压弯时压力表指针在 10～14MPa 振荡，松开阀 9.2 的锁紧螺母，用旋具顺时针慢慢拧调压丝杆，液压缸颤抖变得轻微，压力表指针摆动减缓，当背压调到 13MPa 时，液压缸停止颤抖，压力表指针平稳。设备恢复正常工作，运行平稳，故障排除。

（5）启示

计算机控制的液压比例伺服主机和系统经长期使用，将会使元件产生正常的磨损、弹簧刚度的变化、密封件的密封性能变化等，这些因素都会引起系统内参数发生变化，致使控制信号与反馈信号的偏差增大，导致闭环控制系统的振荡，使系统不能稳定工作。通过调整系统内参数可以使系统稳定工作。

4.2.9　剪板机插装阀液压系统空载下行时压料缸和主缸均不能动作故障诊断排除

图 4-22　液压剪板机外形

（1）系统原理

液压剪板机（图 4-22）由主机和液压系统等部分组成，主机的主要工作部件通常为压料装置（几个油路并联的液压缸驱动）和刀架（两个串联或并联的液压缸带动），具有剪切平稳、操作轻便、安全可靠等优点。其工作循环为压紧→刀架下行切断→刀架回程→松开。

图 4-23 所示为某剪板机的插装阀液压原理，其油源为定量泵 18，其最高压力由插件 1 及其先导调压阀 8 构成的溢流阀限定，远程调压与卸荷由阀 10

和阀 11 完成。两组执行元件分别为弹簧复位的单作用压料缸和并联同步刀架主缸。压料缸与主缸的顺序动作，采用顺序阀（插件 6 和先导调压阀 16 组成）控制。立置主缸的自重由平衡阀（插件 5 和先导调压阀 15 组成）控制，主缸换向由插件 3 和插件 4 控制，主缸回程背压由插件 2 控制。

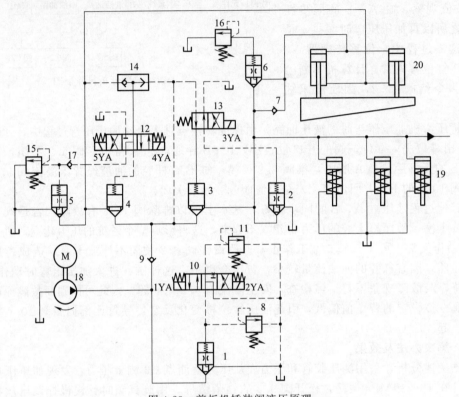

图 4-23　剪板机插装阀液压原理

1~6—插件；7,9,17—单向阀；8,11,15,16—先导调压阀；10,12—三位四通电磁阀；
13—二位二通电磁阀；14—梭阀；18—定量泵；19—压料缸；20—主缸

主缸空载下行时，电磁铁 2YA 和 3YA 通电，阀 10 和阀 13 均切换至右位，泵 18 由卸荷转为升压，其压力由阀 8 限定，插件 3 的控制腔卸荷而开启，插件 2 的控制腔接压力油而关闭。此时系统的进油路线为泵 18 的压力油经单向阀 9、插件 3，先进入压料缸使板材压紧，压紧后系统压力增高，当压力上升至顺序阀的设定值后，打开插件 6，压力油进入主缸上腔。回油路线为主缸下腔油液经平衡阀排回油箱。

（2）故障现象

液压系统维修后空载下行时，压料缸和主缸都不能动作。

（3）原因分析及排除

下行不动的可能原因有两个：一个是无压力；另一个是无流量。首先检查压力：为了知道液压泵提供的油液有无压力及压力高低，对液压泵进行截堵法试验，保持 4YA 和 5YA 断电，2YA 通电，让 3YA 断电，即插件 3 关闭，此时发现，泵后压力较高，可达到调定值，说明泵 18 和插件 1、3、4 均无问题。接着检查流量：故障目标油路应包括压料缸 19、插件 2、插件 6、主缸 20 等组成的回路，即插件 3 后的油路，阀 2（阀本身或其控制阀 13 故障引起）或阀 6 有溢流通道，使油液经阀 2 或阀 6 流回油箱。先分解阀 2，发现其阀芯安放不正，重新组装后故障排除，估计是前次维修时所致。

（4）启示

液压执行元件不动作的主要原因是无压力或无流量，故应先检查压力，再检查流量；先检查油源，再检查控制阀，最后检查执行元件。液压系统维修后要注意防污染，要保证组装时的正确性。

4.2.10　PPN180/4000 型液压板料折弯机振动噪声故障诊断排除

（1）系统原理

PPN180/4000 型液压板料折弯机系某厂从比利时 LVD 公司引进图纸生产的机床。机床的液压传动系统可简化为图 4-24，其工作原理如下。

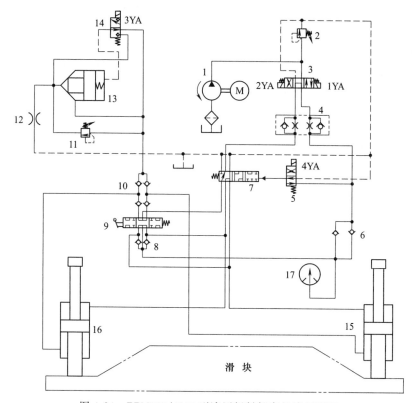

图 4-24　PPN180/4000 型液压板料折弯机液压原理

1—液压泵；2,11—溢流阀；3—三位四通电磁阀；4—双单向节流阀；5—二位四通电磁阀；
6—单向阀；7—三位六通液动换向阀；8—双单向阀；9—三位六通手动换向阀；10—单向阀组；
12—节流器；13—插装阀；14—二位三通电磁阀；15,16—液压缸；17—电接点压力表

① 滑块快速下行（快进）。电磁铁 1YA，3YA 通电，三位四通电磁阀 3 切换至右位，插装阀 13 开启，液压泵 1 的压力油经阀 3、阀 4、阀 6、阀 9、阀 8 同时向两液压缸 15 和 16 的上腔供油。由于阀 13 开启，两缸下腔的油液很快排回油箱，两缸上腔经阀 7 从油箱进行自重充液补油。滑块向下快进。

② 工进。当滑块到达安全制动点时（快进转为工进的换接点），3YA 断电，4YA 通电（信号由基准电位器发出），阀 13 关闭，液压缸下腔的回油只能通过阀 10、阀 11、阀 12 回油箱，阀 7 切换至右位使两缸上腔充液通道关闭，两缸的上腔只有液压泵供来的压力油，滑块转为工进。

③ 滑块上行及停止。当滑块到达下止点（信号由基准电位器或电接点压力表发出），4YA、1YA 断电，2YA 通电，阀 3、阀 7 切换至左位，泵 1 的压力油经阀 3、阀 4、阀 7、

阀 9、阀 10 向两缸下腔供油，上腔的油液经阀 7 排回油箱，滑块返程。当滑块回到上止点时，2YA 断电，阀 3 回到中位，滑块停在上止点。

(2) 故障现象

在该机床制造总装调试过程中发现，在滑块完成折弯工序后的上行返回行程中，机器发生强烈的振动（振幅达 2~4mm），机床的地基乃至周围环境都感受到严重振动。用有关仪器测量，其振动频率达 20Hz，噪声高达 85dB 以上。这一振动问题在公称压力 1000kN 以下的折弯机中感受不十分明显，但是对于 1800kN 以上尤其是 3000kN 以上的机床中振动现象非常突出。该故障对机床的工作性能、寿命乃至工件的质量和周围环境都产生不利影响。对于这种振动故障，曾采用提高平衡系统元件的制造及装配精度，频繁更换密封元件等措施，但减振效果不明显。

(3) 原因分析

经对装配调试过程的反复观察和认真分析，认识到产生振动的原因是由于驱动滑块驱动的左、右液压缸在返回行程中不同步所致。

为了增大折弯时的工作压力，工作缸上、下腔活塞杆直径相差较大，致使下腔的有效工作面积仅为上腔的 1/6，下腔的环形通油面积很小（如 1800kN 的折弯机的下腔面积不到 50cm²），而供油流量又很大，故两缸在上行回程中对供油量的不一致反应十分敏感。进入两缸下腔的流量不相等就会造成两缸返程严重不同步。

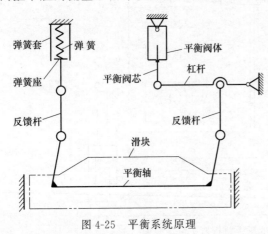

图 4-25　平衡系统原理

原机床设计了平衡调整系统来调整左、右两油缸的同步。平衡系统的原理如图 4-25 所示，滑块左、右两端的不同步引起平衡轴的偏转，再通过反馈杆、杠杆驱动平衡阀芯位移来调整进入两缸的流量以达到两缸同步运行。从平衡轴到平衡阀芯要经过三个铰销和杠杆连接。系统中六个轴承的间隙对平衡阀芯的位移量也产生影响。特别是当机床公称压力很大时，左右两缸的跨距达到 4m 以上，平衡轴本身由于两支点跨距的增大，刚性降低，易于变形，传动连接零部件之间的间隙也降低了系统的接触刚度。这样当两缸供油量的不一致引起平衡轴偏转通过这些环节传递到平衡阀的过程中产生一定量的衰减。即使竭尽全力提高机床平衡阀的制造精度，在较快的返程速度工作情况下（50m/s），实际两缸难以达到理想的同步，必然造成滑块左、右两端的不同步而引起振动。

(4) 改进措施与效果

经认真分析，在原传动系统的平衡调整机构设计基础上，再采取二次平衡措施，即在平衡阀通向液压缸下腔的出油口再增设两节流器（并非独立的节流阀），以调节进入缸下腔流量的均匀一致性，以保证同步。但节流器会减少进入缸下腔流量，降低了返回行程的速度。原系统中由于返回行程的速度太快而使平衡系统的响应频率难以满足活塞的快速要求，而发生左、右两端不同步的冲击和振动。改进部分原理如图 4-26 所示（其余部分同前）。为了降低制造成本，两节流器均做成堵塞形式并将其安装在平衡阀通往液压缸下腔的两出油口上。堵塞中心攻出 M6 螺纹孔，再拧入中心钻有 $\phi 1~2.5$mm 小孔的螺栓（图 4-27），小孔的轴向长度为 10~12mm，平衡阀的出油经此小孔节流后再进入液压缸下腔。节流小孔的直径可根据机床的运行情况适当选定，直至减振效果满意为止。

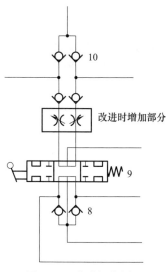

图 4-26　改进部分原理

注：图中数字编号同图 4-24。

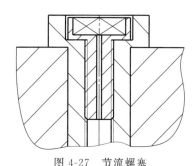

图 4-27　节流螺塞

采用平衡阀出口小孔节流措施后，减振效果十分显著。不但出厂产品的质量大为提高，深受用户欢迎，而且在对已售出的该类机床的技术服务中作出相应改造，得到用户的好评。

4.2.11　FB5232 型旋压封头机液压系统速度控制与同步功能故障诊断排除

(1) 系统原理

某厂所购 FB5232 型旋压封头机采用液压传动，其液压原理如图 4-28 (a) 所示。

(2) 故障现象

按设计要求应在 1h 左右旋压出一件成品，但在安装完后，一年多没有投入正式生产，试生产几次，没生产出一件成品。

出问题的是最右边的回路，其两个液压缸的缸径和杆径分别为 250mm 和 160mm，行程为 1050mm，工作压力为 20MPa，推力为 1.1 MN。缸的工作循环为快进→工进→快退，要求两缸的位置和速度同步，快进上升速度为 10～20 cm/min，慢速工进速度约为 1 cm/min，下降退回速度要快，为 20～40 cm/min。

分析这一回路可以看出，设计者是想通过调速阀 2 控制液压缸的运动速度，用单向分流阀 1 控制两液压缸的运动同步。而在原设计的液压系统中，控制流量的调速阀 2 采用 QDF-B20H-S 型单向调速阀，控制两缸同步的分流阀 1 采用 FDL-L20H-S 型单向分流阀。试验时发现两缸出现了四个主要问题：一是工进速度无法调整；二是同步精度达不到要求；三是快速退回时不同步；四是上升时的快、慢运动速度换接不能自动实现。

(3) 原因分析

通过仔细分析液压回路，确认的故障原因如下。

① 由于调速阀 2 采用了 QDF-B20H-S 型单向调速阀，其通径为 20mm，额定流量为 100L/min，最小稳定流量为 10.6L/min。其最小稳定流量过大，故慢速工进速度无法调整。

② 对于 FDL-L20H-S 型单向分流阀，其通径也为 20mm，额定流量为 100L/min，没有给出最小稳定流量。这种分流阀的一般情况是，流量在额定流量附近或是流量大于额定流量时，其阀的压力损失较大一些，但分流工作特性稳定，而在流量较小时，则起不到分流的作用。并且两个液压缸在工作时所受的载荷大不相同，故两液压缸的运动同步难以实现。

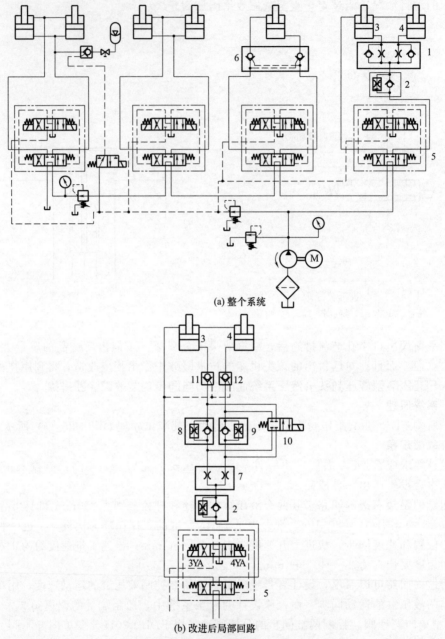

(a) 整个系统

(b) 改进后局部回路

图 4-28　FB5232 型旋压封头机液压原理

1—单向分流阀；2,8,9—单向调速阀；3,4—液压缸；5—三位四通电液换向阀；6—液压锁；

7—分流集流阀；10—二位四通电磁阀；11,12—液控单向阀

③ 由于系统采用的是单向分流阀，故在快退时没有控制两缸运动同步的元件，如果在工作中，液压缸没有退到位就进行下一个工作循环，势必造成累积误差，位置同步则更难实现。

④ 由于每个液压缸均采用分流阀的一路供油，故运动时快进和工进的速度换接不能自动实现。

综上，这几个液压阀的选用都是不合理的，应重新考虑回路并重新选择液压元件。

（4）解决方案

根据以上分析，可有几种不同的方案解决这些问题。现场采用了图 4-28（b）所示方案。

① 用分流集流阀 7（FJL-B20H 型）替代原单向分流阀，以实现两个方向的流量控制，解决快进和快退同步问题。

② 在液压缸和分集流阀之间，安装两个精度较高的单向调速阀 8 和 9（2FRM5 型），其流量范围为 0.2～15L/min，并用其对两个液压缸分别进行流量调节，以满足工进时的慢速运动和同步要求，即采用调速阀同步调速。

③ 在调速阀 8、9 处并联一个二位四通电磁换向阀 10（24DO-B10H 型，通径较小，压力损失大，但当时无替代阀），用来控制两液压缸上升时的快进和工进速度换接。在图 4-28（b）示电磁铁断电状态，液压缸慢速工进；当电磁铁通电时实现快进。

④ 为保证两液压缸能在任意位置停止，并能实现在任意位置停止后的平衡，在分流集流阀的出口和液压缸的入口之间，分别增设液控单向阀 11 和 12。

（5）效果与启示

按照如上的想法重新确定液压回路并选择安装了液压元件后，通过调节基本满足了工作要求，生产出了合格的产品。

由此案例可看到，若液压系统中元件选择不当，同样会造成液压系统的故障，故在设计时应注意液压元件的选择。

4.2.12　铝型材挤压机液压系统噪声大故障诊断排除

（1）系统原理

挤压机是铝型材生产中使用广泛的一种重要设备，它由供锭器、挤压杆、挤压筒、模座和压余分离剪等部分构成，如图 4-29 所示，它通过主液压缸带动挤压杆前进，将挤压筒内经加热的铸铝棒料进行高压挤压，经模具挤压成所需形状的型材或管材。挤压结束后，用分离剪刀将型材制品和压余部分分离。其工作循环为供锭器上升（即将加热后的铸铝棒料举起）→主缸快进（同时供锭器下降）→主缸挤压 →挤压完毕主缸快退→ 剪刀下降→ 所有机构复位。

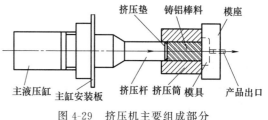

图 4-29　挤压机主要组成部分

图 4-30（a）所示为改进前挤压机主缸液压原理，油源为两同规格的定量泵 1 和 2；阀 3 和 4 是同规格的溢流阀，作定压溢流之用，两阀调定压力均为 14MPa；单向阀 5 和 6 用于保护液压泵。阀 7 为电液换向阀，主缸 10 为三腔复合缸，其动作循环为快进→挤压→后退。顺序阀 8 用于主缸 10 的快慢速切换，液控单向阀用于主缸快进时的 b 腔充液和退回时的回油。系统的具体工作过程如下。

当电磁铁 1YA 通电使换向阀 7 切换至左位时，双泵输出的压力油经单向阀 5、6 及阀 7 的左位全部进入主缸小腔 a，大腔 b 所需油液经充液阀 9 从油箱中吸取，主缸 c 腔油液经阀 7 左位排回油箱，从而实现主缸快进。

当主缸推动挤压杆将铸铝棒料推进挤压筒后，油压逐渐升高，当油压升高到顺序阀 8 的调定压力后，压力油经阀 8 流入主缸大腔 b，主缸便推动挤压杆慢慢向前挤出制品。

当挤压行程结束时，电磁铁 2YA 通电，换向阀 7 切换至右位工作，双泵输出的压力油经单向阀 5、6 及阀 7 的右位全部进入主缸中腔 c，同时反向导通充液阀 9，主缸 a 腔油液经阀 7 右位排回油箱，大腔 b 中的油液经充液阀 9 排回油箱中，从而实现主缸快速退回。

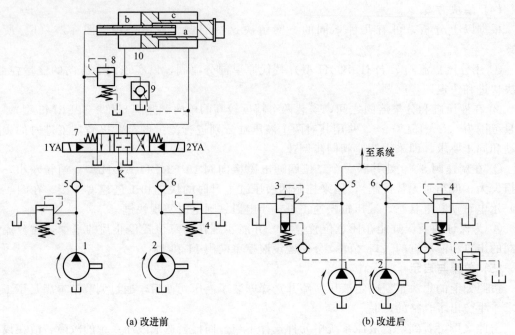

图 4-30　挤压机主缸液压原理

1,2—液压泵；3,4—溢流阀；5,6—单向阀；7—电液换向阀；8—顺序阀；
9—液控单向阀（充液阀）；10—复合液压缸；11—远程调压阀

(2) 故障现象

在挤压机试车时发现，工作循环一进入快进转挤压工序，系统就发出鸣笛般的啸叫声。

(3) 原因分析

在快进阶段，系统并没有发出噪声，只有在挤压过程中（即溢流阀 3 和 4 同时定压溢流时）才有噪声出现。同时还发现，当只有一侧的液压泵和溢流阀工作时，并无上述的啸叫声。这表明，噪声是由于两个溢流阀在流体作用下发生共振造成的。由溢流阀的工作原理可知，溢流阀是在激振液压力和弹簧力相互作用下进行工作的，因此极易激起振动而发出噪声。溢流阀的入、出口和控制口的压力油一旦发生波动，即产生液压冲击，溢流阀内的主阀芯、先导阀芯及弹簧就要振动起来，振动的程度及状态，随流体的压力冲击和波动状况而变。因此，与溢流阀相关的油流越稳定，溢流阀就越能稳定地工作，反之就不能稳定地工作。

在上述系统中，双泵输出的压力油经单向阀后合流，发生流体冲击与波动，引起单向阀振荡，从而导致液压泵出口压力油不稳定。又由于泵输出的压力油存在固有脉动，故泵输出的压力油将剧烈地波动，并激起溢流阀振动。因两个溢流阀结构、规格及调定压力均一样，故两者的固有频率相同，极易导致两溢流阀共振，并发出异常噪声。

(4) 改进方案

① 采用一个溢流阀。将原回路中的溢流阀 3 和 4 用一个大容量的溢流阀代替，安置于双泵合流点 K 处。这样，溢流阀虽然也会振动，但不太强烈，因为排除了共振产生的条件。

② 采用一个远程调压阀。即将图 4-30（a）所示系统的液压源改为图 4-30（b）所示形式，亦即将两个溢流阀的远程控制口接到一个远程调压阀 11 上，系统的调整压力由远程调压阀确定，与溢流阀的先导阀无直接关系，但要保证先导阀调压弹簧的调定压力必须高于远程调压阀 11 的最高调整压力。

（5）启示

在设计双泵合流供油的压力控制系统时，应避免采用两个并联的等调压值的溢流阀调压回路，以免产生共振，发出噪声。

4.3　Verson 焊机牵引小车液压伺服马达卡死故障诊断排除

（1）功能结构

某钢铁厂酸洗机组从比利时引进 Verson 焊机，其牵引小车采用 D084 型液压伺服马达驱动。该伺服马达由缸体不动斜盘轴转动的点接触式轴向柱塞马达和 MOOG 的 D662D 型伺服阀组成（图 4-31）。

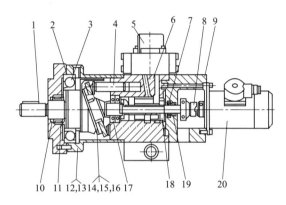

图 4-31　D084 型液压伺服马达

1—马达输出轴；2—密封件；3—滚珠大轴承；4—柱塞；5—伺服阀；6—缸体；7,17—轴承；8—联轴器；
9—渡块；10—轴封；11—滚针轴承；12—紧固螺栓；13—端盖；14—斜盘；15—滚针轴承；
16—向心滚柱轴承；18—配油轴；19—轴封；20—测速发电机

该马达排量 $q=166\text{mL/r}$，额定压力 $p_N=21\text{MPa}$，额定转速 $n=1200\text{r/min}$，具有响应快、低速性能好及调速范围大等优点，缺点是价昂（高达 18 万元）。马达通过丝杆（螺距 $L=24\text{mm}$）带动牵引小车行走，其实际使用压力 $p=12\text{MPa}$，最大速度 $v_{max}=640\text{mm/s}$。测得的伺服阀 A、B 油口通径为 $\phi20\text{mm}$。

（2）故障现象

D084 型伺服马达运转不到半年便出现了卡死现象。通过对伺服马达拆解，发现伺服马达存在两处破损：一是马达的柱塞发生严重磨损，头部圆锥磨成棱锥，缸孔挤压变形为椭圆形，并且有柱塞卡死在缸孔内；二是支承斜盘及传动轴的滚珠轴承破损，滚珠碎渣楔入缸孔。

（3）原因分析

由牵引小车的最大速度可知马达的最大转速 $n_{max}=1600\text{r/min}$，远大于其额定转速。而焊机牵引小车为一位置控制系统，严格控制带钢焊缝与刨刀的相对位置，因此伺服马达在带动负载运行中会出现"急动""急停"等工况，势必导致液压马达频繁产生液压冲击。

由式（4-5）算得伺服阀高频响应产生的液压冲击值为

$$\Delta p-\rho C v_0=\rho\sqrt{\frac{E_0}{\rho}}v_0=\rho\sqrt{\frac{E_0}{\rho}}\frac{nq}{\pi d^2/4}=890\times\sqrt{\frac{7000\times10^6}{890}}\times\frac{\dfrac{1600}{60}\times166}{\pi\times2^2/4}=35.2\text{MPa}$$

$$(4\text{-}5)$$

故液压冲击时液压马达油腔内的最高压力为

$$p_{\max} = p + \Delta p = 12 + 35.2 = 47.2\text{MPa} \tag{4-6}$$

式中，ρ 为液体密度，$\rho = 890\text{kg/m}^3$；C 为压力冲击波的传递速度，$C = \sqrt{\dfrac{E_0}{\rho}}$；$E_0$ 为液体的体积弹性模量，$E_0 = 7000\text{MPa}$；v_0 为管道中液体的初始速度，$v_0 = \dfrac{nq}{\pi d^2/4}$；$d$ 为伺服阀 A、B 油口通径，$d = 20\text{mm} = 2\text{cm}$。其余参数意义同前。

将液压马达缸体作为厚壁圆筒进行强度计算，按第四强度理论，在最高工作压力的作用下，圆筒内壁的最大切向应力为

$$\sigma = \frac{\sqrt{3D^2 + d^4}}{D^2 - d^2} p_{\max} = 120\text{MPa} \tag{4-7}$$

式中，d 为柱塞孔径，$d = 25\text{mm}$；D 为厚壁圆筒外径，$D = d + 2\delta = 45\text{mm}$。

取 $\delta = \min(\delta_1, \delta_2, \delta_3) = 10\text{mm}$，$\delta_1$ 为柱塞孔与缸体外圆之间的最小壁厚，$\delta_1 = 15\text{mm}$；δ_2 为柱塞孔与孔之间的最小壁厚，$\delta_2 = 10\text{mm}$；δ_3 为柱塞孔与缸体内圆之间的最小壁厚，$\delta_3 = 10\text{mm}$。

缸体材料为铸钢，其许用应力 $[\sigma] = 100\text{MPa}$，显然其承受的应力大于其许用应力，缸体会发生塑性变形，缸孔的径向变形量 Δd 按式（4-8）验算得

$$\Delta d = (\sigma + \mu p_{\max})\frac{d}{2E} = \frac{(120 + 0.3 \times 47.2) \times 25}{2 \times 2.1 \times 10^5} = 8.0 \mu\text{m} \tag{4-8}$$

式中，μ 为铸钢的泊松系数，$\mu = 0.3$；E 为铸钢的弹性模数，$E = 2.1 \times 10^5\text{MPa}$。

根据柱塞与缸孔间的最大径向变形量一般为配合间隙的一半的原则（即约为 $5\mu\text{m}$），显然已超出其许用的范围。随冲击次数的增加，缸孔会逐渐变大。

而实际情况是，液压马达仅 2~3 个缸孔变大，且中间一个尤甚。这主要是焊机牵引小车的行程恒定，在其"急停"时总是马达的那 2~3 个柱塞处于超高压状态，高压区有另外 2~3 个柱塞因配油轴的节流作用，承受的高压及由此产生的缸孔径向变形未超出其许用径向变形的范围，故为弹性变形，而其余的柱塞则处于真空状态。处于超高压状态的柱塞首先在缸孔的薄弱方向产生径向变形，并且以焊机的工作频率（每 2min 焊接一次）作用于该方向，随缸孔变大，柱塞在缸孔内摇晃，当经过斜盘的上（下）止点即柱塞完全外伸时，柱塞则容易卡死在缸内，同时斜盘的转动会迫使该柱塞回程，既使柱塞头部的圆锥磨为棱锥，又导致缸孔在卡死方向进一步变大，这样缸也呈现出椭圆形。椭圆形缸孔会使柱塞完全憋死在缸孔内，同时也使斜盘轴承受巨大的径向负载，最终破坏轴承。

（4）修复方案与效果

针对伺服马达的损坏程度，对其进行了改造性修复。

① 因导致液压马达损坏的最根本的原因在于其"急停"所产生的液压冲击，故在液压马达与伺服阀之间并接一安全过渡块（图 4-32）。并将安全阀压力调定为 14MPa。

② 对于椭圆形缸孔既不能简单地采用加工柱塞配磨的方法，且受缸体结构及缸孔圆心的限制，也不能直接用镗刀扩孔修磨。为此采用扩孔镶套加人工研磨的办法，其具体步骤是用特制的细长杆镗刀简单找圆心扩孔至 $\phi 35\text{mm}$，在缸孔内攻 M36×1.5 螺纹→加工一壁厚为 5mm 的偏心套（偏心量不大于 0.2mm）→加工的柱塞先与偏心套研磨，使其间隙大约为

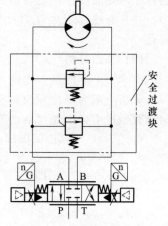

图 4-32　加装安全过渡块

10μm→将偏心套外涂环氧树脂胶并旋入缸孔，然后调整偏心套使柱塞与其他柱塞位于同一分布圆上→依次将椭圆形缸孔按上述方法处理，取出柱塞后将缸体恒温（40℃）固化约 24h。

按上述步骤处理后组装伺服马达，并对其进行了试验和试压。针对现场使用转速过高的情况，建议降低至其额定转速（即减小伺服阀输入电流），经现场使用，修复后的 D084 型伺服马达运行良好。

马达的液压冲击力与系统供油压力也有直接关系，供油压力越高，压差越大，产生的冲击力也越大。经对牵引小车负载分析计算，只需 8MPa 的工作压力马达就能正常工作，而系统的供油压力为 15MPa，故在马达的进油管道中安装了一个减压阀，其压力设定为9.6MPa。这时马达实际转速经测试为 1330r/min，尽管高于额定转速，但压力冲击大大降低，现场使用效果一直良好，解决了配件紧缺问题，延长了寿命，保证了生产。

(5) 启示

对焊机牵引小车伺服马达故障分析排除得到的启示如下。

① 液压冲击对液压系统和液压元件的危害是巨大的，甚至会导致系统和元件的破坏，影响整个系统的安全运行。

② 液压系统设计与维护要周到细致和科学合理，本例中漏装安全过渡块致使液压系统产生超高压，从而破坏伺服马达。

③ 选用液压元件一定要注意其额定使用条件，本例中的伺服马达额定转速仅 1200 r/min，而实际使用转速则达 1600r/min。

④ 对有修复价值的液压元件尤其是昂贵的进口元件，送专业单位检修，既能降低生产成本，又为国产化改造创造条件。

第5章

金属切削机床液压系统故障诊断排除典型案例

5.1 普通机床液压系统故障诊断排除

5.1.1 滚压车床纵向进给液压缸启动时跳动故障诊断排除

(1) 系统原理

某机车厂使用的一台由 CW6100 型车床改造而成的液压传动滚压车床，用于工件的滚压加工，其主要动作为纵向进给，横向滚压。图 5-1 所示为机床实物照片，纵向进给和横向滚压各采用一个液压缸执行驱动（图中仅画出进给液压缸）。液压站设置在主机右侧，进给液压缸与中托板相连并置于主机前下方，液压站通过管道（铜管）将压力油传递至液压缸中，从而驱动中托板和滚压刀架沿机床纵向和横向运动实现对工件的滚压加工。

图 5-1 液压传动滚压车床实物照片

图 5-2 所示为该滚压车床液压原理，该系统为单泵双回路油路结构，即定量液压泵 4 是 x 向液压缸 24 和 z 向液压缸 25 的共用油源，泵的最高压力由溢流阀 12 设定，缸 24 的工作压力由电液比例溢流阀 8 调节，缸 25 的工作压力由溢流阀 13 设定，液压泵工作压力的切换由二位二通电磁阀 7 控制。二位二通电磁阀 6 和 14 分别控制两条油路通断。蓄能器 22 用于吸收液压冲击和脉动，以提高工件表面加工质量。缸 24 和 25 的运动方向分别由三位四通电磁阀 9 和 17 控制。缸 24 采用回油节流调速（节流阀 10）方式，快进与工进的速度换接采用行程控制，即通过行程开关发信使二位二通电磁阀 11 通断电接通或断开缸 24 的回油路实现。缸 25 的正反向工进均采用进油节流调速（节流阀 20 和 19）方式，快进与工进的换接也为行程控制，即通过行程开关发信使二位二通电磁阀 18 和 21 通断电接通或断开缸 25 的进油路实现。单向阀 15 为缸 25 的背压阀，在缸 25 工进时回油克服此阀背压排回油箱，用于提高缸的运动平稳性，而在缸 25 快进时，可由阀 16 短接阀 15，使缸 25 无背压回油。

由车床及其液压系统的动作状态（表 5-1）很容易了解各工况下的油液流动路线。

(2) 故障现象

该机床从 1995 年改造后使用至今。近来频繁出现如下现象：缸 25 在工退时，启动瞬间会出现跳动，跳动距离大约 2mm，且该现象时有时无；缸 25 偶尔也会出现无动作，致使滚刀直接扎进工件的现象；缸 25 快退时不出现跳动，但快进时启动瞬间会出现短暂冲击。

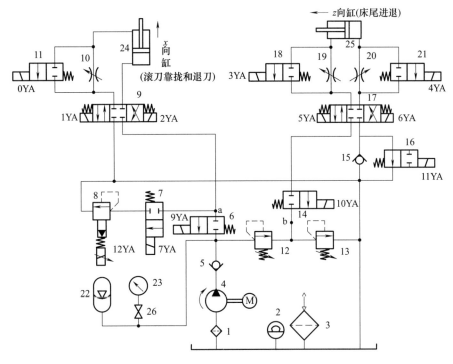

图 5-2 滚压车床液压原理

1—过滤器；2—液位计；3—通气器；4—液压泵；5—单向阀；6,7,11,14,16,18,21—二位二通电磁阀；
8—电液比例溢流阀；9,17—三位四通电磁阀；10,19,20—节流阀；12,13—溢流阀；15—单向阀；
22—蓄能器；23—压力表；24,25—液压缸；26—压力表开关

表 5-1 滚压车床及其液压系统的动作状态表

工况	电磁铁状态											
	1YA	2YA	3YA	4YA	5YA	6YA	7YA	9YA	10YA	11YA	12YA	0YA
进刀	+							+				+
直线工进	+		+			+	+	+	+			
快进			+	+		+			+	+		
直线工退	+			+	+		+		+			
快退			+	+	+				+	+	+	
圆弧工进	+			+		+	+	+				
圆弧工退	+			+	+		+		+			
退刀		+						+	+			+

(3) 原因分析及排除

由液压原理图可以看出，引起上述现象的可能原因及相应解决方案如下。

① 单向阀 15 损坏。如果起背压作用的单向阀 15 中的弹簧疲劳或断裂失效，则会使缸 25 回油无背压，从而引起缸启动跳动。对此拆检修理或更换阀 15 即可。

② 液压缸卡阻。由于缸 25 为进油节流调速，节流后热油进入液压缸 25，使其构成零件出现热膨胀，引起缸卡阻甚至无动作或不顺畅。

为此，可以在不改变油路组成和结构的情况下，通过改变电磁铁 3YA 和 4YA 的通断电顺序（例如缸 25 工进时，将原 3YA 通电、4YA 断电改变为 3YA 断电、4YA 通电）及相应电气控制线路，即可将缸 25 回路变为进退均为回油节流调速方式，从而使节流后热油排回油箱散热再进行循环。此时，节流阀 19 和 20 还对缸 25 有背压作用，可起到提高缸 25 运动

平稳性的作用。

③ 电磁阀 16 换向滞后。电磁阀 16 通电后一般要滞后 0.5s 才能达到额定吸力而换向，在此期间，缸 25 工退，其无杆腔回油（无背压）直接通油箱，加之回油腔可能形成空隙，故启动瞬间引起跳动，直至电磁阀 16 全部关闭时，消除回油腔内的空隙建立起背压（单向阀 15）后，才转入正常工退运动。

解决方案之一是更换反应速度快的电磁阀 16，迅速关闭其通道，使液压缸启动时立刻建立回油背压；解决方案之二是因缸 25 是进油节流调速回路，故可以在开车时关小节流阀，使进入缸的流量受到限制以避免启动冲击。

④ 油路问题。因缸 25 压力油引自两溢流阀 12 和 13 的连通管路上，故溢流阀口开度大小的动态变化及卡阻情况，会使系统压力或流量波动，同时，缸 25 的压力油是经溢流阀 12 后的热油，从而导致缸 25 出现上述故障。解决方案是保留阀 12，去掉阀 13，将缸 25 进油路 b 点移至阀 6 上方油路 a 点，由电液比例溢流阀直接对缸 25 的工作压力进行调节，以消除上述故障。

上述故障原因中，背压单向阀 15 损坏属于使用方面的问题，而液压缸卡阻、电磁阀换向滞后及油路问题均属于液压系统设计不尽合理带来的问题。因此，上述解决方案中应由易到难，即首先排查单向阀，然后再考虑设计问题。

(4) 启示

金属切削机床液压系统多为以速度变换和控制为主的低压小流量系统，多采用定量泵供油的节流调速方式。为了保证系统有好的速度-负载特性（运动平稳性）、调节特性和散热性能等，应优先考虑采用回油节流调速，这已被工程实际大多数机床液压系统所证明。而采用进油节流调速其负面作用较多，应尽量不予采用。

5.1.2 曲轴连杆颈车床夹紧液压缸开裂故障诊断排除

(1) 系统原理

曲轴连杆颈车床是用于车削六缸汽车发动机上曲轴连杆颈的专用机床。工件通过专用夹具以一端与车床主轴端连接，另一端与车床尾座顶尖连接。工件在车床上定位后，靠前、后夹紧油缸将曲轴夹紧，为了方便工件装卸，专门设置液压马达控制夹具转向准停位置。刀具装在液压刀架上，可实现一工进、二工进运动，主轴正、反转是由液压推动离合器来实现的。车床主轴由电动机通过 V 带-主轴箱齿轮变速获得旋转动力。

曲轴连杆颈车床液压原理如图 5-3 所示。系统采用典型的高、低压双泵组合供油方式，低压时由双泵联合供油，高压时由小流量泵供油，低压大流量泵自动卸荷。系统采用了广研中低压系列板式液压阀进行控制，刀具切削进给采用温度补偿调速阀（QT-B10B）串联的出口节流二工进回路，以保证油液温度上升时进给速度恒定，曲轴夹紧时，采用单向顺序阀（XI-25B）加压力继电器（DP1-63B）控制以保证可靠夹紧。

(2) 故障现象

机床在使用中出现了如下故障：启动系统后，夹紧液压缸后盖开裂，系统中的压力表指针指到 16MPa（远远超出了说明书上规定的压力；正常工作时，低压大流量泵设定压力为 1.5MPa，高压小流量泵设定压力为 2.5～3.0MPa），也远远超出所使用元件的额定压力（由原理图中各液压阀型号可知，系统所采用的广研中低压系列液压阀的额定压力最高的为 6.3MPa，最低的为 2.5MPa）。当时现场无法及时处理此故障，为了生产就把受损的夹紧缸后盖由原来的铸铁件换成钢件，用 4 根直径小于 30mm 的圆钢车成带螺纹的拉杆，将液压缸的前、后法兰拉紧，系统仍保持 16MPa，勉强维持生产。

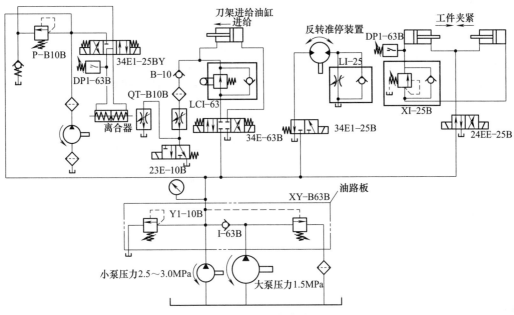

图 5-3　曲轴连杆颈车床液压原理

(3) 原因分析

从液压原理图可以看出，当系统中的执行元件处于原位时，只有两夹紧缸处于夹紧状态，此时系统压力表显示为 16MPa，其他元件均未受损，由此推理双泵供油部分出现了问题（先划定故障区域）。为了证明此推断，把双泵供油出口油路管接头处堵死，再开动系统，压力表显示仍为 16MPa。于是认为确实是此油路出现了问题。很可能是溢流阀 Y1-10B 不能正常溢流造成的。于是从另外一台久停的机床上拆下一只同型号的溢流阀（以为该阀是好的）换上，试车故障依然存在。拆下原先导式溢流阀 Y1-10B 阀芯用煤油清洗，疏通阀中内部油路，未发现阀芯有明显受损痕迹，再装上接好油路试车，故障依然存在。

接着拆下油路板上的先导式溢流阀 Y1-10B、单向阀 I-63B、液控顺序阀 XY-B63B，全部拆解清洗，检查油路板中的油道是否通畅，以防止回油路堵塞，装配好再试车，问题仍然存在。

经思考认为，若先导式溢流阀 Y1-10B 的主阀阀芯被液压卡紧不能运动，也会出现系统压力飙升。于是对此进行验证，把 Y1-10B 的主阀阀芯拆除（图 5-4），其他零件仍然装回原位，再试车，此时压力表无压力显示。由此证明问题就出在该先导式溢流阀的主阀阀芯上。

(4) 解决办法

将一新的溢流阀装到机床液压系统上，试车系统恢复正常。

(5) 启示

① 根据液压原理图进行逻辑推理其可能发生故障的区域，可采用"油路隔离"等

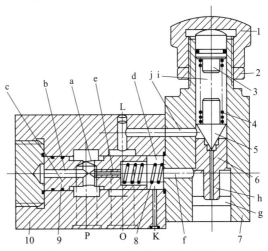

图 5-4　Y1-10B 先导式溢流阀结构

1—调节螺母；2—锁紧螺母；3—调节杆；4—调压弹簧；
5—先导阀阀芯；6—先导阀阀座；7—先导阀阀体；
8—复位弹簧；9—主阀阀芯；10—主阀阀体

巧妙措施来定位故障点，然后逐步排查；更换可疑故障元件时要换上质量可靠的新元件，不能随意就地取材（有可能被取的元件是不合格的元件）。液压卡紧是阀芯与阀体内孔之间的液流径向不平衡力使阀芯偏心加大而压向阀体内壁面，不能正常移动的现象，系统不工作时很难鉴别出来。对液压卡紧这类故障，把溢流阀解体后从阀芯的外观很难观察出来（阀芯表面无明显受损痕迹），只有在液压油流经过阀芯时才会发生，抽去阀芯，使 P 口与 O 口短路，方可验证出来。维修液压系统时，巧妙运用短路法也是解决其他故障（特别是判别回路堵塞部位时）的一种有效途径。

② 液压系统各油路的工作压力必须小于组成液压元件的额定压力，否则会隐藏安全隐患，严重时会导致系统元件和管道迸裂乃至操作者伤亡。

5.1.3 YB 型半自动万能花键铣床进刀液压缸速度不稳故障诊断排除

(1) 故障现象

YB 型半自动万能花键铣床液压原理（局部）如图 5-5（a）所示。其故障现象为径向进刀速度不稳，影响了机床的基本性能；机床在调整状态与工作循环状态时径向进刀的位置不一致，对调刀很不方便。经试车，发现其液压系统的压力不稳定，压力继电器动作不准确。

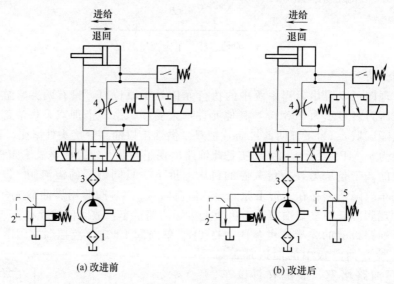

(a) 改进前　　　　　　　　　(b) 改进后

图 5-5　万能花键铣床液压原理

1,3—过滤器；2—溢流阀；4—节流阀；5—背压阀

(2) 原因分析

经认真查找，发现有以下几方面原因：液压油清洁度不够，过滤器 1、3 堵塞；拆解发现，溢流阀 2 阀芯研坏，导致调压失灵；节流阀 4 的阀芯被棉纱挤死调节失效；径向进刀缸内有棉纱。

(3) 解决办法及效果

① 首先将液压油彻底进行更换。同时，对管道内壁附着的污染物进行彻底清理，除保证管道清洁度外，还彻底清洗了系统油箱，在填充正式工作油液前尽力避免油箱的潜伏污染物对系统的影响。

② 更换溢流阀及过滤器。

③ 仔细清洗节流阀及被拆解的其他阀。

④ 仔细清洗径向进刀缸。

⑤ 在系统回油路上加背压阀 5 ［图 5-5（b）］，使负载变化时，液压缸运动速度的变化平稳，并获得较低的稳定速度。

⑥ 改动相应的电气控制线路。

总装后对系统再进行循环冲洗，以彻底消除装配和试验跑合过程中产生的污染物以及与元件表面直接接触的污染物。并通过换向阀的频繁换向和及时清洗过滤器滤芯以保证良好的冲洗效果。改进后经多次试车，故障全部排除。

5.1.4　M1432A 型万能外圆磨床砂轮架液压缸微量抖动故障诊断排除

（1）外圆磨床功能

M1432A 型万能外圆磨床属于精加工机床，主要用于 IT5～IT7 精度的圆柱形（包括阶梯形）或圆锥形外圆柱面工件的磨削，表面粗糙度为 $Ra1.25～0.08mm$。在使用附加内圆磨具时还可以磨削圆柱孔和圆锥孔。

（2）故障现象

该机床经长期运行，出现了工作台在换向时砂轮架微量抖动现象，磨削火花突然增多，严重影响了工件的表面粗糙度。针对这些问题，曾先后使用大量的机床专业维修设备，但问题仍未得到彻底解决。

（3）原因分析

影响万能外圆磨床工作台运动的因素主要有润滑、机械及液压部分等。但检查发现润滑系统（润滑油泵、系统管路、润滑油等）和机械部分（机床进给部分传动链、导轨和砂轮架丝杠、主轴部件、导轨、砂轮架丝杠螺母等）均正常，故基本排除了润滑系统和机械部分引起故障的可能性。

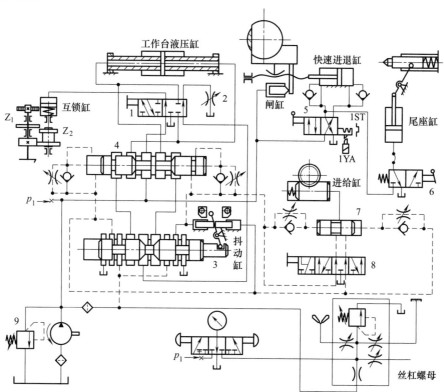

图 5-6　M1432A 型万能外圆磨床液压原理

1,5～8—换向阀；2—节流阀；3,4—机液换向阀；9—溢流阀

接下来检查液压系统。该机床的液压原理如图5-6所示，它能够完成的主要任务有工作台的往复运动、砂轮架的快速进退运动和周期进给运动、尾座顶尖的退回运动、工作台手动与液动的互锁、砂轮架丝杠螺母间隙的消除等。在磨削加工过程中，若液压系统出现故障导致砂轮架动作不到位或误动作，则可能引起工作台在换向时砂轮架有微量抖动、磨削火花突然增多的现象。

重新启动机床，检查液压系统运行情况。在磨削换向时，砂轮架运动由快速进退缸来实现。当换向阀5处于右位时，砂轮架快速运动到最前端位置，并由活塞与缸盖接触予以保证，同时闸缸抵住砂轮架，用以消除丝杠与螺母之间的间隙；当换向阀5切换至左位时，砂轮架后退到最后端的位置。在现场了解到，溢流阀9的调定压力为2MPa，而工作台换向时，从压力表上可看到系统有较大压力冲击，最高可达到1.8MPa（系统正常工作压力应为0.9～1.1MPa）。由此判断液压系统出现了故障。

根据上述现象，结合液压原理图进行分析。工作台换向时，主油路的油液不再经机液换向阀3、4进入到工作台液压缸。由于主油路油液的流动突然受阻、换向，油液流动产生压力冲击。此时主油路上的压力油经换向阀5进入快速进退缸，使该缸承受较大的压力冲击，并通过丝杠螺母使砂轮架产生微量抖动。

(4) 排除方法及效果

从分析结果来看，要解决所述故障，关键是减缓换向过程中主油路油液对快速进退缸的冲击。为此，首先将溢流阀9的压力调定为1.0MPa，同时在换向阀5的回油路上加装一个溢流阀，起双向背压缓冲作用。上电运转系统，故障完全排除。

5.1.5 S7520A型万能螺纹磨床闸缸卸荷阀失常引起的砂轮架后退缓慢故障诊断排除

(1) 功能结构

S7520A型万能螺纹磨床用于圆柱形及圆锥形螺纹的塞规及环规的加工，精密丝杆及蜗杆、丝锥、小模数滚刀及螺纹铣刀的铲磨，磨滚压多线砂轮的滚轮、圆螺纹梳刀等。图5-7所示为砂轮安放及磨削运动的基本形式，由 x 方向两顶丝杆顶住工件，y 方向砂轮座带动砂轮实现进给运动与旋转运动来进行工件的磨削。其中，砂轮架由液压缸带动实现进给运动（图5-8）。图5-9所示为砂轮架进退液压缸控制原理，其进、回油路上的液压元件主要有电磁阀、溢流阀、背压阀、过滤器以及液压管道等。用于顶住砂轮架的闸缸进油路上有卸荷阀。

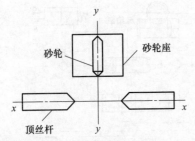

图5-7 砂轮安放及磨削运动的基本形式

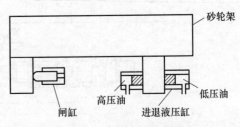

图5-8 液压缸进给原理

(2) 故障现象

砂轮架前进运动正常，后退运动极其缓慢，有时呈现停滞状态。

(3) 故障判定

① 逐个检查组成元件。由上述现象可以初步判定为液压缸驱动砂轮架的后退油路出现故障。很有可能是后退油路出现堵塞或者其他控制元件出现故障。查找此回路的液压故障可

由图 5-9 中的几个液压元件入手，分别进行分析判定。

a. 背压阀。此处背压阀起调节压力的作用，通过背压阀的一部分高压油变成低压油流向精过滤器。如果背压阀损坏不起作用，则压力油将直接经它流回液压缸，不能产生流向滤油器的液压油。对其故障可简单判断，将其拆下，用工具手动检查其活动性即可。经检查其完好无损。

b. 过滤器。主要故障为堵塞，在维修和保养机床时，可直接将其更换或清洗，此处将其直接更换。

c. 电磁阀。主要判定电磁阀在通断电两个工作位置的灵活性，检查方式为判定其两个位置的电信号是否正常。经检测电磁阀工作正常。

d. 溢流阀。此处溢流阀用于调节整个液压回路压力，其工作是否正常可以通过压力表来测定，压力表正常说明溢流阀工作正常。此处检测压力表数据正常，所以排除溢流阀故障。

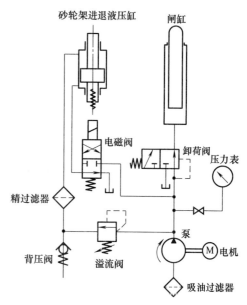

图 5-9　砂轮架进退液压缸控制原理

e. 液压管道。管道故障主要为堵塞，将管道拆下，用高压气体吹管道内部。经判定管道也正常。

进、回油路所有元器件都正常，故障仍未排除，说明故障没有在上述元件上或者故障判定方法有误。

② 检查闸缸油路。闸缸将砂轮座顶紧（图 5-8），起消除丝杠间隙的作用。但从图 5-9 中可以看出，液压泵的压力油通过一个卸荷阀直接供给闸缸使用，故闸缸顶部有很大的力顶着砂轮座后退。再分析前面的砂轮架进退液压缸，砂轮架后退时进入缸的是低压油，说明砂轮座后退时，闸缸的运动才起主要作用。采取这种进给控制的理由是若进退液压缸进入的也是高压油，将导致两个缸的高压油都作用于砂轮架，有可能不同步，将对砂轮架产生较大的破坏冲击力，故此处将砂轮架后退缸设计为低压油。

由此可见，闸缸前面的卸荷阀极有可能是故障源。将其拆解后发现其弹簧中因有杂质造成其不能正常运作，用煤油清除杂质后，装上还原，彻底排除了故障。

（4）启示

分析液压故障要从系统工作原理及其分析出发，根据分析查找故障原因，分别进行排除。

5.1.6　Z126 型镗孔车端面组合机床液压缸爬行故障诊断排除

（1）系统原理

Z126 型卧式镗孔车端面组合机床用于发动机前悬置支架的加工，工件的夹紧和镗孔车端面进给均采用液压传动，图 5-10 所示为液压原理。系统油源为双联泵 16，快进时右泵供油，其压力由先导式溢流阀 12 设定，工进时左泵供油，其工作压力由溢流阀 11 调定。工进和等待时由二位二通电磁阀 13 控制实现右泵卸荷。系统的执行元件为杆固定活塞式液压缸，可完成快进→工进→快退的工作循环，其往复运动方向由三位四通电液换向阀 9 控制。快进差动由外控顺序阀 6 和单向阀 8 配合实现，工进由调速阀 5 回油节流调速，单向阀 7 提供快退回油通道。

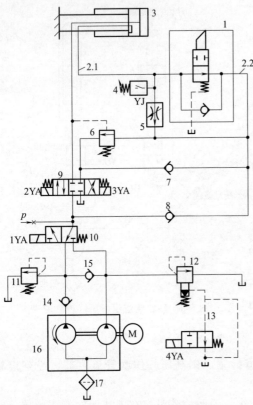

图 5-10　Z126 型镗孔车端面组合机液压原理
1—单向行程阀；2.1,2.2—油管；3—液压缸；4—压力继
电器；5—调速阀；6—外控顺序阀；7,8,14,15—单向
阀；9—三位四通电液换向阀；10,13—二位三通电磁阀；
11—溢流阀；12—先导式溢流阀；16—双联泵；17—过滤器

（2）故障现象

该机床长期运行后出现动力滑台工进时爬行现象。滑台快进时运行正常，转为工进即开始爬行。油箱油液状况正常，液压缸工作压力无明显变化，排气后故障未消除。

（3）原因分析

造成爬行故障的可能原因如下。

① 液压系统混有空气。混入液压系统的空气以游离的气泡形式存在于液压油中，当执行元件负载波动使油液压力脉动时，因气体膨胀或收缩导致执行元件供油流量明显变化，表现出低速时忽快忽慢，甚至时断时续的爬行现象。这种原因引起的爬行最为常见，其中包括液压泵连续进气和系统内存有空气。前者具有的表现为压力表显示值较低，液压缸工作无力，液面有气泡，甚至出现油液发白及尖叫声，根据该组合机床的噪声、油液气泡情况和缸的工作压力，可确定非此故障原因。后者表现为压力表显示值正常或稍偏低，液压缸两端爬行，并伴有振动及强烈的噪声，油箱无气泡或气泡较少，由于本机床液压缸排气后故障状况没有改变，因此故障原因不在于此。

② 滑动副摩擦阻力不均。其中包括导轨面润滑条件不良和机械别劲。前者表现为压力表显示值正常，用手触执行元件有轻微摆振且节奏感很强；后者表现为压力表显示值较高或稍高，爬行部位相对固定及规律性较强，甚至伴有抖动。但本机床并无明显的润滑条件变化和别劲表现。

③ 液压元件内漏或失灵。液压元件磨损、堵塞、卡死失灵等也会造成低速爬行。本机床中若单向行程阀 1 因磨损而造成关闭不严、内漏，负载波动时，压力脉动使单向行程阀 1 内漏量忽大忽小，引起低速运动时液压缸回油流量有明显变化，则会造成低速时油缸忽快忽慢。若调速阀 5 中的定差减压阀的阀芯被卡住失灵，则调速阀调节的流量稳定性就无法保证，甚至出现周期性脉动。而节流孔堵塞也是典型的引起流量周期性脉动的因素，进而导致低速时的爬行。

对此，需经必要的拆检，拆检时从最有可能的故障源入手，遵循由简到繁的过程，避免盲目地更换阀造成不必要的浪费。在对调速阀进行拆卸、检查、清洗，甚至更换仍未消除爬行现象时，又将单向行程阀出口油管 2.2 松开，在油缸工进状态下观察油管 2.2 无漏油，说明非单向行程阀关闭不严。当将缸的活塞杆伸出至终点位置、处于停留状态时，松开缸的回油管 2.1，见缸的有杆腔出油口处有油液渗出，说明无杆腔的油液流入有杆腔，缸有内漏。

（4）排除方法

经拆检液压缸，发现活塞上密封圈已损坏，更换密封圈后装好液压缸及其他元件，仔细检查液压系统后重新启动液压泵，爬行现象消除。

(5) 启示

本机床液压系统的故障维修工作历时几日。在检修初期，曾于生产现场通过大量更换元件，不但未能解决问题，反而使维修工作更加复杂，几乎造成停产，可见快速、准确地查找、排除液压故障的重要性。在分析故障原因的可能性因素时，应对新老设备区别对待，以便准确判断、少走弯路。总之，在正确分析的基础之上，最大限度地缩小检查范围，对最有可能的故障源进行由简到繁的检测，应是遵循的宗旨。

5.1.7　GALILED-C2型曲轴磨床液压卡盘松开不到位故障诊断排除

(1) 功能结构

GALILED-C2型曲轴磨床的夹紧结构如图5-11所示，它用顶尖定位，在加工过程中顶尖不随工件曲轴转动，卡盘夹紧曲轴并驱动曲轴转动。卡盘靠上下对称布置的两个碟形弹簧驱动杠杆卡块带动两个卡爪夹紧，松开则由上下对称的两个液压缸实现。

(2) 故障现象

由于机床设计缺陷，在机床使用一段时间后，工件夹紧驱动装置出现故障。当液压缸使卡盘做打开动作时，有时卡爪不能完全打开到位。这时，尾架顶尖在推动曲轴定位的过程中，受到卡爪的干涉不能完全到达定位位置。在此情况下，机床未报警，工件被磨削完以后，加工参数不合格，造成很高的废品率，损失很大。

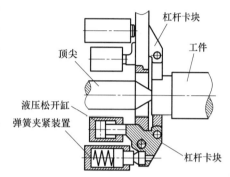

图 5-11　GALILED-C2 型曲轴
磨床的夹紧结构

(3) 原因分析

由图5-11和图5-12可以看出，夹紧曲轴时，松开液压缸卸荷，杠杆卡块在碟形弹簧力的作用下绕固定支点转动，直到曲轴被夹紧。松开曲轴时，松开液压缸的推力对杠杆卡块产生的力矩在大于弹簧力产生的力矩作用下，强行压缩弹簧而完成打开动作。

通过查找并分析，机床有时无法完全打开卡盘的原因可能是碟形弹簧的形变、零件接触点的磨损使液压缸作用在卡块上的力臂减小、液压油压力瞬间不足等。而这些原因都可最终导致在打开行程接近终点时，打开卡爪的力矩不能克服弹簧产生的反作用力矩，从而因卡爪有时松开不到位致使夹紧时出现干涉。

(4) 解决办法

① 加大液压系统压力。压力油通过一个减压阀送给并联的两个松开液压缸（图5-12），实现卡块松开动作。系统压力为10MPa，经过减压后的压力为8MPa。为了增加液压缸克服碟形弹簧的力矩，以便解决松开不到位的问题，可单独增设一个高压泵为此支路供压，但考虑到在旧设备上提高压力，如果压力太高会使原液压缸和管路密封无法承受，故决定不另增设高压泵，而是采用原系统，靠适当调高压力来改善松开动作的效果，设定减压阀压力为9.5MPa。

② 改变液压缸接触点到支点的距离。经上述改造后，问题虽有所改善，但因供油压力受旧设备元件耐压能力的限制，仍不足以完全克服碟形弹簧的力矩。故在有限的空间内，重新设计加工了卡块来改变液压缸接触点到支点的距离，加大打开卡爪的力矩（图5-13），原来液压缸作用在卡块上的力臂是30mm，在有限的空间内把R30的圆心向上移动5mm，这样R30的圆弧面和油缸接触点也跟着向外移动5mm，在液压力不变的情况下增加了力矩。

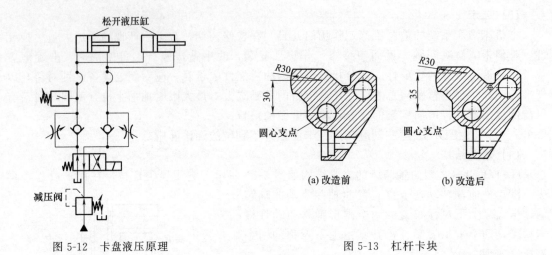

图 5-12　卡盘液压原理　　　　　　　　　　图 5-13　杠杆卡块

（5）效果

在同时完成两个改进方案后，碟形弹簧的变形量通过计算也在承载范围内，在不影响工件夹紧状态的情况下，能够顺利完成打开动作。本次改进结合液压系统参数重新分析改进，还进行了卡块尺寸的改造，通过加大液压缸的作用力矩，增强了液压缸的作用效果。按照本次改造的思路对现场的另外两台设备的夹紧系统进行了改造，均取得了满意的效果。

5.1.8　YT4543型液压动力滑台速度换接前冲故障诊断排除

（1）系统原理

YT4543型液压动力滑台是国内组合机床上普遍采用的实现进给运动的一种通用部件，动力滑台配以不同的动力头、主轴箱和刀具，可完成各类孔的钻、镗、铰加工和端面铣削加工等工序。液压动力滑台往往由安装在滑座上的液压缸的缸筒驱动（活塞杆固定），将液压站提供的液压能转变成滑台运动所需的机械能。对液压系统性能的主要要求是速度换接平

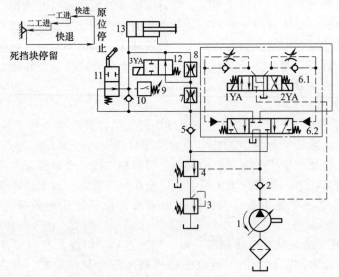

图 5-14　YT4543型动力滑台液原理

1—变量泵；2,5,10—单向阀；3—背压阀；4—远控顺序阀；6.1—三位四通电磁换向阀（先导阀）；6.2—三位五通液动换向阀（主阀）；7,8—调速阀；9—压力继电器；11—行程阀；12—二位二通电磁换向阀；13—单杆液压缸

稳，进给速度稳定，效率高，发热少。YT4543 型液压动力滑台的结构及工况参数为，滑台台面的长、宽分别为 800mm 和 450mm，液压缸内径为 125mm。最大行程为 800mm，最大进给力为 45kN，最大快进速度为 7.3m/min，进给速度范围为 6.6～660mm/min。

图 5-14 所示为 YT4543 型动力滑台液压原理，系统在机械和电气的配合下，能够实现的典型自动工作循环（见图中左上侧工作循环图）为快进→一工进→二工进→死挡块停留→快退→原位停止。

此系统采用多项措施保证动力滑台在低速进给时速度平稳，速度换接准确、可靠、前冲量小。一是采用限压式变量泵-调速阀-背压阀式调速回路。由于滑台的最小进给速度较低，进给调速范围较大，单纯容积调速回路因存在泄漏，低速运动平稳定性较差且调速范围也不能达到使用要求。调速阀式节流调速回路虽然速度刚性较好，调速范围也能满足要求，但功率损耗很大，发热严重。采用此种调速回路，可以很好地保证低速稳定性，具有较高的速度刚性和较大的调速范围。二是将调速阀 7、8 安装在进油路上，实现进口节流调速，可使启动时、快进转工进时前冲量较小。三是采用行程阀 11 与顺序阀 4 配合实现快进转工进换接，可保证换接动作平稳可靠，转换精度高。

（2）故障现象及原因分析

某厂使用的一台 YT4543 型液压动力滑台的组合机床，在工作中时常出现前冲、速度不稳现象，造成加工精度降低，甚至使刀具损坏。现场检查发现前冲现象主要出现在快进转工进时，偶尔在工进速度很低时也产生爬行现象，经压力表开关检测出现故障时，p_1 压力基本不变，而 p_2 压力有一定波动，开始检查时怀疑可能是滑台与机床导轨之间润滑不良，经注入润滑油后没有明显改善，随后又对背压阀 3 进行检查，也未发现问题，当拆开管接头检查调速阀 7 时，发现从调速阀 7 内部流出浑浊的油液，对调速阀 7 和 8 进行反复清洗重新安装后故障现象基本消失。

众所周知，调速阀是由节流阀和定差减压阀串联而成的组合阀，此结构使调速阀在使用时，存在两方面问题造成滑台出现前冲。

① 使用方面。在滑台低速进给时，由于节流阀的节流口开度很小，则通过节流阀的流量易出现周期性的脉动，甚至造成断流。造成这种现象的主要原因是液压油受到污染，这一点可以从检修时调速阀内流出污浊的油液看出。当滑台长时间工作后，调速阀的节流口处所产生的局部阻力损失使液压油温度升高，造成局部高温，液压油又在压力作用下加速氧化，生成胶质沉淀物等杂质，同时由于油液中还含有一定量未过滤干净的机械杂质、灰尘、磨损脱落物等，这些沉淀物、氧化物和各种杂质在节流口表面逐渐形成一层附着层，附着层的不断累积使通流面积和通过的流量都逐渐减小，但当附着层达到一定厚度时，它又会被高速油流冲刷掉，于是流量又会加大，这种过程的不断反复就造成了周期性的流量脉动，流量突然加大时，工作台出现前冲，尤其是在启动或速度换接时，表现更为明显。

② 结构方面。当液压缸停止运行时，调速阀中无液压油流过，在压差为零的情况下其减压阀阀芯在弹簧作用下将阀口全部打开，当液压缸再次启动时，节流阀上受到一个很大的瞬时压差，通过了较大的瞬时流量，从而使液压缸产生前冲现象，液压缸必须在减压阀重新建立起平衡后才会按原来调定的速度运动。

（3）解决方案

为了有效预防此类故障的发生，可采取以下方法。

① 防止液压油污染是关键。液压油污染往往造成调速阀不能正常工作，预防液压油污染主要从以下几个方面入手：一是提高一线操作人员对液压油污染引起系统故障的认识程度，液压系统 75% 以上的故障是由于液压油污染所造成的，在使用过程中应充分认识到液

压油污染对系统的危害性，要防止外界灰尘杂质进入系统中，经常检查过滤装置，出现问题及时解决；二是保证使用合格的液压油，防止因液压油本身不合格而容易变质产生氧化物、胶状物造成液压系统污染；三是防止因温度过高而造成氧化变质，要通过适当措施（如水冷、风冷、降低压力损失等）控制系统工作温度；四是把好拆装维修关，防止污染物进入系统。

② 通过改进系统设计，彻底消除调速阀本身原因引起的液压缸前冲现象。图 5-15 所示为先节流后减压的调速阀工作原理，对其改进如下：一是增加一条控制油路 a，在减压阀的无弹簧腔侧开一控制油口 x，通过控制油路 a 与液压泵的出口相连；二是将调速阀进口与减压阀之间控制油路在 y 处断开，并做成一个可切换的与换向阀并联的结构。当换向阀处于中位，液压缸停止运行时，y 处断开，减压阀在控制油（油路 a）的作用下，推动阀芯向右移动，将其阀口关闭，当切换换向阀使液压缸启动时，y 处同时接通，减压阀又恢复原有功能，即减压阀由关闭状态转换到原来的调节状态，液压缸以调定速度运行。

(4) 效果

经改进后，液压缸启动过程的试验曲线如图 5-16 所示，由曲线可以清楚地看出，阀芯经过 70ms 的时间转换其状态使液压缸无跳跃地达到其调定速度，冲出量降为零，很好地防止了液压缸的前冲发生。

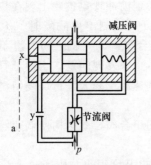

图 5-15　先节流后减压的调速阀工作原理

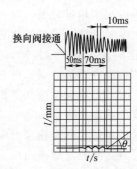

图 5-16　液压缸启动过程的试验曲线

对于动力滑台在工进速度很低时产生的爬行现象，可参照 5.1.6 小节所介绍的 Z126 型镗孔车端面组合机床液压缸爬行故障诊断排除方法来解决。

5.2　数控机床及加工中心液压系统故障诊断排除

5.2.1　TND360 型数控车床液压夹头不能夹紧工件故障诊断排除

(1) 系统原理

一台 TND360 数控车床，其夹紧部分采用液压传动，其液压原理如图 5-17 所示。

(2) 故障现象

在机床使用中出现了液压夹头夹不紧工件，造成车削时工件松动打转甚至飞出的严重故障。

(3) 原因分析

根据故障现象分析，故障可能出现在三个部位，分别进行检查，具体过程如下。

① 夹头部分。该部分的作用是将液压缸的轴向移动，通过其内部的三对滑块组件，转换为对工件的径向夹紧运动。如果故障在此部分，那么只有两种可能：一是夹头将液压缸的轴向运动转换成径向夹紧运动时，自身运动阻力过大，致使作用在工件上的夹紧力下降；二是夹头零件磨损，使配合表面出现过大间隙，在工件进行加工时，产生振动，造成工件松

动。将夹头拆下，检查每个零件，配合很好。为了检测出夹头部分具体的运动阻力，调整减压阀，先使压力表 M3 指示的压力为零，然后逐渐升压，当压力达到 0.2MPa 时，夹爪就产生夹紧动作，说明夹头的运动阻力并不大。检查结果为夹头部分正常。

② 液压缸油路部分。经如下逐一检查发现是由于液压缸内泄漏所致。

a. 观察压力表 M3 和 M5 的读数，看系统压力和夹紧压力是否符合规定，压力表指针是否跳动频繁，由此可知液压油中是否存在大量空气。检查结果，一切正常。

b. 检查液压泵电机电流和转速，结果也正常。

c. 检查油温。发现油温偏高。于是将 AN46 油（30♯ 机油）换为 L-HL32 液压油，重新开机试车，结果故障依旧。

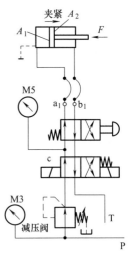

图 5-17　液压夹头液压原理

d. 检查液压缸的进油和回油的压力值，看进入液压缸的油压是否正常以及回油路是否通畅。在图 5-17 中 a_1 和 b_1 两点各加装一压力表，在保证系统压力（M3）为 5MPa，c 点（M5）压力为 3MPa 时，观察 a_1 点压力为 2.5MPa，b_1 点压力为零。从以上实测数据可知，从 c 点到 a_1 点油液压力因换向阀下降了 0.5MPa，说明回油路畅通无背压。由此得出供油系统基本正常。

③ 液压缸部分。因不久前曾拆解检查，并更换过液压缸密封圈，故未再查。总之从以上检查的结果中看不出什么问题。

为了彻底找出故障原因，再次对液压缸进行受力分析，即

$$p_{a1}A_1 = p_{b1}A_2 + F \tag{5-1}$$

式中，p_{a1}、p_{b1} 分别为 a_1、b_1 点测量的进油、回油压力；A_1、A_2 分别为液压缸进油腔、回油腔有效作用面积；F 为夹紧力。

将检查测得数据代入上式进行计算，夹头应当能夹紧工件，但问题在于 a_1 和 b_1 的压力表指示是否真实地反映出液压缸两油腔内的真实压力。从故障现象和已进行的检查结果看，只有两种可能会使夹紧力 F 下降：一是进油腔实际工作压力远小于 a_1 点表压值；二是回油腔压力很可能远大于 b_1 点表压值，即远大于零。

再结合实际工作状况进行分析，该机床已使用 7 年，而且常年生产加工时间很短的同一种工件，装卸很频繁，可能造成液压缸在某一段行程范围内磨损严重，从而造成内泄漏压力不足。

为了证实以上分析，分三步对泄漏进行检查。

第一步：在夹紧原工件的状态下，即活塞处于长期工作的那段行程上，测量回油的流量，在规定的夹紧压力为 3MPa 时，流量应在 5L/min 以内，实测为 3.6L/min，从数值上看基本接近。

第二步：将液压夹头拆下，使活塞移出长期工作的那段行程后，再测量回油流量，为 1.7L/min。

第三步：保证 M5 为 3MPa 的压力，将 b_1 点回油口进行封堵，结果 a_1 和 c 点 M5 压力指示完全相同，为 3MPa。

通过以上分析和检测，故障点已基本找到，是由于活塞在液压缸的某段行程上长期使用，使液压缸该段磨损严重，造成内漏增加，从而使进入回油腔的油量大量上升，不能从回油口及时排掉，于是在回油腔中产生反向背压，使作用在夹头上的夹紧力下降，造成工件松动。

（4）解决办法与启示

使工件在夹紧状态下，将活塞调整到液压缸上未磨损的工作位置上，再试车，故障随之消失。

液压缸内泄漏对液压系统的影响重大，故在液压系统维修中，不仅要重视进入液压缸的油液压力大小，更应该注意回油在回油腔中的反向背压问题，而此点在日常维修中往往被忽视。

5.2.2　20/15-11GM600CNC/27m 数控龙门铣床拉刀液压系统常见故障诊断排除

20/15-11GM600CNC/27m 数控龙门铣床是某公司从德国 WALDRICHCOBURG 公司引进的二手大型数控机床，是当年国内最大的数控机床之一。

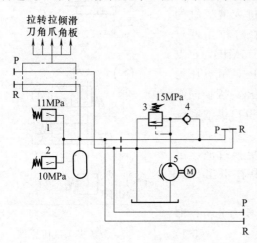

图 5-18　拉刀高压液压系统液压原理
1,2—压力开关；3—保险阀；
4—单向阀；5—柱塞泵

该机床拉刀高压液压系统通过两个压力开关（即压力继电器）监测，启动或停止液压泵电机，实现系统保压，图 5-18 所示为其液压原理。机床送电后，高压柱塞泵 5 开始工作，当压力升至 11MPa 时，压力开关 1 接通，使电机断电，液压系统达到监测压力开始保压；当系统压力降至 10MPa 时，压力开关 2 接通，使电机通电，泵 5 开始工作，这时系统压力升高。如此循环使机床液压系统压力保持在 10.0～11.0MPa 范围内，以保证机床的拉刀、角铣头拉爪旋转、滑板倾角、滑枕及滑板的夹紧等需要。

如果压力开关 1 在系统压力达到额定值后未接通，则系统压力会继续升高直至保险阀 3 的调定值（15MPa），且电机和高压柱塞泵不停，造成系统压力油过热压力过高，加速系统密封老化和破损，造成系统漏油、高压柱塞泵损坏。为防止系统压力过高或电机和高压柱塞泵不停，即压力开关 1 在 90s 后不接通则电控系统报警，电机自动停止，机床不能正常工作。

5.2.2.1　故障一及其分析排除

（1）故障现象

屏幕显示 HYDR MACHINE FAILURE HYDR MACHINE OIL MISSING，40 号、50 号报警。

（2）原因分析及解决办法

屏幕显示表明是液压故障，一般情况下如果机床缺油也会出现该故障现象。检查发现机床并不缺油，而是由于液压系统充压时间超过 90s 造成报警。

为此，首先检查各调压阀，发现保险阀 3 阀口有异物，造成系统压力达不到额定值，形成机床报警。清洗保险阀，报警消除。原因是液压油太脏，更换液压油并清洗油箱，故障消除。

过了一段时间后，又发生上述故障报警，全面检查后并未发现系统异常。于是更换了压力开关，故障排除。分析原因是机床送电后，由于长期频繁切换造成压力开关失灵，系统持续高压形成故障。

使用一段时期后，又发生上述报警，经过检查、清洗保险阀、修理压力开关等未见效果。于是强行将保险阀封住，不让其溢流，检查系统发现系统压力上不去，排除压力开关、保险阀等因素后发现是系统供油的高压柱塞泵磨损，更换高压柱塞泵后故障排除。

机床用油的温度对机床液压系统的影响也十分明显，该机床本身配有一台用于主轴润滑系统的油温制冷机，而主轴液压系统没有冷却装置。

有一年夏季，屏幕显示 HYDR MACHINE FAILURE，是 50 号报警，不能正常工作，检查系统是压力开关接通时间超过 90s 而报警。检查液压系统未发现问题，只是机床液压油的温度较高。由于当时生产任务紧迫，订购安装冷却系统需要一定时间，于是用一台散热器串入液压系统的回油管路中对系统用油进行散热降温处理。油温降低后报警消除。原因是机床工作一段时间后，液压元件有不同程度的老化或磨损，夏季油温较高，液压油的黏度有所降低，造成机床液压系统内泄漏形成故障。

5.2.2.2　故障二及其分析排除

（1）故障现象

机床报警，刀具卸不下来。

（2）原因分析及解决办法

该机床的刀具采用液压拉抓式夹紧机构，由放松液压缸、夹紧碟形弹簧、拉杆及拉爪组成。此次故障现象是刀具与主轴已经分离，并有一定间隙使刀具卸不下来，这说明放松缸已经动作，但没有到位。

对此，首先检查机床液压系统压力，发现系统压力稳定，说明液压系统无问题。因拉刀机构在镗杆内部，使机械系统无法检查。故只好反复旋转、振动刀具，最后将刀具卸下来。检查并拆下拉杆发现，拉杆螺纹变形造成故障。更换拉杆，故障排除。

过了一段时间机床又发生同样的故障，采用同样办法将刀具卸下。经检查，刀具夹紧系统完好，并无故障。检查刀具尾部的螺纹有磕碰现象，更换一个新的拉紧螺钉，故障排除。原因是拉削自动程序启动后，每一步拉刀位置检测故障，造成刀具螺纹磕碰。采取修改拉刀程序的措施加以解决，拉削过程中，要求操作者监视机床执行程序效果，若程序效果不好，可手动装卸刀具。

数控机床液压系统比较复杂，在使用一段时间后，液压元件有一定程度的磨损或老化，容易发生故障。针对不同故障具体问题具体分析，及时修理更换磨损件，减少连锁性故障，即可减少停机时间。

5.2.3　XK5040-1 型数控机床致使主轴不能变速的液压系统故障诊断排除

（1）系统原理

XK5040-1 型数控机床是具有较高水平的国产数控机床，其机械传动简单稳定，液压系统设计较为合理，系统功能齐全。图 5-19 所示为该数控机床主轴变速系统液压原理。

变速时，主轴先以 2r/min 转速进行缓慢转动，以便变速齿轮易于啮合，由图 5-19 可知，其油液流动和传动路线如图 5-20（a）所示，主轴变速时的油液流动和传动路线如图 5-20（b）所示。当变速盘旋转到所要求速度时→阀 11（左电磁铁）断电复位→马达 13 停转，楔形离合器断开，定位销液压缸 3 复位；同时，电气延时继电器控制电磁阀 8 断电，使马达 10 与主传动箱脱开，主传动箱上面的限位开关复位，主轴"缓动"停止，"变速过程"结束，主轴可以启动。

（2）故障现象

在实际工作中，较为常见的故障现象是因液压系统故障造成主轴无法变速。

（3）原因分析及排除

①出现故障后，通过压力表 6 检查液压泵 5 工作压力是否正常。若压力过低，则可能是

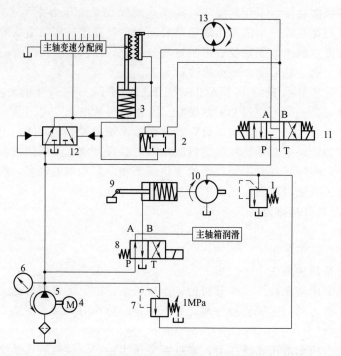

图 5-19 数控机床主轴变速系统液压原理

1—溢流阀；2—梭阀；3,9—液压缸；4—电动机；5—液压泵；6—压力表；7—顺序阀；8—二位四通电磁阀；
10—单向液压马达；11—三位四通电磁阀；12—二位三通液动阀；13—双向液压马达

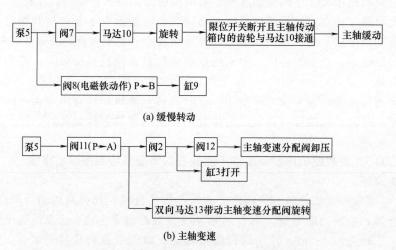

(a) 缓慢转动

(b) 主轴变速

图 5-20 主轴变速时系统的油液流动和传动路线

由于泵 5 出现问题，或溢流阀 1 卡死在开口处，使压力油泄回油箱，主轴缓动马达 10 无法工作，从而使主轴无法变速。若压力过高，则主要检查顺序阀 7 是否被卡死在关闭状态。经检查液压泵和对溢流阀 1、顺序阀 7 进行清洗调试后，故障不能排除。

　　② 检查二位四通电磁阀 8、三位四通电磁阀 11，看阀芯是否卡死。使用万用表对电磁铁线圈进行检查。经检查阀 8 和阀 11 正常。检查主传动箱上的液压缸 9 伸缩是否正常，限位开关位置是否松动。若正常，需对主传动箱体内进行检查。

　　③ 双向液压马达 13 损坏，离合器失去动力；液压缸 3 卡住，离合器被卡死；阀 12 无法换向，使主轴变速分配阀无法卸压或主轴变速分配阀卡死无法工作，均可造成此故障发

生。拆下主传动箱盖后，经检查马达 13 转动正常，定位销能打开，故障出现在二位三通液动阀 12 上，该阀不能正常换向。经清洗后安装试车，主轴变速正常，故障排除。

还应注意，当主传动箱拆下后，还要重点检查一下液压缸的拨叉是否损坏，主轴变速分配阀润滑是否正常。因为有时拨叉磨损后使齿轮啮合不到位和因润滑不良造成主轴变速分配阀锈蚀卡死，也会造成此故障。

5.2.4　HMC-800 型卧式加工中心液压泵电机烧毁故障诊断排除

(1) 功能结构

一台 HMC-800 型卧式加工中心［美国 CINCINNATI（辛辛那提）公司生产］，其液压系统供应机床的全部辅助功能动作，如机械手自动换刀，主轴松紧刀，高、低挡自动转换，B 轴、托盘夹紧动作。图 5-21 所示为液压泵调压部分的液压原理。液压泵为 REXROTH（力士乐）公司的 AA10VS071DR-30PPKC62 型轴向变量柱塞泵（压力为 6.89MPa，排量为 81.4mL/r），泵的驱动电机功率为 7.5kW，泵上附带 3 号和 4 号阀（均安装在泵体上），由于该泵立式安装，3 号和 4 号阀都随泵浸入油箱，平时不方便观察和调整。5 号阀安装在泵体外部的液压站集成块油路中，调整比较方便。

(2) 故障现象

有一段时间出现液压泵驱动电机空气开关时常跳闸现象。用钳型电流表检测电机电流为 20A 左右。在排除电机本身和电气控制原因后，凭经验怀疑液压泵工作压力过高造成电机过载，将图 5-21 中 5 号阀压力调低，结果第二天情况更为恶化，最终导致液压电机烧毁。

(3) 原因分析

经分析液压原理并结合故障现象发现，调压部分中 3 号和 4 号阀均为液压泵自带调节阀，作用分别是限流和调压。3 号阀用于调定液压泵的最大输出流量，此参数是液压泵的关键参数，是液压泵选型的及匹配电机规格的主要依据，出厂前厂家已按所能负荷的最大流量调定，一般情况下不允许用户任

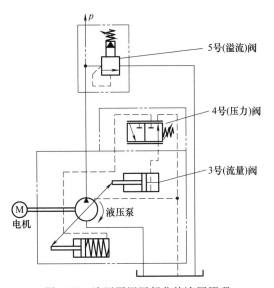

图 5-21　液压泵调压部分的液压原理

意调节，否则将出现电机负荷大、液压油发热和噪声等故障。4 号阀为滑阀，其作用是保证泵的输出流量随着系统负载的变化而变化，从而获得设定的稳定压力（p_4）。当泵的工作压力低于 p_4 时，4 号阀内的阀芯不动作，泵的斜盘在弹簧的作用下倾角增大，此时泵的输出流量逐渐增大（电机负荷也逐渐增大），系统压力也上升趋于 p_4。当泵的输出压力高于 p_4 时，4 号阀内的阀芯右移，使液压油进入 3 号阀的流量控制缸内，推动活塞左移从而克服弹簧力使泵内斜盘斜角减小，故泵的输出流量逐渐减小（电机负荷也逐渐减小），系统压力也下降趋于 p_4。5 号阀为液压系统的溢流阀，起安全保护作用。正常情况下 5 号阀压力值应略高于 4 号阀压力值（$p_5 > p_4$）。5 号阀只在液压系统中外来压力（如机床 Y 轴向下移动时，平衡液压缸内向外排出的油液压力）高于 4 号阀压力时溢流，从而保护泵和其他液压元件不受损害。

若 $p_5 < p_4$，或泵输出压力等于 p_5 时，压力油就已经从 5 号阀溢流了，也就始终达不到 p_4 值。所以，根据变量柱塞泵的工作原理，泵的斜盘一直处于最大倾角，泵则一直以最大

流量输出，电机就长期处于最大负荷工作状态，从而导致泵的驱动电机过载（空气开关时常跳闸）乃至烧毁。此次调低 5 号阀压力使 $p_5 < p_4$，就是造成电机损坏的根本原因。

（4）启示

遇到设备液压故障时应先研究分析液压原理，不能仅凭经验和感觉盲目处理。调整液压压力时，也不能只看压力表示值，应一边调整一边检测液压泵驱动电机电流，同时注意观察油液温升和泵的噪声变化。

5.2.5 MK84160 型数控磨床液压驱动测量臂自行抬起故障诊断排除

（1）功能结构

MK84160 型数控磨床主要用于冶金系统大中型轧辊的加工，它采用了数控自动和机械手动联合操作。轧辊加工尺寸和表面精度的较高要求对磨床的工作控制提出了要求。要实现对轧辊的尺寸加工控制，必须在加工过程中定时对已加工的轧辊表面进行测量。MK84160 型轧辊磨床采用内、外自动测量臂对轧辊表面进行测量，内、外测量臂可实现在轧辊磨削过程中对轧辊表面辊形、圆度、锥度的测量。测量臂的抬起与放下采用液压缸驱动。

（2）故障现象

磨床在使用初期良好，但在经过一段时间的使用后，测量臂出现了如下故障现象：在测量过程中，测量臂自动抬起，导致测量精度误差增大。

（3）原因分析

测量臂的液压原理如图 5-22（a）所示。两个液压缸分别驱动内、外测量臂。在图 5-22（a）所示状态，重物 G 代表测量臂的位置；左缸为活塞杆缩回，测量臂垂直放下，处于测量状态；右缸为活塞杆伸出，测量臂抬起，处于水平缩回状态，此时，测量臂不进行测量。

由图 5-22（a）可以看到，液压系统采用了单路液控单向阀 3、4 加 O 型中位机能的三位四通电磁阀 1、2 实现对液压缸动作的控制。它是基于液压缸活塞杆伸出时，测量臂对液压缸的活塞杆有一个外拉的负载力，同时考虑到液压缸活塞杆伸出时测量臂是处于工作状态，此时，测量臂要完成从轧辊一端到另外一端的测量工作，在此期间，测量臂的位置是不可以改变的，换言之，就是此时液压缸活塞杆的位置必须锁定。故在液压缸活塞杆伸出的进油路上设置了液控单向阀，用于锁定液压缸活塞杆伸出时的位置。

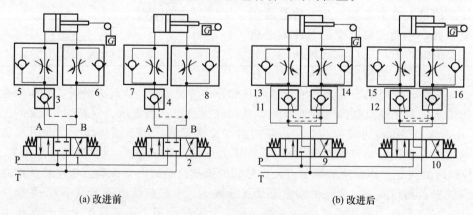

(a) 改进前　　　　　　　　　　　　(b) 改进后

图 5-22　测量臂的液压原理

1,2—三位四通电磁阀（O 型中位机能）；3,4—液控单向阀；5～8,13～16—单向节流阀；

9,10—三位四通电磁阀（Y 型中位机能）；11,12—双向液压锁

在使用一段时间后，液压缸活塞杆驱动测量臂放下，当测量臂到达下位的终点时，电磁换向阀的电磁铁断电，换向阀处于中位，进行测量。但是在测量的过程中，测量臂会自动抬

起一小段距离。这表明活塞杆的位置并没有被锁住。经检查，排除液压缸活塞上密封不严的问题，则问题存在于控制阀这部分。

液压缸无杆腔的油路上有单向节流阀 5、7，回油时节流，当液压缸的活塞杆在有杆腔压力油（压力 p_1）的作用下回缩（测量臂放下动作）时，缸的无杆腔回油，由于节流阀的作用，液压缸的无杆腔存在一定的压力（压力 p_2）。当液压缸活塞杆回缩，到达行程终点时，电磁换向阀断电复至中位，液压缸停止运动。此时，O 形中位机能的换向阀的四个油口（P、T、A、B）互不相通，液压缸的有杆腔、无杆腔管路完全封闭，液压缸活塞杆位置锁定，不再动作。但是滑阀式电磁换向阀阀芯与阀体之间是间隙密封，在长期使用后，由于阀芯与阀体之间的相对运动带来的磨损，使阀芯与阀体之间的间隙增大，导致 P、T、A、B 四个油口无法完全断开。由于系统中液压缸有杆腔没有液控单向阀断开与系统的油路，故一旦阀芯与阀体之间的间隙增大，则换向阀的 B 口与 T 口可能出现连通而产生内泄漏，液压缸有杆腔的压力油液经过 B 口、T 口后 p_1 开始减小。而液压缸无杆腔由于油路上液控单向阀的作用，使液压缸无杆腔的压力 p_2 保持不变。一旦液压缸活塞受力 $p_1 A_1 < p_2 A_2$（A_1 和 A_2 分别为液压缸有杆腔和无杆腔的有效作用面积），液压缸的活塞杆就会出现自动外伸（测量臂上抬）的动作。随着活塞杆的外伸，液压缸无杆腔的压力 p_2 开始下降，直至降到 $p_1 A_1 = p_2 A_2$，液压缸活塞杆停止外伸。这就是当测量臂到达下位的终点，换向阀处于中位时，测量臂会随着液压缸活塞杆的动作自动抬起一小段距离的原因。

（4）改进方案

为了保证当测量臂处于测量状态时，测量臂的测量位置不会发生改变，将系统的控制回路由原来的单油路的液控单向阀改为进、出油路同时设置液控单向阀——双向液压锁 11、12，使液压缸两腔的油路上都有液控单向阀将缸与系统回路断开，同时，将换向阀的中位机能改为 Y 型机能 ［图 5-22（b）］。这样，当电磁换向阀断电处于中位时，由于两个油路的液控单向阀的控制油路与回油路相连而泄压，故两个液控单向阀都可靠地关闭，使液压缸的两腔与系统完全断开。这时，即使电磁换向阀阀芯与阀体间的间隙变大，由于液控单向阀的作用，液压缸两腔的与系统处于断开状态，因此，两腔的压力保持不变。这样，测量臂就能可靠地停在测量位置，从而保证测量的精度。

（5）效果与启示

经过改进后，系统能够可靠地将测量臂停留在测量位置，保证设备的正常工作。

双向锁紧液压缸不仅可采用两个独立的液控单向阀，也可采用两个液控单向阀合二为一的组合阀——双向液压锁。

在液压传动系统的设计时，不仅要考虑设备工况和拖动要求，还要充分考虑在使用过程中系统工作的可靠性以及控制阀等元件经过长期工作后因磨损、泄漏引起的故障问题。

5.2.6　德国 HEAVYCUT4.2-ϕ225 数控镗床液压系统升压报警故障诊断排除

（1）系统原理

HEAVYCUT4.2-ϕ225 数控镗床是 20 世纪 80 年代从德国 SCHARMANN（沙尔曼）公司引进的大型数控机床，是当时国内最先进的大型数控机床之一。其液压系统高压油路（图 5-23）作为机床的三级齿轮变速、机械手自动换刀、刀具夹紧、滑枕平衡等执行机构的油源。该油路采用了开泵（液压泵电机常转）和电磁阀切换的保压方式。机床送电后，二位二通电磁阀 4 和二位四通电磁阀 8 通电切换至左位工作，高压泵（未画出）即开始供油。当油压达到 13.5MPa 时，压力开关 5 接通，使二位四通电磁阀 8 断电复至图 5-23 所示右位，回路与 T1（油箱）接通，液压系统开始卸荷；当系统压力下降到 11.0MPa 时，压力开关 6 接通，使二位四通电磁阀 8 通电切换至左位，回路与回油路断开，此时系统压力升高。如此循环，电磁阀切换使液压系统压力保持在 11.0～13.5MPa 范围内，以满足各工作机构的动作需要。如果二位四通电磁阀 8 在通电后的 30s 内系统压力升不到 13.5MPa，即压力开关 5 不接，通则电控系统报警，机床就不能正常工作。

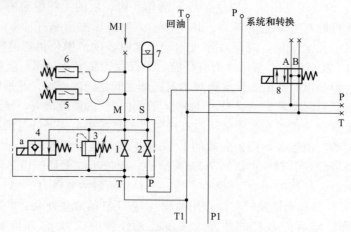

图 5-23　数控镗床液压系统高压油路

1,2—截止阀；3—溢流阀；4—二位二通电磁阀；5,6—压力开关；7—蓄能器；8—二位四通电磁阀

（2）故障现象

镗床在工作中，屏幕显示 HYDR MACHINE FAILURE HYDR MACHINE OIL MISSING 40 号、50 号报警故障。

（3）原因分析及排除

一般情况下如果机床缺油也会发生该液压故障。检查发现机床并不缺油，而是由于液压系统升压时间超过 30s 造成了机床报警。为此，首先检查各调压阀，当检查到手动截止阀 1 时，发现该阀松动造成其系统压力内泄，造成机床报警。紧固手动阀，机床报警消除。分析原因是切换电磁阀 8 与手动阀 1 相距比较近，电磁阀 8 切换时的振动造成手动阀松动，形成故障。

过了一段时间，又出现上述报警故障。全面检查后并未发现系统异常。于是将切换电磁阀 8 更换，更换电磁阀后，故障排除。原因是机床送电后，该电磁阀即开始每隔 30s 就切换一次，如此长期频繁切换造成电磁阀阀芯及阀体磨损，造成系统内泄，形成故障。

机床在安装使用一段时间后，再次出现上述报警故障，经过检查、更换电磁阀等修理并未见效。于是强行将切换电磁阀 8 封住，不让其切换，系统仍然不能升压，排除调压阀、安全阀等因素后发现是给系统供油的高压齿轮泵磨损。更换齿轮泵，故障排除。

机床用油的温度对机床液压系统的影响也十分明显，该机床本身配有一台用于主轴润滑系统油温制冷机，而主轴液压系统没有冷却系统。有一年夏季，机床显示 HYDR MACHINE FAILURE，也是 50 号报警，不能正常工作，检查系统是电磁阀切换时间超过 30s 而报警。检查液压系统未发现问题，只是机床液压油的温度较高。由于当时生产任务比较紧迫，而订购安装冷却系统需要一定时间，于是用一台散热器串入液压系统的回油管路中，对系统的油温进行散热降温处理。油温降低后，报警消除。

（4）启示

为了保证可靠运转及加工精度，数控机床液压系统控制及监控功能应先进完备。由于机床工作一段时间后，泵、阀等液压元件均会有不同程度的磨损或老化疲劳，液压油的黏度会因气温变化而变化，所以容易造成机床液压系统内泄，形成升压报警故障，这些都是应加以考虑的重要因素。

第**6**章

纸业轻纺包装机械及橡塑机械液压系统故障诊断排除典型案例

6.1 纸业轻纺包装机械液压系统故障诊断排除

6.1.1 印刷切纸机压纸器液压缸不能复位并伴随系统噪声与温升故障诊断排除

(1) 系统原理

切纸机广泛用于包装印刷行业，对各种纸张、塑料薄膜、皮革和其他类似的软性材料裁
切加工。它由送纸器、压纸器、裁纸机构等部
分构成。其中，压纸器及裁纸机构中的滑环由
液压传动与控制，图 6-1 所示为其液压原理。

当工作人员将待切材料推送到指定位置后，
发出自动裁切指令，此时电磁铁 1YA 通电使电
磁换向阀 2 切换至左位，液压泵的压力油经阀 2
进入液压缸 4 的无杆腔，活塞杆上行并带动连
杆机构 6 的左右杠杆绕各自的支点旋转，将压
纸器 7 压下，压纸器压紧材料后，系统压力逐
渐升高，直至打开顺序阀 1，同时压纸器到位
后，由行程开关发信，电磁铁 2YA 通电使电磁
换向阀 3 切换至左位，压力油进入缸 5 的无杆
腔，其活塞杆右行推动离合器滑环，操纵离合
器接合，主动轴带动刀床下移，进行裁切。裁
切完毕后，刀床自动返回最高位置，同时行程

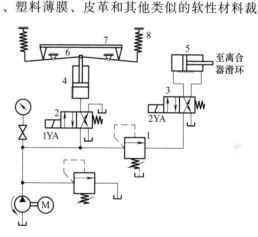

图 6-1 印刷切纸机液压原理
1—顺序阀；2,3—二位四通电磁换向阀；4,5—液压
缸；6—连杆机构；7—压纸器；8—弹簧

开关使锁刀电磁铁 2YA 断电，滑环操纵离合器分离，然后电磁铁 1YA 断电，系统开始卸
荷，缸 4 的无杆腔同时接通油箱，原先伸长的弹簧 8 通过机构 6 将活塞压下，活塞带动压纸
器 7 复位，准备下一次裁切。

(2) 故障现象

该切纸机使用 10 年后，经常发生故障，其现象为裁纸机构裁切完毕后，刀床能复位，
即离合器液压缸 5 工作正常，但压纸器大部分情况下不能复位，即压纸器液压缸 4 不能返
回，导致不能进行下一次裁切。同时系统在工作过程中伴有异常噪声，液压泵电机的壳体发
烫，油箱油温过高，有时能高达 70℃以上。

(3) 原因分析及排除

此处采用故障树法对印刷切纸机液压系统的故障进行分析排除。根据故障现象，其本质

原因是压纸器液压缸 4 不能复位，分支原因列入表 6-1，故障树如图 6-2 所示。

表 6-1 印刷切纸机液压系统故障的分支原因

故障		可能原因
机械故障		弹簧 8 发生疲劳断裂或其刚度不够,导致液压缸 4 回复力不足,从而压纸器不能复位,或机械传动机构 6 的铰链或铰接点脱落,造成力不能传递到活塞上,以至液压缸不能动作
液压故障	液压缸自身故障	液压缸 4 的缸体与活塞因磨损导致间隙过大,产生卡死现象,或者由于密封扭转使液压缸摩擦力增加,致使液压缸不能动作
	电磁换向阀故障	电磁铁线圈烧坏、阀芯卡死、电磁换向阀 2 的复位弹簧发生疲劳断裂均可能造成阀不能实现切换机能,从而阀芯不能复位,始终保持在左位机能即压纸器 7 保持在压纸状态,不能复位

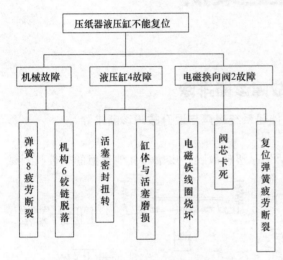

图 6-2 印刷切纸机压纸器液压缸故障树

根据故障树，可以排除那些概率较小的故障点，找出概率较大的故障点，其步骤如下。观察压纸器液压缸不能复位，其中原因之一可能是机构中的弹簧 8 或者机构中的铰链脱落，首先通过现场观测，此类故障现象并未发生；用简单仪表测量，即对电磁铁线圈故障借助万用表量测，通过测量发现电磁铁并未烧坏，能正常工作；最后拆卸元件，在各故障原因可能性大小并不清楚的情况下，按"先易后难"的原则进行拆卸。由于已排除机构故障、电磁铁线圈故障，对于液压缸 4 及电磁换向阀 2 的故障按"先易后难"的原则，首先拆卸分解并检查电磁换向阀，发现是电磁换向阀 2 的复位弹簧断裂，从而导致阀芯不能复位、压纸器液压缸不能复位，同时由于阀芯不能复位，切纸机处于等待状态，液压泵不能卸荷，使系统噪声和油温升高。更换新的弹簧后，系统恢复正常。

6.1.2 造纸厂热分散机刀具进退液压缸回缩到位后活塞杆向外微小窜动故障诊断排除

(1) 系统原理

某造纸厂废纸脱墨浆生产中的热分散机刀具的进退由两个液压缸驱动，图 6-3 所示为其液压原理图。两个液压缸 13 的快速进退调节由阀组 1 中的双单向节流阀控制；缸的快/慢速调节由阀组 2 上方的单向节流阀 4、5 控制，工作部件的平衡由平衡阀 2、3 实现；缸的中位锁定由双向液压锁 7、10 控制。系统的工作压力由溢流阀 6 调节并由压力表 12 监控。溢流阀 1 作回油背压阀用。

(2) 故障现象

该系统一般情况下运转正常，但有时出现液压缸在回缩到位后，活塞杆向外微小窜动的现象。

(3) 原因分析及排除

由图 6-3 所示液压原理可知，无论液压缸带动刀具快速还是慢速进退，液压缸回缩到规定位置的锁定，均取决于双向液压锁 7、10 的状态能否严密地将液压缸油液分别封闭在无杆腔和有杆腔中。由于阀组 1 和阀组 2 中两电磁换向阀的 Y 型和 H 型中位机能，均能在液压缸回位时将液压锁中各液控单向阀的控制压力释放，故怀疑双向液压锁有内泄漏。经检查双向液压锁的单向阀芯有微量磨损导致内泄漏引起所述故障，更换磨损的双向液压锁，故障

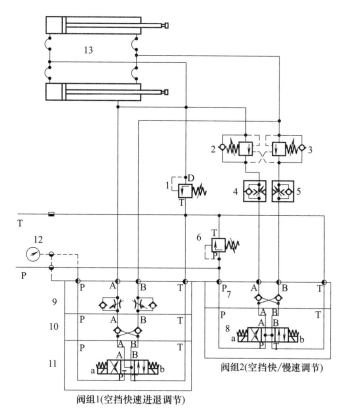

图 6-3　造纸厂热分散机液压原理

1,6—溢流阀；2,3—平衡阀；4,5—单向节流阀；7,10—双向液压锁；
8,11—电磁换向阀阀；9—双单向节流阀；12—压力表；13—液压缸

排除。

6.1.3　QZ205A 型切纸机液压系统改造后的压力故障诊断排除

(1) 系统原理

QZ205A 型切纸机的主要功能是裁切各种纸张、印刷品及其他类似纸质的软性材料。该设备的传动机构较复杂，其中纸张的压紧机构采用液压传动，其液压原理如图 6-4（a）所示。系统的执行元件是复合缸 11，它由一个增压缸和一个二位四通液控换向阀 10 组成。其工作原理是当液压泵 2 的压力油进入缸 11 时，缸的活塞上移，通过三角连杆和拉杆（图中未画出）使压纸器下移。在压纸器碰到纸品之前，液压缸负载小，系统压力低，阀 10 处于右位，液压缸只中间的小腔工作，作用面积小，压纸器快速下移；当压纸器碰到被压纸品后，系统压力升高，阀 10 自动切换至左位，这时液压缸为环形腔与小腔连通，作用面积大，以保证较大的压紧力。

该液压系统的工作过程主要是试压和压紧，试压压力由溢流阀 7 设定，最高压紧力由溢流阀 3 设定。进行试压时（目的是观察剪裁刀裁切的位置），踩动脚踏板 12 使节流阀 8 的开度及旁通油箱流量减小（旁路节流），一部分油进入复合液压缸，推动活塞上移，压纸器下移压纸，脚踏板恢复原位时，液压缸在返回弹簧（图中未画出）的作用下下移复位。

进行压紧切纸时，按下裁切按钮，电磁换向阀 5 通电切换至上位，从而使节流阀 8 的油路断开，压力油液经软管接头 9 进入液压缸，缸的活塞上移，压纸器下移压纸。达到一定压力后，压力继电器 6 发信，电磁离合器通电通过蜗轮、蜗杆带动刀床完成裁切动作。裁切完

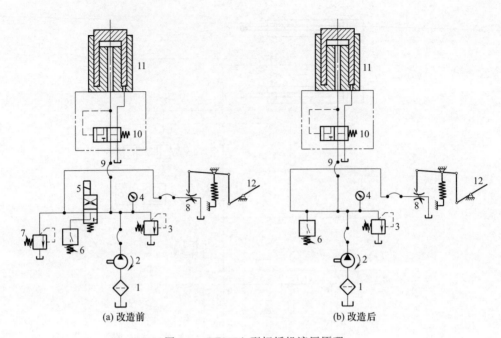

图 6-4　QZ205A 型切纸机液压原理

1—过滤器；2—液压泵；3,7—溢流阀；4—压力表；5—二位四通电磁换向阀；6—压力继电器；
8—节流阀；9—软管接头；10—二位四通液控换向阀；11—复合缸；12—脚踏板

成后，蜗轮轴后端的凸轮碰撞到行程开关，电磁换向阀 5 断电复至下位，一次工作循环完成。

（2）系统改造

设备正常工作 4 年后，更改了操作规程，将原来的试压和压紧两个操作过程合并成一个，即把试压过程视为压紧过程。这样使操作过程变为踏动脚踏板，使节流阀开口减小，一部分油液进入液压缸，压紧纸张，按下裁切按钮，完成裁切动作。这种操作可使动作简单，但由于系统的工作压力由溢流阀 7 调节，有时纸张的压紧力不够，造成纸品剪切不齐现象，后将溢流阀 7 的压力调高，增加了压紧力，剪边不齐现象消失，但由于溢流阀经常在超过其额定压力下工作，不久就损坏。后来维修人员将溢流阀 7 全部关死，将电磁阀断电，用溢流阀 3 取代溢流阀 7 进行调压，事实上改造成了如图 6-4（b）所示系统。

（3）故障现象

系统改造正常运行约半年后，又出现剪边不齐现象，压力维持在 3.0～3.5MPa 之间，调整溢流阀无效。后来压力逐渐下降到 2.0MPa，远远达不到工作要求的 6.5～8.5MPa，设备已不能工作。

（4）原因分析

首先考虑液压泵供油不足或系统中某处漏油。将吸油管中的过滤器 1 卸下，发现过滤器堵塞，于是更换滤芯，重新试机，但故障依旧。将溢流阀 3 旋钮反复转动观察压力，发现在 0.5～2.5MPa 之间变化，说明阀芯中的阻尼孔未被堵塞，但可考虑是先导锥阀的调压弹簧损坏，于是更换同型号的溢流阀，试机，故障仍未排除。考虑可能是复合液压缸中的二位四通阀某处进、出油口串通所致，但这种故障较少见，并且由于该二位阀组合在液压缸内部，装拆不便，于是在通向液压缸的软管接头 9 处断开，用堵头将油路堵死，开机重试，故障仍未消除。最后确定故障来自节流阀 8 漏油，但由于该节流阀安装在机器底部油箱内，维修或更换非常不便，而且该阀为非标准元件，需到原厂购买。为了不影响生产，更换了一相同型号的节流阀，但此后不久又出现同样故障。在此情况下，亟待查找原因和进行维修。

系统中节流阀 8 为滑阀式，其结构原理如图 6-5 所示。将失效的节流阀拆下检查，发现几处故障点：阀芯与阀体间严重磨损，其间隙达 0.2～0.3mm，压力油从 a、b 泄油口流回油箱而造成压力升不高；弹簧钢丝上存在大量油液胶质和杂质颗粒，弹簧老化，弹性变差，阀体右侧空腔积存了 3mm 左右的油泥，这些造成阀芯不能到位，节流口无法完全关死；用小指伸入出油口触摸，发现节流锐边 c 处磨平，这也是造成节流口关不严的原因之一。

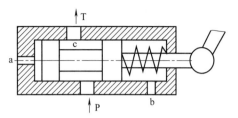

图 6-5　滑阀式节流阀结构原理

进一步分析，节流阀的额定压力为 2.5MPa，按切纸机原设计要求，该阀只在试压阶段工作，工作压力较低（1.5～2.0MPa），改造后系统工作压力为 4.0～9.0MPa，节流阀长期在超额定压力下工作，阀芯与阀体磨损加速。另外，大量杂质颗粒的介入，也使其磨损加剧，阀体与阀芯间隙增大，最后导致节流功能变差，造成对整个系统的影响。检查油箱还发现，油箱底部已沉积了一层 1.5～2mm 厚的油泥，油液已长期没有更换（约 2 年）。此外，在一次维修过程中，维修人员将油箱的清洗人孔打开后忘记关闭，使油箱敞开，大量灰尘、纸屑进入也严重污染了油液。

（5）改进方案与效果

由于上述因素，故障排除首先需重新改进该系统。其次需清洗整个液压系统，特别是油箱要进行重点清理，更换新的油液，按厂家提出的维护要求进行维护。冬季和夏季分别选用 L-HM15 和 L-HM32 抗磨液压油，定期检查油液，根据情况半年至一年更换一次，注油时用 120 目的过滤网过滤。

改进有三种可选方案：一是按设备改造后的功能进行设计，将低压脚踏板节流阀更换成额定压力为 16.0MPa 的中高压节流阀，其他各处均可不作修改；二是将原零开口节流的节流阀改成负开口节流，即将图 6-4 的 P 口向右移或将 T 口向左移，使阀芯与阀口具有一定遮盖（重叠），但反应会因死区的存在而稍慢；三是恢复出厂时的系统状态。

最终按方案一更换了高压节流阀，工作两年多，未出现新的故障。

（6）启示

在生产中，有时由于某种原因需对液压设备进行改造。一般来说改造后的设备，可克服或弥补原系统的不足，但有时反而无法正常运行，或出现新的故障，甚至还无法恢复原始状态。因此，在进行液压设备改造时，有时需要改变油路的流向，有时需要增减或更换液压元件，一般来说，只要回路有变动，回路的参数也会改变。这时应特别注意旧元件与新回路的参数如压力、流量等的匹配，同样也应注意新增元件、零件的尺寸、规格、技术指标与旧回路工作特性的匹配。

6.1.4　自动络筒机理管装置的翻斗升降液压缸下行停位缓慢与向下漂移故障诊断排除

（1）系统原理

络筒机是一种纺织机械，它将化纤、棉纱、长丝、低弹丝卷绕成圆锥形或柱形，以供下道工艺使用。自动络筒机理管装置的翻斗升降采用液压传动，其液压原理如图 6-6 所示。系统的油源为定量泵 1，其压力由溢流阀 2 设定。升降液压缸 6 的运动方向由三位四通电磁换向阀 3 控制。由于负载较大，此系统采用液控单向阀 4 与单向节流阀 5 串联控制液压缸 6 下行时的速度，并希望利用液控单向阀锁紧性能好的特点，达到升降（尤其是下降）过程中的

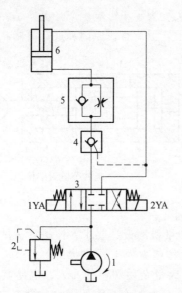

图 6-6　自动络筒机理管装置翻斗升降液压原理
1—液压泵；2—溢流阀；3—三位四通电磁换向阀；
4—液控单向阀；5—单向节流阀；6—液压缸

停位动作反应速度及停点精度的要求。

（2）故障现象

此系统在使用时，如果先执行缸 6 上升的动作（此时电磁铁 1YA 通电），在上升过程中需停留时（此时电磁铁 1YA 和 2YA 均断电），停位很迅速并准确，无故障。但如果缸 6 上升过程结束，需下降时（此时电磁铁 2YA 通电），此过程若需中途停留（此时电磁铁 1YA 和 2YA 均断电），停位动作反应缓慢且液压缸活塞有向下漂移的现象。

（3）原因分析

产生这种现象的根源在于三位四通电磁换向阀 3 采用了 O 型中位机能。在液压缸下行时（电磁铁 2YA 通电），液控单向阀 4 的控制油路与压力油接通，当缸 6 需停留时，电磁铁 1YA 和 2YA 均断电使阀 3 复至中位，此时阀 4 中控制油压力不会立即释放，只有经过一段时间，从阀 3 的阀芯与阀体间的间隙将压力泄放后才能降为零压。在这个降压过程中，液控单向阀始终反向导通，液压缸 6 无杆腔的油液由于负载及活塞自重可从阀 5 中的节流阀、阀 4 到阀 3 的间隙将油液漏掉，因此看到缸 6 下行过程中停位动作反应缓慢且往下漂移，停位精度不高。

（4）改进措施

将阀 3 的中位改为 H 型或 Y 型机能（图 6-7），使缸 6 无论是上行还是下行过程中途需停留时，只要电磁铁 1YA 和 2YA 均断电，阀 4 的控制油能立即泄压（接通油箱），其反向马上截止不通油，缸 6 下腔的油液不会通过阀 4 泄漏出去，缸 6 就会立刻停止运动。

由于液控单向阀的反向锁紧性能好，缸 6 的停位

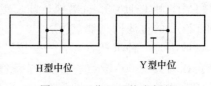

图 6-7　三位四通换向阀的
H 型和 Y 型中位机能

精度很高，可以消除漂移现象。如果用 H 型中位的三位四通电磁换向阀作主换向阀 3，液压缸停止工作时，液压泵 1 还能够卸荷，节能和延长使用寿命。

6.1.5　毛呢罐蒸机液压系统转速不能上调故障诊断排除

（1）功能结构

毛呢罐蒸机是从英国 Saler 公司引进的纺织设备，由卷绕机和罐蒸器两部分组成，用于毛呢织物的卷绕和罐蒸，以提高产品美观度。卷绕机（图 6-8）由一整体式液压变速器驱动和控制，其主要功能是将经剪绒后卷在胶辊 9 上的毛呢织物均匀地卷绕到胶辊 7 上。按卷绕工艺，要求该液压变速器能通过由齿轮、同步齿形带等机构零件组成的机械系统Ⅱ正、反向启动胶辊 9 及 7，且能通过该变速器输入和输出端的变量调节机构使两个胶辊的转速从 0～1500r/min 得到无级调节，同时还能通过起反馈作用的机械系统Ⅰ与气缸 5 及小轮 6 的配合，使两个胶辊之间的织物的线速度基本恒定，以保证适当张力，实现均匀卷绕。

（2）故障现象

该机在正常使用四年多后发现，胶辊转速调节不到高速区上，即只能在低速区（约 500r/min）工作，大大影响了生产率。

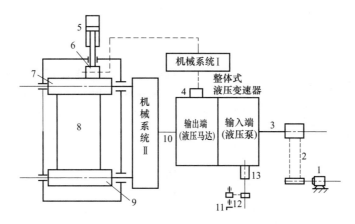

图 6-8　毛呢罐蒸机卷绕机运动联系示意

1—电机；2—V 带；3—输入轴；4—输出端变量调节机构；5—气缸；6—小轮；7,9—胶辊；
8—毛呢织物；10—输出轴；11—手轮；12—链传动机构；13—输入端变量调节机构

(3) 原因分析

首先会同现场操作者及有关人员，概略检查了暴露在外的机械系统 I 和油箱液位，发现这几部分均正常。因此，推断是液压变速器内部出现了某种故障。

从机器的使用说明书中的文本部分并结合实物了解到该整体式液压变速器，其输入端和输出端分别为双向变量的叶片泵和叶片马达。泵和马达轴均为水平安装。输入端前部和输出端后部的凸出部分别是泵和马达的变量调节机构 13 和 4，泵和马达通过外壳固定在附有紫铜薄壁散热管油箱的顶部。

由于原技术文件中无该液压装置的系统原理图，所以经仔细分析推断认为，该液压变速器实质是一个变量泵和变量马达组成的闭式容积调速系统，根据推断试探性绘出液压原理图（图 6-9）。该变速器驱动功率（即电机输入功率）为 5kW，但其整体尺寸（含油箱长×宽×高）约 600mm×200mm×700mm。液压泵和液压马达的变量调节机构采用丝杆-螺母组成的螺旋副，并分别通过手轮和链传动进行手动和自动调节；调压部分采用 6 片碟形弹簧组；变速器输入端与动力源采用柔性连接（液压泵与驱动电机通过两根 V 带传动）。

由变量泵-变量马达液压系统转速特性公式可知，液压马达输出转速为

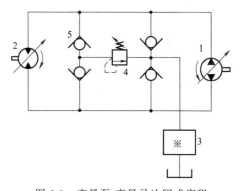

图 6-9　变量泵-变量马达闭式容积
调速系统液压原理

1—变量泵；2—变量马达；3—真空吸入阀；
4—溢流阀；5—单向阀

$$n_{\mathrm{m}} = \frac{V_{\mathrm{pmax}} x_{\mathrm{p}} n_{\mathrm{p}}}{V_{\mathrm{mmax}} x_{\mathrm{m}}} \eta_{\mathrm{pv}} \eta_{\mathrm{lv}} \eta_{\mathrm{mv}}$$

对于本系统，液压泵和马达的最大排量 V_{pmax} 和 V_{mmax} 均为常数，故影响马达输出转速 n_{m} 的参数是泵的输入转速 n_{p}、泵和马达的调节参数 x_{p} 及 x_{m} 以及泵、马达的容积效率 η_{pv}、η_{mv} 和管路容积效率 η_{lv}。

基于上述分析，对该液压变速器的有关部位进行了如下检查和拆解处理。

① 检查泵的输入转速 n_{p}，发现电机与泵之间的 V 带已很松，V 带打滑会降低运转时的

传动比。为此，通过调整电机上的底座螺栓，张紧了 V 带。

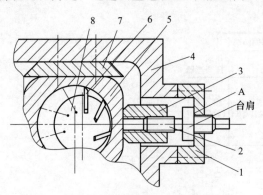

图 6-10　泵的变量机构示意
1—端盖；2—丝杆；3—螺母；4—壳体；5—定子环；
6—叶片；7—滑轨块；8—转子

② 检查马达和泵的变量机构，发现马达的变量机构正常，但泵的变量机构中丝杆的台肩与端盖的接合面 A（图 6-10）有一约 1.5mm 的磨损量，故丝杆转动时，螺母产生径向"空量"，得到的是一个"伪"x_p值。

(4) 解决办法与效果

解决上述磨损问题的办法是在接合面处加装一相应厚度的耐磨垫圈或重新制作一丝杆，这样即可消除上述"空量"。迫于生产任务，采用了加耐磨垫圈的方法。

鉴于毛呢罐蒸机使用四年多以来，该液压变速器一直未更换过液压油液的情况，将原系统中所有油液排出，发现其中有少量织物纤维，油箱底部还附着大量颗状污物。考虑到这些杂质易引起液压元件堵塞和磨损，可能会导致各容积效率及吸油量下降，故对系统进行了彻底清洗。

最后，重新组装并按使用要求加足新液压油液，一次试车成功，排除了上述故障，使罐蒸机及液压变速器恢复了正常工作状态，生产效率得以提高。

(5) 启示

从国外引进的液压机械，在进行验收时，应重视其技术文件（原理图、特殊备件表等）的完整性；对液压机械应定期检查液压元件及系统的工作状态，并对易损零件和油液的清洁度给予足够重视。

6.1.6　皮革削匀机液压系统常见故障诊断排除

(1) 系统原理

在制革生产中，削匀机的主要用途是削平皮革肉面，使整张皮革各部位的厚度达到规定的要求，且革里平整光洁。现代制革设备多以液压控制为主，削匀机更是如此。一般情况下，削匀机中采用液压传动的有供料传送机构的开合运动、供料或传送辊的旋转运动及削匀厚度的调节等，因此相应的液压系统也分为机器开合主回路、供料或传送辊转动进给液压马达回路、皮张厚度调节回路，某些液压削匀机磨刀大拖板的轴向移动也由液压系统提供，削匀厚度的调节则可为电控。这些系统调节的好坏将直接影响皮革加工的质量。

图 6-11 所示为皮革削匀机液压原理，齿轮泵 3 由电机（图中未画出）驱动，压力油经油路 a 分两路进入有关组件，以控制各执行机构的运动。

① 削匀厚度的调节。一路压力油经油路 b 通过行程阀（厚度调节阀）4 进入液压缸 6 的无杆腔，推动活塞，使活塞杆上升，顶起刀辊摆动架 7 的下端，使其绕 O_1 转动，刀辊 8 便向供料辊靠拢。在此过程中，刀辊护罩上的靠块 5 也随同一起转动，并逐渐碰触固定在机架上的厚度调节阀，将其阀芯向内压入，从而慢慢地堵住缸 6 无杆腔的进油口，减慢活塞的上升速度。当阀芯被完全推入（油路并未完全封死）时，活塞停止上升，刀辊 8 即停在此位置上，与供料辊 16 保持一定的间歇，可以通过改变厚度调节阀的位置来调节刀辊 8 与供料辊 16 之间的缝隙来调节削匀厚度。削匀时，皮张对刀辊 8 产生一定的抗力，推动刀辊离开供料辊，由于调节阀通液压缸 6 无杆腔的通路未被完全堵死，故活塞上升推力仍可与此抗力相平衡，使刀辊与供料辊间的距离保持不变，从而保证了被削匀的皮张具有预定的厚度。这就是削匀操作时的保压过程，表现动作为刀辊的摆动。

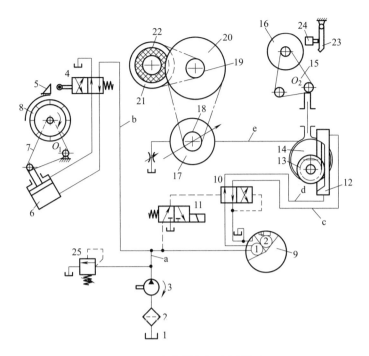

图 6-11　皮革削匀机液压原理

1—油箱；2—过滤器；3—齿轮式液压泵；4—二位四通行程阀；5—靠块；6—液压缸；7—刀辊摆动架；
8—刀辊；9—二位四通阀；10—二位四通液控换向阀；11—二位三通电磁阀；12—齿条式液压缸；
13—齿轮；14—偏心轮；15—角臂；16—供料辊；17—液压马达；18～21—链轮；22—传送辊；
23—护板；24—微动开关；25—溢流阀；O_1、O_2—转动中心

② 供料传送机构的开合运动。另一路压力油经油路 c（供料辊 16 合拢）或 d（供料辊 16 打开）进入液压缸 12，控制供料辊的开合运动。机器开合主回路在运行过程中既包括了供料辊的闭合，又包括一张皮革削匀完毕后供料辊的开启这两个过程。这两个过程与皮张厚度调节回路中削匀操作时的保压过程组成了一张皮革从削匀开始到结束的全过程。

③ 传送辊的旋转运动。进入液压缸 12 的压力油推动齿条活塞向下移动到一定位置而使供料辊 16 向刀辊 8 靠拢时，压力油同时也从液压缸的上腔经油路 e 驱动液压马达 17 带动传送辊 22 转动。反之，当齿条活塞上升时，供料辊退离刀辊，此时油路 e 被封住，液压马达 17 停止转动，传送辊 22 也停止转动。调节液压马达 17 转子的偏心距便可改变其转速，从而使供料辊的速度得到调节。

(2) 常见故障及其解决办法

液压削匀机经常出现一些故障，给生产实际带来不便，直接影响皮革加工的质量。其常见故障及其解决办法如下。

① 启动液压泵电机后系统无压力或压力达不到要求。

产生原因：调整压力时冲坏压力表；工作过程中压力表长期处于工作状态；液压泵电机转向与泵要求的转向不一致；液压泵轴或驱动电机轴漏装平键或联轴器损坏；溢流阀不起作用；液压元件及管路中有异物堵塞。

排除方法：打开压力表开关，调压时由低向高调整；工作过程中将压力表开关关掉；改变液压泵电机转向，如调换泵电机电源接线；检查泵和电机后重新装配，更换联轴器；清洗溢流阀中的异物，使阀芯灵活可靠或更换溢流阀；清洗各元件及管路，保持畅通。

② 传送速度失控，其一般表现形式为皮张传送时快时慢，有时甚至供料辊不转动。

产生原因：压力油未达到规定的额定压力；调速阀有卡阻现象；电磁阀线圈烧坏，阀芯卡阻；操作板上的传送转换开关处于停止状态，接触器损坏不能闭合等；供料辊蜗轮损坏，双排链条断裂、蜗杆、蜗轮轴断裂，或供料辊轴承烧毁、液压马达损坏等。

排除方法：首先应根据上述原因，分清情况，然后找准故障部位，或清洗，或更换已损坏元件。

③ 摇架的开合运动失控，使机器无法工作，故障的表现形式为脚踏板踩下后，既不上升，也不下降，即摇架进入时无缓冲或失控。

产生原因：摇架升降开关失控；摇架升降液压缸的压力油未达到规定压力值；节流阀有卡阻现象或流量不足；摇架升降缸损坏或摇架连杆连接处锈蚀严重。

排除方法：对故障部位进行清洗，使阀体灵活，或修复或更换有关零件，正确调整流量。

④ 削匀厚度失控，由增厚机构故障引起，将直接影响削匀质量。

表现形式之一是踩下增厚踏板，无增厚动作。产生原因为增厚开关损坏，电磁阀线圈烧坏或阀芯卡阻，阀体有堵塞现象。处理措施是清洗阀体，更换或修复已损件。

表现形式之二是增厚装置只往左移动。产生原因为电磁阀弹簧失控，液压缸活塞前端螺纹部分断裂，销轴脱离，后盖间隙太小。处理措施是清洗电磁阀或更换弹簧，更换活塞，加大后盖间隙。

表现形式之三是所加工的皮张颈部与臀部厚度差异太大。产生原因为皮张臀部处理不当，达不到削匀要求；缓冲调速阀流量调整得太小，缓冲过程时间太长；压辊压力太大，导致供料辊不能完全进入工作位置。排除办法是加强皮坯的处理，使之达到削匀前的要求，或利用增厚装置，采用分刀切削；正确调整缓冲调速阀，适当缩短缓冲时间；正确调整压辊与供料辊间的距离。

⑤ 磨刀故障也会给削匀加工带来不良影响，既影响质量，又影响生产效率。表现形式为刀座拖板往返运动失效；磨刀拖板爬行；砂轮振动大；砂轮自动进给失灵。主要原因是单向节流阀卡阻或调整不当或磨刀液压缸活塞杆螺母松动等。解决措施为清洗节流阀，正确调整并锁紧，并注意润滑和保养，及时清除导轨锈迹。

⑥ 削匀机退刀时皮张最后加工的部位出现一条明显痕迹。其原因为液压马达与摇架升降液压缸中的压力油压力相差太大；电磁阀复位不好，有卡阻现象；摇架后退与供料辊的停转同步。排除办法是正确调整两系统的压力；清洗电磁阀或更换阀体弹簧，使其复位灵活；正确调整供料辊延时停止继电器的时间，使摇架退开后供料辊仍继续转动一定时间。

6.1.7 腈纶成品打包机液压系统高压柱塞泵磨损故障诊断排除

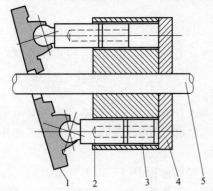

图 6-12 丹尼逊 PV 系列轴向柱塞泵结构
1—斜盘；2—柱塞；3—缸体；
4—配油盘；5—传动轴

(1) 功能结构

腈纶成品打包机系进口设备，其液压系统中的高压柱塞泵是丹尼逊 PV 系列液压泵中的一种，它是斜盘式轴向柱塞泵（图6-12）。在缸体中有 7 个沿圆周方向均布的小柱塞。泵的传动轴带动缸体旋转，均布在缸体中的 7 个柱塞的球状头部装在滑靴的球面凹窝内，并加以铆合，使滑靴和柱塞不会脱离，但可以相对运动。利用缸体的旋转，把旋转运动转变为柱塞在缸内的往复运动，缸体每旋转一圈，每个柱塞实现一次吸油和压油的动作。柱塞一方面随缸体旋转，一方面在缸体内的往复运动。形成密闭容积的变化而实现吸油和排油。

该泵压力为 30MPa，流量为 174L/min，功率为 125kW。泵在额定工况下，流量与压力以及生产效率之间的输出特性和流量特性存在以下关系：当液压缸轻载、较低压力时，泵以全流量工作；负载加大后，压力提高，在输出相同压力的状态下，泵的输出流量比原来的输出流量要大，此时，执行机构的速度变快，打包机的生产效率提高。

在打包的过程中，负荷不断增大，如果此时泵的压力和流量变小，则执行机构的运动速度变慢，打包机的生产效率降低，当泵的压力和流量小到一定程度时，将导致打包机不能正常工作。

（2）故障现象

打包机速度慢、生产效率低，不能满足生产需要。

（3）原因分析

根据泵在额定工况下，流量与压力以及生产效率之间的输出特性和流量特性的关系进行判断，产生故障的原因是泵的压力和流量过小。而导致泵的压力和流量过小的因素主要是泵内关键摩擦副的磨损及变量调节机构的偏角小。

① 柱塞与缸体孔摩擦副之间的配合间隙超差。此结构的柱塞泵的缺点就是在工作过程中柱塞所受的侧向力较大，柱塞与缸体之间由于长时间运动产生磨损，使柱塞与缸体孔之间的配合间隙超差，产生严重的泄漏。柱塞与缸体孔之间的配合间隙一般为 0.01～0.03mm。

② 配油盘与缸体配油面、配油盘与泵体配油面之间密封性能下降。一方面，在工作过程中有可能用油不清洁，使配油盘的工作表面磨损而导致泄漏。另一方面，由于缸体和配油盘之间存在着高速旋转的相对运动，缸体在工作过程中受力是比较复杂的，如果缸体在工作过程所受的各种作用力不平衡时，缸体和配油盘之间形成的油膜将被破坏，产生附加力矩作用在配油盘上，使配油盘工作表面产生磨损从而产生泄漏。

③ 变量调节机构的偏角小。变量调节机构偏角（斜盘倾角）的大小对泵的流量有一定的影响，因为这种柱塞泵流量的大小是靠调整变量调节机构的偏角来实现的，由于泵长时间工作，变量调节机构的偏角也有可能发生改变，故此因素的影响也不能排除。

（4）排除方法

通过故障分析，决定把泵从设备上卸下来拆解，进行技术检测和鉴定，为排除故障和制定修复方案提供依据。

① 技术状态检测。根据所分析的故障原因，将柱塞泵进行了拆解，对柱塞、缸体、配油盘、变量调节机构、弹簧等相关零部件进行了技术检测，检测结果为弹簧及变量调节机构的零部件技术状态正常，柱塞的圆柱表面产生了严重磨损，缸体孔也磨损超差了，配油盘的配油表面产生了严重的磨损，局部出现凹坑，与分析判断的结果相吻合。

② 修复方法如下。

a. 柱塞圆柱表面磨损的修复。根据柱塞表面的磨损状态及技术检测的结果，采用了镀硬铬的方法进行尺寸恢复，用机械磨削加工的方法进行加工。修复后的尺寸为 $\phi25$mm，椭圆度为 0.002～0.005mm，锥度为 0.002～0.005mm，表面粗糙度为 $Ra0.8$mm。

b. 缸体的修复。

• 缸体孔的修复。对缸体上的 7 个柱塞孔，制作专用的内锥套研磨工具进行研磨，这样能够保证几何精度和表面粗糙度的要求，研磨后孔的最终尺寸为 $\phi25$mm，椭圆度为0.002～0.005mm，锥度为 0.002～0.005mm，表面粗糙度为 $Ra0.8\mu m$，柱塞孔的中心与缸体端面的垂直度小于 0.01mm。

• 缸体端面的修复。缸体端面需要进行研磨修复，其方法为放在二级精度的研磨平板上进行研磨。平面度小于 0.005mm，表面粗糙度为 $Ra0.32\mu m$。

③ 配油盘的修复。配油盘磨损严重部位采用焊补的方法进行修复，用铸 308 焊条冷焊，焊后回火保温，用平面磨床磨削，保证配油盘工作面与外圆的垂直度小于 0.015mm，平面度小于 0.01mm。

(5) 效果与启示

修复后的柱塞泵经过装机运行试验后，故障现象消失，试验效果非常好。装机运行后，运行状态良好。

液压元件出现故障后，只要能把产生原因分析诊断准确，然后选择合理的修复方法，产生的故障就能够被排除。

6.2 橡塑机械液压系统故障诊断排除

6.2.1 J-1245 型橡胶制品硫化油压机液压系统保压故障诊断排除

(1) 系统原理

某厂 J-1245 型油压机用于橡胶制品硫化过程的加压作业，其液压原理如图 6-13 所示。系统的油源为定量液压泵 1，其压力由溢流阀 2 设定。手控单向阀 3、4 构成液压缸 9 的换向阀，由推杆 S_1、S_2 完成反向导通。由电接点压力表 8 设定液压缸 9 的控制压力范围。

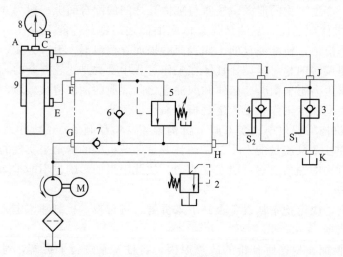

图 6-13　J-1245 型橡胶制品硫化油压机液压原理
1—液压泵；2—溢流阀；3,4—手控单向阀；5—顺序阀；6,7—单向阀；8—电接点压力表；9—液压缸

当操作杆置于"下行"时，推杆 S_1 为常态使阀 3 反向截止，推杆 S_2 被推上使阀 4 反向导通。液压泵 1 的压力油→单向阀 7→手控单向阀 4→液压缸 9 上腔，液压缸 9 下腔→顺序阀 5→手控单向阀 4→液压缸 9 上腔，构成差动连接，活塞快速下行施压。当操作杆置于"上行"时，推杆 S_1 被推上使阀 3 反向导通，S_2 为常态使阀 4 反向截止，液压缸上行回程。

(2) 故障现象

系统使用中出现了在保压期间油压下降过快、液压泵多次启动的故障现象，影响了制品质量。故障发生前，油压机在保压期间，液压泵无需重新启动，压力表指示值基本不变。

(3) 原因分析及排除

导致压力降低过快的原因是保压期间密封容积内的油液泄漏过快。油液泄漏有外泄及内泄。维修时外泄依靠观察，内泄依靠分析。一般应根据油路结构，罗列各种可能因素，并化"内"为"外"，逐个排查。

① 对于外泄漏，在加压状态下观察各外部元件及各管接头（A～K），发现压力表接头

B 处较为湿润，顺序阀 5 调节手轮处有油液滴漏。更换相应密封圈，试验至不再泄漏为止。

② 对于内泄漏，因液压缸下行时为差动连接，两腔油压基本相等，活塞密封状况不影响保压，关键是寻找漏出差动回路之外的途径。由图 6-13 可知仅有两处可能：从单向阀 7 漏向泵 1 及从手控单向阀 3 漏向油箱。在保压状态下拧开 K 处接头，取下回油管观察，发现有油液滴出，说明阀 3 密封有问题。同理，检查 G 处接头，未发现有油液滴出，说明单向阀 7 密封有效。将阀 3 的阀芯、阀座整套更换，配对研磨，并试验至 K 处无渗漏后系统故障排除。

6.2.2　XS-ZY-2000 型注塑机液压系统注射压力不足故障诊断排除

(1) 系统原理

某塑料厂的 XS-ZY-2000 型注塑机采用液压传动，其注射部分的液压原理如图 6-14 所示。液压泵 1、2、3 为系统油源。注射分两个阶段进行，首先是低压快速注射，此时电磁铁 1YA、3YA、4YA、7YA、9YA、11YA 通电，液压泵 1 的一部分压力油经单向阀 6 进入锁模及插芯等其他执行元件，另一部分压力油经单向阀 6→先导式溢流阀 24→单向节流阀 19→三位四通电液换向阀 20 入口，液压泵 2 的压力油经单向阀 7→单向阀 16→调速阀 17→阀 20 入口；液压泵 3 的压力油经单向阀 14 也来到阀 20 入口，泵 2 与泵 3 的压力油与泵 1 的压力油合流。电磁铁 7YA、9YA 通电使注射缸 29 处于差动连接状态，从而实现了低压快速注射。当压力达到一定值时，三位四通电液换向阀 21 复至中位，差动状态消失，注射缸进入高压注射状态。两个阶段的注射压力均通过调压回路由溢流阀 11 远程控制。

(2) 故障现象

该机工作中出现了塑料打不满腔现象，经观察压力表后发现，注射时压力表的指针上升到一定值后不再上升，达不到注射压力，因此导致塑料充不满腔。

(3) 原因分析及排除

根据系统原理图及工作过程分析，导致压力上不去的原因可能有：各泵所属调压回路出现故障；注射缸出现故障；三位四通电液换向阀 20 及 21 工作不正常；溢流阀（作背压阀用）22 出现故障。

针对上述各可能原因按顺序逐一进行检查。首先排除各泵所属调压回路出现故障。因为注射前所进行的插芯、闭模及预塑等动作均很正常，而这些过程使用了所有的调压阀，只是换向阀所处位置不同，对这些换向阀进行了仔细查看，工作情况均正常。

打开注射缸没有发现问题，密封圈完好无损。所以问题只可能出现在换向阀 20、21 及溢流阀 22 上。因厂里有相同的备用换向阀，故先后将两个换向阀换掉，但问题如故。至此，可以肯定是阀 22 出了问题，此阀是为了使塑料更为密实而设置的，当螺杆预塑时，它提供一定的背压。该阀由 YF 型先导式溢流阀改装而成，即堵死主阀中心孔，在先导调压阀内弹簧腔上开小孔，使其与二位四通电磁换向阀 23 相通。在图 6-14 所示位置，电磁铁 6YA 断电，由于小孔的控制油液被封死，溢流阀关闭，故注射时不起作用，只有当 6YA 通电时（预塑），该溢流阀才起作用。阻断通往溢流阀 22 的油路，观察油压变化，能达到要求值，这证明前述推断正确。取下溢流阀 22 打开后发现，堵塞中心孔用的塞子已经脱落，将其修复重新装上，系统恢复正常。

6.2.3　吹塑机液压系统压力不足与振动噪声大故障诊断排除

某单位改造旧设备，自行设计了一个吹塑机液压系统（图 6-15）。该系统采用大、小泵供油，其中大泵 9 的额定流量为 100L/min，小泵 8 的额定流量为 30L/min。溢流阀 1（力士乐 DB10 型外控内排式）的调定压力为 12MPa，溢流阀 2（力士乐 DB10 型内控内排式）的调定压力为 16MPa。此系统设计意图为当系统压力低于 12MPa 时，大、小泵一起供油，

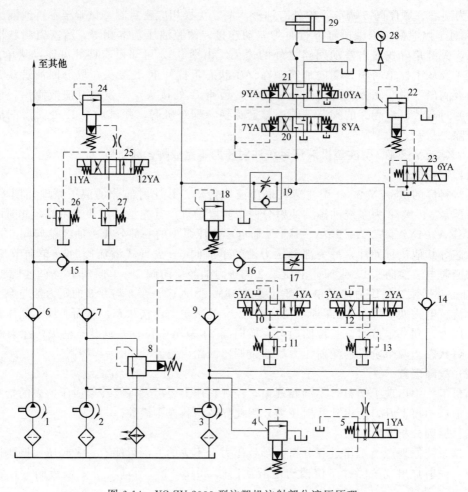

图 6-14　XS-ZY-2000 型注塑机注射部分液压原理

1~3—液压泵；4,8,18,22,24—先导式溢流阀；5,23—二位四通电磁换向阀；6,7,9,14~16—单向阀；
10,12,25—三位四通电磁换向阀；11,13,26,27—溢流阀；17—调速阀；19—单向节流阀；
20,21—三位四通电液换向阀；28—压力表；29—注射缸

为系统提供低压大流量；当系统压力大于或等于 12MPa 时，通过外控管路使阀 1 自动打开，使大泵 9 自动卸荷，系统仅由小泵 8 供油，压力由阀 2 调定。

6.2.3.1　故障现象一及其分析排除

在实际调试时发现系统无法实现大泵自动卸荷、小泵供油这一工况，并且系统始终无法达到 16MPa 的压力，当大泵关闭，仅开动小泵时，系统压力仅能达到 8MPa。

（1）原因分析

经分析，问题在于阀 1 的型号选择不对。对于力士乐 DB 型溢流阀，其内控和外控结构完全一样（图 6-16），其外控口 X 通过阻尼器 1 与 P 腔始终相通，从外控口 X 进来的压力油与从 P 腔进来的压力油一起作用在主阀芯 2 的上腔及导阀芯 3 的前腔。当系统压力达到调压弹簧 4 的调定压力时，导阀芯打开，从而使主阀芯打开，P 腔高压溢流但不卸荷，仅使系统保持恒定的调定压力，即使将外控口 X 与 P 腔的通道用螺塞堵住，根据溢流阀的工作原理，此种情况下该阀仍旧只能溢流定压而不能卸荷。因此，当该系统压力达到 12MPa 时，系统中的阀 1 只能溢流定压而不能自动卸荷。由于阀 1 调定的压力限制，故系统压力始终不能再上升到系统中阀 2 调定的压力 16MPa。当大泵 9 关闭，仅小泵 8 工作时，系统中有一股油

通过外控管路流到阀 1 的外控口并通过阻尼器流到该阀的进油腔 P，再反向流入停止运转的大泵 9 的出油管中，这将会使大泵像液压马达一样反向微动或经过大泵的间隙流进油箱，从而使系统压力上不去。

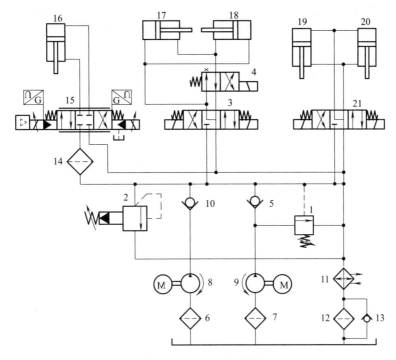

图 6-15　吹塑机液压原理

1,2—先导式溢流阀；3,21—三位四通电磁换向阀；4—二位四通电磁换向阀；5,10,13—单向阀；
6,7,12—过滤器；8—小流量泵；9—大流量泵；11—冷却器；14—精过滤器；
15—电液伺服阀；16—伺服缸；17,18—合模缸；19,20—挤料缸

（2）排除措施及效果

为排除上述故障，可将阀 1 换为外控式顺序阀或卸荷式溢流阀。由于这两种阀连接尺寸与同一通径的 DB 型溢流阀不一样，在已做成的集成块上改动比较麻烦且不经济。考虑到力士乐压力阀部分零件具有互换性，在保持阀 1 主阀体的基础上，其主阀芯和主阀套以及导阀均换用力士乐 DA 型卸荷溢流阀的结构，主阀体的外控口 X 与 P 腔的通道用螺塞堵住，通过以上改动，上述故障即消失。

这里需要强调的是，DB 型溢流阀的外控口仅作为远程调压遥控阀或压力表的接口，与顺序阀的外控口作用不同（有关 DB 型溢流阀，DZ 型顺序阀以及 DA 型卸荷溢流阀的详细工作原理可参见力士乐公司有关样本）。

6.2.3.2　故障现象二及其分析排除

在该系统合模液压回路中，两个合模缸 17、18 为差动缸（图 6-15），该回路用一个二位四通电磁换向阀 4（力士乐 4WE10D 型）作为二位三通阀用，其目的在于当阀 4 通电时，根据差动缸工作原理，可以使合模缸快速合模。但当阀 4 断电时，两合模缸闭模和开模过程中系统管路均产生了剧烈的振动和噪声。

（1）原因分析

经分析发现，故障在于阀 4 选择不当。由于作用在换向阀内部的液动力影响阀的通流能力，对不同的滑阀机能均有不同的工作极限（即换向阀能稳定工作的最大流量）。对于

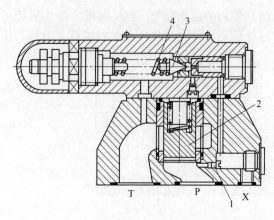

图 6-16 DB 型先导式溢流阀结构
1—阻尼器；2—主阀芯；3—导阀芯；4—调压弹簧

4WE10D 型阀，其在 12MPa 工作压力下最大流量为 85L/min，超过该流量则其阀芯换向复位不可靠，其相应的工作油口时通时闭，从而使系统管路产生剧烈的振动和噪声。对于 4WE10D 型电磁阀其极限值 85L/min 是指两个流量通道都正常工作的情形下的数值（即由 P 口到 A 口有油流，同时由 B 口到 T 口有回油），如果只要求一个方向流动，将四通阀的 A 口或 B 口封堵，作为三通阀使用时，其工作极限将大大低于 85L/min，而该系统闭合模过程的流量最大达 130L/min，而阀 4 本质上是将四通阀当三通阀用，因此实际流量远远大于其工作极限，

从而导致了阀 4 工作不可靠，油路 B→T 时通时闭，使系统管路产生剧烈的振动和噪声。

（2）排除措施及效果

针对故障情况，将阀 4 和阀 3 分别换成与 4WE10D 型阀有相同连接尺寸的 4WEH10D 型和 4WEH10J 型电液换向阀，两者在 31.5MPa 的工作压力下的工作极限均为 160L/min。为了保证系统工作的可靠性，将两电液换向阀的主阀复位弹簧力均加大（同时也保证主阀芯在控制油作用下可靠换向），经现场调试和使用，上述故障不再发生。

可见，在液压系统设计中选购液压产品时，应注意有关结构及性能参数，以免选择不当而使液压系统产生故障。

6.2.4 注塑机液压系统动模缸活塞杆外伸时背压高故障诊断排除

（1）系统原理

某公司引进的注塑机用于汽车饰件的注射成型，其工作部件包括合模机构、注射座移动机构、注射机构、塑化机构、顶出机构等部分，其中合模机构由液压缸驱动的动模板和定模板组成，用于模具的合模锁模。图 6-17 所示为该注塑机动模板液压原理（定模板回路与此完全相同），四个并联的液压缸 1 用于驱动动模板并锁紧。缸的换向由三位四通电磁换向阀 2 控制（电磁铁 2YA 通电，活塞杆右行伸出；电磁铁 1YA 通电，活塞杆左行缩回）。油源提供的压力按活塞杆缩回时的要求（18MPa）设定；缸的活塞杆伸出时的工作压力为 8MPa，由单向减压阀 3 设定。合模后，电磁换向阀 2 的两电磁铁 1YA 和 2YA 均断电，动模板及其液压缸由双向液压锁 4 锁定。

（2）故障现象

动模缸活塞杆伸出时，其回油路 B 的压力（背压）不但非零且越来越大，直至 40MPa，致使液压缸损坏。

（3）原因分析与改进方案

动模缸活塞杆伸出时，电磁换向阀 2 右位工作，缸的进油路为油路 P→阀 2→阀 3→液压锁 4 的左侧单向阀→油路 A→无杆腔；回油路为有杆腔→油路 B→液压锁 4 的右侧单向阀→阀 2→油路 T→油箱。其回油路 B 的压力不但非零且越来越大，说明回油阻力较大，导致压力增大。可能原因及解决办法如下。

① 电磁换向阀 2 与双向液压锁 4 开启不畅或回油路有堵塞现象。为此，将动、定模板的叠加阀组（电磁换向阀、单向减压阀和双液压锁）进行对换，发现将动模板的叠加阀移至定模板后，定模缸双向动作都正常，但原正常的定模板叠加阀组移至动模板后，其缸仍会出

现油路 B 压力增大现象，最大达 40MPa，致使液压缸损坏，说明问题不在叠加阀组。

② 液压缸内部结构导致活塞接近端点时回油通道面积狭小，形成阻尼力，致使背压增大。考虑到液压缸不易拆解，故在动模缸回油路上的 K 处设置图 6-18 所示的限压电磁溢流阀（设定压力为活塞杆缩回时的 18MPa），当电磁铁 2YA 通电使活塞杆伸出时，让电磁铁 3YA 断电，则液压缸有杆腔油路卸荷（压力为零）；当电磁铁 1YA 通电使活塞杆缩回时，让电磁铁 3YA 通电，则液压缸有杆腔油路升压（压力为 18MPa），从而保证了液压缸正反向对不同压力的要求。

（4）启示

液压系统基于阻力及其控制进行工作，但处理不当，阻力的负面效应就会显现出来。

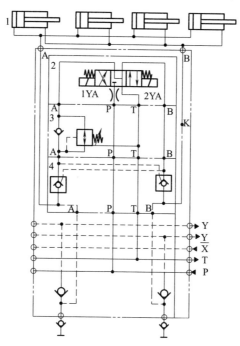

图 6-17　注塑机动模板液压原理

1—液压缸；2—三位四通电磁换向阀；3—单向减压阀；4—双向液压锁

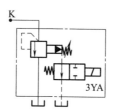

图 6-18　增设的电磁溢流阀

第**7**章

电力及煤炭机械液压系统故障诊断排除典型案例

7.1 电力机械液压系统故障诊断排除

7.1.1 TS-100R型立杆车液压起升机构振动故障诊断排除

(1) 系统原理

TS-100R型立杆作业车（简称立杆车）是由日本进口的一种起重机械，主要用于铁路电气化立杆作业，其最大起重量为10t，起重机的变幅、起升、吊臂伸缩、支腿收放均采用液压传动。

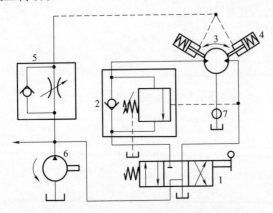

图7-1所示为该立杆车起升机构液压原理。该系统采用定量泵6向起升液压马达（轴向柱塞马达）3供油，马达换向由三位四通手动换向阀1操纵。为保证起升动作及负载下降的平稳性，防止负载下降到位时发生撞击，系统中设置了外控式平衡阀2，用于重物下降时的限速，以防油管破裂、制动失灵及重物自由下落时造成严重事故。起升速度的控制通过调节发动机的油门及控制换向阀1油口的大小来实现。马达3通过二级直齿轮减速机带动卷筒转动，减速机的高速轴上装有单作用液压缸式制动器4，其油路通过单向节流阀5与主油路相通，以保证在吊臂伸缩、变

图7-1 TS-100R型立杆车起升机构液压原理
1—三位四通手动换向阀；2—平衡阀；3—定量液压马达；4—制动器；5—单向节流阀；6—液压泵；7—中心回转接头

幅和回转时，制动器的液压缸与回油路相通，缸中的弹簧力使起重机卷筒制动，只有当换向阀1工作，液压马达3正反转的情况下，制动器液压缸才能使制动块松开（即弹簧制动，液压松闸）。单向节流阀5的作用是避免升至半空的重物再次起升之前，由于重力使马达反转而产生滑降现象。

(2) 故障现象

立杆车在工作中，空载和负载慢速落钩时，整车出现了严重振动现象，严重影响作业安全及机械性能。

(3) 原因分析

引起液压设备振动的主要原因有系统内混入空气（系统气穴），系统内泵、马达、阀等

液压元件损坏，系统内压力、流量脉动以及由此而引起的共振，机械安装及外界振动源的振动等。

根据施工现场的工作条件，只能采取经验检查方法排除故障。通过看、问、听、闻、摸等进行检查的结果如下：压力变化较大，压力表指针在慢速降钩时不停地抖动，变化范围在5MPa；平衡阀与马达连接的油管抖动严重，全车剧烈振动，卷扬机减速器处有异响；液压油温升较快；液压油变质严重。

该车自使用十多年来，从未出现过此类故障。引起振动的原因可能是以下几个方面的因素。

① 系统内混有空气。

② 流量脉动严重，导致压力不稳，引起共振。

③ 因其他几个动作均正常，故可能是平衡阀、起升液压马达损坏。

从起升机构的工作原理分析，容易引起降钩振动的液压元件有平衡阀及液压马达。因平衡阀的间歇性启闭，平衡阀阀体与阀芯密封不严，控制油路阻尼孔堵塞，导致平衡阀工作不稳定，从而产生了振动源，引起共振。液压马达配油盘与缸体端面磨损过大，导致轴向间隙过大；预紧弹簧疲劳强度下降，弹簧断裂，预紧力不足；柱塞与缸孔磨损过大；马达与轴端的密封圈损坏，马达各接合面及管接头的螺栓松动，产生内部或外部泄漏。

（4）查找故障源

① 检查油箱。按照从易到难的一般方法，首先拆检液压油箱，发现油箱中沉积了大量的铁屑，这有可能是长期未清理，致使新车因磨合而沉积的铁屑积于油箱内，及液压元件的损坏导致磨损的铁屑随液压油的运动回到油箱而沉积下来。

② 清洗油箱等并注油。对液压油箱进行清洗，清理吸油和回油滤芯，清理干净后，加注干净液压油对系统进行清洗，然后加注足量洁净的液压油，试车发现除慢速降钩时液压表指针摆动较大外，伸缩臂及变幅时压力较稳定、正常，油箱内未发现有气泡产生，故可排除系统内有空气的因素。

③ 拆检平衡阀。发现阀芯与端面接合部有轻微的磨损不均匀现象，控制油路阻尼小孔堵塞，经研磨接合面，清通阻尼小孔后安装试车，故障仍然存在，说明故障是由其他因素引起的。

④ 检查液压泵各接合处螺栓紧固完好，二级齿轮减速器内齿轮油中未发现混合有液压油，说明传动轴端密封圈完好，各油管接头连接完好，无漏油情况，由此可以判断液压马达无外泄漏。

⑤ 拆下液压马达泄油口油管接头，发现随着马达的运行，间歇性地有大量液压油流出且有一定的压力。该车的回转马达与起升马达为同型号马达，拆下回转马达的泄油管接头，在进行回转动作时，该油口几乎无液压油泄漏，由此比较可以初步确定起升马达的内泄漏量过大，引起的原因可能为配油盘与缸体端面磨损过大，预紧弹簧断裂或疲劳，柱塞与缸孔磨损过大等。

⑥ 完全放松大钩，以防拆下马达时大钩自由下落造成安全事故。拆下液压马达，对其进行拆解检查，发现其配油盘与缸体接触端面严重磨损，9个柱塞中连续有2个柱塞与缸孔均严重磨损，缸孔已磨成椭圆形，椭圆度约2mm，导致柱塞不能与其形成良好的配合，当液压马达在低速运行时，不能产生足够的连续转矩输出，液压油的压力会突然下降，引起压力巨大的脉动，从而形成了振动，损失的压力能转化成热能，引起液压系统温度上升较快。同时发现齿轮减速器输入轴两端支承轴承保持架损坏，导致马达工作时受力不均匀，引起偏磨，损坏了马达缸体及配油盘。

(5) 解决措施及启示

① 更换轴承。

② 由液压泵的专业生产厂家修磨配油盘的端面及缸体，重新选配柱塞或更换同型号的液压马达。

上述故障主要是由液压马达的内部泄漏引起的，而引起内泄的主要原因则是马达配油盘端面的磨损、柱塞及缸孔的磨损。分析这类故障的原因应从系统的工作原理进行，逐个排除可能引起故障的因素，找出故障源，从而排除故障。

7.1.2 330MW 汽轮机高压主汽门电液伺服系统伺服卡故障诊断排除

(1) 功能结构

某单位的两 330MW 机组选用 K156 型汽轮机，汽轮机 ETS 保护系统选用法国某公司的 PLC 系统控制，DCS 系统及 DEH 系统一体化配置，系分散控制系统 SYMPHONY。在机组的保护中，投入了发电机、汽轮机和锅炉之间的横向联锁保护，其中汽轮机高压主汽门关闭信号是汽轮机跳闸的反馈信号，主汽门关闭信号触发将直接导致发电机主保护和锅炉 MFT 保护动作，故高压主汽门关闭信号是机电炉横向联锁保护中的重要反馈信号之一。

(2) 存在问题

两 330MW 机组在调试及运行中，曾数次发生由于再热调门、高压调门伺服卡故障导致相应的汽门关闭，经过在线更换伺服卡，故障均得以妥善处理。通过对故障原因的分析，认为汽门伺服卡的可靠性及稳定性存在一定问题，故高压主汽门控制的可靠性令人担忧，如果高压主汽门伺服卡发生故障，将引起主汽门关闭，关闭信号的触发将导致机组横向保护动作停机停炉，保护信号流向如图 7-2 所示，故高压主汽门伺服卡的可靠性成为机组保护可靠性的薄弱环节。

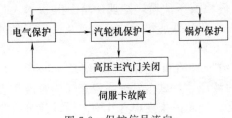

图 7-2 保护信号流向

(3) 原因分析

① 液压伺服控制油路部分。高压主汽门液压伺服控制油路如图 7-3 所示，主要由伺服阀、卸荷阀、油动机组成。油动机为单侧进油控制，油动机下缸进油打开汽门，油动机上缸与有压回油相通，汽门上部装有重型复位弹簧，当油动机下缸泄油时，汽门在上部重型弹簧回复力的作用下关闭，油动机下缸的进油或泄油由伺服阀控制，伺服阀型号为 MOOGJ761-003，是一种滑阀带有机械零偏的伺服阀，控制信号为 ±20mA（DC），机械零偏的平衡信号为 1.2～1.6mA（DC）。伺服阀在没有电信号平衡机械零偏作用时，伺服阀的滑阀在机械零偏作用下偏向一边，接通油动机下缸与有压回油，此时受控的汽门将关闭。伺服阀接受伺服卡的驱动电信号，控制伺服阀的进油或泄油量，当汽门处于某一位置时，伺服阀滑阀处于平衡位置，此时伺服卡的输出为 1.2～1.6mA（DC），拉闸停机时遮断电磁阀动作，将 AST 油压卸去，这时卸荷阀打开，油动机下缸与有压回油相通，油动机下缸油压经卸荷阀迅速卸去，主汽门在弹簧回复力的作用下迅速关闭，同时伺服卡接受一个清零信号，向伺服阀输出 −20mA（DC）强制信号，伺服阀滑阀在强制电信号和机械零偏的共同作用下，偏向一边，滑阀接通下缸与有压回油。

② 电信号控制部分。DEH 伺服卡采用的是 SYMPHONY 系统的 HSSO1 卡，控制处理功能均集中于处理器模件 BRC100，处理器模件为冗余配置，而伺服卡模件 HSSO1 为子模件，是非智能化模件，控制系统厂家暂不能提供伺服卡冗余配置的解决方案，因此当伺服卡模件出现故障时，其输出驱动电信号为 0mA（DC），伺服阀驱动线圈没有了机械零偏平衡电流，伺服阀滑阀在机械零偏作用下偏向一边，接通了油动机下缸与有压回油，油动机下缸

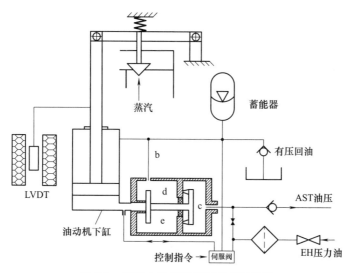

图 7-3　高压主汽门液压伺服控制油路

开始泄油，汽门在重型复位弹簧作用下关闭。

（4）改进措施

为了确保高压主汽门关闭信号能够准确和可靠地反馈汽轮机的运行状态，根据控制设备的可靠性和实际情况，决定对主汽门伺服系统采取相应的改进措施，以提高机组保护的可靠性。

对于 K156 型汽轮机，在其冲转时，高压主汽门伺服阀接受 DEH 伺服卡的指令信号，高压主汽门控制汽轮机转速，当转速升至 2900r/min 后，经过高压主汽门与高压调门的阀切换，转速改由高压调门控制，此时高压主汽门的指令为 100%，阀门处于开足状态，在此后的机组升速、并网及增减负荷中，高压主汽门的指令保持不变，阀门始终处于开足状态；由于机组的旁路系统配置为简易旁路系统，因此机组的启动方式只采用高压缸启动。由此可见，在机组的整个启动、并网及增减负荷中，高压主汽门只是在 0～2900r/min 的冲转升速过程中起到控制转速的作用，其他时段均处于开足状态。所以机组在正常运行时，高压主汽门伺服卡故障导致电信号为零，伺服阀是在机械零偏的作用下关闭了高压主汽门，并触发关闭信号的位置开关而导致停机停炉的。从机组横向保护信号流向（图 7-2）可以看出，高压主汽门的关闭信号是汽轮机跳闸的反馈信号，代表汽轮机的运行状态，从高压主汽门伺服控制系统角度分析，伺服卡故障是间接造成高压主汽门关闭的原因，并不是机组停机的必要条件。

（5）改进方案

针对高压主汽门伺服卡引起的的主汽门关闭信号导致的停机停炉保护动作，有如下三种改进方案。

① K156 型机组有两个高压主汽门，任意侧高压主汽门关闭信号均会引起保护动作。采用两侧主汽门关闭信号"与"逻辑关系，可有效降低由于伺服卡故障而造成的保护误动作。但汽轮机主机制造厂认为，高负荷运行时，如果单侧高压主汽门伺服卡故障引起高压主汽门关闭，此时汽轮机单侧进汽对设备有很大的危害，必须停机，故该方案不可取。

② 根据高压主汽门控制指令的时段特点，当机组并网后，高压主汽门伺服阀冗余的一路驱动线圈控制信号切换至由一个外置的信号源控制，强制指令信号为 100%，当发电机与电网解列后，外置信号源切换为伺服卡控制。此方案由于引入了外置信号源，其可靠性要求

较高，要进行发电机并网与解列时的伺服阀驱动信号切换，控制回路相对复杂。

③ 根据不同伺服阀控制油动机的特点，改用不同型号的伺服阀，选用 MOOG J761-004 型伺服阀，其滑阀机械零偏方向与 MOOGJ761-003 型正好相反，当伺服阀的驱动线圈失去驱动信号后，伺服阀的滑阀偏向另一边，接通 EH 压力油与油动机下缸进油油路，当伺服卡出现故障时，高压主汽门油动机下缸与 EH 压力油接通，高压主汽门将始终处于开足状态。在伺服卡正常状态下，汽轮机跳闸时，AST 油压消失，卸荷阀打开，油动机下缸油压经卸荷阀迅速卸去，主汽门在弹簧回复力的作用下迅速关闭，伺服卡强制信号作用于伺服阀，使伺服阀滑阀偏向一边，此时强制信号作用力与机械零偏作用力相反，而其强制关闭电信号作用力远远大于伺服阀机械零偏作用力，所以滑阀仍然能够接通高压主汽门油动机下缸与有压回油，因此机组跳闸后对 EH 油压没有影响；伺服卡故障状态时，油动机下缸与 EH 压力油是相通的，此时当汽轮机跳闸时，AST 油压消失，卸荷阀打开，油动机下缸油压经卸荷阀迅速卸去，高压主汽门在重型弹簧回复力的作用下迅速关闭。为了避免冲转过程中（小于 2900r/min 阶段）高压主汽门伺服卡故障引起的汽门失控而导致超速，在 DEH 中增加汽轮机 2900r/min 前，高压主汽门伺服阀故障停机的保护。此方案的缺点是伺服卡的零位必须调试准确，否则伺服阀可能会少量漏油，在汽轮机挂闸后会引起 EH 油压轻微下降，同时对伺服阀滑阀有一定的冲蚀作用。

方案②与方案③都可以有效地避免高压主汽门伺服卡故障引起停机停炉，同时汽轮机跳闸时又能够及时关闭高压主汽门，故两种方案都是可行的。考虑到方案的可实施性，选用了方案③。对于方案③存在的缺点，因机组启动前，各汽门的零位必须进行调试，故可忽略。

(6) 实施与效果

在机组检修时，对两机组四个高压主汽门的伺服阀进行更换，均更换为 MOOG J761-004 型伺服阀，并进行多次试验，高压主汽门控制正常，达到改进的预期目标，在随后的汽轮机冲转升速中，高压主汽门控制转速正常。试验与运行证明，伺服阀换型后，无论伺服卡正常与否，在汽轮机跳闸情况下，高压主汽门均能够迅速关闭，而在正常运行时，如果伺服卡发生故障，高压主汽门是不会关闭的。通过更换高压主汽门伺服阀型号，有效地提高了高压主汽门伺服系统的可靠性，避免了由于高压主汽门伺服卡故障而引起的机组非计划停机。

7.1.3 翻车机夹轮器液压系统发热故障诊断排除

(1) 系统原理

翻车机是一种翻卸铁路敞车运载的煤炭、矿石及其他散装物料的机械，广泛应用于电力、港口、冶金、化工等行业。夹轮器作为翻车机卸车作业时的配套设备，其功用是夹持车辆，防止车辆在铁路线上溜动，其使用过程中有夹紧和松开两个动作，主要结构包括曲拐装置、夹轮板、夹钳装置等。夹轮器的动力由液压装置提供，由液压缸驱动曲拐装置，曲拐装置又带动夹轮板和夹钳装置运动，夹轮板与夹轮板成对称布置，因作用力的方向不同，形成夹轮器的夹紧和松开。

图 7-4（a）所示为改进前夹轮器液压原理，系统油源为高压小流量柱塞变量泵 4 和蓄能器 11，系统压力由 4 上的控制阀调定，在控制范围内，压力恒定。蓄能器 11 的快速运动回路用于提高生产率，缩短夹轮器的动作时间。当液压缸 12 不动作，系统压力达到顺序阀 7 设定的压力时，变量泵 4 向蓄能器 11 充液。当换向阀 8 切换至左位或右位换向，液压缸 12 带动夹轮器进行夹紧或松开工作时，泵 4 和蓄能器 11 同时向液压缸 12 供油，使其实现快速运动。另外，夹轮器的夹紧动作采用液压缸差动连接快速运动回路，更进一步提高其动作速度。溢流阀 9 用于系统的安全保护，其设定压力比顺序阀 7 和泵 4 控制阀的设定压力都略高。换向阀 8 是双电磁铁二位换向阀，带定位机构，阀芯可保持在任一位置，电磁铁不必连续通

电，故在停电情况下，夹轮器也可绝对保持在夹紧或松开状态。各工况下的工作原理如下。

① 启动。按启动按钮，电磁铁全部处于断电状态，变量泵 4 的压力油进入液压缸 12 和蓄能器 11，夹轮器始终夹紧或松开，系统处于保压状态，变量泵 4 开始变量，仅提供系统少量的压力油，以维持压力恒定。

② 松开。电磁铁 2YA 通电使换向阀 8 切换至右位，液压缸 12 活塞杆缩回。系统的进油路为变量泵 4→过滤器 5→单向阀 6→换向阀 8→液压缸 12 上腔，同时，蓄能器 11→单向节流阀 10→单向阀 6→换向阀 8 右位→液压缸 12 上腔。系统的回油路为液压缸 12 下腔→换向阀 8→油箱。夹轮器松开到位后，电磁铁 2YA 断电，变量泵 4 向蓄能器充油，同时继续向液压缸 12 上腔供油，系统处于保压状态。

③ 夹紧。电磁铁 1YA 通电使换向阀 8 切换至左位，液压缸 12 活塞杆伸出。此时系统的进油路为变量泵 4→过滤器 5→单向阀 6→换向阀 8→液压缸 12 下腔，同时，蓄能器 11→单向节流阀 10→单向阀 6→换向阀 8→液压缸 12 下腔。差动回路为液压缸 12 上腔→换向阀 8→液压缸 12 下腔。

夹轮器夹紧到位后，电磁铁 1YA 断电，泵 4 继续向蓄能器 11 和液压缸 12 下腔供油，系统保压。

由上述可知，夹轮器液压系统有两个显著优点：一是通过采用高压小流量恒压变量泵供油和蓄器保压回路，使系统保压时间长，压力稳定性高，即使在停机状态下也可实现长时间保压；二是系统采用了差动连接和蓄能器的快速运动回路，符合夹轮器的工作要求，节能高效。

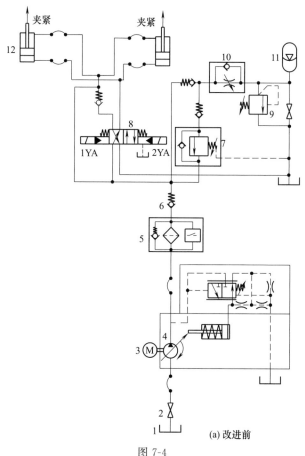

(a) 改进前

图 7-4

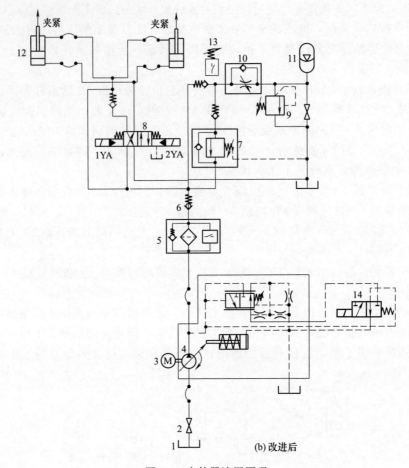

图 7-4　夹轮器液压原理

1—油箱；2—截止阀；3—电动机；4—变量泵；5—过滤器；6—单向阀；7—顺序阀；8—换向阀；
9—溢流阀；10—单向节流阀；11—蓄能器；12—液压缸；13—压力继电器；14—电磁换向阀

（2）故障现象

该系统在使用过程中存在温升发热，变量泵磨损快使用寿命短的问题。

（3）原因分析

造成以上问题的主要原因是因液压系统设计有诸多不合理之处：油箱容量设计太小，冷却散热面积不够，虽有冷却装置但装置的容量过小；系统中未设计卸荷回路，停止工作时液压泵不卸荷，泵全部流量在高压下溢流，产生溢流损失发热，导致温升等；油温升高，使油液的黏度降低，泄漏增大，泵的容积效率会显著降低；由于油液的黏度降低，变量泵转动部位的油膜变薄并被切破，摩擦阻力增大，导致磨损加剧，带来更高的温升，并且影响泵的使用寿命。

（4）改进方案

为解决系统温升过快的问题，可以采取不同方案，如加大油箱容量，增加冷却散热面积或对冷却装置进行增加容量的改造等。问题的关键在于，能否通过不改变现有设备结构布置，采取合理有效的措施，用简捷的方法，节约成本解决温升问题。

从夹轮器应用的过程中不难发现，在开机状态下，夹轮器变量泵始终不能卸荷，一直在高压下运转，而夹轮器的夹紧和松开动作仅需几秒钟，可见如何让泵在不工作时卸荷是解决问题的关键。根据以上分析，对系统进行改进，改进方案如下［图 7-4（b）］。在变量泵旁安装电磁换向阀 14，在断电情况下使泵 4 卸荷。在蓄能器油路上安装压力继电器 13，随时检测蓄能器的油压。在变量泵 4 运行时，大部分时间处于卸荷状态，当系统压力低于压力继电器 13 的设定压力时，换向阀 14 电磁铁通电，变量泵输出压力和流量。夹轮器夹紧和松开后，由蓄能器进行保压，变量泵始终处于待机准备状态。这样就减少了泵的发热，更增加了环保（降低噪声）节能的功能。

（5）效果

改进后的液压系统温升明显得到改善，夹轮器运行情况良好。

7.1.4　翻车机压车机构液压系统不能自锁故障诊断排除

（1）系统原理

翻车机功用如 7.1.3 小节所述，采用液压系统的翻车机具有冲击小、噪声低、安全可靠等优点。图 7-5 所示为 C 型翻车机压车机构的液压原理，多个液压缸 1 并联连接组成同步回路，驱动压车梁的压车和松压动作。液压缸无杆腔进油，压车梁上升松压；有杆腔进油，压车梁下降压车，双向液压锁为液压缸的锁紧元件，能使压车梁长时间保持在任意位置。一般情况下，为安全起见，翻车机在停用时，压车梁升起到位，避免车辆在进车时越过停车极限，与压车梁相撞酿成事故。

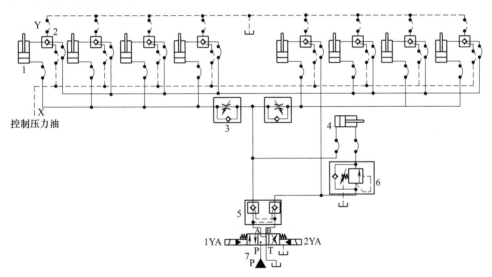

图 7-5　翻车机压车机构液压原理

1—压车液压缸；2—液控单向阀；3—单向节流阀；4—平衡液压缸；5—双向液压锁；6—顺序阀；7—电液换向阀

（2）故障现象

某电厂翻车机在运行过程中，压车梁出现以下故障现象：液压泵关停后，压车梁自动下滑，1～2 天之内无明显变化，但随着时间的推移，压车梁会逐渐下降 200mm 左右距离。此现象发生近半年后，故障加剧，电液换向阀停止动作，关掉液压泵，很容易听到压车梁下降颤动的声音，1h 后下降明显，几小时后，压车梁完全下降到位。

（3）原因分析

针对出现的故障情况进行分析，能简单判断导致压车梁缓慢下降的可能原因有以下四个。

① 系统管路渗漏，压车液压缸无杆腔液压油减少。

② 压车液压缸无杆腔液压油内泄到有杆腔中，活塞杆回退。

③ 双向液压锁密封不严，内有杂物或阀件本身缺陷，液压油通过电液换向阀泄漏到油箱。

④ 集成块内部缺陷或被击穿，液压油未经双向液压锁而渗漏到集成块的回油孔道中，向油箱回油。

另外，从原理图进行分析，能向外漏油的通道唯有顺序阀的外泄口，而顺序阀的进油口却并联在缸的有杆腔上，倘若可能，其外泄的也只能是压车液压缸有杆腔的液压油，要与压车梁不能自锁有关系，除非平衡液压缸 4 内泄漏，液压油从压车液压缸的无杆腔渗透到有杆腔中，再通过顺序阀外泄口排出。压车液压缸附近的液控单向阀 2 虽为外泄式，但其控制压力油并不与主油路相连，且位置在液压缸的有杆腔上，也不太可能与压车梁下降有关。

在液压泵停止供油的情况下，压车液压梁继续下降，压车液压缸无杆腔液压油的去向应是问题的关键。本着先易后难的原则，可逐步进行如下检查分析。

先检查管路，主要是焊接部位和管接头活动处，经确认无泄漏后，可排除。

再分析压车液压缸。一般认为，此种情况是因压车液压缸内泄所致。现假设某一液压缸内泄，查看缸的参数，缸径 D 为 100mm，活塞杆直径 d 为 70mm。设压车梁下降的距离为 L，液压缸上的液控单向阀使液压油在另一个方向上无泄漏地封闭，液压油在液压缸内部循环，从无杆腔到有杆腔进行渗透，液压缸无杆腔容积高度减小 L，相应液压缸有杆腔容积高度增加 L，设无杆腔容积减小 V_1，有杆腔容积增加 V_2，则有

$$V_1 = \frac{\pi D^2}{4} L \tag{7-1}$$

$$V_2 = \frac{\pi (D^2 - d^2)}{4} L \tag{7-2}$$

在液压油数量不变的情况下，显然 V_1 不等于 V_2，依此类推，假若多个液压缸内泄，根据上述两式，也没有导致压车梁下降的可能。

拆下双向液压锁进行清洗，或换上新的阀件，经反复试验证明，双向液压锁封闭良好，可排除。

考虑在现场检测集成块比较困难，可先考虑顺序阀外泄的问题。判断顺序阀外泄是否引起故障，必需检查平衡液压缸的内部泄漏。为此，启动液压泵，压车梁松压到位，切断电源，断开顺序阀和平衡液压缸有杆腔油口的连接管接头，看是否有液压油流出。试验表明，从此处流出的液压油远远超过液压缸本身的留余量。用螺塞封堵平衡液压缸有杆腔油口，压车梁能长时间保持在任意位置。

综上分析可知，压车梁不能自锁是由平衡液压缸的内部泄漏，使液压油在压车液压缸无杆腔、平衡液压缸、顺序阀和压车液压缸有杆腔之间组成的小闭合回路内流动，而多余的油液又通过顺序阀正常外泄引起的。

（4）解决办法与效果

换上新的平衡液压缸，故障排除。经数月运行，翻车机压车梁一切工作正常。

（5）启示

同一液压故障现象，产生故障的原因也不一样。尤其现在的液压设备都是机械、液压、电气甚至计算机的共同组合体，产生的故障更是多方面的。因此，排除故障时，必须对引起故障的因素逐一进行分析，认真研究系统原理图，结合液压技术知识和以往的经验，找出主要矛盾，本着"先易后难""先洗后修""先外后内"的原则，制定出具体措施，才能准确地判断和确定排除方法。

7.2 煤炭机械液压系统故障诊断排除

7.2.1 1MGD200 型采煤机液压系统常见故障诊断排除

(1) 系统原理

1MGD200 型液压牵引采煤机在井下工作面应用十分广泛，其牵引部液压原理如图 7-6 所示。

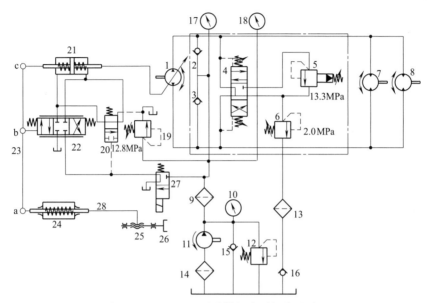

图 7-6　1MGD200 型采煤机牵引部液压原理

1—主液压泵；2,3,16—单向阀；4—整流阀；5—高压安全阀；6—低压溢流阀；7,8—液压马达；9—精过滤器；
10,17,18—压力表；11—辅助泵；12—低压安全阀；13—冷却器；14—粗过滤器；15—倒吸阀；
19—压力调速阀；20—失压控制阀；21—变量液压缸；22—伺服阀；23—差动杆；
24—调速套；25—螺旋副；26—调速换向手把；27—电磁阀；28—调速杆

① 主油路。由双向变量泵 1（斜轴式轴向柱塞泵）及两台并联的双向定量液压马达 7、8（星形摆线转子马达）组成变量泵-定量马达闭式循环容积调速系统。高压侧最高压力由高压安全阀 5 设定为 13.3MPa，低压溢流阀 6 使低压侧压力保持 2.0MPa 的背压，以保证主液压泵可靠工作以及调速系统的用油压力，液压马达的输出轴直接驱动主动链轮。

② 补油回路。由粗过滤器 14、辅助泵 11、精过滤器 9 及单向阀 2、3 及低压安全阀 12 组成，用来向主油路补充冷油。

③ 热交换回路。由整流阀 4 和低压溢流阀 6 构成，用于将主油路中部分低压热油引回油箱。整流阀是一个三位四通液控换向阀，它受主油路高压侧油压的控制。工作位置时，无论主液压泵排油方向如何，始终使高压油路接向高压安全阀 5，而使低压油路接向低压溢流阀 6，从而将部分热油引回油箱。

④ 调速换向系统。用于调节牵引速度和改变牵引方向，它由手把操作机构和主液压泵伺服变量机构组成，操纵手把 26，通过螺旋副 25 产生直线位移，并传递给调速套 24 中的调速杆 28，进而通过伺服变量机构改变主液压泵的流量和供油方向。伺服变量机构由调速套 24、伺服阀 22、差动杆 23 和变量液压缸 21 组成，调速杆向右位移时，即推动弹簧和调速套右移，差动杆以 c 点为支点右摆，将伺服阀推向左方块位工作，变量液压缸右腔进油、左腔回油，活塞与活塞杆左移，于是带动主液压泵变量。

⑤ 保护回路。液压系统中有以下保护回路：双重压力过载保护回路；低压失压保护回路；电动机功率过载保护回路；主液压泵自动回零保护回路。其中，失压保护回路的作用是当主油路低压油路的压力低于 1.0MPa 时，失压控制阀 20 在弹簧作用下动作到图 7-6 所示上方块位置，于是变量液压缸的两侧油腔串通，使主液压泵回零，采煤机停止牵引。

(2) 常见故障及其快速判断方法

在实际工作过程中，经常发生的故障及其快速判断方法如下。

① 补油系统故障判断。将精过滤器 9 的出口打开，换一个事先加工好接口，另一端带截止阀的油管，然后启动辅助泵 11，逐渐关闭截止阀，观察低压表 10 的指针变化情况。当低压表压力达到 3.0MPa 时，低压安全阀 12 卸荷，证明补油系统正常。如压力偏低或无压，说明系统有问题，再检查粗过滤器 14 和更换低压安全阀 12，这时，系统压力仍偏低或无压，可判定辅助泵有问题，更换辅助泵。

② 牵引力故障判断。

a. 采煤机牵引时断时续。在实际工作中有时突然发现采煤机牵引时断时续，观察高压表 18、低压表 17，一切正常，打开单向阀 2、3 及整流阀 4 后，发现液压油严重污染，油液中的杂质把阀芯和阀座卡住。当上述阀的阀芯与阀座之间卡入的机械杂质较小时，采煤机牵引无力；当卡入的杂质较大时，阀芯不复位，采煤机不牵引；当卡住的杂质被油液冲掉时，采煤机牵引恢复正常；当杂质再次卡在该阀芯与阀座之间时，又出现牵引无力或不牵引现象。清洗粗、精过滤器，加入低黏度透平油空运转 30min 左右，把油放掉，把阀芯与阀座中的脏东西冲洗干净后，再加入规定牌号的抗磨液压油空运转 10min 左右再放掉，按规定的牌号和油量注入抗磨液压油，一切恢复正常。

b. 不牵引。出现这种情况，首先要检查液压马达是否有异常响声，可判断液压马达是否损坏。其次检查主液压泵与液压马达的高压胶管是否严重漏油或损坏。

c. 采煤机只能单向牵引。具体原因：一是伺服变量机构的伺服阀 22 的回油路被堵塞或卡死，回油路不通，造成采煤机无法换向；二是伺服变量机构调整不当，主液压泵变量摆动装置的角度摆不过来，造成采煤机不能换向；三是功率控制电磁阀 27 损坏，如功率控制电磁阀 27 欠载一边的电磁铁线圈断线或接触不良等原因，造成采煤机无法换向。清除伺服阀回路的杂物，更换漏液油管，重新调整伺服变量机构，使主液压泵变量摆动装置摆动自如，修复或更换功率控制电磁阀后，采煤机恢复正常，双向牵引。

d. 液压牵引部系统过热。检查冷却水量、水压，是否冷却水系统泄漏或堵塞，无水不得开机割煤，检查齿轮是否磨损超限，接触精度降低，轴、轴承等配合间隙是否配合不当，严格执行油质管理制度，避免油质污染，及时更换失效、变质油液，注油应符合要求。

③ 主油路故障判断。开动采煤机使主液压泵变量摆动装置摆角为零，观察低压表 17，如果压力在 2.0MPa 左右，说明低压溢流阀 6 正常；如果压力偏低，可能是低压溢流阀 6 失灵或主油路泄漏相当严重。转动调速换向手把，如主液压泵缸体摆角摆动到最大角度 15.5° 时，高压表 18 的压力在 9～12MPa 之间，证明压力调速阀 19 和高压安全阀 5 正常；若不摆动或摆动一定角度后自动回零，可能是压力调速阀 19 和高压安全阀 5 动作，调整或更换压力调速阀或高压安全阀。压力调速阀或高压安全阀更换后，调节调速换向手把，当主液压泵摆角达到最大值时，高压表 18 的压力还是上不去，说明主油路泄漏相当严重。

④ 调速系统故障判断

开动采煤机，把调速换向手把转动一个角度，观察采煤机速度变化。若没有速度变化，观察低压表 17 的压力值，如低于 1.0MPa，说明补油系统出现故障，若高于 1.0MPa，则需检查电磁阀 27 是否损坏，再检查失压控制阀 20 的弹簧是否复位或被卡死，以至于变量液压缸 21 的高、低压互相串通，变量主液压泵不摆动，不能调速。

⑤ 综合分析液压故障

诊断液压系统的故障原因，一定要把各种故障如压力下降、传动噪声、油温变化等诸多现象综合起来分析，往往能起到事半功倍的作用。例如经常观察压力表，就能知道液压系统是否正常。主要看 12.8MPa 的高压表 18 和 2.0MPa 的辅助泵低压表 17，3.0MPa 的背压表 10，可分为四种情况：一是高压正常、背压下降；二是背压正常、高压上不去（往往无牵引速度）；三是高、低压都正常而采煤机不动；四是高、低压都不正常。

（3）总结

井下液压牵引采煤机出现故障大致有漏油、发热、振动、压力不稳定和噪声五类。在实际工作中，要勤于观察，多试（试温度和振动）、多听（听噪声），熟悉和掌握液压传动的原理和具体机型，结合有关故障的具体情况，分析故障产生的原因，准确判断，及时处理。排除故障要遵循保障设备主要性能，不影响正常工作，同时又要考虑经济的原则。

7.2.2　煤炭检验螺旋采样系统液压油温过高与工作台摇摆等故障诊断排除

（1）功能结构

螺旋采样系统是某煤化公司为了提高煤样检验速度和质量，从美国赛摩拉姆齐技术公司进口的采样装置。如图 7-7 所示，该采样系统主要由螺旋钻液压操纵机构、接收煤斗、初级皮带给料机、碎煤机、二次皮带给料机、刮板采样机（缩分器）、样品收集器、余料返回设备、液压站、电气控制系统等部分组成。其工作原理是液压操纵机构控制初级采样头——螺旋钻，一边旋转一边全断面切入煤堆，采取样品；装在螺旋钻上部的煤箱被充满后，螺旋钻提起，移动到接收煤斗上，样品箱料门打开，样品被放出；初级皮带给料机将煤送入碎煤机，碎煤机将煤破碎到所要求的粒度，煤流入二次皮带给料机，在输送过程中用刮板采样机进行缩分。缩分后的样品进入样品收集器，多余的煤通过余料返回设备排弃。

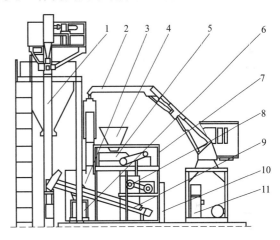

图 7-7　采样装置系统组成图

1—余料返回设备；2—螺旋采样头；3—刮板采样机；
4—接收煤斗；5—初级皮带给料机；6—样品收集器；
7—支承框架；8—碎煤机；9—二次皮带给料机；
10—电气控制系统；11—液压站

（2）故障现象

该采样装置经过 6 年的使用，有效地解决了以往手工取样的各种缺陷（如试样代表性差、劳动强度大、试样量少且存在人为因素等），取得了良好的经济效益。但随着生产规模的加大，使该机一直处于超负荷运转，而且随使用时间的延长，机械之间的磨损也加剧，使机器出现了如下故障。

① 采样系统运动时主悬臂下滑，导致采样桶料仓在取样后无法准确定位初级皮带给料机受料斗，延长了系统采样时间，且易损坏设备。

② 主油泵输出压力减小，取样油马达功率降低，导致煤样较湿时，采样桶反复多次才能取到煤车最底部。

③ 系统温度过高，已达许可上限 70℃。

④ 采样机静止时，工作台油马达瞬间小角度非正常换向，造成工作台摇摆。

(3) 原因分析

① 螺旋采样系统在运行时主悬臂下滑，采样桶料仓在取样后无法准确定位初级皮带给料机受料斗，同时，主油泵输出压力减小，取样油马达功率降低，煤样较湿时，采样桶反复多次才能取到煤车最底部，此现象的发生与液压缸内泄漏及系统油温过高有直接关系。

启动设备，并使各换向阀处于中位关闭位置，把主悬臂液压缸有杆腔油管断开，发现有油液从缸的有杆腔油口处溢出，并伴有下滑现象。因此判断内泄漏是造成这一故障的主要因素，特别是当油温升高时，内泄漏更为严重。通过试验，油温在 40℃ 时，溢出油量约为 3mL/min，此时取样马达的功率较大，工作状况良好；但当油温在 70℃ 时，下滑现象较为严重，溢出油量约为 9mL/min，取样马达功率大幅降低。内泄漏本是液压系统中不可避免的问题，但内泄漏严重时，必然引起流量损失。导致主悬臂下滑及油马达功率降低的主要原因有以下两点：

a. 因主悬臂液压缸活塞内部结构有缺陷，不适应现场生产条件，导致内泄漏加重。活塞原采用 Y 型密封圈，当工作压力较大、滑动速度较快时，其密封性能不稳定；另外活塞与活塞杆采用销连接，在系统超负荷运行时，其连接也极不可靠。

b. 设备冷却系统设计不合理，不能很好地对油液进行冷却，致使油温过高。该液压系统只有大、小液压缸回油系统配置了一套风冷装置，而在真正发热源——油马达回油系统中，却未外接任何冷却装置，现有的冷却装置远远不能满足设备实际需要，再加上设备的超负荷运行和设备磨损老化，使油温升高。

② 对于（2）中故障④，当把控制油马达换向阀 A、B 两口的任意端油管断开，发现压力大于 15MPa 时有压力油从 A、B 两口流出，这说明液控换向阀滑阀产生轴向微量窜动是造成这一问题的主要原因。采样机的换向阀为三位四通 O 型中位机能滑阀，此机能滑阀当各油口封闭、缸两腔封闭时，系统不卸荷，液压缸满油。其主要缺点是制动时运动惯性引起液压冲击较大，加上采用的是单边弹簧回位设计，故当压力过大时，阀芯容易产生轴向微量窜动，导致换向执行件瞬间动作，造成工作台摇摆。

(4) 改进措施

① 改进采样机液压缸活塞结构，增加一套冷却系统，解决主悬臂下滑及油马达功率降低问题。

a. 对比原液压缸与国产液压缸相应参数，决定采用国产双铰接单杆液压缸，并对其内部进行改进。一是改进活塞密封，即将原液压缸中的 Y 型密封圈改为 Yx 型，此型密封圈与 Y 型相比，具有较大的断面高宽比，高速和低速时，其密封效果均较可靠，滑动摩擦阻力小，耐磨性较好，特别适合于工作温度在 −30～100℃ 之间，工作压力小于 32MPa 的液压缸采用。二是改进活塞与活塞杆的连接方式，将原活塞与活塞杆的销连接改为螺纹连接，采用

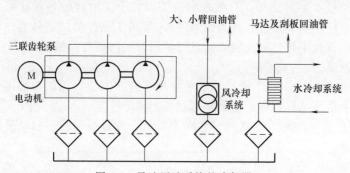

图 7-8　马达回油系统的冷却器

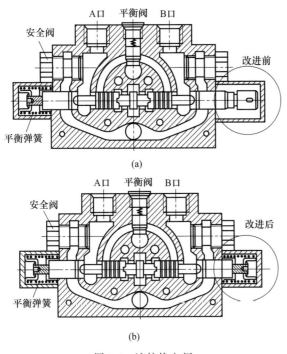

(a)

(b)

图 7-9　液控换向阀

螺距 $P = 0.75mm$ 的细牙螺纹连接，以有效减小泄漏量。

b. 在马达回油系统中增设一套冷却器。在马达及刮板回油管与油箱连接处加装列管式油冷却器，并外接冷却水。其原理如图 7-8 所示。

② 改进液控换向阀。在换向阀的右侧增加一组弹簧，由原单向定位［图 7-9 (a)］变为双向弹簧定位［图 7-9 (b)］，使两边弹簧作用力相等，从而克服滑阀负压，保证换向执行件准确动作。

(5) 效果

改造后的系统，主悬臂下滑现象得以消除，油温长时间保持在 40～50℃，保证了油液的正常工作黏度，工作台左右摇摆现象基本消除，从静止到启动十分平衡。延长了采样机的使用寿命，提高了工作准确性和设备运行效率，通过半年的使用，采样效率明显提高。

7.2.3　压滤机液压缸进退缓慢与爬行等故障诊断排除

(1) 系统原理

压滤机是一种利用液压缸压紧滤板，同时配合高压风而使两侧产生较高的正压力差，使悬浮液物料中的固相颗粒与水分离的机械设备，水被挤压穿过滤布网孔汇聚成流，固相颗粒被压榨积聚成饼。进浆压力一般为 0.5～0.6MPa，压榨力和高压风吹干压力为 0.6～0.8MPa，这比真空过滤机所能达到的有限真空吸力要高出许多（负压，一般约为 0.05MPa），故过滤效果较好。

为了达到其压滤效果，压滤机一般工艺过程如下：进料脱水，过滤物料被 0.6～0.8MPa 的压力送入滤室的橡胶隔膜与滤布之间，边进浆边过滤，直至滤室充满矿浆（图7-10）；压榨脱水，约 0.8MPa 的压缩空气进入橡胶隔膜的背面，压榨矿浆并使之成饼（图7-11）；吹干脱水，约 0.8MPa 的压缩空气进入橡胶隔膜与滤饼之间，直至无滤液滴出；卸除滤饼，滤室分开，滤饼即可靠自重卸除。

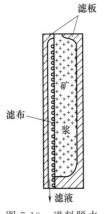

图 7-10　进料脱水

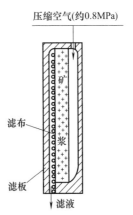

图 7-11　压榨脱水

压滤机中液压缸应能拖动滤板完成快进、增压、保压、快退等动作，其液压原理如图7-12所示。工作过程如下。

① 快进。此时三位四通电磁阀14切换至右位。启动双伸轴电动机4后，叶片泵5和柱塞泵6的压力油分别经单向阀7、12和9在K点合流，再经三位四通电磁阀14、液控单向阀18进入液压缸19无杆腔，因双泵合流供油，故液压缸快进。

② 增压。当系统压力达到卸荷阀8的设定压力（4MPa）时，该阀开启，叶片泵经该阀卸荷排油回油箱。系统压力由柱塞泵产生（约8MPa），此时液压缸有杆腔经单向阀16回油。

③ 保压。由电接点压力表20发信停泵，同时阀14复至中位，由于液控单向阀18的控制油路接通油箱，故液控单向阀关闭，对液压缸进行保压。

④ 快退。此时三位四通电磁阀14切换至左位，柱塞泵的高压油经单向阀17进入缸19的有杆腔，并反向导通阀18，液压缸快退。

(2) 常见故障现象及其诊断排除方法

① 液压缸进退缓慢。此时，可按如下步骤对系统进行检查排除：液压站上各阀门是否有漏油现象，如有，则多是因密封圈已老化或者是密封圈未安装好，少部分原因是液压阀质量较差；如液压阀未出现漏油，多是因溢流阀溢流口调得过紧（缸退慢），卸荷阀调得过松（缸进、退慢），少部分原因是阀门质量较差；如以上两种情况查后均无问题，可检查叶片泵是否出现故障，如无，则可检查电磁换向阀是否失灵。

② 爬行。一般是因液压缸中混入了空气或油量不足所导致，解决此问题的步骤是：检查叶片泵的叶片是否损坏而致使泵吸不上油（油量不足多是由此引起）；检查液压油质量（油质不良也往往易造成此现象）。

③ 卸压。这是液压系统中常出现的问题，引起此问题的因素较多，一般不太好判断。对于压滤机来讲，一般在液压缸、液压站这两部分易出现卸压问题。

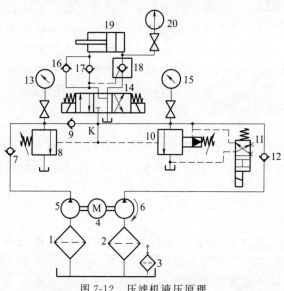

图 7-12 压滤机液压原理

1，2—过滤器；3—空气过滤器；4—双伸轴电动机；5—叶片泵；6—柱塞泵；7，9，12，16，17—单向阀；8—卸荷阀；10—溢流阀；11—二位四通电磁阀；13，15—压力表；14—三位四通电磁阀；18—液控单向阀；19—液压缸；20—电接点压力表

a. 液压缸如果出现卸压，常见的情况为缸的动、静密封圈出现不密封的现象。

b. 尽管液压站零配件较多，但引起卸压原因大致可以按如下步骤分析：查看液压站上各个液压阀件是否存在渗油现象，如有，可通过更换零部件来检查；检查电磁换向阀是否失灵；检查液控单向阀是否失灵，尤其要重点检查其控制油路是否存在故障。

7.2.4 压滤机液压系统压力不足故障诊断排除

(1) 系统原理

某压滤机是引进的国外二手设备，图7-13所示为该压滤机的液压原理。系统油源为低压大流量（$q_1 = 87L/min$）泵 HP 和高压小流量（$q_2 = 5.8L/min$）泵 NP 组成的双联泵，双泵压力分别由阀组 1 中的顺序阀和高压溢流阀限定。执行元件为拖动滤板的活塞式液压缸 10，其运动方向由电液换向阀 2 控制。

　　工作开始时，液压泵的压力油经高压溢流阀、单向阀、顺序阀（卸荷阀）组成的阀组 1、三位四通电液换向阀 2（右位）、单向阀 3 进入液压缸无杆腔。由于双泵同时供油，故活塞杆空载快速伸出。

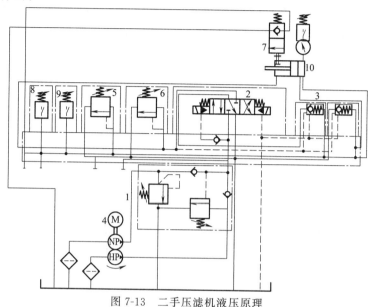

图 7-13　二手压滤机液压原理

1—阀组；2—三位四通电液换向阀；3—双液控单向阀；4—电动机；5,6—溢流阀；
7—二位二通换向阀；8,9—压力继电器；10—液压缸

　　空程结束后系统压力开始上升。当系统压力超过低压齿轮泵的出口压力（3MPa）时，顺序阀开启，齿轮泵卸荷。压力继电器 8 控制换向阀 2 切换至左位，并由集中控制实现泵间歇运行，使系统压力始终稳定在工作压力状态。

　　在换向阀断电情况下，液控单向阀 3 反向截止，此时活塞杆所能承受滤板对其作用力的大小取决于溢流阀 5 的设定压力。

　　当停止向滤板内注入煤泥水，滤板对活塞杆的作用力自行消失后，电磁铁 M1（图中未画出）通电，泵启动，压力油进入有杆腔，同时反向导通单向阀 3，无杆腔压力油排回油箱，系统压力降低，顺序阀又恢复关闭状态，活塞杆迅速回收，至此一个工作循环结束。

（2）故障现象

该压滤机在调试中系统最高压力只能达到低压齿轮泵出口压力（3MPa）。

（3）原因分析及解决办法

① 校验压力表，合格。

② 检查液压阀泄油。在油箱上盖处打开溢流阀 5、6 及单向阀 3 的泄油管，开泵后无泄油。检查二位二通换向阀 7，无泄油。

③ 检查液压泵。

a. 从泵的流量大小来简单判断高压泵是否工作。双泵流量之和为

$$q_1 + q_2 = 87 + 5.8 = 92.8 \text{L/min}$$

当泵的流量为 92.8L/min 时，活塞移动速度为 0.014m/s。若高压小流量泵停止工作，则活塞的移动速度为

$$\frac{87 \times 0.014}{92.8} = 0.013\text{m/s}$$

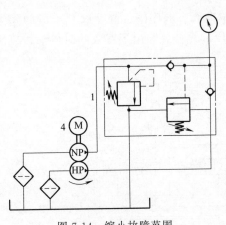

图7-14　缩小故障范围
注：图中数字编号同图7-13。

测量结果与标准值（0.014m/s）基本接近，即高压泵参与工作，有流量输出，而液压源出口压力有问题。该疑点通过在阀组1的出口直接装压力表（图7-14）得以证实，液压源显示压力最高只有3MPa。至此，可将故障点锁定在图7-14所示范围内。

这里有两种可能：一是高压泵自身故障；二是低压泵出口单向阀失灵导致高压油经开启的顺序阀泄回油箱。

b. 检查高压泵出口压力。单独测试高压泵（拆除低压泵出口短管，使其吸、排口短路退出工作），却发现工作压力即刻达到设计压力（44MPa）。再重新并入低压泵，出口压力又回到了原来的3MPa。

此现象说明，在两台泵并联工作状态下，高压泵输出的压力油存在泄漏，而泄漏的唯一通道是由于低压泵出口单向阀不起逆止作用，使高压油经此从被打开的顺序阀流回油箱。

现在问题的焦点是两台泵同时工作时，单向阀为何会失效。就其现象本身，可以这样理解，单向阀内钢球的移动是因为钢球的两侧存在着压力差，当这一瞬间动作结束，又重新达到平衡后就形成了单向阀的导通或关闭。上述系统运行中单向阀失效，说明当工作需要反向截止时，钢球不能处在逆止位置不动。换言之，假若有一外界干扰力把钢球"摆"在逆止位置，那么钢球的两侧一定存着压力差，并有从这个位置离开的倾向，这个压力差表现为高压泵出口压力 p_g 与低压泵出口压力 p_d 的差（忽略弹簧力），且 $p_g < p_d$，这里 p_g 为瞬时压力。

为了证实上述分析，又对高压泵进行了细致检查，该泵为固定缸体偏心式，共由7个柱塞组成，凸轮每旋转一周，每个柱塞分别完成一次吸、排油过程。

逐个试验，结果发现其中一个缸体的泵阀（单向阀）损坏，吸、排油腔导通。正是这个缸体起到了"卸压"作用，使泵的出口压力脉动过大，直接表现为每一个工作循环内（凸轮旋转一周）的那一时刻，压力便降到低压泵出口压力以下，形成的压力差使低压泵出口单向阀内的钢球离开了"关闭"位置。因配油盘结构所致以及钢球动作滞后性的影响，使单向阀不能保持"逆止"状态，导致高压油泄漏。

原因查明，把这只损坏的缸体修复好，系统便恢复了正常。

7.2.5　钻机闭式液压系统压力不足故障诊断排除

(1) 系统原理

某钻机液压系统中由5个低速大扭矩马达驱动齿轮-齿条机构来实现钻头的推拉动作，在需要使用大的推拉力时，5个马达同时工作，实现大转矩输出，而推拉速度较慢；在装卸杆的过程中需要实现钻杆的快速推拉，而所需推拉力较小。该系统的推拉马达要求使用价格相对便宜的单排量柱塞马达，而不采用价格相对较贵的双排量马达。基于上述要求，为这5个推拉马达设计了一控制阀组，以实现钻头速度的快慢速切换。

设计的基本思路是将5个马达分成两组控制，在正常推拉时所有马达同时工作，在需要快速推拉时，其中3个马达浮动，仅有2个马达接受闭式系统的流量。如图7-15（a）所示，A、B两口为闭式主系统的工作油口，C口接补油压力，M7～M10口接其中两个推拉马达5.4与5.5，M1～M6口接另外三个马达5.1、5.2与5.3，这三个马达在快速工作时浮动。

工作原理如下（假设 A 回路为压力油）。

阀 4 的电磁铁断电：压力油通过主阀 2.2 上的阻尼孔打开单向阀 6.2，后经过电磁阀 4 的 2 口回到油箱，这样油液流经阻尼孔而产生压降将阀 2.2 打开，压力油可通过阀 2.2 进入马达 5.1、5.2 与 5.3 的 M1、M3、M5 口，由于阀 2.3、2.4 的控制油路被电磁阀 4 的 3 口封闭，故主阀芯两端压力相等，阀 2.3、2.4 在其预压弹簧力作用下而关闭，B 回路上的压力为闭式系统的补油压力，压力油从 B 口进入通过阀 2.1 的阻尼孔，打开单向阀后经过电磁阀 4 的 2 口回到油箱，从而主阀 2.1 开启，这样，所有马达的进、回油路均打通，5 个马达同时工作，实现大转矩输出。

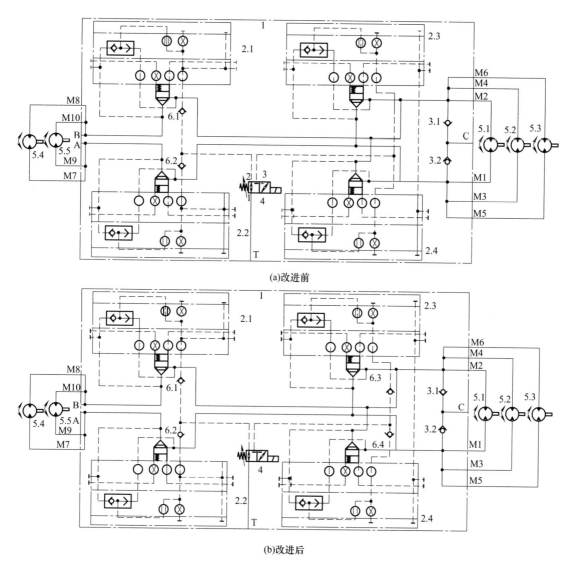

图 7-15　快慢速切换插装控制阀组

1—控制阀组；2.1～2.4—主阀；3.1，3.2，6.1～6.4—单向阀；4—电磁阀；5.1～5.5—马达

阀 4 的电磁铁通电：系统的补油压力通过主阀 2.1 与 2.2 上的阻尼孔并打开单向阀 6.1、6.2 但被电磁阀 4 的 2 口封闭，因此主阀 2.1 与 2.2 关闭，通往马达 5.1、5.2 与 5.3 的压力油与回油路被这两个主阀切断，只有 M7、M8 可使马达旋转，由于 C 口接通补油压

力，因此压力油可以打开单向阀 3.1、3.2 进入 A、B 主油路，然后通过阀 2.3 与 2.4 上的阻尼孔后流经电磁阀 4 的 3 口回到油箱，这样阀 2.3 与 2.4 开启，将右边三个马达的进、回油路导通，马达浮动。

之所以加两个主阀来浮动 3 个液压马达是因为 5 个马达输出轴同时驱动齿轮-齿条机构，左边 2 个马达在高速运行时同时也带动右边的 3 个马达旋转，此时马达相当于泵的功能，5 个马达轴上的转速是相同的，又因为马达的排量相同，所以 3 个泵输出的流量是左边的 1.5 倍，也就是系统流量的 1.5 倍，这时需要多加一个主阀 2.4 来匹配更大的流量。

（2）故障现象

该控制阀组在机器上测试时出现了问题，其现象如下：电磁铁通电，钻杆可以高速进行推拉动作，系统压力为 70MPa，补油压力为 24MPa，说明达到了预期的 3 个马达浮动的目标；但是在电磁铁断电时，钻杆可以向前推进，但是无法向后拉回，系统压力为 56MPa，且无论是推与拉，闭式系统的补油压力只有 17MPa，低于补油溢流阀的设定压力，而且推拉动作明显感觉无力。

（3）原因分析

测试的关键现象可以总结为系统压力和补油压力上不来，推的动作虽然可以实现，但是无明显输出力，拉的动作无法实现。需说明：钻架是倾斜于地面的，所以钻杆推进的力小于钻杆拉回的力。

基于以上现象，认为是闭式系统中的泄漏导致补油量低于系统的泄漏量，系统压力无法建立，从而推拉马达输出转矩不足。泄漏可以出现在管路接头、闭式泵中旁通阀等处，但是首先排除元件本身的故障，因为机器高速推拉是正常的，重点是分析控制阀组中是否存在泄漏。

由于主阀 2.3 与 2.4 连通高、低压两端，如果该阀泄漏必定导致压力上不来。故重点排除这一点。为此换上了两个该插装阀的堵头，将阀孔堵上，启动机器，果然低速时推拉动作正常了，所以可以断定泄漏点在此处，经过分析，导致该阀泄漏的可能原因如下。

① 阀 2.3 和 2.4 本身结构存在缺陷，阀口关不严。

② 电磁滑阀泄漏量大，导致电磁铁不通电时，阀 2-3 和 2-4 上的控制油通过电磁阀而回到油箱，这样导致主阀开启。

③ 注意到阀 2.3 和 2.4 控制油路没有像阀 2.1 和 2.2 那样加装防止高、低压串油的单向阀，当压力油从 A 口进来，阀 2.2 开启后，通过并联的阀 2.3 中的阻尼孔以及控制油路一方面到达电磁阀上的 2 口，将电磁阀 4 的 2 口封闭，另一方面油液也可以通过阀 2.4 中的控制油路以及阻尼孔进入低压侧 B 回路，这样阀 2.3 和 2.4 中的阻尼孔均有油通过，主阀芯两端产生压降，从而阀 2.3 和 2.4 开启，A 和 B 回路导通，这样将所有马达都浮动起来，就造成了系统压力上不来。

（4）解决方案

在阀 2.3 与 2.4 中控制油路之间加装两个单向阀 [图 7-15（b）]，以防止高、低压油路互串。改进后的原理如下，电磁铁断电，压力油从 A 口进来时，通过阀 2.2 进入阀 2.3 的阻尼孔与控制油路后打开单向阀 6.3，一方面进入电磁阀回路，并被阻断在电磁阀的 3 口，另一方面油液被单向阀 6.4 阻断而无法串入低压回路，这样阀 2.3 与 2.4 的控制回路均没有形成通路，各自的阻尼孔两端也就是阀芯两端压力相等，阀 2.3 与 2.4 在各自预压弹簧的作用下关闭。

（5）效果

经改造的阀块装入机器，经测试后运行良好，达到预期效果，问题圆满解决。

（6）启示

导致闭式系统压力无法建立的原因很多，但往往伴随的现象是补油压力低于设定值，但根本的一点在于补油泵的补油量低于闭式系统的需要。导致这一现象的原因可以是补油泵吸油不足，或者是闭式系统中的泄漏量超过补油量而造成的。因此，在设计或调试闭式系统时，如果系统压力不足，要从上述两点来分析与排除，一方面可以从系统本身出发，排除泄漏点，另一方面从补油泵出发，排除补油回路吸油不足的隐患。

7.2.6　QJ-2000 型全液压锚固钻机液压泵发热故障诊断排除

（1）故障现象

QJ-2000 型全液压锚固钻机是岩土钻掘机械领域率先引用多项先进技术的新型钻机。该机在使用中，出现了如下故障现象：钻机启动后液压系统中柱塞泵、齿轮泵迅速发热，不能触摸，时间长即不能正常工作，并且相继 2 次憋崩齿轮泵，无法满足正常工作的需要。

（2）原因分析

根据上述故障现象，采用先"抓两头"（抓液压泵和执行元件），再"连中间"（从动力源到执行元件之间经过的管路和控制元件）的方法，认真分析了钻机液压原理图，认为有以下两种可能原因。

① 齿轮泵受柱塞泵影响导致发热。因为齿轮泵安装在柱塞泵轴伸端，属硬性连接，如两者不同心或柱塞泵轴跳动都会引起齿轮泵轴硬性摆动而使油温升高。而执行元件都为并联，其同时发生故障的可能性很小，故可基本排除。

② 液压回路中的液压控制元件发生故障，造成油路堵塞，出现憋油现象导致发热。从钻机液压系统来看，柴油机驱动 A8V 并联柱塞泵和齿轮泵，A8V 并联柱塞泵通过液控换向阀与前后动力头和行走马达相连，再无其他液压元件，液控换向阀之间为并联，其同时发生故障的可能性很小，故可基本排除。齿轮泵通过顺序阀、换向阀控制执行各种动作的液压缸和定值减压阀控制伺服控制系统。定值减压阀为常开式，若定值减压阀发生故障。此回路只起伺服控制作用，通过此回路的油很少，不会引起齿轮泵的憋油现象而造成发热。换向阀之间为并联，其同时发生故障的可能性很小，故可基本排除。顺序阀为常闭式，若顺序阀发生故障，会造成齿轮泵整个油路的堵塞而发生憋油现象造成发热。

（3）故障排除

首先对柱塞泵进行拆检维修，更换柱塞泵轴承，调整齿轮泵的安装。启动钻机试车，故障如故，说明柱塞泵无问题；然后在液压回路中去掉顺序阀，钻机运转 1h 左右，柱塞泵、齿轮泵温升很小，钻机动作运行正常，说明此顺序阀不能正常使用需要更换。换上顺序阀，试机运转调试，一切正常，钻机故障排除，证实对故障的分析判断是正确的。

第 8 章
冶金机械液压系统故障诊断排除典型案例

8.1 冶炼连铸机械液压系统故障诊断排除

8.1.1 100t 交流电弧炉调试过程中电极升降液压缸不升降故障诊断排除

(1) 系统原理

100t 交流电弧炉液压系统以脂肪酸酯为介质，工作压力为 16MPa，用于倾炉、炉门升降、炉盖升降、旋转、EBT 机构开关、电极松卡、电极升降等动作，以保证冶炼过程正常进行。

图 8-1 所示为电极升降液压原理。系统采用比例换向阀控制电极升降动作及速度；电极升降缸柱塞的最下部装有失压保护装置（插装式液控单向阀），可迅速关闭电极升降缸进、出油管路，将电极锁紧在任意位置，同时避免因爆管等故障造成液压系统失压引起电极升降缸失控下栽折断电极。

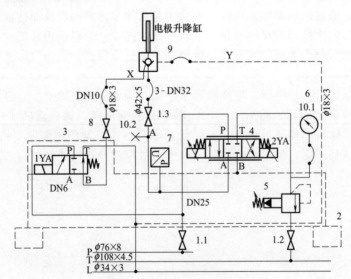

图 8-1 电极升降液压原理

1.1～1.3—高压手动球阀（DN32）；2—电极升降控制阀组；3—电磁换向阀；
4—比例方向阀；5—直动溢流阀；6—耐震压力表；7—压力传感器；8—手动球阀（DN10）；
9—液控单向阀（SVLB1046E32S）；10.1，10.2—测压点接头

① 当电磁铁 1YA 断电，比例方向阀 4 无信号输入时，油液由液控单向阀 9 的控制油口

X 经控制油路和电磁换向阀 3 右位的油口 B→T 和泄油管 L 回油箱，阀 9 反向关闭，电极升降缸被锁定。

② 当电磁铁 1YA 通电时，换向阀 3 切换至左位，压力油经阀 3 油口 P→B、控制油路进入液控单向阀 9 的控制油口 X，反向导通阀 9，比例方向阀 4 在 0～10V 输入信号作用下控制电极升降缸上升、下降动作及速度。直动溢流阀 5 调节电极下降时的背压，避免电极升降缸因机构自重引起下行时失控，获得稳定的电极下降速度。

③ 电极升降有手动和自动两种控制方式。手动控制方式时，由人工操作开关给比例换向阀输入一个预置信号，电极即按规定的速度升、降。自动控制方式时，电极调节系统根据冶炼阶段、变压器挡位、电抗器挡位、电弧电流设定值及实测的电弧电流、电弧电压进行比较计算出适宜的比例系数，动态调整比例换向阀的输入信号来自动调节电极的位置，使实际电弧电流维持在设定值附近。操作过程中手动操作具有最高优先权，在自动模式下就可以实现手动操作。

系统还可以实时检测液压管道压力，一旦实际压力超出压力极限设定值，系统自动提升电极，避免在触碰到硬性物体时折断电极，降低生产成本。

（2）故障现象

交流电弧炉设备安装结束进行冷调试，手动操作，电极升降缸上升、下降均不动作。

（3）原因分析

电极升降缸应在 1YA 通电、液控单向阀 9 正常开启、比例换向阀 4 有输入电信号、油流进出的情况下升降。

① 检查分析液压系统工作状态。

a. 在进行电极升降操作时，电磁铁 1YA 通电，发现控制油路高压软管在操作初始有振动，证明有压力油输出至液控单向阀 9，电磁换向阀 3 处于有效工作状态，但不能说明液控单向阀 9 处于开启状态。

b. 主操作台、电极调节控制柜均有比例换向阀阀口开度显示，说明比例换向阀 4 接收到电炉 PLC 的输出信号，经测压点接头 10.2、耐震压力表 6，查明管路 A 中压力确在系统压力与背压之间变化，且电极升降高压软管在操作初始有振动，证明比例换向阀 4 有压力油输出。

上述两点证明电磁换向阀 3、比例换向阀 4 工作正常，可初步判断液控单向阀 9 未能正常开启，导致电极升降缸无法动作。

② 插装式液控单向阀工作原理分析。插装式液控单向阀工作原理如图 8-2 所示，在 X 口未加控制压力时，先导控制阀中的钢球在弹簧力的作用下被推向中间控制腔左侧，主阀上部控制腔 C 与环形面积腔 B 相通，B 腔压力作用在主阀上腔，B→A 关闭，具有一定压力的油液可自由地由 A→B。当 X 口与压力油相通时，在压力油的作用下先导控制阀左侧阀芯将钢球推向中间控制腔右侧，主阀上部控制腔 C 经先导控制阀 Y 口卸荷，主阀在 B 腔环形面积上压力作用下抬起，B→A 导通。

③ 液控单向阀 9 工况检查分析。理论上只要控制进油口 X 通有压力油，控制回油口 Y 处于卸压状态，液控单向阀 9 就应正常开启。实际上电磁铁 1YA 通电时，液控单向阀 9 控制进油口 X 通有压力油却未能正常开启。因为是新系统，故先从最简单的安装层面着手检查。

a. 验证控制油路连接的正确性。如图 8-3 所示，SLVB 型液控单向阀的先导控制阀内六角螺塞一侧的控制油口应为控制进油口 X，外六角弹簧定位螺母一侧的控制油口应为控制回油口 Y。

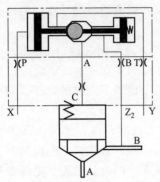

图 8-2　插装式液控单向阀工作原理

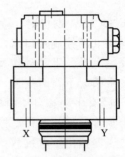

图 8-3　插装式液控单向阀油口识别

现场管路状况：液控单向阀 9 的控制进油口 X 与油路 L 连接，而与电磁换向阀 3 的 B 口连接。这种状况下，因控制进油口 X 始终与油箱相通，无压力油通过，液控单向阀 9 无法正常开启。

b. 按要求正确连接控制油路。将液控单向阀 9 的先导控制阀内六角螺塞一侧的控制进油口 X 与电磁换向阀 3 的 B 口连接，外六角弹簧定位螺母一侧的控制回油口 Y 与油路 L 连接。试车，电极升降缸仍是纹丝不动。

c. 通过整改，外部控制油路已正确连接，进而对阀内部控制油路进行诊断。液控单向阀 9 是先导式插装阀，主阀阀体可按安装标准结合现场实际自行加工，而主阀与先导控制阀之间控制油口对接正确与否直接影响其功能的正常实现。

由图 8-2 可见，SLVB 型液控单向阀控制盖板上有 X、Y、Z_2 三个控制油口，故主阀块体上也应该有三个对应的控制油口，查厂方主阀块体加工图，仅有 X、Y 两个控制油口，缺少 Z_2 油口。

④ 故障机理。因控制油管路连接错误，液控单向阀 9 的控制回油口 Y 与电磁换向阀 3 的 B 口相通。当 1YA 得电时压力油经 Y 口到达先导控制阀钢球的左侧，在其中间油腔及主阀上部控制油腔尚未充液的情况下将钢球推向中间油腔右侧，中间油腔及主阀上部控制油腔充满压力油，液控单向阀 9 关闭，电极升降缸无法升降。

1YA 失电，压力油经 Y 口卸压，钢球在弹簧力作用下被推向中间油腔左侧，中间油腔充液。调试过程中 1YA 不断地得电、失电，随着钢球在压力油及弹簧的作用下往复运动，中间油腔压力不断升高，直至钢球两侧作用力平衡，在弹簧力的作用下被完全推向左侧，主阀上部控制压力油腔无法卸压，液控单向阀 9 始终关闭。

控制油管路正确连接后，当 1YA 得电时压力油经 X 口到达先导控制阀最左侧控制油腔，先导控制阀应换向，由于钢球被压力油顶在中间油腔最左侧，盖板上 Z_2 口又未与主阀 B 腔连通，相当于盲孔，还有液体的不可压缩性，无法将钢球推向右侧，主阀上部控制油腔无法卸压，液控单向阀 9 始终关闭。电极升降缸无法升降。

(4) 排除方法

将液控单向阀整体拆下，在主阀阀体上打一孔将主阀 B 腔与 Z_2 油口连通起来。电磁铁 1YA 得电，电磁换向阀 3 换向，压力油路 P 中的油液通过电磁换向阀 3 油口 B 作用在液控单向阀 9 的控制进油口 X，先导控制阀换向导致插装式主阀上部控制油腔 C 中的油液通过先导阀回油口 Y 经泄油管 L 卸压，液控单向阀 9 可在电极升降缸管路中压力油的作用下任意方向打开。此时，电极升降缸在比例换向阀 0～10V 信号控制下即可完成电极升降动作。

电磁铁 1YA 失电，液控单向阀 9 的控制进油口 X 卸压，钢球在弹簧力作用下被推向左侧，主阀上部控制油腔与主阀 B 腔连通，液控单向阀单向关闭。

(5) 启示

液压故障的分析排除，只有掌握液压元件的结构及原理，才能在处理问题的过程中掌握主动权。

8.1.2　钢包液压加盖机构动作缓慢及不动作故障诊断排除

(1) 系统原理

为保证连续生产，降低钢水的二次氧化和温度损失，防止钢水飞溅，保护操作人员安全，钢包回转台都配有钢包液压加盖机构，以便对钢水实现保护和快速连浇，为连续性生产提供条件。图 8-4 所示为某厂加盖机构的液压原理，其油源工作泵 4 为定量泵，备用泵 3 为手动泵。液压站供油压力为 12MPa，最低工作压力为 10MPa。系统有两组控制阀参与控制，一组用于控制包盖升降，另一组用于包盖回转机构，三位四通电磁换向阀 11 和 13 分别控制加盖升降和回转动作。加盖和揭盖的间隔时间约 35min，根据工艺的需要，每次运动时间要求在 0.5min 内完成，系统每年工作 320 天。

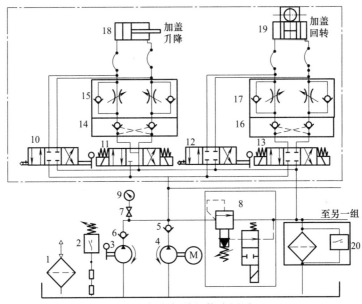

图 8-4　钢包加盖机构液压原理

1—空气过滤器；2—温控器；3—备用泵；4—工作泵；5,6—单向阀；7—压力表开关；8 电磁溢流阀；
9—压力表；10,12—三位四通手动换向阀；11,13—三位四通电磁换向阀；14,16—双向液压锁；
15,17—双单向节流阀；18—加盖升降缸；19—加盖回转缸；20—回油过滤器

(2) 故障现象

钢包加盖机构在环境温度较低时会出现加盖和揭盖动作缓慢甚至停止动作的情况，在生产节奏紧时，会影响连铸机的连续浇钢能力。

(3) 原因分析

改造前，连铸机大包加盖机构在正常情况下，加（揭）盖一次用时约 30s，在天气寒冷时会出现加（揭）盖动作缓慢的情况，用时可能需要 60～120s。在生产节奏紧时，会影响连铸机的连续浇钢能力。特别是在环境温度低于 0℃时，液压油的黏度上升，管路中的压力损失变大，泵负荷加大，电机会产生自保护，自动跳电停泵，机构不能动作，此时就可能影响生产。

在控制阀台到执行液压缸之间是内径 10mm、长度 80m 的不锈钢管。通过拖链软管过渡到回转接头，再通过拖链软管过渡到缸上。实际管路走线弯曲较多，压力损失较大。特别

是温度较低时，油液黏度升高，管路沿程损失系数增大，沿程损失变大，管路末端的执行机构压力不足，就难以驱动包盖回转机构。为此，进行了如下压力计算。

① 回转缸工作压力计算。回转缸为带双活塞的液压缸，活塞直径为 $D=100\text{mm}$，中间活塞杆为齿条形式，带动齿轮箱转动，半径为 50mm，液压缸的负载 $F=81570\text{N}$。由这些参数算得液压缸有效作用面积 $A=\frac{\pi}{4}D^2=7854\text{mm}^2=0.007854\text{m}^2$，则液压缸的最低工作压力 $p_{min}=F/A\approx10\text{MPa}$。

② 管道压力损失计算。沿程压力损失可按达西公式计算，即

$$\Delta p_f=\lambda\frac{L}{d}\times\frac{\rho v^2}{2} \tag{8-1}$$

式中，λ 为沿程阻力系数，与雷诺数 $Re=vd/\nu$ 有关；L 为流程；d 为管道内径；v 为流速；ρ 为液体密度；ν 为液体运动黏度。

已知 $L=80\text{m}$，$d=0.01\text{m}$，$\rho=900\text{kg/m}^3$，查阅手册得液压油在 0℃时 $\nu=600\text{mm}^2/\text{s}$，$Re=6.7$，在 40℃时 $\nu=46\text{mm}^2/\text{s}$，$Re=87$，雷诺数均小于 2300，流动为层流，故

$$\lambda=\frac{64}{Re}=\frac{64\nu}{vd} \tag{8-2}$$

把式（8-2）代入式（8-1）得

$$\Delta p_f=\lambda\frac{L}{d}\times\frac{\rho v^2}{2}=\frac{64\nu}{vd}\times\frac{L}{d}\times\frac{\rho v^2}{2}=32\frac{\nu\rho L v}{d^2} \tag{8-3}$$

可见，沿程压力损失正比于油液运动黏度。当运动黏度上升时，压力也随之上升。从 40℃到 0℃运动黏度增加了 13 倍。在 40℃时的压力损失为 0.2MPa，在 0℃时的压力损失则为 2.6MPa，局部损失为 0.5MPa。

前已述及，液压站供油压力为 $p_s=12\text{MPa}$，最低工作压力为 $p=10\text{MPa}$。在正常温度下，工作压力为 $p=12-0.2-0.5=11.3\text{MPa}>10\text{MPa}$，可以驱动液压缸动作。但当温度接近 0℃时，工作压力为 $p=12-2.6-0.5=8.9\text{MPa}<10\text{MPa}$，此时，液压缸不能动作。

在实际使用过程中，冬季环境温度接近 0℃，液压站在室内，油箱内的油液温度一般要高于℃，通常约 20℃。但液压站工作周期为 35min，间歇性工作，暴露在室外的液压管道的油液温度很低，接近 0℃，油液黏度变大，管道压力损失增大，就会出现液压缸不动作，电机过载跳电的现象。

(4) 改进措施

原来配管使用的是内径 10mm 的不锈钢管，长度约 80m。实际管路走线弯曲较多，压力损失较大。特别是温度降低时，油液阻力系数升高，管路阻力增大，沿程损失大，管路末端的执行机构压力不足，不足以驱动包盖回转机构。由式（8-3）可知，压力损失与运动黏度成正比，而与管道直径的平方成反比，所以可适当增大管道内径以降低管道压力损失，故改用内径 14mm 的不锈钢管。

管道内径 d 由 10mm 改成 14mm，扩大了 1.4 倍，Δp_f 缩小到原来的一半。管道在 40℃时的压力损失为 0.1MPa，管道在 0℃时的压力损失为 1.3MPa。在正常温度下，系统工作压力为 $p=12-0.1-0.5=11.4\text{MPa}>10\text{MPa}$，可驱动液压缸工作；当温度接近 0℃时，系统工作压力为 $p=12-1.3-0.5=10.2\text{MPa}>10\text{MPa}$，也可驱动液压缸工作。

同时，考虑到原来只有一台工作泵，备用泵是手动泵，当发生故障时，手动泵不能起作用，故取消手动泵，在液压站新增电动主泵一台。工作时一用一备，保证生产的正常进行。

(5) 效果与启示

设备改造后，运行稳定，效果明显，再未出现因压力不足不能驱动包盖回转机构的情

况。保证了钢水温度，减少了因钢水温度低而倒钢水的概率，在钢包回转过程中，保证了钢水不外溅以及操作人员的安全。

理论分析和计算对于液压故障原因的正确分析判断及解决，与实践经验一样重要。

8.1.3　高炉泥炮液压系统保压失常及差动快速不达要求故障诊断排除

(1) 系统原理

液压泥炮作为高炉的关键设备，其工作的可靠性将直接影响高炉的顺利生产和炉前的出铁安全。原设计的泥炮液压系统在投入使用后，性能不稳定，故障率较高，给高炉生产带来较大的安全隐患和设备隐患。

图 8-5 所示为改进前高炉泥炮液压原理。系统工作压力为 25MPa；蓄能器 17 的容积为 6L，氮气压力为 17.5MPa；进炮时间为 10s，退炮时间为 10～13s；顺序阀 6 和单向顺序阀 7 的设定压力分别为 5MPa 和 20MPa。

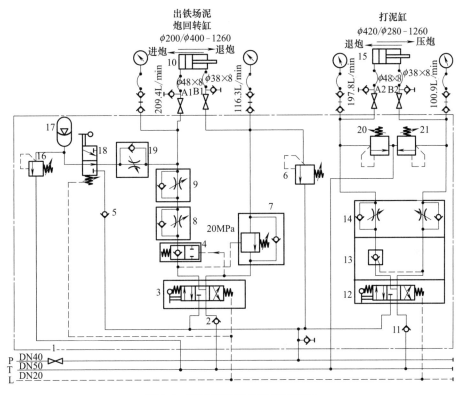

图 8-5　改进前高炉泥炮液压原理

1—截止阀；2,5,11—单向阀；3,12—三位四通手动换向阀；4—平衡阀（二位二通液动换向阀）；6—顺序阀；
7—单向顺序阀；8,9,19—单向节流阀；10—泥炮回转缸；13—液控单向阀；14—双单向节流阀；15—打泥缸；
16—溢流阀（限压阀）；17—蓄能器；18—二位三通手动换向阀；20,21—直动式溢流阀（安全阀）

操作手动换向阀 18，主油路与蓄能器 17 相通，并与回转缸无杆腔断开，系统向蓄能器充压；操作手动换向阀 3 至右位，压力油经平衡阀 4、单向节流阀 9 进入回转缸 10 无杆腔，其缸筒向前运动；当回转缸有杆腔压力大于顺序阀 6 设定的压力时，缸 10 形成差动回路高速运动；当炮嘴顶住铁口时，缸 10 的缸筒停止前进，当有杆腔压力大于顺序阀 7 调定的压力时，与回油接通，此时再将换向阀 3 复至中位并将换向阀 18 复位，接通蓄能器 17 和回转缸无杆腔，使回转缸处于保压状态。操作手动换向阀 12 至右位，打泥缸向前压泥，堵好口后阀 12 手柄回到中位，停泵保压 20min 后，待铁口炮泥烧结稳固后，退回打泥缸。

（2）故障现象

由于系统的设计和安装环境等原因，液压泥炮在实际使用中，工作性能十分不稳定，主要体现为以下几个方面。

① 泥炮回转缸无杆腔保压期间，缓慢泄压，不到10min压力从25MPa降到10MPa，严重时压力瞬间下降到5MPa以下，经常造成出铁口跑铁事故。

② 回转缸形成差动回路的速度达不到设计要求。

③ 回转缸动作到位不能及时停止。

④ 打泥缸压泥时压力不足，压不出泥。

（3）原因分析

① 手动换向阀3内泄，导致蓄能器17保压时间不长，造成出铁口跑铁。

② 平衡阀4工作性能不稳定，换向不及时，致使回转缸动作不准确。

③ 形成差动回路的顺序阀6实际安装为DB型先导式溢流阀，根据阀体结构与系统回路原理，不能形成差动回路，回转缸不能快速动作。

④ 系统环境温度太高，安全阀（DBD型直动式溢流阀）20、21内部的组合垫不能承受高温环境，损坏频繁，回路难以建立高压和保压，导致打泥缸打不出泥。

（4）解决措施

改进后高炉泥炮液压原理如图8-6所示。

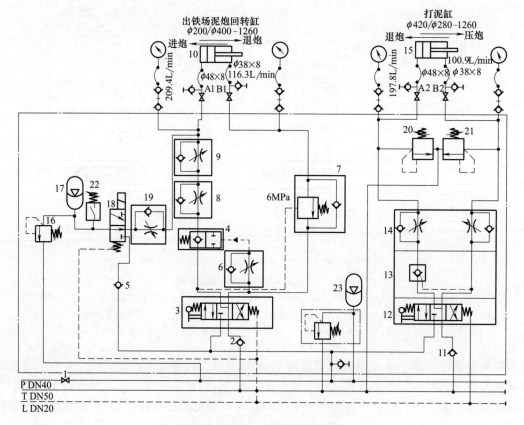

图 8-6　改进后高炉泥炮液压原理

1—截止阀；2,5,11—单向阀；3,12—三位四通手动换向阀；4—平衡阀（二位二通液动换向阀）；6,8,9,19—单向节流阀；7—单向顺序阀；10—泥炮回转缸；13—液控单向阀；14—双单向节流阀；15—打泥缸；16—溢流阀（限压阀）；17,23—蓄能器；18—二位三通电磁换向阀；20,21—直动式溢流阀（安全阀）；22—压力继电器

① 在回转缸动作回路取消差动回路，在主回路增设一蓄能器 23（40L），满足快速动作要求。节流调速回路作适当修改。手动换向阀 18 改为电磁换向阀，增设压力继电器 22（设定压力为 21～22MPa），低于此压力时电磁换向阀 18 通电，系统向蓄能器 17 充压。将单向顺序阀 7 的压力根据现场负载调整为 5～6MPa。在平衡阀 4 的控制油路上增设一个小流量的单向节流阀 6，现场调节开度，以满足平衡阀快速复位要求。

② 改安全阀 20、21 的组合垫材料为耐高温材料。

③ 保证系统介质的清洁度。

(5) 效果

高炉泥炮液压系统经过上述改进后，回转缸保压稳定、动作准确，打泥缸动作正常，满足了生产要求。

8.1.4 SGXP-240 型全液压泥炮转炮回转机构不动作及转炮堵铁口时间不能满足设计要求故障诊断排除

SGXP-240 型泥炮是炼铁厂 750m³ 高炉的重要设备。该液压泥炮的回转机构与炮身重达 10 余吨。为防止炮身快速封堵铁口时，整个回转系统不因惯性而失控，在其液压系统（图 8-7）主回油路上设置了一个起背压作用的单向顺序阀 4，顺序阀可确保系统运行平稳、可靠；与顺序阀并联的单向阀，则可在堵完铁口退炮时，满足大流量的油液流回液压缸的要求。

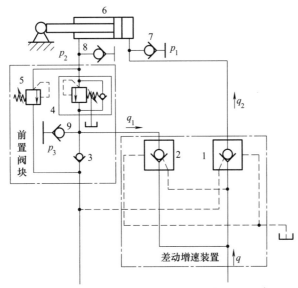

图 8-7 高炉泥炮液压回转系统原理

1,2—液控单向阀；3—背压单向阀；4—单向顺序阀；5—安全溢流阀；6—压炮缸；7～9—测压接头

为确保泥炮回转机构在设计规定的时间内（不大于 19s）快速堵住缺口，防止炮嘴漏泥，保证高炉生产安全，在泥炮回转控制系统设置了一套由液控单向阀 1 和 2 组成的差动增速装置，以便在主泵流量一定的情况下通过液压缸有杆腔反馈流量与泵合流提高转炮速度。溢流阀 5 用作安全保护，单向阀 3 则用于差动油路回油的隔离。

8.1.4.1 转炮回转机构不动作故障诊断排除

该泥炮系统在安装完毕调试时，在系统压力正常的情况下（p 为 20MPa），转炮回转机构不动作。根据经验，基本排除了阀台、管线和液压缸泄漏的可能。初步判断故障可能发生在前置阀块上，而且是阀 4、阀 5 处于关闭状态造成的。为便于说明，现设有关参数如下：p_1 为液压缸无杆腔压力（MPa）；p_2 为液压缸有杆腔压力（MPa）；A_1 为液压缸无杆腔面积

（cm²）；A_2 为液压缸有杆腔面积（cm²）；p_4 为阀 4 中顺序阀的开启压力（MPa）；p_5 为阀 5 的开启压力（MPa）；D 为液压缸内径（240mm）；d 为液压缸活塞杆直径（180mm）。

首先，用压力表通过测压接头对 p_1 和 p_2 进行测试，实测得 p_1 约为 20MPa，p_2 约为 45MPa。由图 8-7 可以看出，如果转炮不动作即回转缸不运动，那么作用于液压缸活塞两侧面的压力必然相等，即

$$p_1A_1=p_2A_2 \text{ 或 } p_2=\frac{A_1}{A_2}p_1 \tag{8-4}$$

将式（8-4）简化并代入数值得

$$p_2=\frac{D^2}{D^2-d^2}p_1=2.28p_1$$

实测压力 p_2、p_1 数据之比 p_2/p_1 为 2.25，与上述计算结果基本相符，验证了上述技术分析和判断的正确性。

造成液压油无法流过前置阀块的原因是阀 4、阀 5 的开启压力 p_4、p_5 调得太高，以致压力 p_2 不能克服。解决的方法是通过液压试验阀台对 p_4、p_5 逐项调整，直到 p_2 足以克服（一般取 $p_5 \approx 1.25p_4$）。

8.1.4.2 转炮堵铁口时间不能满足设计要求故障诊断排除

该液压泥炮投入使用月余，在一次全面检修调试中，发现转炮机构回转耗时 30s 左右，与设计要求（不大于 19s）相差较多，长期如此运行必然给高炉铁口维护埋下隐患。

分析判断造成这一现象的主要原因有三个：一是液压系统压力低；二是回转缸有内泄；三是顺序阀未发挥作用，液压缸有杆腔的油液从阀 5 直接旁路排回了油箱，使差动增速装置失效。

根据上述原因判断，简要分析如下。

首先，原设计系统工作压力约为 27MPa 是基于使用无水泡泥考虑的。目前因条件限制只能使用有水炮泥，工作负荷低，故系统工作压力调整为 20MPa 已完全满足使用要求，压力低的因素可以排除。其次，对于液压缸内泄问题，利用打压机现场对该缸进行了打压、保压试验，测试的有关数据也表明油缸不存在内泄问题；那么，问题就集中在第三点上即差动增速装置失效。为证实这一判断，需进行有关计算分析，有关参数设置如下：q 为主泵流量（130L/min）；q_1 为有杆腔流出油液流量（L/min）；q_2 为无杆腔油液流入流量（L/min）。

由图 8-7 可以看出，如果转炮机构堵口过程中处于设计要求的差动增速状态，则无杆腔流量应满足 $q_2=(q+q_1)$，液压缸右行速度 v 可表为

$$v=\frac{40(q+q_1)}{\pi D^2} \tag{8-5}$$

$q_1=v\pi(D^2-d^2)/40$，代入式（8-5）得

$$v=\frac{40q}{\pi d^2} \tag{8-6}$$

设液压缸行程为 L（设计值为 1407mm），则转炮回转时间 t 为

$$t=\frac{L}{v}=\frac{\pi d^2 L}{40q} \tag{8-7}$$

代入数据得 $t \approx 17s$。

反之，如果转炮机构的油液（有杆腔油液）未反馈流过差动增速装置，而是经阀 5 旁通回油箱，则从图 8-7 可以看出，进入油缸无杆腔的油液流量 q_2 与主泵流量 q 是相等的，此时油缸向右运动速度 v 可表示为

$$v=\frac{40q_2}{\pi D^2}=\frac{40q}{\pi D^2}$$

此时运转时间 t 为

$$t = \frac{L}{v} = \frac{\pi D^2 L}{40q} \tag{8-8}$$

代入数据得 $t \approx 29.4\text{s}$。

这一计算结果与实际测定的数据（30s）是基本一致的，说明上述分析判断是正确的。造成这一现象的原因主要是阀 5 的开启压力 p_5 低于阀 4 的开启压力 p_4。解决的方法是通过试验阀台对 p_4、p_5 予以调整，使 p_5 高于 p_4 的 25% 即可。

8.1.5　交流电弧炉电极升降液压伺服系统高低压油路串通故障诊断排除

(1) 系统原理

图 8-8 所示为目前国内外普遍采用的交流电弧炉电极升降锥阀集成液压系统的原理。HXZ-30 型交流电弧炉也采用了这种液压系统，该系统由四块分立块体横向叠加组成，每个块体都是一个三位三通电液换向伺服阀的连接底板。电液伺服阀（YJ742 型）20～23 的 P口接高压罐 28，O 口通低压平衡罐 27，以保证电极下降时有一定背压。

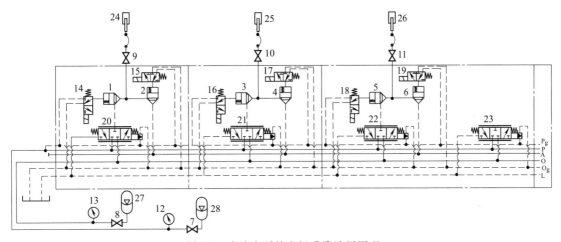

图 8-8　交流电弧炉电极升降液压原理

1～6—锥阀（插装阀）；7～11—截止阀；12,13—压力表；14～19—二位三通电磁换向阀；
20～23—三位三通电液伺服阀；24～26—液压缸；27,28—蓄能器

系统正常工作时，六个电磁换向阀 14～19 均不通电，锥阀 1、3、5 开启，而锥阀 2、4、6 关闭。三个电极升降缸 24、25、26 分别由电液伺服阀 20、21、22 控制，在工作中某一伺服阀发生故障时，将该阀块上的两个电磁换向阀同时通电，便将该伺服阀切换到备用伺服阀 23 上，不影响冶炼。

(2) 故障现象

在调试炉子液压系统的过程中，发现如下故障：在电磁换向阀均不通电、缸截止阀 9、10、11 关闭、电液伺服阀通颤振电流（应处于零位）的情况下，关闭高压罐截止阀 7，开启低压平衡罐截止阀 8 时，压力表 12、13 的读数相同，为低压平衡罐的压力值，并且低压平衡罐的液位下降很快，同时发现伺服阀的控制回油管有较急的回油。若关闭截止阀 8，开启截止阀 7，压力表 12、13 的读数也相同，此时为高压罐的压力值。若阀 7、8 均关闭，现象消失。故障现象表明，高压油路与低压油路串通。

(3) 原因分析

高、低压油路串通的故障原因有以下两方面。

① 通道块的材质缺陷或者误设计、误加工造成高、低压油路串通。由于是初期调试，

通道块本身存在故障的可能性很大。

② 高、低压油路通过集成块中液压阀串通。通过解体逐一检查通道块和盖板，发现块体本身没有故障，则证明故障原因是集成块中液压阀故障而导致高、低压油路串通。

由于所用电液伺服阀为零开口阀，伺服阀在调试前极可能由于零位调整不当而出现 P 口与 A 口相通或者 A 口与 O 口相通。该系统是多个伺服阀并联的，当某个伺服阀 P→A 通（或 A→O 通），而另一个伺服阀 A→O（或 P→A）通，对应的块体上常闭锥阀处于异常开启状态，就会出现系统 P→O 通，即高、低压油路串通。

具体故障存在以下两种可能。

① 伺服阀20、21、22 中至少有一个伺服阀 P→A 通（或 A→O 通）并且对应的块体上常闭锥阀异常开启，而备用伺服阀 A→O 通（或 P→A 通）。

② 伺服阀20、21、22 中至少有一个伺服阀 P→A 通（或 A→O 通），而另一个伺服阀 A→O 通（或 P→A 通），并且对应的块体上常闭锥阀均异常开启。

电磁换向阀15、17、19 不通电时，锥阀2、4、6 异常开启的原因如下。

① 电磁换向阀失效而引起所控制的锥阀不能有效关闭。

② 锥阀本身有故障。此类电磁换向阀是某厂生产的二位三通 P 型球座式电磁换向阀，检查电磁换向阀15、17、19，发现阀17失效，其 P、A、O 三个口串通。再检查锥阀2、4、6，发现锥阀本身无故障。由此可推断伺服阀21和备用伺服阀23零位调整不当，从块体上卸下伺服阀21、23，检查发现伺服阀21的 A→O 通，而备用伺服阀23的 P→A 通。至此故障原因已查明。

（4）解决办法

用同型号备用电磁换向阀更换阀17，打开高、低压罐截止阀7、8 和升降缸25 的截止阀10，伺服阀21通颤振电流，升降缸25 自动下降，即伺服阀的 A→O 通。将伺服阀21的零位调整螺母沿顺时针方向拧，同时观察缸动作情况，直至缸无自动升降现象，则伺服阀21的零位已调整好。再将电磁换向阀16、17 通电，用备用伺服阀23切换伺服阀21，将伺服阀23的零位调整好。重新调试该集成液压系统，则前面出现的故障现象均消失。

8.1.6 焦炉机械设备液压系统压力故障诊断排除

焦炉的主要机械设备有推焦车、拦焦车、加煤车、熄焦车和液压交换机，这些设备的液压系统故障大部分属于突发性故障和磨损性故障。

（1）液压交换机液压泵方面的故障

某厂所用的液压泵均为定量叶片泵。煤气液压交换机的液压泵在油箱内部，与液压泵放在油箱外面相比，故障的直观性差，不易及时发现故障。其常见故障及解决办法如下。

① 故障现象：交换机压力上不去，泵启动的声音特别大。

原因分析：拆下液压泵检查发现，泵的滚针轴承已碎裂，造成叶片泵噪声高且转速不能达到要求，轴承碎裂原因是在安装液压泵联轴器时方法不当，对液压泵轴承冲击过大造成轴承出现缺陷。

对策：规定以后安装联轴器，用专用的压装工具压装或采用热装的方法，禁止用锤直接敲打联轴器的端部，压装后，通过垫板对联轴器轻轻敲打，以消除因倾斜而产生的卡住现象，最后应在轮缘处检查其径向和端面跳动。

② 故障现象：液压泵安装上时，声音比正常时要大，使用一段时间，声音越来越大，最后压力不能达到使用要求。

原因分析：拆下液压泵，检查发现泵的吸油管非常松，这主要是因进口管密封不严，致使空气进入而出现的故障。

对策：将吸油管紧固安装后，故障消失，因此在安装液压泵时，应仔细检查吸、回油管密封，不得漏气。

③ 其他故障现象：更换液压泵电机时，电气接线错误造成液压泵反转；油箱液面过低或冬季气温过低等造成系统压力不正常变化。

对策：对于液压泵反转，其应对措施为坚持检修后试车检查制度，及时处理；对于油箱油面低，应恢复油箱液位计；对于没有液位计情况，应通过油箱注油口勤观察油位；对于冬季气温低的问题，其解决方法是有加热器的打开加热器，没有加热器的在开始生产之前，提前将液压泵开启半小时进行暖机预热。

（2）溢流阀故障

在生产中，造成液压系统无压力最常见的原因是电磁溢流阀没有动作。检查此种故障的方法是按下电磁溢流阀电磁铁的手动按钮，系统压力立即正常，即可判断是因电磁铁烧坏或者没有通电所致，然后再进行相应的检查处理。如果手动按钮按不进去，则应检查电磁阀阀芯是否卡住。当按下电磁铁的手动按钮，系统压力仍然没有，就应检查溢流阀本身是否有故障。

① 故障现象：拦焦车液压系统无压力。

原因分析：检查发现溢流阀主阀芯阻尼孔上有一块密封圈碎块，造成液压力传不到主阀上腔和锥阀前腔，先导阀失去对主阀压力的调节作用，因主阀上腔无压力，弹簧力又很小，故主阀成为一个压力极低的直动式溢流阀，在进油腔压力很低的情况下，主阀芯就打开溢流，系统便建立不起压力。

对策：将密封圈碎块清除重装后，故障消除。

② 故障现象：推焦车液压站的系统压力比较低，而且调节调压手轮压力仍然低于工作压力。

原因分析：拆开溢流阀，检查发现先导阀的弹簧折断，因此弹簧压力很小，先导阀处于打开状态，先导阀的阻尼孔有液体流动，主阀活塞上、下腔产生压力差，使主阀开启并溢流，因为先导阀的弹簧折断，调节调压手轮不能增加弹簧的刚度，使先导阀关闭，故产生上述故障。

对策：更换调压弹簧。

8.1.7　精炼炉液压驱动炉盖倾斜故障诊断排除

（1）系统原理

某公司有一台精炼炉与进口的康斯迪电炉配套使用，精炼炉的炉盖由两个液压缸驱动实现升降运动，其液压原理如图8-9所示。

（2）故障现象

在调试过程中，当炉盖提升未达到上限位置时，使炉盖停止运动，保持静止，这时炉盖开始发生倾斜，严重时有将电极折断的危险，而当炉盖提升到上限位置时，停止运动后却不发生倾斜。

（3）原因分析

由图8-9（a）可以看出，当液压缸3、4的活塞部分发生泄漏时，有可能发生活塞杆窜动，导致炉盖倾斜，可通过关闭截止阀5～8来判定。现场调试时，将炉盖升到中间位置，使其停止运动，同时关闭截止阀5～8，保持一段时间，结果发现炉盖仍停留在原位置，未发生倾斜，说明缸内部不存在泄漏问题。再分析炉盖重力分布，发现炉盖重力分布并不均匀，靠烟道一侧明显偏重。而且，经过仔细观察，发现炉盖倾斜时，一侧向下移动，另一侧向上移动。从图8-9（a）可以看出，缸3、4承受重力相差较大，当炉盖停在中间位置时，液压油在由缸3、4和自动分流集流阀1、2组成的小闭合回路内流动，因此炉盖一侧向下移

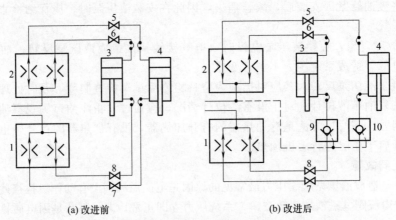

(a) 改进前　　　　　　　　　　(b) 改进后

图 8-9　精炼炉炉盖液压原理

1,2—分流集流阀；3,4—液压缸；5~8—截止阀；9,10—液控单向阀

动，另一侧向上移动。当倾斜严重时，炉盖电极孔与电极相接触，极易使电极折断。

炉盖在上限位置时，不发生倾斜的原因是，此时两个液压缸活塞均处于液压缸端头位置。虽然还存在小闭合回路问题，但对于有向上移动趋势的炉盖侧，由于活塞已接触到液压缸端头，无法移动，液压油在小闭合回路中无法流动，于是有向下移动趋势的炉盖侧活塞杆也无法移动，故不存在炉盖倾斜的问题。

(4) 解决方案与效果

解决炉盖倾斜的关键是液压系统中不能存在小闭合回路。为此，在系统中增加两个液控单向阀 9、10 [图 8-9 (b)]，这样无论炉盖处于任何位置，都不会发生炉盖倾斜故障。运行证明此方案是成功的。

8.1.8　铝电解铸造 60t 倾翻炉炉体液压缸无法正常下降故障诊断排除

(1) 系统原理

某铝业公司铸造车间铝电解铸造 60t 倾翻炉主要用于连续的外铸机上，其液压原理如图 8-10 所示，该系统由炉门升降和炉体升降两部分组成，炉门和炉体全部采用液压缸驱动，且炉门缸 29 和炉体缸（27、28）互锁，以避免同时供压而使其同时动作。比例换向阀 17 的旁路节流作用可控制炉体上升的速度，控制精度达 ±2%。在每个缸的进油口处装一管道破裂阀，当出现管接头脱落或软管破裂时，管道破裂阀因失压关闭，炉体停留不动，可对设备和人身起安全保护作用。系统油源为三台液压泵（PVQ40 型高压柱塞泵），其中两台泵供炉门和炉体动作，且为一备一用，当一台液压泵故障停机时另一台液压泵能直接启动运行，不影响生产的正常进行，第三台液压泵进行系统循环过滤冷却。

① 倾翻炉炉体上升。铸造准备工作完成，启动炉体自动上升按钮，两台液压泵 1.1 和 1.3 启动，电磁铁 8YA 通电使换向阀 9 切换至左位，液压泵 1.1 的液压油经单向阀 3.1→精过滤器 2.5→阀 9→液控单向阀 10→单向节流阀 11 的节流阀→单向节流阀 12 的单向阀，分流后经管道破裂阀 26.1、26.2 进入液压缸 27、28 上腔，炉体快速上升，上升速度由单向节流阀 11 来设定，工作压力由溢流阀 31 设定。

随着炉内的铝液慢慢在流槽中上升，流槽上的激光测距仪对液位的高度变化进行测量，并通过控制信号对比例换向阀 17 的位置及开度进行控制，部分液压油经比例换向阀 17 排回油箱，炉体上升速度变慢。当流槽铝液上升到上限位置时炉体快速下降。当流槽铝液下降，比例换向阀 17 的开度减小，炉体上升速度变快。

② 倾翻炉炉体下降。倾翻炉炉体靠自重下降。铸造工作结束，电磁铁 10YA、7YA、

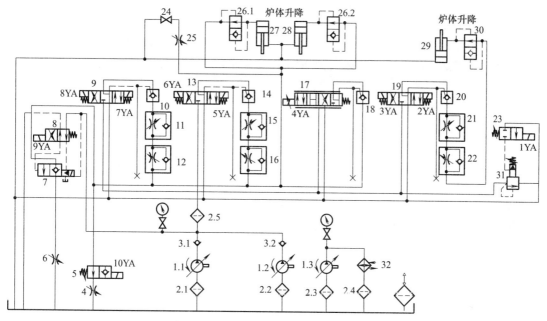

图 8-10 铝电解铸造 60t 倾翻炉液压原理

1.1,1.2—柱塞泵；1.3—循环泵；2.1~2.5—过滤器；3.1,3.2—单向阀；4,6,25—节流阀；
5—事故电磁阀；7—电液换向阀；8,9,13,19,23—电磁换向阀；10,14,18,20—液控单向阀；
11,12,15,16,21,22—单向节流阀；17—比例换向阀；24—手动球阀；26.1,26.2,30—管道破裂阀；
27,28—炉体升降液压缸；29—炉门升降液压缸；31—溢流阀；32—冷却器

9YA 同时通电，使事故电磁阀 5 和电磁换向阀 9 均切换至右位，而使电磁换向阀 8 切换至左位。炉体升降液压缸 27、28 上腔油液→管道破裂阀 26.1、26.2 合流→单向节流阀 12 的节流阀→单向节流阀 11 的单向阀→液控单向阀 10→电磁换向阀 9→油箱，一部分液压油经管道破裂阀合流后→电磁换向阀 8→电液换向阀 7→节流阀 6 回油箱。炉体实现快速下降，下降速度由单向节流阀 12 和节流阀 6 设定。当炉体碰到减速限位开关，电磁铁 7YA 断电，使快降电磁换向阀 9 复至中位，电磁铁 5YA 通电使慢降电磁换向阀 13 切换至右位，炉体慢速下降，以防炉体因速度太快受到冲击。

炉体慢升慢降由电磁换向阀 13 控制，慢升慢降速度由单向节流阀 15 和 16 设定。卸载电磁换向阀 23 在液压泵启动时其电磁铁 1YA 通电，在炉体及炉门任意动作时，1YA 均处于断电状态。

当在铸造过程中突发停电事故，液压泵停止工作，电磁换向阀均处于中位，液控单向阀也处于失压状态，无法打开。炉体在自重状态下，液压油经液压缸 27、28 及管道破裂阀 26.1、26.2 合流后，到事故电磁阀 5，经节流阀 4 回油箱，炉体缓慢自动下降，起到安全保护作用。当电气控制失控时，手动控制台边上的手动球阀 24 使液压油经节流阀 25、手动球阀直接回油箱，炉体缓慢自动下降。

③ 倾翻炉炉门上升。两台液压泵 1.1 和 1.3 启动，电磁铁 3YA 通电使换向阀 19 切换至左位，泵 1.1 的压力油经单向阀 3.1→精过滤器 2.5→电磁换向阀 19→液控单向阀 20→单向节流阀 21 的节流阀→单向节流阀 22→管道破裂阀 30→炉门升将缸 29，炉门快速上升，上升速度由单向节流阀 21 的开度来设定，工作压力同样由溢流阀 31 设定。

④ 倾翻炉炉门下降。倾翻炉炉门也靠自重下降，电磁铁 2YA 通电使电磁换向阀 19 切换至右位，缸 29 上腔油液经管道破裂阀 30→单向节流阀 22 的节流阀→单向节流阀 21→液

控单向阀 20→电磁换向阀 19 排回油箱，速度由单向节流阀 22 的开度设定。

（2）故障现象

生产中炉体在上升时比较正常，但在铸造完毕、炉体快速回倾瞬间管道破裂阀极易被锁定，炉体无法下降，给生产带来较大的影响。如在铸造过程中出现锁定则极易引起铝液外溢，给设备及人身带来了极大的安全隐患。

（3）原因分析及改进措施

出现上述故障的主要原因是由于在回倾瞬间，电液换向阀换向过快、造成冲击、使管道破裂阀的压降过大，从而引起管道破裂阀被锁定。

为此取消了电液换向阀的快速下降回路。当快速下降时，使电磁铁 10YA 断电，电磁铁 7YA 和 5YA 同时通电使快降换向阀 9 和慢降换向阀 13 均切换至右位，通过对快降、慢降及事故三个节流阀的调整，完全能满足生产中对下降速度的要求。

8.1.9 转炉活动烟罩液压缸下滑故障诊断排除

（1）主要功能

活动烟罩主要作用是配合固定烟罩更好地捕集、输导转炉冶炼过程中产生的高温烟气，同时防止外部空气侵入影响煤气回收质量以及防止烟气外逸恶化车间环境。活动烟罩多采用液压缸驱动实现自由升降。

（2）故障现象

某公司转炉在投产初期，其活动烟罩在冶炼过程中会出现整体自动下滑的现象，严重影响转炉炼钢正常的工艺过程。如活动烟罩自动下滑太快，其势必造成严重的工艺设备事故。

（3）原因分析

① 液压系统中的锁紧回路设计不合理及第一次改进时选用的液压元件不匹配。

图 8-11（a）所示为改进前活动烟罩液压原理。可知，防止活动烟罩的 4 个液压缸下滑的锁紧元件是液控单向阀 11。每当活动烟罩上升停止后，活动烟罩 4 个液压缸的有杆腔至阀 11 处的这段管路里就承受着 10t 左右的活动烟罩自重所产生的液体压力。此时液控单向阀 11 如果突然失效，则整个活动烟罩将立即下滑到最低位，产生突发事故。如果液控单向阀 11 保持其正常功能，活动烟罩的自重产生的液体压力将沿着液压缸有杆腔管路传递到同步液压马达 14 内部并通过马达的泄漏管路将烟罩液压缸有杆腔内的油液缓慢泄漏到大油箱内，这样烟罩液压缸因有杆腔的油液逐步减少而带动整个活动烟罩自动下滑。

图 8-11（b）所示为改进后的活动烟罩液压锁紧回路原理，可知当液控单向阀 12 的工作开启压力为 0.1MPa 时，阀 8 中的单向阀和单向阀 5 处的背压已有 0.1～0.2MPa，故烟罩液压缸不动作时从无杆腔到单向阀 5 这一段管路的油液内部压力还有 0.1～0.2MPa，大于或等于液控单向阀 12 的工作开启压力，从而迫使液控单向阀 12 导通而失去锁紧作用。

② 液压执行元件老化及管路连接元件泄漏。当烟罩液压缸出现内泄漏或液压缸有杆腔外泄漏以及从烟罩液压缸的有杆腔缸体接头到液控单向阀 12 这一段管路的接头或截止阀出现外泄漏时，无论阀 12 好坏都将会产生活动烟罩自动下滑的现象。

（4）改进措施

① 为防止活动烟罩液压缸有杆腔的工作介质从同步马达的泄油管中缓慢流走，于是在转炉活动烟罩液压系统中增设四个液控单向阀 12（原液控单向阀 11 不动）作双保险用［图 8-11（b）］，这样改进后活动烟罩的自动下滑现象就会基本得到控制。但使用一段时间后发现活动烟罩仍有偶尔下滑的现象，经过对烟罩液压系统原理仔细分析，发现问题出在液控单向阀 12 的工作开启压力弹簧，其选用不匹配，因为活动烟罩自重 10t 左右，活动烟罩下降时为避免冲击，在回油管 5 处单向阀选用背压为 0.1MPa 左右，这样就会造成活动烟罩在静

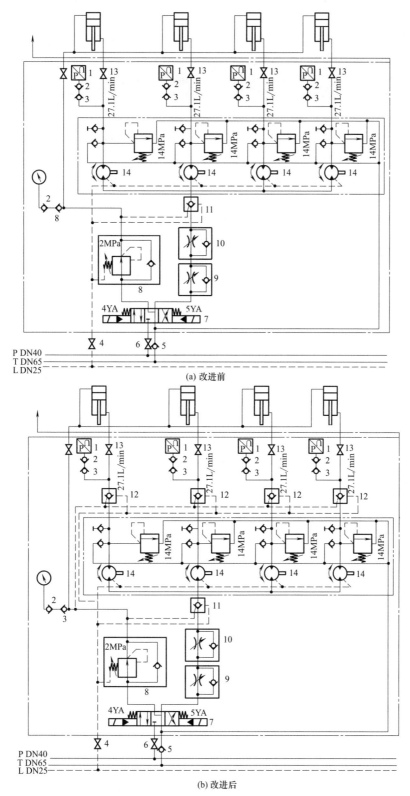

(a) 改进前

(b) 改进后

图 8-11　转炉活动烟罩液压系统原理图

1—压力传感器；2,3—测压接头；4,6,13—截止阀；5—单向阀 ；7—三位四通电液换向阀；

8—单向减压阀；9,10—单向节流阀；11,12—液控单向阀；14—同步液压马达

止不动时回油背压有时会将液控单向阀 12 自动打开，这就恢复到改造前的下滑状态。为保险起见，将液控单向阀 12 的工作开启压力 0.1MPa 改为 0.3MPa，而这种改进只需更换液控单向阀 12 阀芯的弹簧即可。这样改进后活动烟罩的下滑得到了根治。

② 针对执行元件内泄漏问题，将相对应内泄漏液压缸更换，对于管接头处的密封元件均采用抗水-乙二醇腐蚀的密封材料。

(5) 效果

改进后的转炉活动烟罩自动下滑现象得到完全控制，对提高转炉产量和实现负载炼钢起了决定作用，带来了显著的经济效益。

8.1.10　ZH-3000 型真空自耗电弧炉液压系统保压时间短故障诊断排除

(1) 系统原理

ZH-3000 型真空自耗电弧炉是某公司熔铸厂熔炼 ϕ550mm 铸锭的重点设备，其组成为上、下炉体结构，上炉体固定，下炉体及水冷铜坩埚位于下炉体小车上，小车升降靠液压系统驱动。该液压系统要保证以下三个动作的要求：装料完成需熔炼时，下炉体小车能正常上升使坩埚铜法兰与上炉体法兰贴合；熔炼结束，出炉时下炉体小车正常下降至小车轨道上；熔炼过程中由于炉内要求较高真空度，而且上炉体法兰与坩埚铜法兰接触处有约 16000A 大电流通过，为防止漏气和接触不良影响导电，需设置保压系统使上炉体法兰与坩埚铜法兰在熔炼过程中接触良好。可见液压系统在该电弧炉中具有重要地位。

图 8-12 (a) 所示为改进前液压原理。在保压回路中设置有皮囊式蓄能器，由辅助液压泵 2 给蓄能器蓄能，当电磁铁 4YA 通电时，蓄能器内压力油经阀 1 到达液压缸下腔，给系统保压。在该回路上安装有电接点压力表 K，低于下限压力 7MPa 时辅助液压泵 2 启动，到达上限压力 12MPa 时停泵，这样保证蓄能器始终有不低于 7MPa 压力给系统保压，从而保证炉内真空和导电良好。

(2) 故障现象

在使用中上升及下降动作正常，但该系统经过近 30 年的使用，保压回路的蓄能器保压时间（通常指辅助液压泵 2 两次启动的时间间隔）近年来逐渐缩短，由原来的 15min 变为现在 2min 左右。根据现象判断，保压时间缩短可能有两方面原因：一是蓄能器内气体量不足；二是液压缸及液压阀内泄漏和外泄漏严重。经进一步检查排除原因一及液压缸的可能。问题原因锁定在液控单向阀（液压锁）3、4 的内泄漏严重上。当阀 3、4 内泄漏严重时，使保压回路压力 2min 内就由 12MPa 降至 7MPa，造成辅助液压泵 2 频繁启动，这样不仅使电机及液压泵的使用寿命下降，而且由于内泄漏严重，油箱内温升极快，影响液压系统的安全。然而，在此系统中液压锁的使用方式极其罕见：它在保压时处于关闭状态，要求泄漏小，而在液压缸下降时，电磁铁 3YA 通电，辅助液压泵 2 将控制油经 P 口引入，反向导通液压锁使液压缸下降。但现在国内外各厂家液压元件样本中，没有控制油口为 P 口的液控单向阀，属于非标准液压件，故这种阀必须定做。但迫于生产任务及定做价昂，定做后不能使其备件标准化，仍有后顾之忧等原因，决定对该系统进行改造。

(3) 改造方案及效果

改造后，两个非标件控制油口为 P 口的液控单向阀 3 和 4，用某厂家型号为 MSC-03W-D24-NC 的叠加式电控单向阀所替代，该阀的特点是功能口 A、B 的通断可通过电控来实现。改造后的液压原理如图 8-12 (b) 所示。与原系统比较，由于液压锁的打开方式由液控改为电控，因此省去了下降时打开液压锁的控制油路，使集成块组由 4 组变为 3 组，下降时不再需要辅助液压泵，只要启动主液压泵 1，电磁铁 2YA、5YA、6YA 同时通电，液压缸就可以下降。辅助液压泵只在保压时给蓄能器补充压力时用。

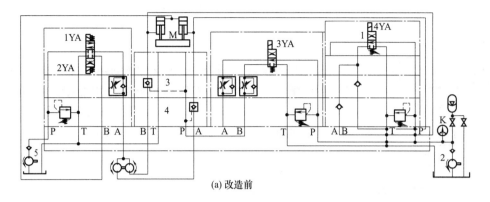

(a) 改造前

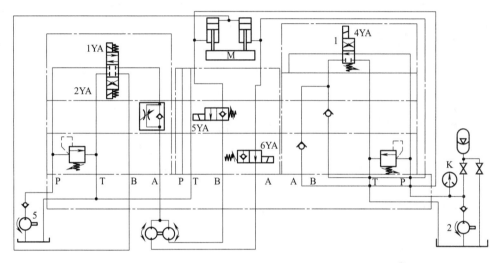

(b) 改造后

图 8-12　ZH-3000 型真空自耗电弧炉液压原理

1—二位三通电磁换向阀；2,5—液压泵；3,4—液控单向阀；K—电接点压力表

经改造后，不仅备件全部标准化，而且使液压系统得到简化。改造后保压时间 14min，恢复到了最佳的工作状态。

（4）启示

液压系统出现故障后，在查清问题的同时，不仅仅是维修和更换，尤其是对那些老系统中的非标元件来说，应考虑应用新型液压元件对其进行替代，在实现备件标准化的同时，往往还能使整个液压系统得到简化。

8.1.11　炼钢厂顶升台架液压缸动作缓慢与不能锁紧故障诊断排除

（1）系统原理

液压顶升台架是炼钢厂采用炉外精炼工艺（RH 真空处理）冶炼品种钢及硅钢的关键设备，其主要功能是更换已侵蚀的真空室底部，对其进行离线维修，确保真空室的正常周转和品种钢的冶炼。正常工作时，真空室移到待机位，通过顶升台架的升降动作将真空室旧底部拆卸下来并平移出去，再利用台架换上新底部，并按照同样的动作程序将新底部与真空室对接好。

顶升台架的升降动作由图 8-13 所示液压系统来驱动。系统的工作过程为当台架上升时，电磁铁 1YA 通电使三位四通电磁换向阀 3 切换至左位，系统压力油经单向阀 1→阀 3→液控

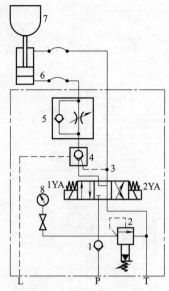

图 8-13　顶升台架液压原理

1—单向阀；2—先导式溢流阀；3—三
位四通电磁换向阀；4—液控单向阀；
5—单向节流阀；6—液压缸；
7—真空室底部；8—压力表

单向阀 4→单向节流阀 5 的单向阀进入液压缸 6 的无杆腔，有杆腔经阀 3 向油箱排油，液压缸 6 的活塞杆推动真空室底部 7 上升到位。然后，电磁铁 1YA 断电使阀 3 复至图 8-13 所示中位，由液控单向阀 4 对液压缸无杆腔保压。当真空室底部拆卸完毕后，电磁铁 2YA 通电使电磁换向阀 3 切换至右位，液压缸 6 有杆腔进油，无杆腔回油，台架开始下降。此时单向节流阀 5 起平衡作用，下降到位后，电磁铁 2YA 断电使电磁换向阀 3 自动复至中位。

（2）故障现象

顶升台架液压系统工作出现异常，导致台架不能正常满足生产需要，故障现象表现为电磁铁 2YA 通电使电磁换向阀 3 切换至右位时，液压缸 6 动作缓慢，不时有爬行现象出现，压力表 8 显示压力急速下降；液压缸 6 上升到位后电磁换向阀 3 断电，进行保压时，液压缸锁紧不牢，导致台架下滑无法定位。

（3）原因分析

此处采用故障树法对上述故障进行诊断排除。此法是将系统故障形成的原因由总体至局部按树状形式进行逐级细化的一种分析方法。它把故障事件作为顶事件，将故障的常见原因作为底事件，构成金字塔状的树状因果关系图，以便将层次关联和因果关系不清的故障事件直观地展示出来，具有便于快速查找故障的特点。根据此故障的表现分析，顶升台架上升时动作缓慢产生爬行及压力下降，保压时下滑无法定位可能的主要分支原因见表 8-1。故障树如图 8-14 所示。

表 8-1　顶升台架液压系统故障可能的主要分支原因

故障	可能原因
液压缸故障	液压缸 6 的缸筒与活塞因磨损导致间隙过大，产生卡死现象，或者由于密封扭转，或者是活塞及缸筒表面刮伤，使缸摩擦力、内泄漏增加，致使缸动作减缓且不连续
单向节流阀故障	单向节流阀 5 的节流部件失效或节流边有油垢、杂质等不稳定的因素存在，也会使该阀控制流量的能力变得不稳定，因此出现系统动作缓慢且不连续的现象
液控单向阀故障	液控单向阀 4 主阀芯复位弹簧疲劳或断裂，主阀芯不能正常复位，从而导致定位锁紧精度下降
电磁换向阀故障	换向阀阀芯污染卡死、复位弹簧发生疲劳断裂均可能造成阀不能实现切换机能，导致液压缸不能按要求动作，产生故障
系统压力不稳定	换向阀阀芯不正常复位会导致中位回油压力过高或回油压力波动过大，这一压力直接冲击液控单向阀的控制阀芯，会使阀不连续地异常开启，从而导致液压缸松动，定位锁紧精度下降
阀块内部油道串通	阀块内部压力油路若与回油路或泄漏油路串通，也将使系统压力异常下降，液压缸动作不连续、上升速度慢、无法定位锁死等故障

根据故障树，可以排除那些概率较小的故障点，找出概率较大的故障点，其步骤如下。

① 感官观测。检查液压缸活塞杆，表面并无大的划痕和沟槽，故活塞杆表面损伤的可能性排除。

② 简单仪表测量。在回油路上加一块精密压力表，检测系统回油压力。经检测，回油压力在许可范围内，排除系统压力波动过大的可能。

③ 拆卸元件。在各故障原因可能性大小尚不清楚的情况下，按"先易后难"的原则检

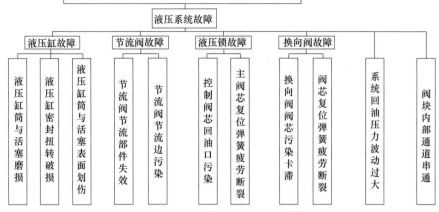

图 8-14　顶升台架液压系统故障树

查拆卸元件。

通过以上分析，对不能确定是否存在故障的元件进行逐个拆卸更换，对故障原因进行逐一排除。最后发现是阀块问题，由于阀块设计加工不合理，液控单向阀泄漏油路与液控单向阀出口油路之间的距离过小。在运行一段时间后，两油路被压力油击穿形成了小孔，从而出现压力不足、有效流量降低的现象，表现为顶升台架动作不连续、升降速度慢、无法定位锁死。

（4）解决办法

重新对系统的阀块进行设计、加工，将各元件复原安装，系统恢复正常。

8.1.12　钛渣电炉放散阀启闭液压系统故障诊断排除及改造

（1）系统原理

钛渣电炉是一种矿热炉，开弧冶炼时间较多，炉内的压力波动比较频繁。炉内压力是钛渣电炉的一个非常重要的参数，它直接关系到电炉冶炼电能的消耗。特别是冶炼进行到中后期时，炉内温度达到 1400～1700℃，炉内压力超过额定值时，一氧化碳含量增加，当超过一定含量时就会引起一氧化碳爆炸。因此为了控制炉内压力和一氧化碳的快速排放，电炉的放散阀启闭的速度对电炉安全生产尤为重要。

某厂的放散阀启闭采用了液压传动，图 8-15 所示为放散阀启闭液压原理。液压泵 1 的额定压力为 16MPa，系统实际使用压力为 12MPa；液压缸 27、28 的额定工作压力为 11MPa，负载压力为 5MPa；蓄能器 23、24 的额定压力为 20MPa，容积为 63L；放散阀打开时间 $t \leqslant 5s$；阀站至液压缸之间管路的垂直距离为 12m。

放散阀打开和关闭是间歇工作制。液压缸有杆腔充油是完成打开的过程。

① 液压泵控制打开方式，液压泵常开。电磁铁 1YA、2YA、7YA、8YA 同时通电，液压缸行程到位后，其外部限位开关使 1YA、2YA、7YA、8YA 先后断电。

② 蓄能器控制打开方式。电磁铁 7YA 通电，延时 30s 后断电。

③ 放散阀靠其自重完成关闭，不需要液压泵和蓄能器参与，此时电磁铁 2YA、5YA、6YA、8YA 通电。

蓄能器的充液靠压力继电器 14、15、16 发信自动控制电磁铁 8YA、电机和液压泵共同完成。

在正常冶炼时，采用蓄能器控制打开方式；蓄能器控制方式不能实现时，就采用液压泵控制打开方式。在生产过程中，由于电炉炉压超标只是偶然发生，常采用蓄能器控制打开方

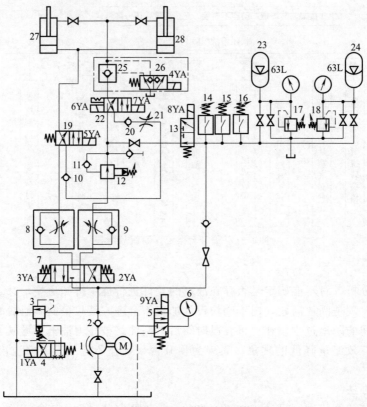

图 8-15　钛渣电炉放散阀启闭液压原理

1—液压泵；2,10,11,20—单向阀；3—先导式溢流阀；4,19,22—二位四通电磁阀；5,13—二位三通电磁阀；6—压
力表；7—三位四通电磁阀；8,9—单向节流阀；12—减压阀；14～16—压力继电器；17,18—溢流阀；
21—节流阀；23,24—蓄能器；25—液控单向阀；26—二位三通电磁球阀；27,28—液压缸

式。这样既节约能源又避免电机和液压泵长时间工作。

（2）故障现象

由于设计安装原因，放散阀在蓄能器控制打开方式下开启和关闭经常出现故障，结果造成炉内发生爆炸，对生产带来诸多不利影响。系统故障现象为当炉压超过设定允许值时，PLC 给出一个执行信号，放散阀系统在蓄能器控制方式下，电磁阀 7YA 通电后放散阀不能完全打开，并且此时电磁铁 8YA 也相继通电，电磁铁 8YA 通电后液压泵启动给蓄能器充液。充液达到压力继电器设定值后，液压泵电机停止运行，电磁铁 8YA 断电，PLC 系统再次执行打开放散阀。炉内压力和一氧化碳不能及时释放，炉内火苗从炉盖相邻缝隙处上蹿3m 多高，经常烧毁电极、炉盖上方的绝缘装置和其他设施，为了避免发生事故，操作人员只能紧急停电终止冶炼。

（3）原因分析

造成上述故障的原因有三个：一是蓄能器管路上压力继电器设定值可能过低；二是PLC 控制回路可能紊乱；三是系统可能存在内泄漏。因为系统的阀站至液压缸之间的管路垂直距离为 12m，故系统的管路中装油量较多，管内液压油泄漏较多后，每次打开就需蓄能器补充更多的液压油液，这也会造成上述故障现象出现。

（4）改进方案

为了排除上述故障，对放散阀液压系统进行了油路及其他设施的改造，方案如下。

① 针对原因一，将压力继电器原设定压力（最高 7MPa，最低 5MPa）重新进行修改设定（最高 9MPa，最低 6MPa）。修改设定值后，蓄能器蓄能压力增高，蓄能体积增多。现场模拟试验多次，发现故障如故，因此可以排除压力设定的问题。

② 针对原因二，协调 PLC 和液压技术人员一起讨论，现场模拟各种情况试验发现未存在任何紊乱现象和延迟现象，故也可以排除原因二中的故障情况。

③ 针对原因三，由于液压系统密封性决定了判断系统是否存在内泄漏是非常困难的，因为系统中被怀疑的内泄漏的部件非常多，故采取了先易后难的判断方法。

a. 先取下两个液压缸做试验，未见其有内泄漏。因此可以排除缸的内泄漏。

b. 判断换向阀的内泄漏情况。对于电磁换向阀做泄漏试验非常麻烦。故根据经验判断：二位四通电磁换向阀 22 有泄漏嫌疑。为了节约时间不影响生产。我们更换了换向阀 22。根据生产工艺做了现场模拟试验，试验过程中发现蓄能器充液一次可以打开蓄能器 5 次，因此判断分析是正确的，电磁阀 22 存在着内泄漏。

由于加工精度和装配原因，电磁阀存在泄漏属于正常情况，为了防止系统电磁阀的泄漏，在电磁阀 22 后加装一个电磁液控单向阀（由液控单向阀 25 和二位三通电磁球阀 26 构成）。改造后的系统运行更加稳定，放散阀打开更加迅速，保证了电炉安全顺利运行。

（5）启示

液压系统的工作过程不单纯是液压传动过程，它还包含了电气、PLC 自动控制过程。所以在处理液压系统的故障过程中，专业技术人员必须全面熟练地掌握电气、液压、自动控制等专业知识，才能尽快找到液压系统中存在的故障问题，以便迅速维修处理。

8.2　轧制机械液压系统故障诊断排除

8.2.1　JLB-250 型精密冷拔机液压马达损坏故障诊断排除

（1）功能结构

冷拔机是实现冷拔工艺的主要设备，是对热轧、挤压或焊接钢管进行深加工等冷拔工艺的主要设备，它可生产高精度、低粗糙度、高强度的钢管。除可生产圆管外还可生产光滑轴件及异形断面管棒。冷拔机是采用金属挤压塑性变形原理，在常温下将坯料钢管经过内外模具强力拉拔，从而得到所需断面及表面精度，它可以替代过去深孔锉削工艺，具有节约原材料（是一种无切削的加工工艺）、能耗低、自动化程度高的优势。

JLB-250 型精密冷拔机采用液压传动，拉拔力达 2500kN，由主缸、缸座、夹钳小车、外模座、主床身、尾座、推料缸、副床身、内模芯杆、芯杆支座等主要部件组成（图 8-16）。主缸 1 由 8 个 M42×2 的内六角螺栓紧紧地固定在缸座 2 的墙板上，把拔制外模安装在外模座 4 的锥形孔内，尾座 5 用来支承内模芯杆 7 及推料缸 6，缸座 2、外模座 4 及尾座 5 通过四根拉杆组成一个整体结构，拉杆上套有缸筒，缸筒用于支承墙板，使缸座 2、外模座 4 及尾座 5 互相平行并垂直于主床身，同时这三座孔的中心在同一轴线上。其工作原理分析如下。

① 由主缸 1 的活塞杆带动夹钳小车 3 在缸座、模座间的主床身 10 的导轨上滑行。夹钳小车 3 内装有液压系统，该液压系统能够控制钳口的开合（小车锥形孔的中心应与两个座孔的中心在一条轴线上，通过调节主床身的高低来实现，钳口的开合是由液压缸与机械动作来控制的）。

② 芯杆支座 8 的往复运动通过液压马达的正反转来实现。如图 8-17 所示，当液压马达正转时，其带动一对相互啮合的齿轮，其中大齿轮的轴上装有钢丝绳滚筒，钢丝绳滚筒通过摩擦力带动钢丝绳，钢丝绳固定在芯杆支座的两端来实现芯杆支座 4 的往复运动，芯杆支座

4 的往复运动用来送进内模芯杆 5，使之穿进坯料管。

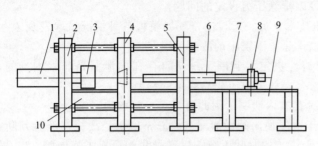

图 8-16　JLB-250 型精密冷拔机的结构组成

1—主缸；2—缸座；3—夹钳小车；4—外模座；

5—尾座；6—推料缸；7—内模芯杆；

8—芯杆支座；9—副床身；10—主床身

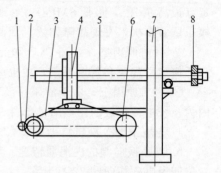

图 8-17　芯杆支座往复运动系统

1—液压马达；2—钢丝绳后滚筒；3—钢丝绳；

4—芯杆支座；5—内模芯杆；

6—钢丝绳前滚筒；7—尾座；8—内模

(2) 故障现象及原因

在生产实际中，经常出现液压马达被损坏的现象。这是由于钢管在拔制结束时，钢管与模具脱离的一瞬间，芯杆原来在平衡的状态下，这时突然减少了钢管对它的拉力，使原有的平衡状态被打破，内模芯杆 5 及芯杆支座 4 急剧后退，而此时液压马达 1 的油路因三位四通电磁换向阀 2 的 O 形中位机能［图 8-18（a）］而处于关闭状态，使液压马达回路的压力瞬间增大，对液压马达产生很大的冲击力，液压马达的内部零件就容易损坏。

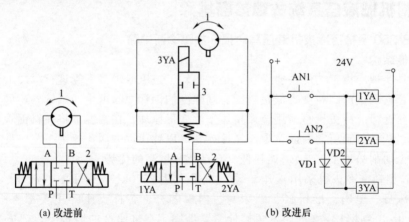

(a) 改进前　　　　　　　　　　(b) 改进后

图 8-18　冷拔机液压马达回路

1—液压马达；2—三位四通电磁换向阀；3—二位二通电磁换向阀

(3) 改进措施

解决上述问题的途径就是解开液压马达的关闭状态，使其能够自由转动，当液压马达回路的压力瞬间增大时，液压马达内部油压得以释放，减少冲击对液压马达的破坏。液压马达回路的改进方案如下。

在液压马达 1 的进、出油口两端并联一个二位二通电磁换向阀 3［图 8-18（b）］，使液压马达进、出油口通过阀 3 形成局部回路，从而使液压马达内部油压得以释放，在外力冲击的作用下可以任意正反转。

在电气控制上，将二位二通电磁换向阀的电磁铁连线与原控制液压马达 1 正反转的三位四通电磁换向阀 2 的两电磁铁连线相并。在液压控制上，为了避免液压马达正反转时，原控制电磁铁两端同时都通电这一现象，需要在控制线路上加装两个耐压大于线路额定电压的二极管 VD1 和 VD2，利用二极管单向导电性，来实现三位四通电磁阀的两端电磁铁互不干扰，用原有的电气控制按钮就可以控制操作三位四通电磁阀换向。只要三位四通电磁换向阀的任意一个电磁铁通电，此时二位二通电磁换向阀的电磁铁也同时通电，液压马达内部回路马上断开，形成液压马达的工作回路。在三位四通电磁换向阀两端电磁铁都不通电时，二位二通电磁换向阀的电磁铁也断电，液压马达的进、出油口通过二位二通电磁换向阀的通路形成内部回路，从而实现液压马达在冲击影响下的任意正反转。

（4）效果

改进前液压马达寿命约 3 个月，而改进后液压马达用了 3 年多都未损坏过，寿命明显延长，满足了生产实际的需要。

8.2.2　板坯输送液压系统调试中的故障诊断排除

板坯输送液压系统主要用于将辊道上的板坯输送至加热炉，在加热过程中支撑板坯并在加热完成后将板坯输送至辊道。该系统主要包括回转部分、水平移送部分及升降部分并采用比例阀作为关键控制元件。在实际使用时，要求各部分液压缸同步运动且对液压缸运动精度要求较高。

8.2.2.1　回转部分故障诊断排除

回转部分安装在水平移送小车上，主要由两个液压缸驱动回转手臂定轴旋转，实现板坯从 0°～90°内正、反向回转，每个液压缸由一个比例换向阀控制，其结构简图及液压原理如图 8-19 所示，其中液控单向阀 3 [图 8-19（b）]用于防止软管爆裂。

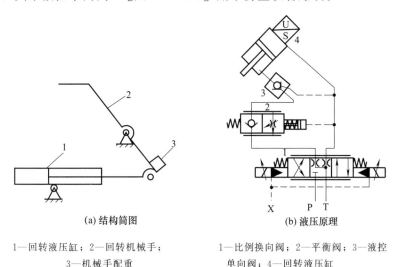

（a）结构简图　　　　　　　　　（b）液压原理

1—回转液压缸；2—回转机械手；　　　1—比例换向阀；2—平衡阀；3—液控
3—机械手配重　　　　　　　　　单向阀；4—回转液压缸

图 8-19　回转部分结构简图及液压原理

（1）故障现象及原因分析

在调试过程中，回转液压缸缩回（即回转机械手由 0°向 90°旋转）时，当机械手回转至 65°左右时，突然加速前冲，回转缸速度失控。查看运行记录及压力表发现，在回转液压缸缩回时，有杆腔出现突然失压的现象。经查阅相关资料和负载计算发现，由于配重的作用，机械手在回转过程中，其负载重心会在回转轴两侧摆动，在 65°左右时，重心由回转轴左侧跳至右侧，而有杆腔一侧没有背压，因而造成机械手突然前冲，并在无杆腔一侧形成了局部负压。

（2）改进措施

将平衡阀［图 8-19（b）］更换为叠加式压力补偿器（图 8-20）。压力补偿器的作用实际上就是在无杆腔一侧又加了一个平衡阀。其流量控制功能的开口面积是逐渐打开的，主要靠主阀芯的控制棱边逐渐打开阀套上的小孔实现，从而可起到速度控制和缓冲作用，提高系统的平稳性。但在随后的调试中又出现了新的问题：回转液压缸伸出（即回转机械手由 90°向 0°旋转）时，液压缸时走时停，速度极不稳定；系统停止运行后，即使机械手空载，比例换向阀 A、B 口球阀关闭，液压缸仍以 0.3mm/min 的速度向缩回方向滑行，无法准确定位。查看运行记录及压力表发现，回转液压缸伸出时，液控单向阀与压力补偿器之间压力波动较大，一般为 0～3MPa。

经分析，回转缸伸出时，由于压力补偿器的作用，有杆腔会产生一定的背压。如图 8-19（b）所示，液控单向阀采用的是外控内泄方式，由于压力补偿器的作用，其泄漏油具有一定的背压（此系统中为无杆腔进油压力的 3.5～5.5 倍），背压过大时，导致液控单向阀时开时闭，从而导致液压缸时走时停，速度不稳。由图 8-20 可知，仅在图 8-19（b）所示系统上将平衡阀更换为压力补偿器后，实际上相当于在无杆腔加了一个平衡阀，在系统停止运行时，压力补偿器无法打开。由于机械手自重和配重的原因，液压缸无杆腔始终有一定的压力，且越来越大，最终使液控单向阀开启，液控单向阀的控制油（即无杆腔的压力油）泄漏到了有杆腔，于是液压缸与液控单向阀组成了一个回路，最终导致液压缸无法准确定位。

以上两个问题全部出现在液控单向阀上，本来作为防爆用的液控单向阀现在却成了上述问题的根源。考虑到现有液控单向阀的功能在此系统中是必须的，故系统采用了事故切断阀来代替液控单向阀（图 8-21），该阀的作用是为了防止软管爆裂。当软管爆裂时，由于另一侧压力的缘故，大量的油从反方向流经该阀，该阀的内部结构使其迅速切换到截止位置，从而防止液压缸失控。缸两腔上都有平衡阀，也能起到缸在任意位置锁紧的作用。

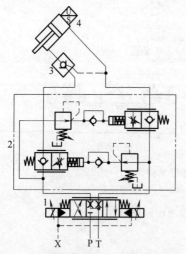

图 8-20　第一次改进后回转部分液压原理

1—比例换向阀；2—压力补偿器；

3—液控单向阀；4—回转液压缸

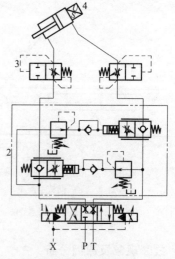

图 8-21　第二次改进后的回转部分液压原理

1—比例换向阀；2—压力补偿器；

3—事故切断阀；4—回转液压缸

8.2.2.2　水平移送部分故障诊断排除

水平移送部分由两个液压缸拖动移送小车（其上装有回转液压缸）前进或后退，进而带动板坯前进或后退，图 8-22 所示为其液压原理。与回转回路一样，两个液压缸也各由一个比例换向阀控制。

（1）故障现象及原因分析

在调试过程中发现，即使系统全部停止，移送小车仍然向前滑行，即使在换向阀 A、B 两口加上液压锁，滑行依然存在。对移送小车进行受力分析发现，该小车只在运行时受到水平摩擦力的作用，液压缸只受水平拉力或压力，在小车停止运动后，液压缸水平方向不受力。检查小车与液压缸安装水平度，未发现任何异常。经多次试验后发现，移送小车只在机械手为 90°时发生滑行，且只向前进方向滑行，其总位移为 60mm 左右。结合现场实际情况发现，机械手回转至 90°时，被其他机构顶住，无法再旋转，此时移送小车距墙壁的距离应是 150mm 左右，而实际测量结果显示，小车滑行停止后，机械手实际角度大于 90°，小车距墙壁的距离不到 100mm。因此，暂时推断小车的滑行是由于回转机械手滑行造成的。

（2）改进措施

将回路改进（图 8-22）后，经多次试验，移送小车未出现滑行问题，证明了前面推断的正确性。

8.2.2.3 升降部分故障诊断排除

升降部分由两个比例换向阀分别控制两个液压缸带动升降梁上升或下降，将板坯送入或者移出加热炉并在加热时对板坯起支撑作用，其液压原理如图 8-23 所示。

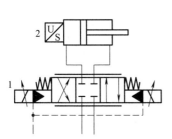

图 8-22 水平移送部分液压原理

1—比例换向阀；2—移送回转液压缸

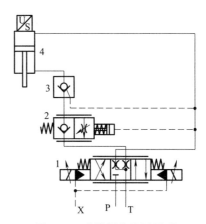

图 8-23 升降部分液压原理

1—比例换向阀；2—平衡阀；3—内泄
式液控单向阀；4—升降液压缸

（1）故障现象

在调试过程中，液压缸出现了剧烈抖动，噪声很大。液压缸在上升过程中，速度平稳，无噪声，压力表无波动，显示正常。在慢速（小于 15mm/s）下降过程中，系统无异常；在中速（15～45mm/s）下降过程中，出现轻微抖动，无噪声，压力波动较小；在快速（大于 45mm/s）下降过程中，抖动剧烈且伴有很大噪声，压力表抖动剧烈。

（2）原因分析及改进措施

初步判断故障出现在平衡阀上。清洗、更换平衡阀 2 后，此故障仍然存在，但略减轻。分析原理图后发现，该系统与未改进之前的回转系统基本相同，液压缸的剧烈抖动很有可能是回转缸运行速度极为不稳定的放大，因此分析故障的原因同样是由液控单向阀引起。拆掉

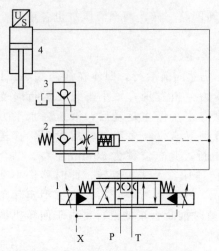

图 8-24　改进后升降部分液压原理
1—比例换向阀；2—平衡阀；3—外泄
式液控单向阀；4—升降液压缸

液控单向阀的阀芯后，升降缸在上升、下降过程中均未出现任何异常，运行平稳。由于现场条件及安装尺寸的限制，此处液控单向阀不能更换为事故切断阀。故将外控内泄式液控单向阀更换为外控外泄式（图 8-24），并在阀块相应位置开泄漏孔。现场应用表明，改进后的液压系统满足工艺要求，运行情况良好。

液压系统故障具有一定的相通性和关联性。在板坯输送液压系统中，升降系统与回转系统实现的功能不同，但具有基本相同的结构，在故障分析时，可考虑两者故障的相通性；移送系统故障是由回转系统所引起的，解决了回转系统的故障，移送系统的故障也就消失了。而对于回转系统，在解决了一个问题后却出现了更多的问题，这就要求在分析排除液压系统故障时，要有全局眼光，能够预见一个问题可能引发的其他问题。

8.2.3　热轧步进加热炉升降液压缸运动失常故障诊断排除

（1）系统原理

步进加热炉是热轧工序将钢坯加热至轧制所需温度的设备，其性能直接影响产品质量、钢坯成材率、轧机设备寿命以及整个主轧线的有效作业率。在步进加热炉里，钢坯的移动是通过固定梁和步进梁进行的。步进梁的运动轨迹为矩形，由升降机构的垂直运动和平移机构的水平运动组合而成。步进梁相对于固定梁作上升、前进、下降、后退四个动作。这四个动作组成步进梁的一个运动周期，每完成一个周期，钢坯就从装料端向出料端前进一个行程。步进梁的水平运动是由平移机构来完成的，此时升降机构不动作；升降运动是由升降机构来完成，此时水平机构不动作。加热好的钢坯送到辊道上，运往下步工序。

图 8-25 所示为步进加热炉升降机构液压原理。系统为液压缸 14 和比例变量泵 1 组成的闭式液压系统，溢流阀 6 和 7 用于高压侧管路的安全保护。内啮合齿轮泵 2 与溢流阀 3 及单向阀 4、5 组成补油装置，用于系统低压侧的补油，以满足因缸升降所需流量不同和主泵供油不足的需要。梭阀 8 和二位二通电磁换向阀 9 组成热交换阀组，用于低压侧管路热油的排放，并与补油泵 2 供给的冷油相交换。二位四通电磁换向阀 10 和液控单向阀 11 用于液压缸升降过程中的锁紧。节流阀 12 和溢流阀 13 构成系统中的安全检修回路。

液压缸 14 上升运动时，泵 1 的压力油经液控单

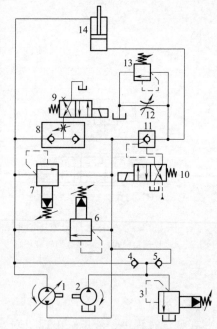

图 8-25　步进加热炉升降机构液压原理
1—比例变量泵（主泵）；2—内啮合齿轮泵（补油泵）；3,6,7,13—溢流阀；4,5—单向阀；8—梭阀；9,10—二位四通电磁换向阀；11—液控单向阀；12—节流阀；14—液压缸

向阀 11 进入缸 14 的无杆腔，缸有杆腔的油液流回泵的吸油口。缸 14 下降运动时，反向导通液控单向阀 11。泵 1 的压力油进入缸 14 的有杆腔，无杆腔油液经阀 11 流回泵 1 吸油口。

在步进梁升降运动中，根据需要，液压缸在一定的位置由液控单向阀 11 锁紧，此时泵继续供油，当电磁换向阀 9 断电时，油液经梭阀 8 流回油箱。

(2) 故障现象

该加热炉升降机构系统经常发生的故障现象为升降液压缸在上升或者下降过程中，运动不平稳，在需要停止运动时停不下来，有打滑现象。

(3) 原因分析

由于液压系统故障具有复杂性和隐蔽性，故工程技术人员常用故障树法对液压故障进行诊断。故障树法是一种将系统故障形成的原因，由总体至局部按树状结构进行逐级细化的分析方法，是对较复杂系统的故障进行分析诊断的有效手段。此处采用故障树法对加热炉升降系统故障进行分析。

根据故障表现分析，加热炉升降液压缸在上升或者下降过程中运动不平稳、易打滑的可能原因见表 8-2。按此表画出的故障树如图 8-26 所示。为能更快修理以上液压故障，遵循"一看二拆三堵换四修"的原则，按照故障树的分析步骤是：直接观测→简单仪表测量→拆卸元件，先通过现场观测到的现象来确定是否存在机械故障，然后通过在回油路上加压力表，检测系统回油压力，看其波动范围是否超过正常值以排除系统压力波动过大的可能；最后在各故障原因可能性大小并不清楚的情况下，按"先易后难"的原则，先拆开油管判断液压泵内泄、液压缸内泄等故障，然后再堵截判断阀的故障，对故障原因进行逐一排除。

表 8-2　加热炉升降液压缸在上升或者下降过程中运动不平稳、易打滑的可能原因

故障		可能原因
机械故障		液压缸和运动部件(负载)中心线不同轴或不平行,或者液压缸密封过紧,均会造成摩擦阻力不均从而产生上述故障现象
液压故障	液压泵故障	油箱内油液-液位过低、吸油管路漏气、吸油管及过滤器堵塞或阻力太大而不出油或流量不足,油液不能充分吸入泵中,导致液压缸供油压力不稳定,产生液压冲击,影响液压缸平稳移动
	溢流阀故障	主阀芯阻尼孔被堵塞,溢流阀的调节无效,使进入液压缸的油液压力不稳定,出现动作不连续和打滑的现象。另外,由于滑阀、锥阀阀体与阀座配合间隙过大引起的泄漏以及由于锥阀阀体与阀座接触不良而引起的压力波动,也会产生上述故障
	电磁换向阀故障	换向阀的阀芯污染卡死、复位弹簧发生疲劳断裂均可能造成阀不能实现切换机能,导致液压缸不能按要求动作,产生故障
	液控单向阀故障	液控单向阀控制阀芯回油不畅,导致控制阀芯背压过高,开启时不稳定,从而出现液压缸动作时断时续,另外也可能是主阀芯复位弹簧弯曲或断裂,主阀芯不能正常复位,从而导致定位锁紧精度下降
	液压缸故障	液压缸的缸筒与活塞因磨损导致间隙过大,产生泄漏现象,或者由于密封扭转或者是活塞及缸筒表面划伤,使液压缸摩擦力、内泄漏增加,致使液压缸动作减缓且不连续
	节流阀故障	节流阀的节流部件失效或节流边有油垢、杂质等不稳定的因素存在,也会使该阀控制流量的能力变得不稳定,故出现系统动作缓慢且不连续的现象
	系统压力不稳定	换向阀阀芯不正常复位会导致中位回油压力过高或回油压力波动过大,这一压力直接冲击液控单向阀的控制阀芯,会使阀不连续地异常开启,从而导致液压缸松动,定位锁紧精度下降

按照上述分析逐一检查，发现问题出在液压元件上面。因为升降液压缸不平稳、不能锁紧，而系统使用了液控单向阀，结合液控单向阀的结构原理，初步推测它是故障源。该液控单向阀为法国某公司 SVLC2463E32 型的外控式阀 [图 8-27（a）]。当压力油从 A 口进入时，阀正向导通；当油液反向导通时，控制油液经 X 口流入控制活塞 4 的左侧空间产生向右的推力，克服压缩弹簧 5 的作用力，活塞右移并通过其右端顶杆推动钢球右移。阀芯 2 上方的油液通过泄油口 Y 回到油箱，使上腔油压降低至零。由于阀芯 2 为锥阀，根据截面差，在

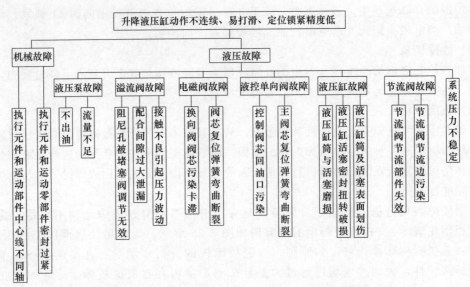

图 8-26　步进加热炉升降液压缸动作失常故障树

一定的压力下，克服弹簧力，推动阀芯移动，A、B 油口导通。

为了确认，将液控单向阀拆下来检查，发现主阀芯复位弹簧断裂，主阀芯不能正常复位，从而产生故障现象。

（4）改进措施

针对上述故障现象，采用更换元件的办法。选用德国某公司 SL30P1-4X 型的液控单向阀 ［图 8-27（b）］替代原液控单向阀。油液可由 A 口至 B 口自由流动。在相反方向上，阀芯 2 被压缩弹簧和系统压力牢牢地压紧在其阀座上。当向 X 口提供控制压力时，控制活塞 4 被推向右侧，首先推开球阀芯，然后主阀芯 2 离开阀座。这样实现了油液从 B 口流向 A 口。

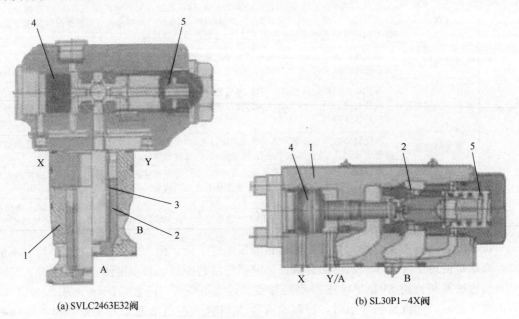

(a) SVLC2463E32阀　　　　　　　　(b) SL30P1-4X阀

图 8-27　液控单向阀结构

1—阀体；2—阀芯；3—复位弹簧；4—控制活塞；5—压缩弹簧

为了确保阀开启，它需要一定的最低控制压力作用于控制活塞4。由于这种预开启特性，可以实现缸中受压流体的平稳释压，从而避免可能产生的压力冲击。

（5）效果

更换液控单向阀后，步进加热炉升降机构液压系统工作恢复了正常。

8.2.4　HK1800L型排锯液压系统油温异常故障诊断排除

（1）功能结构

某公司有4台进口的HK1800L型排锯，其作用是将从连轧管机组冷床下来的钢管头尾增厚端切掉，并将长钢管切成用户合同要求的尺寸。

排锯的液压站随主机进口，两台主泵为力士乐的A10VSO71DFR1/31R-PPA12N00，一用一备，工作压力为17MPa。循环过滤冷却系统的液压泵为螺杆泵，流量为40L/min，电机功率为1.5kW。系统油箱容积为630L，油箱上加热器功率为1.5kW，冷却器为PL53-20型板式冷却器。与液压有关的执行机构有锯机入口、出口水平夹紧装置、锯片阻尼装置、垂直夹紧装置、重量平衡装置、切头（切尾）剔除装置、切头（切尾）定尺挡板装置等。

（2）故障现象

这几台排锯的液压系统油温夏季在50℃以下，冬季在40℃左右，油温控制一直正常，但是其中一台排锯在使用中液压系统油温突然出现异常，而且有以下规律：按正常生产节奏连续锯切钢管时油温不超过55℃，油温可平衡在还算正常的温度；一旦锯机锯切钢管比正常生产节奏锯切钢管间隔时间长，油温将超过55℃，等待锯切钢管时间越长油温上升越快，直到系统跳闸油温70℃。

（3）原因分析

检查冷却器的进、出油管温度和进、出水管温度，发现温差明显，初步确认冷却器工作正常。下一步检查、分析等待锯切钢管时造成系统油温上升的"热源"。在等待锯切钢管的工况下，从泵开始经控制阀台到执行元件，用手摸元件、管道表面，检查比较温度是否异常，重点是回油管和泄漏油管的表面温度。检查发现锯入口水平夹紧回路（图8-28）异常：阀台有油液流动的声音；电磁球阀V6、回油管表面温度比其他元件和管道高许多，烫手。

等待锯切钢管的工况水平夹紧装置打开时锯入口水平夹紧回路的状态为a+、V3＋、V6＋、V7＋、V4－、V5－，单杆缸V9的活塞杆缩回，双杆缸V10的活塞杆向右缩回。进一步检查发现取下阀V3或V6的插头，阀台油流声消失，在这种状态观察油温可下降到正常值，且可保持正常油温。结合锯入口水平夹紧回路原理图分析以上现象，取下V3的插头恢复正常说明组成双杆缸的回路没问题，可排除双杆缸内

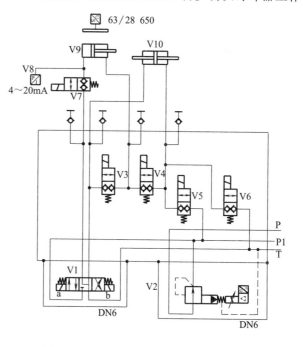

图8-28　排锯入口水平夹紧回路液压原理

V1—电磁换向阀；V2—比例减压阀；V3～V7—电磁球阀；V8—压力传感器；V9—带位移传感器的单杆活塞缸；V10—双杆活塞缸

泄漏，取下 V6 的插头恢复正常说明组成单活塞杆缸的回路没问题，可排除单杆缸内泄漏。那么当 V3 和 V6 都插上插头，能形成回路发出油流声，造成系统油温异常的元件只有阀 V4。

阀 V4 处于常开的故障状态时，经 V2、V1、V3、V4、V6（均为 6mm 通径）形成回路的油流能量损失，可近似为 V6 压力损失造成的能量损失 P，计算如下，等待锯切钢管的工况（水平夹紧装置打开时），比例减压阀 V2 的输出压力为 10MPa，V6 压力损失 Δp 近似为 10MPa，V4 处于常开的故障状态时，经（V2、V1、V3、V4）V6 的油液流量为

$$q = C_d A \sqrt{\frac{2}{\rho} \Delta p} \tag{8-9}$$

式中，C_d 为流量系数，$C_d = 0.60 \sim 0.62$；ρ 为液体密度，$\rho = 0.8 \text{g/cm}^3$；A 为阀 V6 的通流面积，按 DN6 计算。

计算 1s 能量损失 $P = \Delta p q = 27334 \text{W}$，累积时间损失的能量全部转化为热能，其中一部分经液压元件、管道、油箱散发到空气中，另一部分被油液吸收的热能散发不了，冷却器也平衡不了，则表现为系统油温上升。尽管该系统油温异常故障在油温未达到跳闸温度时，系统能满足工艺要求，不会影响生产，但此故障必须及时排除，以免系统因经常工作在油温偏高的状态而引发新的问题，如整个系统的密封寿命缩短等。

（4）解决方法

停泵卸压，拆下阀 V4，解体 V4，发现 V4 阀芯处于常开，换上新阀，系统油温控制恢复正常。

8.2.5　ϕ400 轧管机液压辊缝控制系统不稳定及压力波动故障诊断排除

（1）系统原理

ϕ400 轧管机为某公司从前苏联引进的设备，经改造后增加了液压辊缝控制系统。轧管机有两套轧辊：工作辊和回送辊。相应的工作辊辊缝由电动-机械装置完成初步调整，在轧制过程中，再由液压辊缝控制系统进行精确调整，使轧机工作辊缝恒定，从而使钢管出口厚度恒定。轧管机的轧制过程示意如图 8-29 所示。

图 8-30 所示为轧管机辊缝控制液压原理，液压辊缝控制系统的作用是调整和控制轧辊位置。系统由两液压缸驱动，每一液压缸上均装有位置传感器，该系统工作压力为 14MPa，由 4WS2EM 型伺服阀 7 控制伺服动作缸，在轧管期间对辊缝自动调节。回路中，入口处采用二级过滤（过滤器 1 和 3）保护，伺服阀 7 的工作压力由减压阀 2 调节至 5MPa（设计压力），液控单向阀 6、8 由二位四通电磁阀 4 控制其启闭，阀 4、6、8 的动作将配合伺服阀 7 同时工作，确保油路畅通。溢流阀 9 在工作期间起背压安全限定功能，设定压力为 7MPa。

在控制初期，轧辊有 0～2s 延时时间，之后，根据不同的管长及不同的轧制速度，轧辊在 2～8s 内抬起 8mm 位移。在抬起过程中，轧辊缸线性位移传感器不断发出位置信号，返回 IP 控制模板，统计处理后，发出纠偏指令，修正辊缝的大小，以便控制钢管壁厚。

（2）故障现象

该轧机改造以来，出现了液压辊缝控制系统不稳定，压力波动，辊缝控制失灵，不能动作等故障现象。这些故障导致整个系统不能正常工作，需停机检修。

（3）原因分析及排除

① 控制系统不稳定。从所轧钢管发现，壁厚控制时好时坏，即负载以一定速度运转时，产生振荡。为了排除此故障，首先要确定产生故障的部位，为此在测压点 C1、C3 分别接压力表，启动液压泵后，从手动操作台点动，三次观察 C1、C3 两处的压力表。发现 C1 点有输出，而且输出正常，而 C3 点三次检查结果一次为零、两次正常。

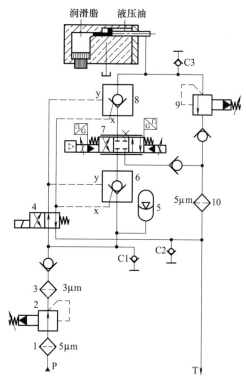

图 8-30　$\phi400$ 轧管机辊缝控制系统液压原理
1,3,10—过滤器；2—减压阀；4—二位四通电磁阀；
5—蓄能器；6,8—液控单向阀；7—电液伺服阀；9—溢流阀

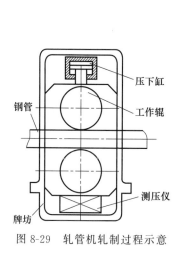

图 8-29　轧管机轧制过程示意

导致上述现象的可能原因有传感器损坏，电磁阀 4 损坏，液控单向阀 6、8 损坏，伺服阀 7 损坏。

按如下顺序进行检查和排除：更换位移传感器，发现故障还出现→拆检和清洗电磁阀 4，阀芯、阀口无磨损，弹簧正常，用手点动电磁阀，证明电磁阀能正常工作→拆检和清洗液控单向阀 6、8，未发现异常→检查、清洗伺服阀 7 阀体无异常→经过多次测量给定输入信号，反馈信号有时正常，有时没有→最后分析是伺服阀损坏，更换伺服阀，系统恢复正常。

伺服阀损坏的原因分析：由于油液脏，伺服阀堵塞，使输出产生跳动。因为伺服阀堵塞时，伺服系统失控，使误差增大，从而使阀的开度增加，增加到一定程度时，脏物被冲出去，淤塞形成的障碍被消除，输出又回到受控位置，此后伺服阀又堵塞，如此循环，但周期不定。为了消除这种现象，为该伺服系统单独设液压站，改造后发现伺服阀的故障大大减少，日常维护中也经常循环净化油液，并定期更换滤芯。

② 压力波动。伺服系统开启后处于静态工作时，液压油源压力已经处于"满偏"状态，并使泵出口压力有 1~2MPa 的波动。在轧制工况时，系统压力急剧下降，且需要 5~10min 才能回升到 14MPa 的静态压力。出现上述现象的可能原因有液压伺服系统的设计存在问题，主要为液压伺服系统油源供油量不足，液压缸密封老化可能导致泄漏的增加，液压伺服系统中伺服阀老化会导致静态泄漏量增大，进而导致系统泄漏的增加，液压伺服阀零位偏移可能与泄漏的增加有关。

按以下顺序进行检查排除：经过长期运转，液压油源供油故障未发现问题→检查液压缸未发现有漏油现象，将液压缸干油腔润滑脂注满→检查伺服阀，有漏油现象→进一步拆检清洗伺服阀，发现滑阀间隙增大，增大了漏油量。更换伺服阀，压力恢复正常。

③ 辊缝控制失灵，不能动作。启动液压泵后，发现泵出口压力为零，再检查阀台压力表，发现测压点 C1、C2、C3 压力也为零。出现上述现象的可能原因有泵进、出油口接错，油箱液面太浅，溢流阀的控制口未能闭锁，液压泵损坏。

按如下顺序进行检查排除：检查泵进、出油口，发现没有接错→检查油箱液面液位正常→拆检、清洗溢流阀，先导阀调节螺钉未松动，打开后弹簧也完好→更换液压泵。重新检查泵出口及各测点压力，压力恢复正常。

(4) 启示

① 由本系统故障排除案例可见，电液伺服阀在伺服执行机构上的故障率相当高。电液伺服阀是由一个力矩马达和两级液压放大及机械反馈系统组成的电液转换及功率放大元件。其第一级液压放大是双喷嘴和挡板系统；第二级放大是滑阀系统。现场实践表明，电液伺服阀内电气部分出现故障的情况并不多，大多是伺服阀内双喷嘴和挡板系统发生故障（如喷嘴被大颗粒物堵塞等），造成滑阀由于两侧油压发生了较大变化而引起移动，导致滑阀凸肩所控制的进、出油口发生变化（开大或关小），另外由于油质的问题，造成二级滑阀出现故障的情况也存在。

② 采用逻辑分析法对液压系统故障进行分析诊断，应从系统泵站（油源）查起，逐一检查、逐一排除；系统压力必须检查，阀件清洗、检查、安装必须确认；电液结合部位，不能单从电气的角度判断，也应从液压的角度考虑；掌握实际可靠的信息，才能找到问题，进而找到解决问题的办法。

8.2.6 有轨操作机大车行走液压马达易损故障诊断排除

(1) 功能结构

某锻造厂 3t 有轨操作机是 1250t 水压机的附属设备。操作机为全液压传动，具有大车行走、夹钳夹紧、钳头旋转、钳架升降、钳架倾斜、钳架回转等功能，主要用于夹持轴类锻件来配合水压机进行锻造操作。

(2) 故障现象

在该系统中用于驱动大车行走的为 NJM1.0 型液压马达（内曲线径向柱塞马达），其运行过程中故障率高，性能极不稳定，备件消耗量大，维修困难，给企业带来了很大的经济负担，同时也严重制约了生产的有序进行，更造成产品质量和成品率的降低。

(3) 原因分析

图 8-31 (a) 所示为改进前大车行走液压马达液压原理，两个液压马达（NJM1.0 型）6 和 7 驱动操作机大车行走，两个驱动轮中间由同步轴保持同步。三位四通电磁阀 2、3 用于行走时高速与低速的切换，两相向安装的溢流阀 4、5 用于系统的过载保护和操作机的制动。

从图 8-31 (a) 的设计上来看，操作机的行走回路无任何问题。在实际生产过程中，为了适应快速的生产节奏，操作机往往需要高速行走，然后是迅速制动，这就需将溢流阀的压力调得很高，从而使换向阀复至中位时，液压马达在操作机巨大惯性力作用下变为泵工况，高压侧的油液通过溢流阀到达低压侧，溢流阀限制压力并使马达迅速停止，起到对操作机迅速制动的目的。维修实践证实，操作机在正常行驶结束，马达制动瞬间损坏的概率较大，由此断定制动回路存在问题是使马达易于损坏的主要原因。

液压马达的配油结构一般是对称的，只考虑单向旋转，故当马达作为泵工况时噪声都比较大，效率比较低，其主要原因是对称配油都存在困油区。马达工况时，系统的高压是外加的，一般没有超压的可能，只有吸空的可能，但泵工况时困油造成局部超高压，会使零件形成冲刷磨损和点蚀。马达吸油侧油口开得较大，故马达成为泵工况时易出现吸空现象，如果系统采取的措施不力，没有补油压力，易造成点蚀。

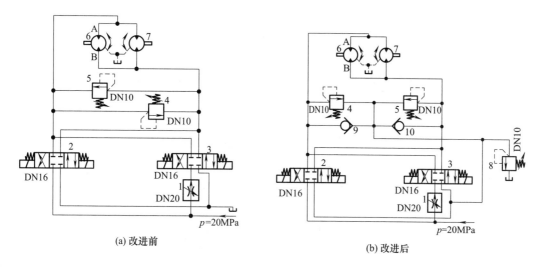

图 8-31　3t 有轨操作机大车行走液压马达液压原理
1—调速阀；2,3—三位四通电磁阀；4,5,8—溢流阀；
6,7—液压马达；9,10—单向阀

此外，现场操作为使制动迅速，不断调高溢流阀压力，造成马达制动时高压侧压力过高，也是液压马达损坏的原因之一。

（4）解决办法

通过上述回路分析，基本上明确了导致马达损坏的主要原因：吸空、困油及维修不当。针对这些原因决定对马达的吸油腔增设补油回路［图 8-31（b）］。液压油经换向阀 2、3 及单向阀 4（5）向吸油腔补油。溢流阀 8 作背压阀，用于设定补油的压力。本系统中 NJM1.0 型液压马达为内曲线低速大扭矩液压马达，如果没有背压，马达柱塞将撞击内曲线导轨，从而产生噪声和缩短马达寿命，增设补油回路，以使马达吸油腔的柱塞始终贴紧内曲线导轨，这样可有效避免冲击。

（5）效果

通过对液压回路进行改进，彻底解决了马达易损的问题，马达运行可靠，噪声明显降低，制动灵敏，制动行程调节方便，满足了企业稳定生产的需要。

8.2.7　卷取机助卷辊液压伺服系统动作失常故障诊断排除

（1）系统原理

某热轧板厂的卷取机液压系统系从德国某公司引进，其助卷辊液压原理如图 8-32 所示。助卷辊与卷筒间的辊缝及压力控制均通过伺服系统控制伺服阀进而驱动液压缸来进行，与之相配合的位移传感器装在液压缸内，压力传感器装在伺服箱内两腔的通路块上。整个伺服系统控制性能的好坏，控制精度的差异，直接决定了助卷辊与卷筒间的辊缝及压力的可控性。若性能不好甚至可能造成失控废钢。

（2）故障现象

该系统自投产以来，基本能满足卷取所需各项功能，但助卷辊液压伺服装置因其设置方式等原因一直存在一些故障，甚至因此造成废钢，影响了生产的正常进行。

经过跟踪观察，助卷辊伺服系统在使用过程中主要存在如下故障现象：伺服阀啸叫严重，助卷辊时有异常抖动；出现几次位置控制突然失效导致废钢；助卷辊液压缸旋转接头及其接管经常漏油；助卷辊经常突然动作缓慢。

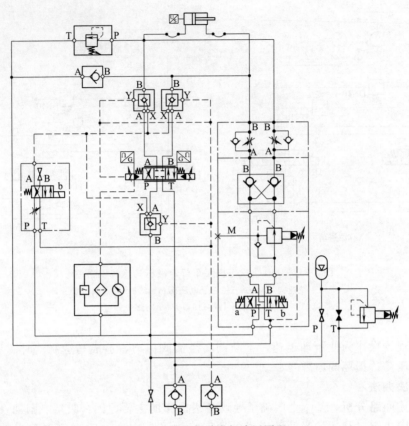

图 8-32 卷取机助卷辊液压原理

(3) 原因分析与改进

经不断摸索分析，分别找到了相应故障的原因，并进行了相应改进。

① 重新排放卷筒动力电缆，消除磁场对伺服控制线路的干扰。助卷辊伺服系统在现场使用一段时间后，出现伺服阀啸叫声严重，助卷辊时有异常抖动的现象。紧固各部位后抖动仍严重，将怀疑的元件全部进行更换也无效。后跟踪发现，伺服系统单独开启时是正常的，一旦卷筒接触器合上，电缆通电，即发生阀啸叫的现象。起初认为动力电缆对伺服阀控制电缆及位移传感器的信号电缆应该没有影响，因为伺服阀电缆有屏蔽保护，故一般不会影响信号传递和正常的动作，但实际上现场恶劣的油水环境及经常的碰擦等原因会导致难以避免的屏蔽效果破坏削弱，电磁场干扰对其影响加剧进而导致伺服阀控制受影响。正常的助卷辊液压伺服系统中伺服阀的传递函数为

$$G(s)=\frac{b_0}{a_1s+a_2s^2+a_3s^3} \tag{8-10}$$

但在有卷筒动力电缆磁场存在的情况下，实际上其传递相当于加入了一个不稳定的干扰信号，从而导致伺服阀不受控。解决办法是，将卷筒动力电缆远离伺服阀控制电缆及位移传感器信号电缆放置，结果异响现象消除。

② 改进助卷辊液压缸修复方式，确保检测准确性。在使用过程中，用到后期时，曾出现助卷辊突然检测不准甚至跳电的现象。检测阀站及液压缸各项性能指标均在要求范围内，检测位移传感器性能也是好的，后来拆检发现，液压缸磁环磁性不足，但在前期的使用中此情况从未出现过。经分析，助卷辊在轧厚板时在高频响伺服阀控制下进行压力控制，频繁而

剧烈的振动会导致磁环磁单元趋向一致性被破坏而削弱其磁性甚至最终消磁，特别是为了节约成本，液压缸在使用一个周期后并不报废而是反复修复后继续使用。但以前修复时往往磁环并不更换，长期使用下来加上前述原因包括磁体本身材料在制造时的缺陷，会出现在使用过程中因磁环磁力不足而影响磁尺检测效果的现象。解决办法是，更换磁环，并在修复内容中加入要求进行磁环检测更换项，在后续使用中再未出现类似问题。

③ 改进旋转接头硬管及维护方式，解决助卷辊旋转接头经常漏油现象。旋转接头及其接管如图 8-33 所示，旋转接头通过螺栓 5 连接到液压缸 6 上，通过螺栓 8 将旋转接头与伺服阀管件 7 相连。在使用过程中旋转接头及其接管经常漏油有两个原因。一是接头的加油维护方式不正确，旋转接头本来是要给轴承滚珠 3 加油的，但原来加油时通过高压干油泵直接连在轴承加油口 4 处给旋转接头加油，因为压力过高、油量过大，经常将密封件 10 的唇边挤入接头体 1 内，反而导致漏油现象。解决办法是，按照滚珠空间实际需要量每次手动给其加一点油，既保证有润滑，又保证不会将密封挤出，保证了旋转接头良好的使用状态。二是原来缸的盲腔和杆腔油管均用旋转接头通过硬管过渡到伺服控制箱，这对于管路安装精度要求非常高，管路安装有一点别劲即容易造成密封件偏磨进而引发漏油现象，而且即使开始安装时旋转接头中心与管路中心线完全一致，因为液压缸转轴铜套间隙的存在等因素也会使旋转接头与硬管之间实际难以同轴，进而造成接头连接密封件 9、10 漏油，同时别劲的存在也加剧了轴承滚珠偏磨使接头体 1、2 之间窜动加剧而造成密封件 11 无效而漏油。解决办法是，结合实际安装空间，将从液压缸两腔出来的管路通过旋转接头后先以软管连接，再通过硬管连接到伺服控制箱本体上，利用软管本身柔性允许的挠度和旋转接头组合，避免了过高的安装精度要求及设备间隙的影响，有效控制住了助卷辊液压缸旋转接头及接管容易漏油的现象。

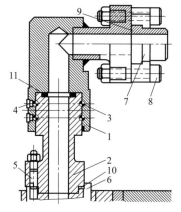

图 8-33　旋转接头及其接管

1,2—接头体；3—轴承滚珠；4—轴承
加油口；5,8—螺栓；6—液压缸
7—伺服阀管件；9～11—密封件

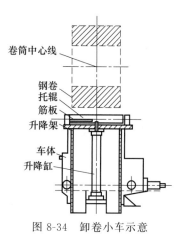

图 8-34　卸卷小车示意

④ 改进伺服阀接线方式，减小控制信号衰减。原来助卷辊动作尚算正常，但后来使用过程中有助卷辊经常出现动作突然变得很慢的现象，换过伺服阀后还是解决不了问题，曾怀疑是液压缸响应特性与设定参数不匹配，修改斜坡斜率，仍无多大效果，后来检查发现，助卷辊伺服阀本来是电流型，但在调试时可能是专业沟通不够的原因，接成了电压型。分析认为，电压型的接法控制与调节相对简单可控，但在复杂的电磁环境中，电压信号容易受到干扰，而电流信号则比较稳定。特别在距离远后，电压衰减更大，而恒流源电流则无衰减。解

决办法是，在控制柜内将接线改为电流型连接方式，结果使助卷辊动作慢现象得以消除。

（4）效果

采取上述各项措施后，助卷辊伺服系统运行状态得到了很好的改善，故障率明显下降，卷取质量得以提高，稳定了生产运行。

8.2.8 钢卷卸卷小车液压系统卸卷动作失常故障诊断排除

（1）系统原理

卸卷小车（图8-34）是某热轧板厂全液压地下卷取机的关键设备之一，其功能是将卷筒上的钢卷卸下并送至打捆机进行打捆（图8-35）。其中，卸卷小车的机械部分和液压系统由日本某公司设计与成套供货，电控部分由美国某公司供货并负责软件开发。

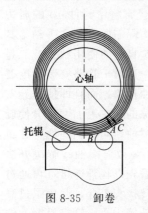

图 8-35　卸卷

卸卷小车改进前液压原理如图8-36（a）所示。先导式减压阀5通过远程调压阀1、2并由二位四通电磁换向阀3切换可实现二级减压（10MPa和4MPa），溢流阀6用作减压阀的加载阀。小车升降液压缸12的运动方向由三位四通电液换向阀7控制，缸12的运动速度由单向节流阀9和11调节，缸的锁紧由液控单向阀8控制。溢流阀10用作安全阀（设定压力为16.7MPa），压力传感器13用于检测液压缸无杆腔的压力。

当地下卷取机进入尾部卷取时，过程机发出指令给PLC要求卸卷小车快速上升，准备卸卷。此时，电磁铁1.2YA和2.1YA同时通电，使电磁换向阀3切换至右位，电液换向阀7切换至左位，来自泵站的14MPa压力油经减压阀5（减压压力由阀1设定为10MPa）→电液换向阀7→液控单向阀8→单向节流阀9和11→卸卷小车升降液压缸12的无杆腔，驱动小车快速上升，缸12有杆腔油液经阀7排回油箱，因经减压阀5的减压压力

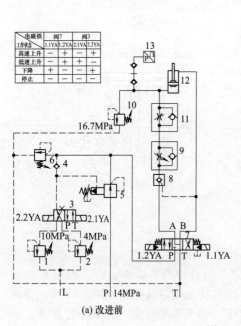

（a）改进前

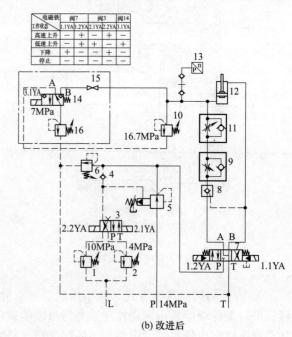

（b）改进后

图 8-36　卸卷小车液压原理

1,2—远程调压阀；3—二位四通电磁换向阀；4—单向阀；5—减压阀；6,10,16—溢流阀；7—三位四通电液换向阀；
8—液控单向阀；9,11—单向节流阀；12—液压缸；13—压力传感器；14—二位二通电磁换向阀；15—截止阀

较高，故节流阀 9 的压差较大，从而实现了卸卷小车的快速上升。

当卸卷小车快速上升接近钢卷时，PLC 发出指令，要求卸卷小车减速。此时，电磁铁 2.1YA 断电而 2.2YA 通电，使电磁换向阀 3 切换至左位，由于此时减压阀 5 减压压力为 4MPa（由阀 2 设定），将导致节流阀 9 的压差较小，所以卸卷小车上升速度较慢。当压力传感器检测液压缸无杆腔的压力达到设定值时，表明卸卷小车到达停车位置。此时，电磁铁 2.2YA 和 1.2YA 同时断电，阀 7 复至中位，液控单向阀 8 锁住液压缸无杆腔的压力油，小车停止上升，将卷筒收缩后的钢卷托住并锁在设定的位置。

当卸卷小车下降时，控制系统控制电磁铁 2.2YA 和 1.1YA 同时通电使电磁换向阀 3 切换至左位，而电液换向阀 7 切换至右位。压力油经阀 5 和阀 7 进入升降缸 12 的有杆腔，同时压力油反向导通液控单向阀 8，驱动升降缸向下运动，无杆腔的液压油经阀 11、9 和 8 等排回油箱。

（2）故障现象

卸卷小车在卸钢卷，尤其在卸厚规格（如厚度大于 4mm）的钢卷时出现如下现象：当卷筒收缩时，卸卷小车连同钢卷向上运动 15mm 左右，这样造成钢卷内圈下表面和卷筒下表面之间的间隙大大减小甚至有接触现象，从而导致卸卷小车卸卷困难或卸不出钢卷（图 8-35）。

（3）原因分析

对于厚钢卷而言，当卷筒收缩时，卸卷小车连同钢卷向上运动一段距离，造成卸卷困难的原因主要有如下三方面原因。

① 卸卷小车升降液压回路的液控单向阀为用外控内泄的控制方式，外控口为有杆腔侧引入，在卸卷小车上升时液压油只进不出，无杆腔的压力只能增高，不能降低，直至液压缸无杆腔的压力可升至溢流阀 10 的设定压力。

② 当卸卷小车上的托辊顶入钢卷的外表面时，卷取机也开始对带钢的尾部进行定位。如图 8-35 所示，当厚的钢卷向弧 CAB 方向旋转时钢卷的外径增加，驱动卸卷小车向下移动一定的距离，因储存在液压缸及液压管道中的液压油具有一定的压缩性，卸卷小车液压系统无杆腔液压油的压力随之增高，特别是卷取机在对钢卷的尾部定位不准时，尾部卷取多旋转一周及一周以上的情况经常发生，对该部分的液压油产生的压力更高，直至无杆腔的压力可升至溢流阀 10 的设定压力；当卷筒收缩时，最重钢卷对缸无杆腔产生的压力为 9MPa，此时缸无杆腔的压力相应地减少，产生了一定的压差，经计算液压缸无杆腔液压油每减少 2.5MPa 的压力可引起 8mm 的上升量，这将意味着钢卷在卸卷时，钢卷内圈的下表面和卷筒外表面之间的间隙将会比设计的 10mm 减小。

③ 卸卷小车升降液压回路液压阀架至升降缸的距离较远（30m），无杆腔液压管路的直径较大（DN50），同时液压软管也较长（5.27m），故管路因压力变化的弹性变形可储存一部分能量，从而造成当卷筒收缩时，卸卷小车连同钢卷向上运动，使卸卷困难的现象。

（4）改造措施

在生产钢卷时，由于厚钢卷尾部定位不准使钢卷卸不出来，对正常生产构成较大的威胁。改进措施如图 8-36（b）所示，主要是增加一套溢流阀组，该溢流阀组由截止阀 15、电磁换向阀 14 和溢流阀 16 等液压元件组成，其中溢流阀 16 的设定压力为 7MPa。

当卸卷小车由高速上升转为低速上升时，电磁铁 3.1YA 通电使电磁换向阀 14 切换至左位，直至卷筒收缩时断电，在钢卷落在卸卷小车的托辊之前，卸卷小车升降缸 12 无杆腔的压力将不超过溢流阀的设定压力，这样基本上保证在卸卷前后的压差不会太大而影响卸卷。

(5) 效果

改造后的系统运行稳定，避免了改造前卸卷困难而影响轧制节奏甚至废钢，取得了较好的经济效益。

8.2.9 轧机上阶梯垫跑位和液压缸有杆腔压力超高故障诊断排除

(1) 系统原理

某热轧厂 R1-F5 型七架板带轧机都安装有上阶梯垫装置，用于补偿由于轧制磨损造成的工作辊直径减小，并可减少换辊时间。阶梯垫装置安装在液压 AGC 缸和上支撑辊轴承座之间，安装有 5 种或 3 种厚度的衬板，通过带位置传感器液压缸实现衬板精确定位（位置误差小于 5mm）。

图 8-37（a）所示为上阶梯垫液压原理，当电磁铁 2YA 和 4YA 通电使电磁换向阀 5 和

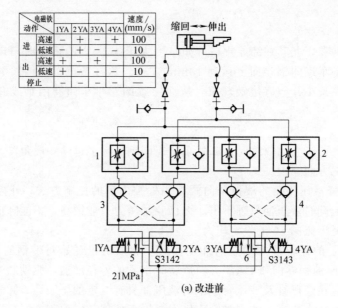

(a) 改进前

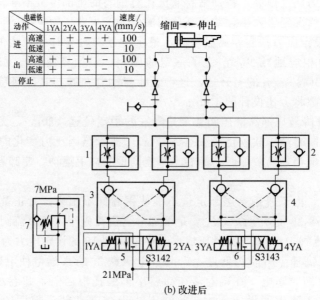

(b) 改进后

图 8-37　上阶梯垫液压原理

1,2—单向调速阀；3,4—双向液压锁；5,6—三位四通电磁换向阀；7—单向减压阀

6 切换至右位时，液压缸以 100mm/s 高速伸出，然后，电磁铁 2YA 仍通电，4YA 断电使阀 6 处于 Y 型中位，液压缸以 10mm/s 低速伸出，上阶梯垫定位后，电磁换向阀 5 和 6 都断电处于 Y 型中位，完成伸出动作。反之，当电磁铁 1YA 和 3YA 通电使电磁阀 5 和 6 均切换至左位时，液压缸以 100mm/s 高速缩回，然后，电磁铁 1YA 仍通电，电磁铁 3YA 断电使电磁阀 6 复至 Y 型中位，液压缸以 10mm/s 低速缩回，上阶梯垫定位后，电磁换向阀 5 和 6 都断电处于 Y 型中位，完成缩回动作。

（2）故障现象

在更换工作辊时，上阶梯垫窜到规定位置开始标定后，出现上阶梯垫液压缸位移向工作侧窜动，并且窜动值超过误差允许范围 5mm，报警，不能自动换辊。同时，在过钢时，通过阀台上测压接头实测液压缸两腔压力，发现七个上阶梯垫液压缸有杆腔压力均超过系统压力 21MPa，都达到 34MPa 以上，个别甚至达到 40MPa。这一现象既影响了生产的顺利进行，又增加了液压缸备件消耗成本。

（3）原因分析

为了查找原因，记录下轧机在不过钢、过钢和换辊时，上阶梯垫液压缸两腔压力值。具体见表 8-3。

表 8-3　改造前上阶梯垫液压缸在不同工况下无杆腔压力/有杆腔压力　　　　　MPa

是否过钢	R1	R2	F1	F2	F3	F4	F5
不过钢	15/33	10/36	4/12	17/37	16/35	19/6.5	19/7
过钢	15/33	10/36	4/12	17/37	17/34	20/8	19/9
换辊	5/16	8/11	8/17	8/16	0/11	6/15	4/13
磁尺位置/mm	448.5	673.5	7	230.8	228.5	226.7	9.8
阶梯数	3	4	1	2	2	2	1

参照表 8-3 分析故障现象，在液压缸无内泄的前提下，可能存在外力迫使液压缸向工作侧移动，或电磁换向阀换向后液压锁瞬间封闭较大压力。

（4）改造方案及效果

经多方调查研究，决定在每架轧机的阶梯垫液压缸无杆腔回路中增加一个 ZDR6DA2-4X/210Y 型减压阀 7 ［图 8-37（b）］，在上阶梯垫从高速切换为低速时，只使用 7MPa 压力油推动液压缸活塞，实现位置传感器精确定位，在电磁换向阀切换到中位前，防止有杆腔产生较大压力，从而排除液压缸因有杆腔压力超高而跑位。同时，也可延长液压缸正常使用寿命。表 8-4 为改造后记录的数据。

表 8-4　改造后上阶梯垫液压缸在不同工况下无杆腔压力/有杆腔压力　　　　　MPa

是否过钢	R1	R2	F1	F2	F3	F4	F5
不过钢	0/18	0/10	0/5	6/14	0/0	0/0	2/11
过钢	2/14	3/14	5/10	6/12	3/8	0/0	3/11
换辊	2/14	3/14	5/10	6/12	3/8	0/0	3/11
磁尺位置/mm	450.1	890.7	227.1	10.9	230.8	230.9	9.3
阶梯数	3	5	2	1	2	2	1

从表 8-4 所列改造后记录数据来看，改造后的七架轧机的液压缸两腔压力都下降到正常值范围内。现场通过一级操作画面观察液压缸磁尺位置没有波动，数值稳定，跑位现象消失。每年可以节省更换液压缸备件 14 个，同时减少了因上阶梯垫跑位而带来的换辊、标定延时等问题，保证了生产线顺利运转。

8.2.10 轧机液压 AGC 系统常见故障诊断排除

(1) 功能结构

轧机液压 AGC（AutomaticGaugeControl）装置是针对轧制力变化实施厚度自动调节的一种快速精确调节定位系统，是大型复杂、负载力很大、扰动因素多、扰动关系复杂、控制精度和响应速度很高的设备，是采用高精度仪表并且由大中型工业控制计算机系统控制的电液伺服系统。它是现代板带轧机的关键系统，其功能是不管板厚偏差的各种扰动因素如何变化，都能自动调节轧机的工作辊间隙，从而使出口板厚恒定，保证产品的目标厚度、同板差、异板差达到性能指标要求。

液压压下装置由动力源、电液伺服阀、伺服液压缸、液压阀、传感器及液压附件等组成，通过控制电液伺服阀的输出流量，去控制伺服液压缸缸体（或活塞杆）上下移动，达到调整辊缝的目的，图 8-38 所示为其液压原理，其控制原理如图 8-39 所示。

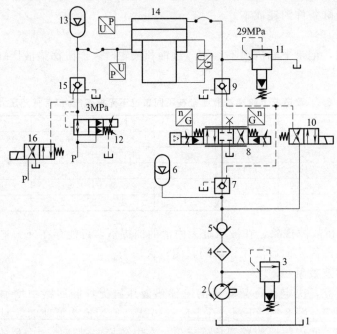

图 8-38 轧机液压 AGC 液压系统原理（一侧）

1—油箱；2—液压泵；3,11—先导式溢流阀；4—过滤器；5—单向阀；6,13—蓄能器；7,9,15—液控单向阀；8—电液伺服阀；10,16—二位四通电磁换向阀；12—三通比例减压阀；14—伺服液压缸

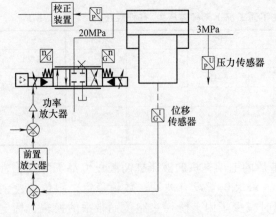

图 8-39 轧机液压 AGC 控制原理（一侧）

(2) 轧机 AGC 系统运行中可能出现的故障

① 位置控制故障。轧机液压 AGC 系统位置控制主要故障有传感器故障，如位置、液压缸油压、轧制力等传感器故障。当液压压下实际值（任一侧）到极限位置时，轧机便停止工作。当两液压缸位置传感器偏差超过规定值时，可能是位移传感器故障、伺服阀或液压缸泄漏、偏差或调零不准等。

轧机液压 AGC 控制系统由两套独立且完全相同的液压位置伺服系统组成。设定同一值时，两套控制系统按照完全相同的指令控制压下液压缸上下移动。当两液压缸位置传感器位置超差时，即必有一套液压位置伺服系统存在故障，分别对伺服系统进行分析，逐步确定故障位置，对故障进行排除。当两侧压力传感器测量值均超差，可能是压力传感器故障，对其进行处理。

② 电磁阀故障。当给出控制逻辑信号后，二位四通电磁阀 10 不动作，可能故障是电气断线、电磁阀卡死或电磁铁烧坏等。当电磁阀（逻辑功能阀）开关状态与测压点压力关系不符合时，可能故障是电气断线或电磁阀卡死。

③ 溢流阀故障。主要有先导式溢流阀 3 在工作时没有处于溢流状态，其主阀芯阻尼孔被堵塞或主阀芯被卡死，检查溢流阀实际状态，溢流压力设定值是否符合实际工况。轧制时，检查液压缸工作腔压力是否满足要求，若不满足应及时处理。

④ 伺服液压缸故障。当液压缸拉伤，密封件损坏，泄漏严重，动特性变差时，拆检液压缸，更换密封件或更换液压缸，重新测定动、静态特性，符合要求后方能装入系统中；当液压缸被卡死时，无法工作，拆检液压缸进行清洗，更换液压油。

⑤ 零偏电流与相关故障。当零偏电流在小于满量程±2％的范围内变化时，伺服阀正常；当零偏电流大于满量程的±2％时，可进行在线补偿、离线调整或更换伺服阀。零偏电流逐步增大，可能故障是伺服阀或伺下液压缸寿命性故障，如磨损、泄漏、老化等，这可能导致控制位置略有漂移等。零偏电流突然增大，可能故障是伺服阀突发性故障或液压缸卡死，如伺服阀反馈弹簧杆断裂、小球脱落、力矩马达卡滞、节流孔堵塞等，将使伺服系统失控，故应更换伺服阀。

（3）轧机液压 AGC 控制系统故障树分析

根据故障特征，采用故障树分析原理，得出液压 AGC 控制系统故障树，如图 8-40 所示。AGC 系统主要有压力和位置两方面的故障。压力故障分为供油系统压力失常及液压缸工作压力失常。液压缸的工作压力有可能过高、过低或根本无压力，导致这些现象的原因有机械方面的如液压缸卡死、泄漏以及伺服阀或溢流阀有故障，电气方面的有压力传感器故障、线路传输故障、PLC 等控制故障。位置故障有液压缸位置超差和两个液压缸位置不同

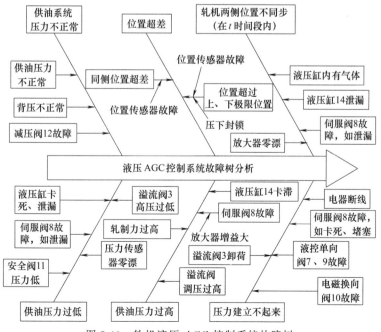

图 8-40　轧机液压 AGC 控制系统故障树

步，导致这些故障的原因与前面分析的压力故障的原因相似。采用故障树法可以比较直观地了解故障原因，有利于及时处理。

(4) 某厂轧机液压 AGC 典型故障分析与对策

某厂的轧机液压 AGC 控制系统出现的故障及对策如下。

① 位置超差。在一次维修时，更换轧机 F_3 上、下支撑辊后，开机调零时，操作侧和传动侧之间出现位置偏差过大而报警，导致调零不成功。检查机械方面与液压缸各腔压力均正常，活塞能运行到上、下极限位置无渗漏，检查位置传感器和控制模块均未发现问题，检查工作辊和支撑辊的直径及辊型的偏差都在合格范围内，不应该造成位置超差。再进一步检查支撑辊轴承座与 AGC 液压缸的接触处，发现有一块碎布，将其取出后，故障消除。

引起这个故障的原因是在支撑辊轴承座与 AGC 液压缸之间有一定厚度的杂质，引起位置测量出现偏差。

② 无法调零。在更换 F_5 工作辊，进行调零时，当工作辊靠近时，无法达到零位，以至无法完成调零程序，机械及电气方面都无事故报警，查看现场，发现液压缸已在最大行程位置，于是再次更换直径较大的工作辊，结果故障消除。

引起这个故障的原因是工作辊的辊径偏小，辊缝超过 AGC 液压缸的行程，解决的办法有更换合适的轧辊、调整合适的垫板。

③ AGC 液压缸不动作。当此故障出现后，应检查工作压力。经测压点检查的压力过低，但有液压油流动的声音，引起此症状有两个可能原因：一是伺服阀工作异常或控制信号异常，二是安全溢流阀有故障。由于有两个伺服阀并联工作，其两个伺服阀同时出现故障的可能性很小，因此便设置一个为主工作，另一个为辅助工作状态。再检查溢流阀，发现主阀芯卡在开口位置，更换了一个新的溢流阀后，系统恢复正常。此故障是液压系统被污染所致。

第**9**章

建材建筑机械液压系统故障诊断排除典型案例

9.1 砌块生产线推板机液压系统调速失常故障诊断排除

（1）系统原理

建筑砌块生产线由搅拌机构、上料机构、送板机构、布料机构、压机、叠板机及砌块推板机等组成（图9-1），用于建筑砌块的成型加工。液压传动的砌块推板机是机组中一台专用机械设备，用于自动将脱模后的砌块底板输送至取坯工位（叠板机）或运坯皮带机上。图9-2所示为砌块推板机液压原理，这是一个定量泵1供油的进油节流调速系统。执行元件为单杆液压缸6，由三位四通O型中位机能的电磁换向阀4控制其运动方向；缸的运动速度由其进油路上的单向节流阀5调节。回油路上的单向阀3作背压阀用。由于是进油节流调速回路，所以调速过程中溢流阀2是常开的，起定压与溢流作用。

图9-1 砌块生产线示意

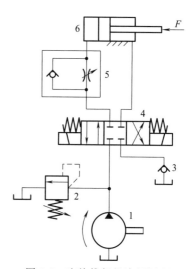

图9-2 砌块推板机液压原理
1—液压泵；2—溢流阀；3—单向阀；4—三位四通电磁换向阀；5—单向节流阀；6—液压缸

（2）故障现象

液压缸推动负载运动时，运动速度达不到设定值。

(3) 原因分析

经检查,系统中各液压元件工作正常。油液温度为 40℃,属正常温度范围。系统中,溢流阀的调定压力只比液压缸的工作压力高 0.4MPa,油液通过换向阀的压力损失为 0.2MPa,液压泵至液压缸的管道压力损失为 0.1MPa,这样就造成节流阀前后压差 Δp_T 只有 0~0.1MPa,低于其允许值 0.2~0.3MPa,通过节流阀的流量(即进入缸无杆腔的流量)$q_1 = CA_T(\Delta p_T)^\phi$ 就达不到设计要求的数值,于是液压缸的运动速度 $v = q_1/A_1$ 就不可能达到设定值。溢流阀的调节压力较低,造成节流阀压差值偏小,是产生上述问题的主要原因。

(4) 解决办法

针对故障原因,应提高溢流阀的调定压力,即使溢流阀的调定压力保证与负载压力、系统压力损失相平衡,才能使回路达到所需的运动速度。正确调节溢流阀压力的方法:提高溢流阀的调定压力,使节流阀前后压差达到合理的压力值,再调节节流阀的通流面积,液压缸的运动速度就能达到设定值。

(5) 启示

节流阀调速液压系统在调压时,一定要保证节流阀前后压差达到一定数值,低于合理的数值,执行机构的运动速度就不稳定,甚至造成液压缸爬行。很多加工机械的液压系统也有类似故障,可借鉴此方法进行排除。

9.2 混凝土泵车主液压缸速度慢故障诊断排除

(1) 系统原理

某公司设计制造的一种新型混凝土泵车,其局部液压原理如图 9-3 所示。主泵 1 为双向伺服变量泵(力士乐 A4VG125HD 型)。该主泵内含控制泵 7,控制泵输出流量分为三路:第一路给主系统补油,实现油路系统的热交换;第二路通向伺服变量缸 2,推动斜盘运动;第三路通往减压阀 5、电磁换向阀 4 来控制伺服阀 8,从而控制伺服变量缸 2 的运动,最终通过变量泵输出流量来调节主工作缸(图中未画出)的速度。

(2) 故障现象

在该系统调试过程中发现,主缸工作时达不到最高速度。

(3) 原因分析与解决办法

通过排除法最终确定减压阀 5 出现故障。经检查,减压阀 5 为国内某液压件厂(甲厂)生产的力士乐系列 ZDR6DA2-30/25Y 型减压阀,在开始调节手柄时其二次压力能达到 1.6MPa,但把手柄进一步往里拧时,二次压力反而降下来,最高只能调到 1.4MPa,查主泵样本,该泵的控制压力达到 1.8MPa 时,才能达到最大排量 125mL/min。因此,混凝土泵车厂认为主缸运动速度不够,是由于减压阀 5 二次压力达不到设定值造成的。

将此阀在甲厂的出厂试验台上试验,结果无任何问题,故甲厂认为其阀无问题,为此混凝土泵车厂专程购买了另一厂(乙厂)同型号的减压阀进行试验对比,经过现场试验,换上乙厂生产的减压阀后,该混凝土泵车工作正常。这说明甲厂生产的减压阀确实存在问题。

力士乐系列 ZDR6DA2-30/25Y 型减压阀属于叠加式三通型减压阀,其结构如图 9-4 所示。在初始位置时,阀打开,压力油可从 A 腔自由流向 A_1 腔,同时 A_1 腔压力通过油道 5 作用在阀芯 2 的左端面上。如果 A_1 腔压力超过弹簧 3 的设定值,则阀芯向右移动,使 A_1 腔压力保持不变。如 A_1 腔压力继续升高,阀芯 2 继续向右移动,当压力超过一定设定范围时,A_1 腔压力油经阀芯 2 的中孔与弹簧腔及 T 腔相通,直到压力停止增长为止,即此阀当压力

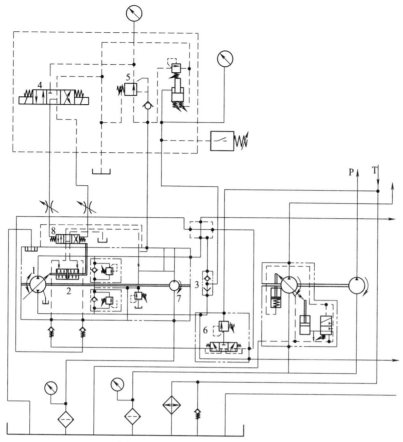

图 9-3　混凝土泵车局部液压原理

1—主泵；2—伺服变量缸；3—梭阀；4—三位四通电磁换向阀；5—减压阀；

6—溢流阀；7—控制泵；8—电液伺服阀

超过调定值时，由 A_1 腔向 T 腔溢流。

对甲厂所产减压阀零件进行测量，发现阀芯及调压弹簧均符合图纸要求，问题出在阀体上，由于结构限制，阀体上的工作口 A 设计成直径为 6mm、与水平方向成 30°的斜孔。由于该斜孔轴向尺寸不好测量，故检验人员对此孔的轴向距离不进行检查，仅靠工装来保证。正是由于工装磨损，造成该阀体 A 孔截距与图纸不符，其最右端向右错动了 2mm（图 9-4），而理论上阀芯处于初始位置时在此处的封油长度为 1.5mm，因此阀芯在初始位置实际上已经有 0.5mm 的开口量，显然，只有进入 A 腔的油流量足够大，二次压力才能建立

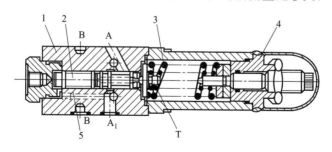

图 9-4　叠加式三通型减压阀结构

1—阀体；2—阀芯；3—弹簧；4—螺母；5—油道

起来，否则液压油将直接通过此泄漏口流回油箱。二次压力的高低取决于油液流过此泄漏口的压力损失。

图 9-3 所示液压系统控制泵输入到减压阀的实际流量较小，只有 2L/min 左右，由于减压阀存在着一个 0.5mm 的泄漏口，在小流量下其压力无法达到设定要求，最终使变量泵没有达到最大排量，导致主缸达不到最高速度。

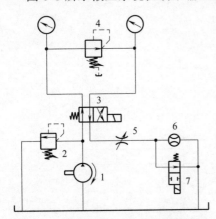

图 9-5　减压阀出厂试验台液压原理图
1—液压泵；2—溢流阀；3—二位四通电磁换向阀；4—被试减压阀；5—节流阀；6—流量计；7—二位二通电磁换向阀

ZDR6DA2-30/25Y 型减压阀出厂试验台原理如图 9-5 所示。减压阀出厂试验项目如下：调压范围；压力振摆及压力偏移；内泄漏量；流量变化对二次压力的影响；一次压力变化对二次压力的影响。该试验台在进行流量变化对二次压力的影响试验时，其流量的变化是靠节流阀 5 来调节通过被试减压阀 4 的流量的，同时又用该节流阀来加载。

通过上面分析，由于液压油进入减压阀后实际上已分成了两路，一路通过阀芯控制口进入 A_1 腔，另一路则通过 0.5mm 的泄漏口流到 T 腔。因此，试验回路中节流阀 5 只是控制了通道 A_1 的流量，并没有控制通过泄漏口的泄漏，而由于该试验回路的试验流量为 30L/min，足以使二次压力建立起来，故该试验回路无法试验出减压阀的这种特殊质量问题。

正确的出厂试验台原理应该是在减压阀的进口加一个节流阀来调节流量或者用变量泵调节流量，这样才真正模拟了减压阀在小流量时的工况，进而可以发现此类问题。

（4）启示

在液压元件产品生产加工过程中，必须严格保证关键零件的关键尺寸，产品出厂的试验也必须最大限度地模拟其实际工况，这样才能为用户确实地提供优质产品。

9.3　IHI-IPF85B 型混凝土泵车液压泵故障诊断排除

（1）功能结构

IHI-IPF85B 型混凝土输送泵车，是新型臂架式机电液一体化液压泵车，广泛应用于工业设备基础、堤坝、港湾、隧道、桥梁、高层建筑等建设工程。该泵车长 9m，高、宽各 3m 有余，各机构均采用液压传动。其混凝土泵为水平单动双列液压活塞式，混凝土排出量为 10～85m³/h，压送和浇灌垂直距离和水平距离分别为 110m 和 520m。具有 Z 形三段液压折叠式臂架，前端附有橡胶软管，液压马达可方便地作 360°回转。泵车液压系统包括主液压系统（混凝土泵送系统）、混凝土搅拌系统、用于清洗输送管和机体的水泵泵洗系统、装有混凝土管的车臂架、用来稳定车身底盘的液压支腿、润滑装置和回转车液压系统。液压泵由卡车发电机驱动，主泵额定压力为 32MPa，可根据现场施工需要自动控制流量和压力，使功率和燃料得到合理利用。

（2）主柱塞泵滑靴磨损故障及其修复

主柱塞泵为进口的伺服变量柱塞泵，额定压力为 32MPa，使用压力为 18～22MPa，额定流量为 85m³/h，使用最大流量为 50～60m³/h，斜盘倾角可达 17°，使用时最大为 10°～13°。主安全阀把系统最高压力限制在 28MPa 以下，减压阀调定压力在 21MPa 以下，当压力升到 10.5MPa 时，压力油打开顺序阀，并经主换向阀进入主缸，使其动作。采用了自动换向液压控制。因系统压力较高，工作环境恶劣，加上使用不当，故价昂的主柱塞泵常出现滑靴磨损故障。

修复办法（滑靴材料一般是青铜，柱塞材料采用 18CrMnTi、20Cr、12CrNi、40Cr 和氮化钢 38CrMoAl 等）：滑靴的内球面加工包括手工研磨球面，配对精磨；球头的抛光可用毛毡涂氧化铬进行，球窝则用铝制的研具涂氧化铬抛光；滚压包球，有单轮式和双轮式，滚轮采用凸凹形，可减少滚压包球时的金属延展量，使滑靴的裙口良好地包合于柱塞球头的球面上；为使滑靴耐磨，除油膜润滑外，要提高滑靴表面的性能，可在表面镀 $0.3\mu m$ 的银、铜金属，或等离子喷涂厚度大于 $10\mu m$ 的镉金属，或镶 Monel400（蒙乃尔镍铜合金）；滑靴与柱塞的球面配合精度高，修复后 Ra 值为 $0.05\sim0.1\mu m$，圆度误差不大于 $0.002\sim0.003mm$，两配合球面间接触斑点的面积不小于整个配合表面的 75%；最后进行压力试验，滑靴受压紧力和分离力的作用，要保证最佳油膜为 $0.01\sim0.03mm$。

（3）臂架泵压力下降故障诊断排除

该泵为进口的定量柱塞泵，其额定压力为 32MPa。压力下降的原因是斜盘侧滚针轴承处内泄大，斜盘（材料为轴承钢）磨损。内泄大是因泵的出油口间隙过大所致。

解决办法：先把磨损的斜盘拆下，用车床车平，然后在其背部加 $0.3\sim0.6mm$ 的 45 钢圈片。

（4）出料口改造

出料口的材料是铸钢，混凝土容易把它磨薄而不能使用，送到原厂拆下重焊，需时较长。故采用 8mm 厚的耐磨不锈钢，在出料口焊一圈，节省时间和费用，使用寿命延长一倍，可用一年。

（5）方向机助力叶片泵漏油输出压力不足故障及其维修

该叶片泵使用时有漏油，输出压力不够，在某处修理后，用了几天仍然输出压力不够。对该叶片泵拆解后发现有两个叶片装反了，椭圆形定子内表面特别是出油口处有磨损。为此把定子放在车床上夹紧，使其旋转，再用细砂条蘸油小心地伸进去，把磨损处磨光。再找出两个装反的且已磨损的叶片，放在平台上，用凡尔赛 SHARPNESS1500 号细砂精磨，然后安装，泵的输出压力达到了额定值。

9.4　混凝土输送泵车泵送行程变短与远距离泵送时堵管故障诊断排除

某公司使用的 SY5420THB-4 型混凝土输送泵车用于混凝土泵送和浇灌。在泵送过程中出现了泵送行程变短和远距离泵送时堵管故障。

（1）泵送行程变短故障诊断排除

泵车在泵送过程中出现泵送行程变短故障，最后停机。

① 原因分析。检查主系统压力为 32MPa，正常；换向压力为 16MPa，也正常；液压油温度为 45℃，属于正常油温；分动箱转速为 1500r/min，也是正常状态。开始怀疑是混凝土的配比有问题，改善混凝土配比后故障依旧。最后把混凝土清理干净后，试着泵送水，还是出现同样的问题。该系统采用全液压自动换向，通过仔细研究液压原理，分析故障原因有以下几种。

a. 主液压缸活塞密封圈损坏，造成缸两腔直接相通。由于两个主液压缸通过油路串联来使活塞同步，密封圈损坏，压力油不断进入无杆腔，将导致活塞行程变短（图 9-6）。

b. 压差发信阀出现内泄（图 9-7），造成活塞在通过 A 和 B 之间时有杆腔和无杆腔直接连通；高低压转换插装阀密封损坏，使活塞在通过 B 和 C 之间时有杆腔和无杆腔直接连通；主液压缸两个活塞是同步串联的，若压力油不断进入无杆腔，将最终导致活塞行程变短。

c. 退活塞小液压缸密封（图 9-7）损坏，使换向泵高压油进入无杆腔的油量增加，导致活塞行程变短。

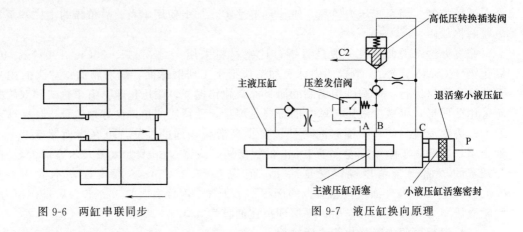

图 9-6　两缸串联同步　　　　　　　　图 9-7　液压缸换向原理

d. 高低压转换插装阀密封损坏，导致压力油进入无杆腔的油量增多，造成活塞行程变短。

② 排查方法。

a. 判断液压缸密封是否损坏。点动液压缸前进或后退，当活塞退到顶端时，拆开液压缸回油管，继续点动憋压，如果活塞密封损坏，则压力油将从回油管中喷出；如果活塞密封完好，则不会有压力油喷出。拆开退活塞小液压缸压力油口，用同样的方法检查退活塞小液压缸内密封即可。

b. 检查压差发信阀和高低压转换插装阀，在没有检测设备的条件下，可用更换新件的方法判断这些部件密封的好坏。

经过仔细检查，最后确认是主液压缸密封损坏，更换密封件后，一切正常。

(2) 远距离泵送时堵管故障诊断排除

混凝土泵车在近距离和低高度泵送时正常；在远距离或高层泵送（混凝土标号 C25，坍落度 16cm）时，经常堵管，液压系统压力达到最大值 32MPa，换向压力也达到最大值 16MPa，液压油温度为 60℃。

① 原因分析。起初认为因液压油温度过高，导致系统出现异常。用水冷却液压系统使液压油温度降到 37℃后，再泵送混凝土，还是出现同样故障。后将混凝土坍落度适当调大到 18cm，并将主液压系统溢流压力调到最大 34MPa，故障依旧。

② 排查方法。经仔细分析认为，主液压泵功率有可能偏小。于是决定适当调大主液压泵功率，方法如下。

a. 松开主液压泵压力调节螺杆锁紧螺母，将主液压泵压力调节螺杆向里调到最大，锁紧螺母。松开主阀块上的主系统溢流阀压力调节锁紧螺母，按住点动前进按钮使主液压系统憋压，向里调节主系统溢流阀压力调节螺杆，仔细观察主系统压力表，当主系统压力表显示压力达到 34MPa 时，锁紧压力调节螺杆；松开主液压泵压力调节螺母，把压力调节螺杆向外慢慢调节，当主系统压力表显示压力降到 31MPa 时，锁紧压力调节螺母即可。

b. 松开功率调节螺母，向里慢慢调节功率调节螺杆，当功率达到要求时，锁紧调节螺母即可。

按上述方法调整主液压泵功率达到要求值后，远距离泵送堵管故障消失。

9.5　盾构设备管片拼装机液压系统振动故障诊断排除

(1) 系统原理

管片拼装机是盾构设备的重要组成部分，是进行隧道混凝土管片拼装衬砌作业的专用装置。其旋转控制系统液压原理如图 9-8 所示。油源为远程压力控制柱塞泵 1，远程比例调压阀 2 控制泵的出口压力。安全阀 3 阀块的压力表检测泵出口压力。旋转控制阀 4 由压力补偿阀和电液比例换向阀组成。双排量液压马达 10 进出口装有双向平衡阀 7。马达带动设有制动缸 9 的减速机旋转，制动控制阀 5 控制制动缸的启闭。变量控制阀 6 使马达在大小两个排量间切换。压力传感器 8 采集马达 A、B 两口高压侧压力值，传到 PLC 控制器，经过预先设好的程序运算，转变为对应的电流值来驱动远程比例调压阀 2，进而控制泵出口压力，使之与负载相适应。

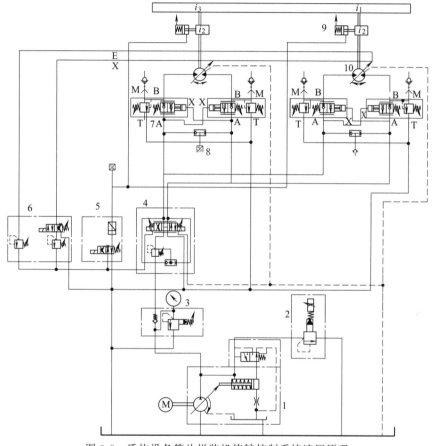

图 9-8　盾构设备管片拼装机旋转控制系统液压原理

1—柱塞泵；2—远程比例调压阀；3—安全阀；4—旋转控制阀；5—制动控制阀；
6—变量控制阀；7—双向平衡阀；8—压力传感器；9—制动缸；10—双排量液压马达

（2）故障现象

盾构机在调试时，其管片拼装机在旋转时产生振动现象，连接管路也剧烈抖动，观察泵出口压力表，压力显示大范围的波动。

（3）原因分析和排查

首先依次检查电气控制部分及液压泵、换向阀、平衡阀、制动阀等可疑部分，均未见异常，因此怀疑旋转马达内部损坏，马达排量及泄漏量随转子转动的相位角变化作周期性波动被放大，会造成振动。打开马达泄油口，果然发现泄漏流量比正常情况下大，该马达为林德 HMV135-022559H2X235W03662 型，产品样本明确表明该马达用于闭式系统，其液压原理如图 9-9 所示。该马达自身集成有冲洗装置，置换出的热油通过泄油口流回油箱，因此泄漏

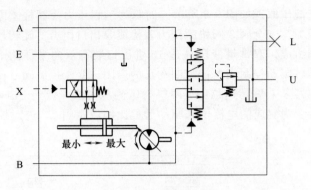

图 9-9　马达液压原理

量较普通马达大，这是旋转时产生振动的根本原因。

　　参考闭式系统用马达液压原理重新绘制系统原理，如图 9-10 所示。平衡阀是为防止马达受负载出现超速失控现象而设的，以在回油侧形成一定的背压来平衡负载，达到运动平稳的目的，阀芯开口与控制压力成正比。当马达开始旋转时，低压侧形成一定背压，平衡阀在控制口油压的作用下被打开一个很小的开口，马达低速旋转。同时高压侧油压作用在冲洗换向阀上，使低压侧部分回油通过冲洗装置流回到油箱。由于冲洗阀打开，使回油侧油压突然降低，马达进、出口压差增大，马达突然加速旋转造成马达进口高压侧压力瞬时降低，降低的压力信号作用到低压侧平衡阀上，使阀芯开口变小，低压侧压力随即升高，使马达旋转速度降低，高压侧压力随即升高，马达旋转速度变快。这一过程反复发生，同时回油侧背压的波动，使通过冲洗阀回油箱的油量也在波动，这更加快了平衡阀时开时闭的频率，马达转速瞬时的变化造成马达旋转时发生振动。

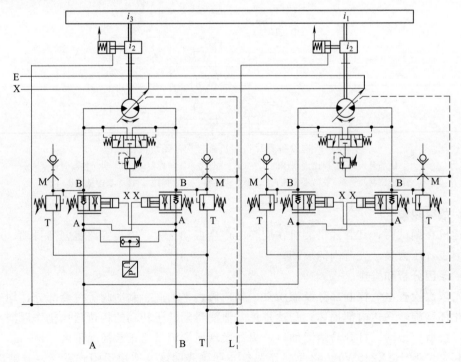

图 9-10　系统原理图

（4）排除方法

马达集成的冲洗装置是造成故障的根本原因，可通过以下三个途径来排除故障。

① 重新订购两台同规格开式系统用马达进行替换。但因周期较长而工期较紧，暂不采用。

② 调整冲洗装置溢流阀的设定压力，使之高于平衡阀所产生的背压，不再溢流，即屏蔽冲洗装置。但由于冲洗装置溢流阀压力弹簧不可调节，只能整体更换，短期内也找不到合适的弹簧。

③ 改变冲洗装置换向阀的结构，使之不再换向，亦即屏蔽冲洗装置。冲洗装置的结构及液压原理如图 9-11 所示。当没有负载，A、B 两口均为低压时，换向阀 1 的两个阀芯在两边弹簧的作用下处于中位，A、B 两口的油液无法通过溢流阀 2 回油箱，当 A 口通高压油，B 口回油时，阀芯 A_1 在油压的作用下右移，带动阀芯 B_1 也相应右移，如图 9-11（a）所示位置，A 口封闭，B 口打开，低压侧的油液就会通过阀芯 B_1 上的油槽经溢流阀 2 回油箱。

如果将外侧阀芯 A_1 取出，将右端油槽的位置截短一段，长度大于阀芯活动的行程 ［图 9-11（a）］，然后再装回原位置，则无论有无高压，两端阀芯都会在锥面 3 处形成有效密封从而达到屏蔽冲洗装置的目的。

按第③个方法实施后，再调试管片拼装机时，旋转正常，无振动现象。

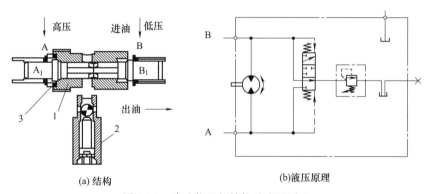

图 9-11　冲洗装置的结构及液压原理
1—换向阀；2—溢流阀；3—锥面

（5）启示

液压系统设计中元件选型错误导致的故障，较常见的元件损坏故障更不易觉察，分析判断也很困难，所以元件选型务必要认真仔细。

9.6　K40.21型塔机顶升液压缸外伸停留时回缩故障诊断排除

（1）系统原理

塔式起重机大多用于工业与建筑施工，也较多用于造船、电站设备安装、水工建筑、港口和货场物料搬运等。塔机顶升、降节是塔机装拆作业中最危险的环节之一，顶升系统在相当程度上决定了塔机顶升、降节作业的安全性，因此对顶升液压系统的安全性要求非常高。

图 9-12 所示为沈阳三洋 K40.21 型塔机顶升液压原理。液压缸 12 上升时的工作压力由溢流阀 7 设定为 46MPa，最高压力由溢流阀 5 设定为 50MPa，缸下降时的压力由溢流阀 9 设定，几个压力出厂前已调定好，用户在使用过程中不允许随意进行调整。高压泵 4 由电动机 3 驱动，高压泵 4 的压力油通过手动换向阀 8 等控制元件的控制后驱动顶升液压缸 12，从而驱动负载，使塔机上部结构上升或下降，以此增加或减少标准节，完成顶升或降节工作

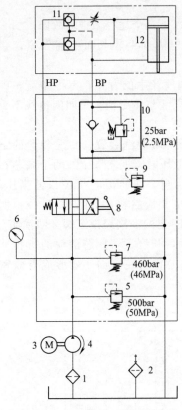

图 9-12　三洋 K40.21 型塔机顶
升液压原理

1—过滤器；2—空气过滤器；3—电动机；
4—高压泵；5,7,9—溢流阀；6—压力表；
8—三位四通手动换向阀；10—单向顺序阀；
11—内控式平衡阀；12—顶升液压缸

循环。

①顶升工况。手动换向阀 8 切换至左位，泵 4 的高压油→换向阀 8→HP 口进入高压软管→液压缸 12 缸底插装的内控式平衡阀 11→液压缸 12 无杆腔，推动活塞杆伸出，实现塔机的顶升，液压缸的顶升速度由高压泵 4 规格确定，它限定了液压缸的最大顶升速度。液压缸有杆腔油液→BP 口进入高压软管→单向顺序阀 10 的顺序阀→换向阀 8→油箱，单向顺序阀 10 在这里作为背压阀用，其开启压力应稍大于液压缸下腔的最低背压，防止顶升横梁等在自重的作用下发生下滑。

②下降工况。阀 8 切换至右位，其进油路线为泵 4 的高压油→换向阀 8→单向顺序阀 10 的单向阀→BP 口进高压软管→液压缸有杆腔。系统压力由溢流阀 9 确定（出厂时已调定）。同时，控制油经 BP 口反向导通内控式平衡阀 11。液压缸下降速度可由节流阀调节。内控式平衡阀由两个通径不同的液控单向阀组成，通径小的开启压力较小，先打开，通径大的开启压力较大，后打开，使塔机下降更为平稳。缸的回油路线为缸 12 无杆腔→内控式平衡阀 11→HP 口进高压软管→换向阀 8→油箱。

③系统卸荷工况。换向阀 8 处于 H 型中位，液压泵 4 的油液经换向阀 8 中位直接回到油箱，系统卸荷。

(2) 故障现象

塔机在某工地安装顶升过程中，操作顶升液压缸活塞杆伸出，无论活塞杆停留在伸出的任意位置，都会发生回缩现象，回缩行程约 5cm，导致顶升横梁上的靴状托板无法挂在塔身节的耳座上（图 9-13）所示，无法正常顶升。

(3) 原因分析

初步分析故障原因有以下两点：一是液压缸腔内有大量空气，有杆腔内空气反弹或者无杆腔内空气被有杆腔背压压缩都会发生回缩；二是有杆腔背压过高。

针对这两种可能原因，分别对液压缸的两腔进行了反复排气，但是回缩现象没有任何改善；之后将控制有杆腔背压的顺序阀 10 的压力向下调整了一些，使空载顶升时顶升压力为 25bar（1bar＝0.1MPa），反弹稍有改善，只有 2~3cm，但是故障依旧存在。

仔细查阅液压系统原理图，并将内控式平衡阀 11 进行拆解研究，发现在故障分析过程中出现了一些失误。空载顶升时顶升压力为 25bar，此压力仅能代表无杆腔的压力。由力平衡关系可知，此时有杆腔的背压应大于 25bar，所以背压（图

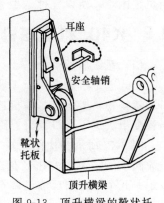

图 9-13　顶升横梁的靴状托板与塔身节耳座的挂接

耳座

安全轴销

靴状托板

顶升横梁

9-12阀 10 的调整压力为 25bar）仍未调整到位。

另外在换向阀 8 回到中位时平衡阀 11 如果没有开启，无杆腔无法回油，有杆腔的背压仍不足以使活塞杆回缩，即发生回缩的瞬间，平衡阀 11 应处于开启状态，当有杆腔的背压将活塞往上顶时，无杆腔油液通过开启的平衡阀 11 回油，当活塞回缩一定行程后，背压降低，当低于平衡阀 11 的开启压力时，平衡阀 11 关闭，活塞停止运动。以上分析与故障现象完全一致。

综上判断该故障有以下三种原因：顺序阀 10 调定的有杆腔背压过大，且超过了平衡阀 11 的开启压力；平衡阀 11 的开启压力太低，且低于顺序阀 10 调定的有杆腔侧背压；前两种可能同时存在，即有杆腔侧背压调整过大，同时平衡阀 11 的开启压力调整过低。

（4）解决方法与效果

分别对有杆腔侧的背压和平衡阀 11 的开启压力进行调整。

① 顺序阀 10 的调整。将顺序阀调整螺栓松开 1/4 圈，开启液压泵观察空载顶升压力，如果该压力为 15bar，则基本调整到位，如果高于 15bar，则停机后再将顺序阀调整螺栓松开 1/4 圈，再次启动观察，直至空载顶升压力调整到 15bar 为止。

② 平衡阀开启压力的调整。平衡阀是内控式的，其开启压力是固定的，没有设置调整螺栓，但是凭经验感觉平衡阀的质量较差，弹簧加工粗糙，不排除变软的可能性，于是将该弹簧下面加了一块 1mm 厚的垫片，提高平衡阀的开启压力。

经反复调整后，该故障排除。

（5）启示

塔机顶升液压系统可靠性要求比较高，但在实际使用过程中却是故障高发的一个区域。除上述故障外，顶升液压系统常见故障还有液压站无压力、压力过低；液压缸起升缓慢或无动作；液压缸下降时抖动；顶升时出现噪声振动；顶升过程中，液压缸突然降落等。这些故障按照上述分析判断过程很容易找到确切原因并予以解决。为了提高顶升液压系统的可靠性，在采用质量过硬的液压元件的同时，应对现场作业条件较差的系统，按规定及时进行维护保养。

9.7 升降小车液压缸动作失常故障诊断排除

（1）系统原理

在现代装卸设备中，液压升降小车的使用相当广泛。该升降小车主体由钢架制成，具有升降、横移、纵移、旋转和偏移等功能。在运输时，升降液压缸缩回，小车重量全部由轮胎支撑。当装卸货物时，升降液压缸伸出，将小车和货物共同托起，当上升到一定位置时，利用小车的偏移、旋转、横移和纵移等功能进行货物装卸时的位置调节与定位，进而安全、快捷地进行货物装卸。在装卸过程中，小车有手动和自动两种操作方式。在手动方式时，小车的升降、移动、旋转等功能都通过操作手动阀来完成；而在自动方式时，小车的动作通过操作控制面板上的按钮来完成。两种方式相比较，各有优势，而且可以进行功能互补。当自动操作时，操作简便、快捷；而手动操作时，换向冲击小，并且为小车断电时的正常使用提供了保障。

小车各部分功能的实现主要由液压系统来完成，小车升降液压原理如图 9-14（a）所示。升降液压缸 6 通过电磁换向阀 1 或手动换向阀 2 实现自动或手动换向；电磁换向阀 1 和手动换向阀 2 均为 M 型中位机能，故具有中位卸荷功能。节流阀 4 用来调节缸的升降速度。双向液压锁 3 可使升降液压缸保压，以使小车升降中保持一定高度不变。双向液压锁 3 用于溢流阀（安全阀）5 对系统起安全保护作用，防止小车由于意外冲击而超载。四个升降液压缸

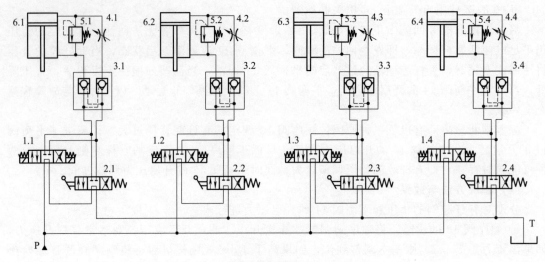

(a) 小车升降液压原理

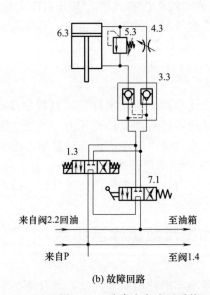

(b) 故障回路

图 9-14　升降小车液压系统

1.1~1.4—三位四通电磁换向阀；2.1~2.4—三位四通手动换向阀（M 型中位机能）；

3.1~3.4—双向液压锁；4.1~4.4—节流阀；5.1~5.4—溢流阀（安全阀）；

6.1~6.4—升降液压缸；7.1—三位四通手动换向阀（O 型中位机能）

6.1~6.4 的油路并联，并通过分流集流阀（图中未画出）保证其同步运动。

　　当小车以自动方式工作时，三位四通电磁换向阀 1 的右电磁铁通电使该阀切换至右位时，压力油经 P→阀 1→双向液压锁 3 的右端液控单向阀→节流阀 4→升降液压缸 6 的无杆腔，同时反向导通双向液压锁左端液控单向阀，液压缸有杆腔→双向液压锁 3 的左端液控单向阀→阀 1→油箱，从而液压缸伸出，小车上升；当上升到一定的高度后，阀 1 的右端电磁铁断电，阀 1 复至中位。此时，由于双向液压锁 3 的存在，升降液压缸 6 保压，使小车保持此高度不变。当小车需要下降时，阀 1 左端电磁铁通电使阀 1 切换至左位，压力油经阀 1→双向液压锁 3 的左端液控单向阀→升降液压缸 6 的有杆腔，同时反向导通双向液压锁 3 的右端液控单向阀，液压缸无杆腔→节流阀 4→双向液压锁 3 的右端液控单向阀→阀 1→油箱，从而使液压缸缩回，小车下降，回到原位。当小车以手动方式工作时，由于电磁换向阀 1 为 M 型中位机能，故压力油经换向阀 1 的中位后进入手动换向阀 2。当手动换向阀 2 切换至右位时，升降液压缸 6 伸出，小车上升；当手动换向阀 2 切换至左位时，升降液压缸 6 缩回，小车下降。

（2）**故障现象**

在升降小车的使用过程中，当以手动方式工作时，操作手动换向阀 2，小车升降一切正常；而当以自动方式工作时，操作控制面板的按钮，升降液压缸 6.3 不动，并且液压缸 6.1、6.2、6.4 出现不同步现象，小车无法正常升降。

（3）**原因分析**

造成升降小车不能正常升降有多种原因。

① 电气信号输入不正确，造成液压元件工作失常。对电磁换向阀 1 输入的电气信号进行测试，未发现信号传输错误。

② 液压元件的调节参数不合理。检查液压系统中各类液压阀的调节参数，所用安全阀 5 的调节压力正常，节流阀 4 处于规定节流位置。

③ 某一或某些液压元件的性能不符合要求。液压控制系统中所用电磁换向阀、液控单向阀、安全阀和节流阀等液压元件，通过手动试验或解体检查，发现各元件性能良好，无损坏现象。

④ 液压系统设计不合理。查阅小车升降液压系统原理图，未发现导致液压缸不能正常升降的明显设计错误。

⑤ 管路堵塞。对系统的液压管路（包括液压软管和硬管）进行检查，均未发现管路有堵塞现象。

⑥ 液压阀安装错误。拆下缸 6.3 的电磁换向阀 1.3，检查其安装状况，未发现其安装错误。为了进一步确认电磁换向阀的性能，更换新的电磁换向阀，故障仍然存在，并且，换向阀底板有漏油现象。再一次拆下电磁换向阀查看，发现新更换的阀底板有一小孔（铸造缺陷），从而造成漏油。由于 4 个升降缸的升降液压系统相同，为了对比，把电磁换向阀 1.2 和 1.3 对调，液压缸 6.2 仍工作正常，而液压缸 6.3 故障依旧。为了找出故障原因所在，对其他液压元件的安装正确性进行检查，拆开手动换向阀操作箱，检查手动换向阀的安装情况。检查发现按设计图纸应为 M 型的手动换向阀 2.3 ［图 9-14（a）］，实际安装的却是 O 型的手动换向阀 7.1 ［图 9-14（b）］。使经过电磁换向阀 1.3 的液压油不能回到油箱，导致液压缸 6.3 不动作。同时，由于液压缸 6.3 的不动作又导致了与之相连的分流集流阀的工作异常，进而引起流量分配的误差，导致了其他三个升降液压缸的动作不同步。

（4）**解决办法与效果**

只要把中位机能为 O 型的手动换向阀更换为中位机能为 M 型的手动换向阀即可。用此法处理后，小车工作状况良好，满足了使用要求。

（5）**启示**

在液压系统设计、制造、安装过程中，三位四通换向阀中位机能在使用时要慎重；要保证液压备件的质量，否则会使系统故障更加复杂；当系统出现故障时，不要仅局限于故障位置，更要考虑与其相连的其他液压系统；在处理故障时，要认真对待设计图纸和现场状况的差别；要加强现场技术人员和安装调试人员的培训。

第10章
汽车与拖拉机液压系统故障诊断排除典型案例

10.1 汽车液压系统故障诊断排除

10.1.1 自卸汽车液压缸自行举升故障诊断排除

(1) 系统原理

图 10-1 所示为某型自卸汽车卸料举升缸液压原理。液压泵（CBG2050 型）2 与汽车变速箱的取力器 1 连接，并通过气控阀（图中未画出）控制连接和切断。自卸汽车在卸料时，打开取力器气控阀，接通取力器，液压泵运转。打开举升阀（DF18B2 型）组开关，切断泄油路，液压泵的压力油流向举升液压缸 6，液压缸伸出将车厢举起。安全阀 4 起过载保护作用。当关闭举升阀组开关回到通路位置时，液压缸在车厢自重的作用下被压回，液压油通过举升阀组回到油箱。在自卸汽车正常行驶时，取力器关闭，液压泵停机。

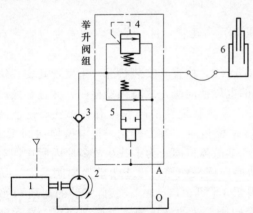

图 10-1 自卸汽车卸料举升缸液压原理
1—取力器；2—液压泵；3—单向阀；4—安全阀；
5—二位二通换向阀；6—举升液压缸

(2) 故障现象

该自卸汽车空载正常行驶中连续发生了两起严重事故：一是车厢突然自行举起，将立交桥撞伤；二是将高压电力线刮断。但均未造成人员伤亡。在发生事故时，司机均关闭了取力器和举升阀组的开关。

(3) 原因分析与解决办法

① 根据故障现象可以断定，汽车在行驶过程中，液压泵一直处于运转状态。通过现场观察也证实了这一点。拆开取力器的气控阀，发现气室里边有污物和锈迹，活塞被卡住不能回位。于是，就造成了虽然关闭了气控阀开关，但取力器并没有切断，液压泵一直在运转中。通过清洗后，故障消除。

② 从液压原理图看，似乎即使液压泵运转，只要举升阀不打开，液压油流经举升阀回到油箱，车厢也不会举起。事实并非如此。通过检查管路发现，回油管路 AO 段为钢管 $\phi28\text{mm}\times2.5\text{mm}$，较细且较长，而且事故均发生在冬季，液压油黏稠，造成较大的回油阻力和背压，加之汽车行进过程中遇到路面颠簸，于是加剧了这一现象的发生。管子内径 d（m）可根据油液流量 $q=100\text{L/min}=1.67\times10^{-3}\text{ m}^3/\text{s}$ 和油液流速 v（m/s）按式

（10-1）进行计算。

$$d \geqslant 1.13\sqrt{q/v} \tag{10-1}$$

一般回油管路取 $v \leqslant 1.5 \sim 2.5 \text{m/s}$，此处取最小值 $v=1.5 \text{m/s}$。代入式（10-1）算得内径 $d \geqslant 0.037 \text{m}$，根据钢管标准规格，选取钢管型号为 $\phi42\text{mm} \times 3\text{mm}$，内径为 $d=36\text{mm}$。

按上述计算加大回油管路通径后，通过测量，管路损失降低到允许的范围内。再也没有发生类似事故。

（4）启示

有些情况下，管径选取不合理，压力损失过大，会造成严重的后果。

10.1.2　15t 自卸汽车转向液压系统转向沉重故障诊断排除

（1）系统原理

自卸汽车是国民经济中重要的物料运输工具，其转向助力系统尤为重要，它一旦在运行中失效，就会造成重大事故。图 10-2 所示为 15t 自卸汽车转向助力液压原理，该系统主要由液压泵 2、调速阀 3、比例阀 5 和助力液压缸 6 等组成。调速阀的作用是，无论发动机的转速如何变化，都维持流向转向系统的流量稳定，防止在发动机低速时转向沉重，在发动机高速时转向发飘。比例阀的作用是使转向盘的转角量和助力液压缸的行程成固定比例。

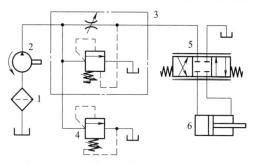

图 10-2　15t 自卸汽车转向助力液压原理
1—过滤器；2—液压泵；3—调速阀；4—溢流阀
（安全阀）；5—比例阀；6—助力液压缸

（2）故障现象

15t 自卸汽车转向时感到沉重。经检查转向液压助力系统，发现其液压油箱液面偏低，有很多泡沫，经补充液压油后试车，问题能解决，并且油箱里的液压油还通过通气孔喷出。初步判断是因为液压系统进入空气，导致液压油体积增大，泡沫喷出，同时由于空气的压缩特性，使液压系统压力降低，助力作用减弱。

（3）原因分析

由系统原理图可以看出，从液压泵向后的部分为高压部分，外界空气无法进入；从液压泵向前为负压部分，并且还有吸油过滤器，增加了吸油阻力，故空气有可能进入。通过检查油箱、过滤器及管道，没有发现漏油漏气的现象，剩余的可能进气之处就是液压泵的吸油侧。拆解液压泵，发现此液压泵唯一能够进气的地方就是泵轴油封，检查泵轴油封，未发现明显的损坏，只是在油封的唇口和泵轴接触处有轻微的摩擦痕迹，但不至于产生如此多的进气。另外就是过滤器太脏，增大了进油区的真空度。再就是液压泵结构设计的原因，此泵的泵轴油封是为了密封泄漏油的，但此区域和液压泵吸油口相通，产生了很大的真空度，而油封的唇口方向向内［图 10-3（a）］，这样当吸油区的负压很大时，大气压对油封的作用力会抵消油封弹簧的箍紧力，甚至将油封唇口抬起，使空气进入负压 2 区进而进到液压泵的吸油腔。

（4）改进方案

根据分析，比较合理的液压泵结构应该是泄漏油腔和吸油腔分开，设置独立的泄油管道。还有一种方案则是双油封结构，一个向里，防止液压油外泄，另一个向外，防止空气进入，或者是采用双唇油封，一唇口向里，另一唇口向外。临时解决办法就是将油封反装［图 10-3（b）］，问题得到解决。当油封反装后，大气压的作用力和油封弹簧的箍紧力方向相同，增加了油封唇口和泵轴的接触力，防止了空气的进入，同时在停机后，在油封弹簧的作用力

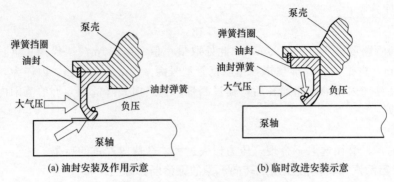

(a) 油封安装及作用示意　　　　　　(b) 临时改进安装示意

图 10-3　液压泵油封安装示意

下，也能阻止液压泵内的油液外泄。当然，最好的办法如前所述，是装两个油封并背向布置。

10.1.3　电动轮汽车液压系统污染及其治理

电动轮汽车具有装载吨位大、运行效率高、运输成本低的优势，为矿山达产达标建设提供了有力的保障。但是，在其使用过程中，也出现一些故障，而液压故障占了整车故障相当大的比例，对设备的利用率、单机成本等有一定的不利影响。而液压系统污染是液压系统故障的主要原因之一。

(1) 故障现象

电动轮汽车液压系统从功能上可划分为转向系统、制动系统和举升系统三部分。转向系统由油箱、转向阀、转向泵、转向缸等元件构成，功用是为电动轮提供液压动力转向。制动系统由前后轮工作制动器、制动阀、制动储能器等元件构成，功用是为电动轮提供全液压制动。举升系统由举升泵、油箱、举升缸、举升控制阀等元件构成，功用是为电动轮举起车斗倾卸物料提供动力。

电动轮汽车在矿山生产过程中，液压系统发生的主要故障有转向慢、转向困难或动力助力不足；系统油温高；转向时方向呆滞或弹抖；转向不稳定以及转阀发卡；举伸满载车斗时，升起很缓慢；举不起车斗；车斗自由降落太慢或降不下；制动盘过热；制动不回位。

(2) 原因分析

综上所述，电动轮汽车的液压故障多发生在液压系统内，大多是因为某个或某些液压元件的功能丧失或元件的失效造成的。而造成这些问题的主要原因是液压系统受到污染所致。液压系统常见污染及其危害见表 10-1。

表 10-1　液压系统常见污染及其危害

污染危害	描　述
导致液压油液物理性质改变	污染后液压油的黏度与表面张力等物理性质改变。黏度改变影响控制油路流动阻力的变化，从而导致控制元件接收信号的改变，造成控制上的误差。表面张力的改变，影响部分元件(如分配比例阀、记忆元件等)性能改变导致控制上的故障
导致液压油液化学性能改变	生成易挥发油(类似汽油、柴油等)，导致在液压管路的低压处(如液压泵吸油口处、液控元件的小截面流道等)迅速汽化成"泡"，进入高压处(如泵的出口处、油管大截面处等)，"泡"中气迅速凝聚成液，体积急剧变小，形成气蚀，从而破坏控制油路的稳定或破坏个别元件，导致控制油路中断
生成可凝固的胶状物或膏状物(类似酯酸钠)	堵塞局部油路或过滤网，或者黏附在油管内表面增加流动阻力，导致超低压区出现诱发气蚀
产生水与油的均匀混合物——乳化液使液压油受到破坏直至不能使用	
汽车开动时电磁波和超声波对油污染，会使油与有害物质加速化学反应,同时也会改变油液黏度和表面张力	

对于电动轮汽车而言，由于液压油的污染，往往使转向缸活塞密封损坏。密封不良，出现内泄漏，造成油温升高。同时，泄漏造成压力损失，使转向力不够，增加泵的负荷，导致电动轮汽车转向慢，转向困难或动力助力不足。液压阀件内的运动副表面往往会被污染物划伤，此时，运动副相对运动的摩擦阻力增大，动作迟滞，系统工作的稳定性差，严重时可使阀芯发卡、咬死，阀件功能失效，导致电动轮汽车举不起车斗，车斗自由降落太慢或降不下。液压油中颗粒物会加剧泵内部元件磨损，从而导致泄漏量增大，油液温度升高，液压泵的压力及效率降低。

液压系统污染形成的主要途径如下。

① 采场、爆破烟气通过空气混入液压油中，烟气中有碳、氮、硫等氧化气体，也混入有碱、盐等固体微尘和其他有害成分，通过油箱与外界空气接触混入油箱内，使油液产生物理和化学变化。

② 在检修时，有灰尘、棉纱等进入液压油中，或在更换、装配元件时，清洗不干净，使污染物被带入到泵、马达等元件内。

③ 换油工具不洁。旧容器常盛过汽油，带来油性污染；盛用洗涤液的容器带有化学污染物；或油箱未洗干净。

④ 有害矿物微尘侵入液压油中，使液压油产生化学或物理性质改变。

⑤ 由于多种原因，水、空气、灰尘等杂物混入液压油中，液压油在使用前即被污染。

（3）预防措施

目前，矿山对电动轮实行计划维修，其中，对液压系统实行定期保养。

① 主动预防性维护。这是在液压系统正常工作时就进行的维护工作，监测可能导致材料损坏和性能下降的系统性参数，如油液的污染度、油液的理化性能指标、油液的温度等。液压油的污染是液压系统和液压元件失效的主要根源，因此主动预防性维护的主要内容就是对液压油实行污染控制和监制。

将系统的污染度控制在 NAS9～NAS10 级为宜。在液压油箱与空气接触的进气口增加吸附网膜，吸附有害成分，定期换膜。经常性地监测油液污染度和理化性能指标，确保目标清洁度要求。勤检查液压油，发现变质要及时更换。检查时可使用滤纸，将合格油与待检油分别滴在滤纸上，看其扩散情况。也可将合格油和待检油分别滴在手掌上，用手搓，感觉其黏性变化，闻其气味，观其色。准确方法是采用仪表，如黏度计、表面张力计等。

② 加强保养的管理工作。电动轮汽车的液压系统保养采用计划保养。但在实际工作中，经常会出现因保养不到位而造成损坏的现象。因此，加强保养工作显得尤其重要。制定的液压系统保养规程见表 10-2。

表 10-2　液压系统保养规程

序号	项　目
1	经常检查液压油箱的油位，确保油位正确
2	液压系统保养应在专门的保养库进行
3	保养前应将整车清洗干净，尤其是油箱口、呼吸器口及滤芯、泵、阀等部位
4	在给油箱加油时，最好用快速接口加注，如没有快速接口，也要将油箱口和加油枪上的灰尘、油污等清理干净才能向油箱内注油
5	加注液压油由驾驶员本人按要求完成
6	每次加油后正常运行 2500h，应更换一次液压油及滤芯
7	液压系统在经大修或处理完较大故障后，运行 100h，将液压油滤芯更换，然后按第本表序号 2 进行
8	液压系统在处理完较大故障后，如更换了损坏的液压泵等，应彻底清洗油箱并更换滤芯，然后按本表序号 2、3 进行
9	每 1000h 进行一次油样抽检，如不合格则按序号 8 进行

10.1.4　汽车传动器试验台液压系统发热故障诊断排除

(1)　系统原理

从国外引进的汽车传动器试验台中采用了液压系统，该系统主要用于变速箱在试验台上夹紧、定位，并分别使左、右加载轴伸出、缩回，其液压原理如图 10-4 所示（原液压系统中无蓄能器 22、压力继电器 23、24）。

试验时，人工将两个辅助半轴插入变速箱左、右输出端，并把被试变速箱吊到托盘上，按双手按钮后，气缸将托盘送到试验台定位面上后，电磁铁 1YA 通电使电磁换向阀 11 切换至左位，液压泵 1 的压力油经单向阀 4→过滤器 6→阀 11→液压锁 14→单向节流阀 17→夹紧液压缸 29 无杆腔，将变速箱夹紧，夹紧液压缸 29 有杆腔回油→单向节流阀 25→液压锁 14→阀 11→截止阀 28→过滤器 8→油箱。夹紧过程中系统工作压力由电磁溢流阀 3 设定为 3MPa。夹紧到位后，接近开关发信给可编程控制器 PLC，使电磁铁 3YA 通电，电磁阀 12 切换至左位，另一路压力油经减压阀 9→电磁换向阀 12→液压锁 15→单向节流阀 18→输入轴液压缸 30 无杆腔，输入轴液压缸 30 伸出将试验台主驱动轴的轴套与变速箱的输入轴相连；输入轴液压缸 30 有杆腔回油→单向节流阀 26→液压锁 15→阀 11→截止阀 28→过滤器 8→油箱。连接到位后，接近开关发信给 PLC，使电磁铁 5YA 通电，电磁阀 13 切换至左位，压力油经减压阀 10→阀 13→液压锁 16→单向节流阀 19→输出轴液压缸 31 无杆腔，输出轴液压缸 31 伸出将试验台主驱动轴的轴套与变速箱的输出轴相连。输出轴液压缸 31 有杆腔回油→单向节流阀 27→液压锁 16→阀 13→截止阀 28→过滤器 8→油箱。连接到位后，接近开关发信给 PLC，按程序继续进行下面的试验。因输入轴液压缸 30 和输出轴液压缸 31 负载小，减压阀 9、10 设定工作压力为 1.5MPa。整个试验过程约 3min。

(2)　故障现象及原因分析

在试验过程中，夹紧液压缸夹紧、输入轴液压缸和输出轴液压缸伸出后保持不动（无行程），为了保压，液压泵继续工作，系统压力仍为 3MPa，产生了大量的热，浪费了能源。由于油箱体积受到限制，散热不好，在夏天时，试验台连续工作 8h 后，液压系统的热平衡温度可高达 80℃，影响了生产。

(3)　改进措施

为了减小液压系统发热，对原液压系统进行了改进。在系统中增加了蓄能器 22 和作为压力检测元件的压力继电器 23、24（图 10-4）。其工作原理如下，当夹紧液压缸夹紧变速箱，输入轴液压缸和输出轴液压缸伸出到位后，压力继电器 23 检测到系统压力为 3MPa 后，发信给 PLC，控制电磁铁 7YA 通电使电磁溢流阀中的电磁阀切换至左位，液压泵 1 卸荷。由蓄能器提供夹紧液压缸、输入轴液压缸、输出轴液压缸所需的系统压力。设计时，在正常情况下蓄能器能维持液压系统压力 3min。为了防止意外，当液压系统泄漏或其他原因造成液压系统压力下降，压力继电器 24 检测到系统压力为 2MPa 时，发信给 PLC，使电磁铁 7YA 断电，电磁溢流阀的电磁阀复至原位，液压泵向系统补油，保证液压系统所需的工作压力。

(4)　效果与启示

改进后的汽车传动器试验台液压系统在实际使用中取得了很好的效果，在夏天试验台连续工作 10h，液压系统的最高温度不会超过 60℃。满足了生产对传动试验台的使用要求。

在液压执行元件无行程保压时，应使液压泵卸荷，而采取其他措施如蓄能器和压力继电器配合来保压，以避免保压期间液压泵高压溢流带来的功耗和发热。

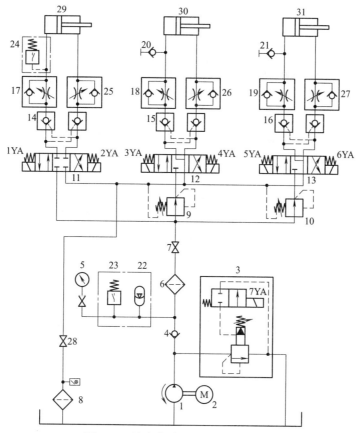

图 10-4 汽车传动器试验台液压原理

1—液压泵；2—电动机；3—电磁溢流阀；4—单向阀；5—压力表；6—过滤器；7,28—截止阀；8—带光学阻塞指示器的过滤器；9,10—减压阀；11～13—三位四通电磁换向阀；14～16—双向液压锁；17～19,25～27—单向节流阀；20,21—测压接头；22—蓄能器；23,24—压力继电器；29—夹紧液压缸；30—输入轴液压缸；31—输出轴液压缸

10.2 拖拉机液压系统故障诊断排除

10.2.1 农用拖拉机液压系统常见故障诊断排除

拖拉机是用于牵引和驱动作业机械完成各项移动式作业的自走式动力机械，拖拉机也可作固定作业动力。拖拉机通常由发动机及传动、行走、转向、液压悬挂、动力输出、电器仪表、驾驶操纵及牵引等系统或装置组成。发动机动力由传动系统传给驱动轮，使拖拉机行驶，现实生活中，常见的都是以传动带传送动力。按功能和用途有农业、工业和特殊用途等拖拉机；按结构类型又有分轮式、履带式、自走底盘式和船形拖拉机等。现代拖拉机普遍采用了液压传动。农用拖拉机液压系统常见故障诊断排除方法如下。

(1) 作业农具不能提升故障诊断排除 （表 10-3）

(2) 作业农具提升无力 （达不到技术规定的提升能力）**故障诊断排除** （表 10-4）

(3) 作业农具提升速度缓慢故障诊断排除 （表 10-5）

(4) 作业农具不能保持在运输状态故障诊断排除 （表 10-6）

(5) 悬挂不能下降和提升发抖故障诊断排除 （表 10-7）

(6) 操纵手柄不能从"提升"或"压降"位置自动回到"中立"位置故障诊断排除 （表 10-8）

(7) 液压系统油温过高与液压油中混有空气并从加油口溢出泡沫故障诊断排除 （表 10-9）

表 10-3　拖拉机作业农具不能提升故障诊断排除

诊断排除工作内容	检查部位及说明
外部检查分析判断	发动机工作时,扳动操纵手柄至"提升"位置,悬挂杆没有提升动作,应从外部检查。一般情况下,外部原因发现后可立即排除 ①液压泵传动机构是否接合 ②液压油箱的液位高度是否正确 ③油管是否破裂和接头是否松动而造成液压油大量泄漏 ④液压缸定位阀与定位挡板之间 10～15mm 的间隙是否保证 ⑤悬挂机具的重量是否超过额定承载量 ⑥自封接头的压紧螺母是否松动,若松动会使封闭阀关闭,液压油不从分配器进入液压缸工作
内部故障分析判断	在外部进行检查确认正常后,即可进行内部故障检查。液压系统的液压元件(液压泵、分配器、换向阀、液压缸等)都是在密封状态下工作的,故障部位不可能直接观察到。故可以采取以分配器为中心,通过变换分配手柄的不同位置,观察分配器及周围反映出不同的现象,进行分析判断,分段检查,排除故障 发动机运转后,将分配器操纵手柄置于不同的位置,会出现以下两种现象: ①分配器手柄置于"提升"工作位置后,手柄立即"咔"的一声跳回"中立"位置,机具不能提升。若强制手柄停留在"提升"位置,同时分配器发现尖锐的"嘎嘎"声(安全阀开启声),发动机运转声变得沉重,负荷显著增加,通往液压缸下腔的油管发生抖动现象,这表明液压泵和分配器工作均正常,而通往液压缸的油路被堵塞,多数情况下是定位阀在关闭位置卡死或缓冲阀被脏物堵塞 ②分配器手柄置于"提升"位置后,机具不提升,手柄又不跳位,发动机负荷无变化。这表明液压系统内部有泄漏现象,使油液不能建立起高压,原因可能发生在液压缸、分配器、液压泵,需进一步检查 检查液压缸: 先按下液压缸上的定位阀,堵死压降的回油路。再将分配器手柄置于"压降"位置,用于固定。这时会出现两种情况:一是分配器发出尖锐的"嘎嘎"声,发动机声音沉重,负荷增加,这表明泵、分配器工作均正常,而故障原因发生在液压缸;二是分配器无响声,发动机负荷无变化,这表明故障发生在分配器和液压泵,应先检查分配器后检查液压泵 检查分配器: 分配器的故障大多数情况下发生在回油阀处。回油阀在开启位置时在导向套内卡住或回油阀锥面与阀座密封不严,使液压泵泵出的油液不能通往液压缸而从回油阀处泄漏直接流回油箱。出现这种故障,可用小木锤轻轻敲击分配器安装回油阀处,使回油阀因振动而落回阀座,或者拆下回油阀,使阀在导向套孔内移动灵活,用柴油清洗装回。在特殊情况下,必须将导向套连同回油阀取下,在干净的柴油中清洗并检查阀体尾部在导向套中是否移动灵活,如有卡紧现象,应用机油对研,直到阀能在导向套孔内灵活移动为止,再清洗装回原位 检查液压泵: 在回油阀工作正常的情况下,若仍不能提升,需检查液压泵。液压泵的故障一般发生在三角形的分压胶圈和主动轴自紧油封处。当分压胶圈损坏时,高、低压油腔相通,造成液压泵工作能力突然下降,如用手摸泵壳会感到温度很高,需更换新胶圈。当自紧油封损坏时,液压泵工作能力也会突然下降,同时会出现发动机底壳机油增多的现象。在更换自紧油封的同时,应检查轴套上的密封圈,以防密封圈老化、失效而造成自紧油封的早期损坏

注:除了上述分析、判断以外,自动弹簧弹力减弱或折断,安全阀弹簧折断引起回油阀提前开启等原因均使机具不能提升。

表 10-4　拖拉机作业农具提升无力故障诊断排除

故障原因	分析判断	解决办法
液压泵磨损严重	长期超负荷工作或液压油太脏引起的	在规定载荷下工作或清洗换油
安全阀压力过低或漏油	①调整压力不当 ②锁紧螺母松动,引起安全阀套松动 ③压紧弹簧塑性变形,使弹力下降 ④阀和阀座磨损、拉伤或脏物卡住	仔细拆检安全阀各零件,如果零件损坏或变形,一定要进行修复,不能修复者一律要更换。清洗干净,认真装配调整,使其开启压力保证在规定值左右

续表

故障原因	分析判断	解决办法
主控制阀套磨损严重	机械摩擦或油液污染	更换主控制阀套,并与主控制阀芯配研,使配合间隙保证在 0.006～0.012mm 之间。更换污染的油液
油缸活塞密封圈损坏	磨损或老化	拆检更换活塞密封圈
轴套两端密封圈损坏	磨损或老化	拆检更换密封圈
下降速度调节阀或截断阀密封圈损坏	磨损或老化	拆检更换密封圈

注:农用拖拉机每千瓦牵引功率的提升力应不小于300N。

表 10-5　拖拉机作业农具速度缓慢故障诊断排除

故障原因	分析判断及解决办法
进油管吸入空气	进油管与液压泵、油箱连接处的密封不严,或油管损坏,或主动齿轮的油封损坏等都会使空气进入油道,造成空气和油搅和成泡沫状,产生乳化。受压后气体体积缩小,使工作压力降低,造成农具提升缓慢。要认真检查油路和 O 形密封圈,必要时拧紧螺母及更换 O 形密封圈,如发现气孔,一定要重新焊好。如发现工作压力不足,并且在油箱内出现泡沫,应立即排除液压系统中的空气。可操纵分配器手柄,连续升降数次,然后将液压缸上、卜腔放气螺塞拧松,待空气排尽后再拧紧。管路中的空气,一般都是管接头螺母、螺钉松动,或 O 形密封圈老化损坏及焊接气孔等引起的
液压缸压力过低	分配器中的回油阀卡死在导向套内落不下去,封闭不住回油道,自液压泵来的油从回油阀处流回油箱
液压系统的油温过高或过低	温度过高,油的黏度降低,漏损增加,压力损失大;油温过低,油的黏度大,油箱过滤器过滤缓慢,液压油流动性能差,不易流入液压泵吸油管,冬季易出现这种现象,因此在冬季作业前,要以液压系统本身油循环的方式进行预热,使油温保持在正常的工作温度
液压泵内漏严重,使其流量降低	液压泵长期使用磨损或因其密封圈失效密封不严,引起泄漏。若是密封件老化或损坏,更换新密封件即可。若是轴套与齿轮副磨损,一般不进行修理,需要更换新泵
分配器回油阀与阀座之间接触不良,使密封不严	用柴油清洗阀与阀座,装回原位,如果是液压油太脏,应换油
分配器安全阀压力偏低,工作时提前打开,液压系统内的液压压力降低	调整安全阀开启压力,更换安全阀弹簧
过滤器堵塞	清洗过滤器、管路和提升器壳,并更换液压油
油箱液位太低	加注足够的液压油

注:拖拉机液压系统配带不同农具时,所需的升降速度也不同,对常用的悬挂犁而言,从耕作到运输状态的提升时间,中、小型拖拉机一般不超过 2s,大型拖拉机不超过 3s。

表 10-6　拖拉机作业农具不能保持在运输状态故障诊断排除

故障原因	分析判断及解决办法
液压缸活塞密封或分配器阀芯与阀孔密封处磨损	在运输状态下,悬挂农具没有超重,若在 30min 内活塞杆的下沉量超过 8mm,则可能是由于活塞密封磨损或者是分配器中阀芯与阀孔之间有较大的磨损所致。可把分配器操纵手柄放在"提升"位置,抬起和压下液压缸上的定位阀来检查。如果在压下定位阀后,沉降量停止和缩小,这说明分配器滑阀处磨损,反之则是活塞密封磨损。此有故障,需进行检修和更换新品
液压缸内活塞杆与活塞连接的地方漏油	拧紧活塞杆上的螺母

表 10-7　拖拉机悬挂不能下降和提升发抖故障诊断排除

故障现象	故障原因	分析判断及解决办法
悬挂不能下降	主控制阀卡死	研磨或清洗,重新装配后应活动自如
	活塞刮伤卡死在油缸中	研磨或清洗,重新装配后应活动自如

故障现象	故障原因	分析判断及解决办法
提升发抖 （液压点头）	单向阀总成部位漏油	密封圈冲坏；单向阀座磨损或拉伤；压紧弹簧折断；单向阀总成未拧到位或松动。认真检查单向阀总成及安装部位，如有损坏或变形零件，应修复，不能修复则更换
	液压缸活塞密封圈损坏	更换新件
	下降速度调节阀密封圈损坏	更换新件
	主控制阀配合副磨损，使间隙增大，内泄漏增加	拆检修理或换件

表 10-8　拖拉机操纵手柄不能从"提升"或"压降"位置自动回到"中立"位置故障诊断排除

故障原因	分析判断及解决办法
液压泵、分配器等零件磨损，回油阀关闭不严，使分配器中的油压达不到自动回位压力	检查液压泵的供油压力，若压力不足，可调整自动回位压力至规定值，若零件磨损必须进行修理或更换新件
回油阀关闭不严，使液压系统内建立不起正常的工作压力	当回油阀小孔堵塞时，高压油没有出路，迫使回油阀打开，造成手柄不能自动回位，此时只要清洗回油阀小孔即可排除故障
滑阀弹簧变软或折断，升压阀弹簧和定位弹簧太紧，定位钢球卡在凹槽中以及回位机构失灵都会使手柄不能自动回位	拆检分配器，调整滑阀自动回位压力，必要时更换和调整各种弹簧和定位钢球
安全阀开启压力太低，弹力不足，农具提升时，安全阀过早开启，压力低于滑阀自动回位压力	调整安阀的开启压力至规定值或更换安全阀
油温过高或油箱中液位太低	油温过高，液压油黏度降低，泄漏增大，没有足够的压力，手柄自动回位，使自动回位机构失灵；液位太低，液压泵工作压力不足，自动回位压力随之降低，自动回位机构不起作用。降低油温，向油箱加油即可

表 10-9　拖拉机液压系统油温过高与液压油中混有空气并从加油口溢出泡沫故障诊断排除

故障现象	故障原因	分析判断及解决办法
油温过高	油箱液位低，泵吸入空气	当油箱中油量过少时，吸入空气，液压泵在缺油的情况下工作，温度会迅速升高到 100℃以上，添加液压油，过热现象会自动消失
	油道堵塞，使安全阀、回油阀在过载下长期工作等	高压油经回油阀时，油流在阀座周围急剧摩擦产生高温，故障出在定位阀和缓冲阀
	分配器卡阀等	分配器操纵手柄在工作位置（"提升"和"压降"）时卡住，会引起液压油温度急剧升高。此时定位钢球卡死在凹槽中，滑阀芯不能移动
液压油中混有空气并从加油口溢出泡沫，提升农具时无力，发生抖动并加速液压泵的磨损等	吸油管路有裂纹，接头不平，密封垫片损坏，有漏油现象，工作时空气便从泄漏处吸入，在油箱中产生气泡	焊接油管裂纹处，更换密封垫片
	液压泵齿轮轴的自紧油封工作边缘磨损，橡胶弹性降低失效，造成空气从此吸入	更换自紧油封
	液压系统中油量不足，会使吸油管中产生较大的真空而吸入空气产生气泡	添加液压油

10.2.2　JD-445 型拖拉机液压转向系统跑偏故障诊断排除

(1) 系统原理

　　JD-445 型拖拉机是从美国约翰迪尔公司引进的大马力拖拉机。图 10-5 所示为该拖拉机转向液压原理。

　　① 计量泵 1 是一个外啮合齿轮泵。泵的主轴与转向盘立轴相连，只要转动转向盘，计

量泵就可以输出压力油。

②　转向阀 2 是一个液动换向阀。阀芯内部装有两个人力转向单向阀。两个单向阀公用一根弹簧。P 为主压力油源。当压力油进入阀中间位置，不转动转向盘时，阀芯中立，压力油被截止。

③　转向液压缸 3 是一个齿条式摆动液压缸。当压力油进入转向液压缸 3 某腔，推动活塞移动时，齿条带动转向立轴 7 转动，转向立轴 7 又带动转向机构使前轮转向。

④　反馈液压缸 4 与转向液压缸 3 同步移动（铰连）。反馈液压缸 4 排出的油液进入计量泵 1 的吸油腔并与转向阀 2 另一端油路相通。当停止转动转向盘时，计量泵 1 吸油停止。该液压缸排出的油液经节流口进入转向阀 2 一端，使阀芯瞬刻回到中位。主油路被切断，转向液压缸 3 停止移动。

⑤　缓冲阀 5。四个缓冲阀分别与转向液压缸 3 和反馈缸液压 4 各油路连通。如果该机在正常行驶中，前轮突然遇到障碍物时，转向液压缸 3 某腔的油压则突然升高，此时该腔油路的缓冲阀开启卸荷，起安全保护作用。

⑥　补油单向阀 6。两个补油单向阀 6 均连接在控制油路上，如果油路缺油，补油单向阀则自动开启，使回油路的油液流进补充。

上述缓冲阀、补油单向阀和转向阀装在一个阀体中。

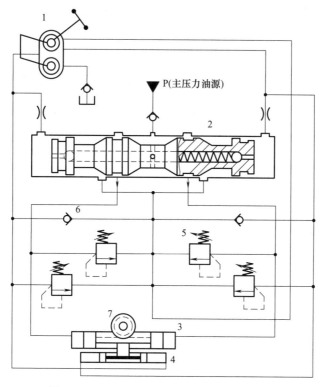

图 10-5　JD-445 型拖拉机转向系统液压原理
1—计量泵；2—转向阀；3—转向液压缸；4—反馈液压缸；5—溢流阀（缓冲阀）；6—补油单向阀；7—转向立轴

在液压转向过程中，当驾驶员转动转向盘时，计量泵输出的压力油同时作用在转向阀 2 的一端和反馈液压缸 4 上。但此刻，由于转向液压缸 3 的活塞未动，所以反馈液压缸的活塞也不能动。故压力油先推动阀 2 的阀芯到某端，从而打开主压力油源 P 通往转向液压缸 3 的油路，主压力油进入转向液压缸推动活塞移动，产生转向所需的动力。这样，液压转向时，转动转向盘非常省力。

为了保证当主压力油源 P 发生故障不能供油时该机仍可正常行驶，本系统设有人力转向装置，其工作过程如下。驾驶员转动转向盘时，计量泵供油，使阀芯移动到位后停止。由于主压力油路 P 不供油，阀芯内部就没有压力油的作用。人力转向单向阀的弹簧（图 10-5）比较软，所以当计量泵不断供油时，该端的人力转向单向阀的钢球就会开启。油液流进阀芯又通过阀芯中间孔流出，然后流进转向缸，推动活塞移动。由于此时的压力油是靠人力转动转向盘提供的，所以比较费力。

（2）故障现象

在调查中发现，JD-445 拖拉机在正常直线行驶过程中，总向某一方向偏。

（3）原因分析

经分析，认为拖拉机跑偏很可能是转向阀（图 10-5）阀芯内的人力转向单向阀关闭不严造成的。根据液压转向系统工作原理推断，如果有一个人力转向单向阀关闭不严，主压力油就可从该阀的缝隙漏出，造成转向阀的阀芯两端所受液压力不等，使阀芯移动，从而使主压力油进入转向液压缸，发生拖拉机跑偏现象。实践证明此判断正确，将转向阀阀芯拆下清洗之后，发现确有一个人力转动单向阀钢球磨损严重。

（4）排除办法

为了安全起见，用同样直径的新钢球将两个旧钢球全部更换。安装好后，拖拉机自动跑偏现象随之消失。

10.2.3　拖拉机悬挂系统液压缸端盖突然断裂故障诊断排除

（1）功能结构

YG-110 型液压缸用于东方红-75 拖拉机的液压悬挂系统，它属于单杆活塞缸，其活塞直径 $D=110\text{mm}$，活塞行程 $H=250\text{mm}$，最大承载力 $F=9\text{t}$。该缸两端盖采用铸铁材料制成，缸筒缸盖采用拉杆式连接，即上、下端盖与缸筒通过四根长螺杆连为一体。

（2）故障现象

该液压缸的上、下两个端盖在工作中出现过多次突然断裂的故障。

（3）原因分析

如果是系统中油压超高，往往会引起该液压缸的两根高压橡胶软管爆裂，并不会引起端盖断裂。故首先对该缸的两端盖在工作中的受力情况进行分析。

液压缸的安装姿态如图 10-6 所示，在工作中，当活塞上行时，负载力 mg 与活塞运动速度 v 相反，当活塞运行到上止点，碰到上端盖时，就会对上端盖产生一个作用力，该作用力在铅垂方向为

$$N_1=p_1A-mg+m\,\frac{v_1}{t} \tag{10-2}$$

式中　p_1 为液压缸无杆腔的压力；A 为活塞有效作用面积；v_1 为活塞上行平均速度；m 为总负载质量；g 为重力加速度；t 为活塞与端盖的撞击时间。

当活塞下行时，由于活塞的下行速度 v_2 与负载力 mg 的方向相同，故当活塞运行到下止点时，对下端盖产生的作用力可写为

$$N_2=p_2A+mg+m\,\frac{v_2}{t} \tag{10-3}$$

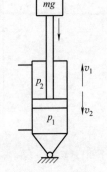

图 10-6　液压缸的安装姿态

由以上两式可以看出，在工作中活塞对两端盖产生的作用力 $N_2 \gg N_1$。

为了降低活塞对下端盖的作用力 N_2，该液压缸采用了活塞下行全行程缓冲的方法。在

该缸的上端盖装有两个管接头，它们分别通往液压缸的两工作腔，在通往液压缸无杆腔的管接头内安装了单向节流缓冲阀，如图 10-7 所示，节流阀片 2 相当于通常的阀芯。当压力油从左端流进管接头时，压力油将节流阀片冲到支架 3 上。此时，压力油可经节流阀片四周及中心孔流进液压缸无杆腔，故缸的活塞上行速度 v_1 不受影响，$v_1 =$ 0.08m/s。当无杆腔的油液流出时，油液又将节流阀片冲到左端阀座 1。此时，油液只能通过起节流作用的节流阀片中心孔流出，从而降低了活塞的下行速度 v_2（$\approx$0.05m/s），因此也就降低了活塞到达下止点时对液压缸端盖的作用力。

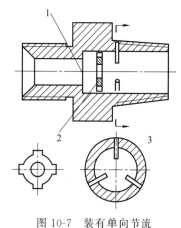

图 10-7　装有单向节流
缓冲阀的管接头

1—节流阀座；2—节流阀片；3—支架

在实际工作中，由于某种原因使节流阀片卡阻在支架与阀座中间，这就失去了单向节流缓冲阀的作用。此时，如果拖拉机悬挂的又是重型农具，该缸的负载力 mg 约为 9tf。在负载力的作用下，活塞下行的速度将会失去控制，下行速度 v_1 基本上等于物体自由下落的速度 v。在这种工况下，当活塞运行到下止点时，对液压缸下端盖产生的作用力 N 为

$$N = p_2 A + mg + m\frac{v}{t} = m\left(g + \frac{\sqrt{2gH}}{t}\right) = 9 \times 1000 \times \left(9.81 + \frac{\sqrt{2 \times 9.81 \times 0.25}}{0.01}\right) = 2081541\text{N} = 212.18\text{tf}$$

有杆腔压力 $p_2 \approx 0$ 由以上计算结果可以看出，此时活塞对下端盖产生的作用力 N 是液压缸最大负载力 9tf 的 23 倍。所以，经常是液压缸下端盖的四个连接孔（装长螺杆用）处断裂。而液压缸下端盖所受作用力又可通过四根螺杆传递到上端盖，故有时也会造成液压缸的上端盖断裂。实际调查表明，液压缸端盖断裂全部是由于单向节流缓冲阀失灵所致。

（4）防止措施

① 每次更换新缸或更换管接头时，都应检查单向节流缓冲阀是否完好，有无脏物卡在节流缓冲阀内。

② 在每次悬挂农具之前，应上下操纵分配器手柄几次，以观察活塞的空载运行速度，如果活塞从上止点运行到下止点所用时间 t 大于 5s，则说明单向节流缓冲阀工作正常。

③ 定期更换液压油并清洗油箱（一般每年一次），以免油中杂质过多使节流阀片卡住。

第**11**章

工程机械与起重搬运及消防车辆故障诊断排除典型案例

11.1 挖掘机液压系统故障诊断排除

液压挖掘机是一种常见的土石方工程机械，主要通过内燃发动机的作用，将机械能转化为液压能来驱动液压缸和马达工作，从而实现行走、挖掘、举升、回转等动作。

全液压挖掘机的常见故障有整机全部动作故障和单个动作故障两大类。对前者而言，由于是操纵阀控制的所有动作均不正常，故障点应处于公共部分，即操纵阀以前的部分。根据液压系统原理图，整机全部动作故障的原因有液压油不足、先导油路故障、液压泵与发动机之间的传动连接损坏、前后液压泵均严重磨损或损坏、液压泵的功率调节系统故障等，在进行故障检查和处理时，可按照先易后难、先外后内的原则进行检查处理。对于单个动作故障，从液压系统结构上分析可排除多个动作公共部分故障的可能性，可能的故障点应在该动作的操纵控制部分与执行元件之间，包括此动作的操作手柄及先导阀、先导油路、操纵阀芯与阀体（通常阀体出现故障的可能性很小）、分路过载阀、执行元件和其他相关部分，需根据故障现象进行检查处理。

11.1.1 EX200型液压挖掘机上车工作无力故障诊断排除

(1) 故障现象

一台进口的 EX 200 型液压挖掘机，在工作中出现了上车工作无力的故障。经检测，其上车工作压力为 7.8～9.8MPa，行走部分压力为 31.9MPa。

(2) 原因分析及排除

根据上述情况，怀疑主安全压力选择阀可能有故障，因为这个阀是为了变换主回路内压力而设定的。除行走以外的全部操作回路压力为 27.9MPa，进行行走操作时工作压力为 31.9MPa。回转、动臂、斗杆或铲斗操作时，滑轴截止先导油路，故进口安全压力选择阀的先导压力上升，而使滑轴变换。主安全压力选择阀的滑轴变换时，把低压设定主安全阀封闭，只有高压设定主安全阀使机械在高压下保持行走运动。

当打开主安全压力选择阀时，发现有一铁渣卡在里面。清除铁渣并清洗元件后，装车试验，液压系统恢复了正常工作。

11.1.2 挖掘机转盘不能回转故障诊断排除

(1) 故障现象

某挖掘机已运转 15000 多小时，出现了双向都不能回转的故障。

(2) 原因分析及排除

由于除了回转其他动作均正常，这说明工作泵应是正常的。故按从易到难的顺序排查故障。先用压力表检测泵在回转时的压力最高是 8MPa，而正常压力应是 30MPa，两者相差很多，推断控制回转的油路中泄漏严重。出现这种现象有四种可能原因：一是先导压力较低，不能打开主操纵阀；二是回转主操纵阀的阀芯卡阻；三是回转马达的补油阀卡阻或弹簧折断失去补油功能；四是马达配油盘接触面有划痕使进、回油路相通。

针对上述分析，首先把斗杆先导油管和回转先导油管对换，再操作回转手柄时斗杆的动作正常，这说明回转先导压力正常，排除了第一种原因。拆解控制回转的主阀芯未发现异常磨损，也没有卡阻，排除了第二种原因。说明故障不在多路阀上，故障就在回转马达上。先检查补油阀，发现此阀没有卡阻，弹簧也未折断，第三种原因也排除了。把马达的后端盖打开发现轴承损坏，再把整个马达拆解发现滑靴和配油盘全部损坏。此马达是斜轴式定量马达，轴承是造成马达损坏的直接原因，15000 多小时已超过轴承的寿命，所以对液压泵或马达等高负荷运转的总成而言，其轴承应定期更换。

11.1.3　EX200-1 型液压挖掘机动作失常故障诊断排除

(1) 故障现象

一台日立 EX200-1 型液压挖掘机在施工作业中出现小臂动作没劲、一侧行走无力、复合操作旋转动作慢、大臂抬升迟缓的故障。驾驶员反映，在此前一段时间，液压主泵由于有噪声而拆检过（其他部件没有动）。由于当时未发现问题，于是又继续作业，后来就出现了此症状。

(2) 原因分析

首先对液压泵进行了拆检，其缸体、配油盘和柱塞等主要零件没有明显刮伤、偏磨现象。经过 p-Q 曲线试验，其液压主泵性能符合要求，从而初步推断故障在多路控制阀上。多路控制阀的单向阀是小孔油道，若阀被卡阻或弹簧发生疲劳损坏以及单向阀严重磨损等，均能导致此液压故障。

将多路控制阀分解，发现其 3 个单向阀中第 1 个单向阀已破碎，其阀体也严重损坏。

(3) 排除措施与效果

针对故障原因，采取了以下修理措施：对阀体进行镗削处理，使其达到要求的圆度；选用合适角度的铰刀进行单向阀阀座的配合面处理，使其光滑；按照新的配合尺寸重新加工一个单向阀；对阀体、阀座进行研磨配合处理，最后进行精磨，使其达到配合间隙为 0.02mm；彻底清洗两个多路阀块，在组装时要特别注意其单向阀的方向，各单向阀的方向不同，而且两个方向都能装上，但是其结果是完全不同的；确认单向阀阀体及弹簧无误后，将接合面的 O 形密封圈装好，两阀块就可以组合在一起了。

经过上述处理后，装车试验，一切正常，故障得到排除。

11.1.4　W2-100 型挖掘机液压系统发热故障诊断排除

(1) 系统原理

图 11-1 所示为 W2-100 型挖掘机液压原理，该系统为串并联复合油路液压系统。

内燃发动机通过一级齿轮减速驱动的两个轴向变量柱塞泵 A、B 给系统中的执行元件（左、右行走马达 14、16，动臂缸 13，斗杆缸 17，铲斗缸 19，回转液压马达 20）供油。

阀 1 的两个位置分别对应左行走液压马达 14 和动臂缸 13 的动作；阀 2（与阀 1 结构相同）的两个位置分别对应右行走液压马达 16 和斗杆缸 17 的动作。

阀 3 控制左行走液压马达 14 或动臂缸 13 的运动方向；阀 4 控制右行走液压马达 16 或斗杆缸 17 的运动方向；阀 5 控制回转液压马达 20 的旋转方向；阀 6 控制铲斗缸 19 的运动方向。控制阀 7 和导阀 8 既控制分支系统的合流，又控制分支系统的分别工作。

背压单向阀 9 的调定压力为 1MPa，不仅用来使回油路上保持一定的压力，而且可防止

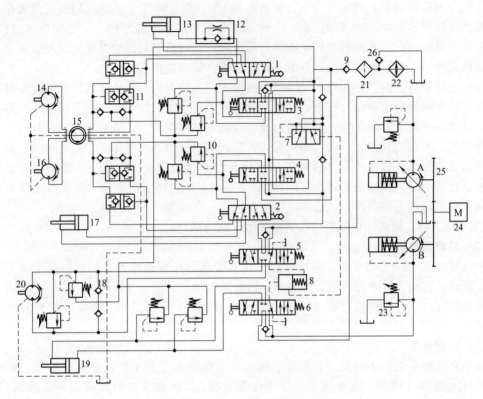

图 11-1　W2-100 型挖掘机液压原理

1,2—二位六通手动换向阀；3,4—三位八通手动换向阀；5,6—三位七通手动换向阀；7—控制阀；
8—导阀；9—背压单向阀；10—过载阀；11—速度限止阀；12—单向阻尼阀；13—动臂缸；14—左行走液压马达；
15—中央回转接头；16—右行走液压马达；17—斗杆缸；18,26—单向阀；19—铲斗缸；20—回转液压马达；
21—过滤器；22—冷却器；23—安全阀；24—柴油发动机；25—减速齿轮

空气从回油路混入系统中。

过载阀 10 是一种溢流阀，每个换向阀的油路上都装有过载阀，它与工作油路并联。当油路压力超过阀 10 的调整压力时，该阀即打开，压力油通过过载阀流到回油路，使工作装置卸荷。由于每一工作腔的输出通路上都装有过载阀，故各过载阀的过载能力可根据各工作装置的受力情况而定，从而使挖掘机可在保证安全的情况下获得最大的挖掘力。

速度限制阀 11 用来防止挖掘机下坡行驶时因自重而超速溜坡，造成事故；单向阻尼阀 12 用来防止动臂缸产生振动和冲击；单向阀 18 是缓冲阀，用来限制回转马达启动、制动力矩和制动时起缓冲作用。

（2）故障现象

挖掘机在正常工况下，其液压系统油温应在 65℃ 以下，如果超出较多，则称为液压系统发热。其故障特点是挖掘机冷机工作后，各种动作较正常，当工作 1h 后，随着液压油温度升高，挖掘机便出现各个执行机构动作迟缓、无力现象，特别是挖掘力不够、行走转向困难等更加明显。

上述发热故障如不及时处理，将会对系统产生有害影响：液压油黏度下降，泄漏增加，又使系统发热，形成恶性循环；加速液压油氧化，形成胶状物质造成液压元件动作失灵；造成液压系统橡胶密封元件老化失效；加剧液压泵、液压阀等元件磨损，甚至报废。

液压系统的发热现象是 W2-100 型挖掘机常见的一种故障，也是分析处理较为复杂的一种软故障，可对其建立故障树，运用故障树分析的基本原理，将故障原因逐步细化，层层推进，找出导致这一故障的基本原因。

在构建故障树时应假设：不存在人为干扰因素；底事件相互独立。图 11-2 所示为 W2-100 型挖掘机液压系统发热故障树。

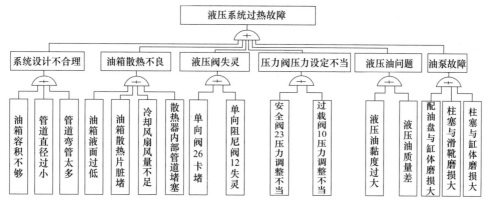

图 11-2　W2-100 型挖掘机液压系统发热故障树

通过故障树，可以非常容易和直观地找出 W2-100 型挖掘机液压系统发热故障产生的原因可能有 6 大类，共计 16 种，按从易到难、由外及里的原则进行分析检查。

因该挖掘机技术成熟，使用年限较长，故首先排除设计不合理这一大类原因。

① 外观检查。检查液压系统管件有无松动、漏油现象；油箱液位是否过低或过高；油箱表面散热片是否变形或脏堵，发现脏堵应及时清理。

② 油箱冷却装置工作不正常引起油温过高。W2-100 型挖掘机液压系统冷却装置为风冷配合水冷复合装置，首先检查风扇的转速是否正常，风扇转速低一般是由于皮带松弛、老化造成张紧力过小导致风扇转速低，冷却效果差，应及时调整皮带的松紧程度或更换皮带。若风扇转速正常，则需检查液压油散热器内部管道是否堵塞，一般可通过在散热器进、出口油道安装压力表，观察两者之间的压差，油温为 45℃ 左右，压差在 0.10MPa 以下属于正常情况，否则表明油管阻塞严重，应拆卸散热器上、下盖，疏通管道。

③ 液压回油单向阀 26 失灵引起液压油过热，由图 11-31 可以看出回油单向阀 26 与冷却器并联在回油滤过滤器的出口上，其功用是当回油冷却器阻塞或冬天机械冷机发动初期，当冷却器压差在 0.2MPa 以上时自动开启，短接冷却器构成回油通路。实际中因该阀安装在回油过滤器底部，难以检查保养，同时油箱底部油液中含有大量的杂质，导致该阀卡死在常开位置上，造成回油冷却器不起作用，高温液压油直接返回到油箱，从而油温过高，故在每次更换液压油时应检查此阀是否出现卡滞现象并及时进行清洗。

④ 准确调整压力阀的工作压力。安全阀 23 用于限制变量泵 A、B 的最高工作压力，其压力调节过高或过低均会引起液压系统发热。如系统压力调节过高，会使泵超载运行，导致温升高；如系统压力调节过低，会使工作机构在正常负载下频繁出现溢流阀开启溢流现象，造成液压系统溢流发热。因此，在实际中应根据负载大小准确调整该阀的压力大小。过载阀 10 实际上也是一种溢流阀，其工作压力调整不当同样也会引起液压系统温升过快。

⑤ 液压油选用不当或油质差引起油温过高。在实际工作中发生过多起因选用性能不符合规定的油液或伪劣油引起换油后液压系统温升过快的故障。误用黏度过高的油液，造成油液在管路中流动时沿程阻力损失加大，转化为热能，从而引起温升过高。若选用的液压油性能不符合要求，则在使用过程中，将极易引起液压油发生化学变化产生气蚀，析出气泡等，

造成液压泵高压区产生局部高温并加剧元件的磨损。

⑥ 液压泵内部磨损引起液压油温升过高。液压泵作为液压系统的动力源，其工况好坏直接影响系统发热程度，W2-100型挖掘机的主泵A、B均采用轴向变量柱塞泵，长期在大负荷工作状态下会引起液压泵传动轴产生弯曲变形，造成配油盘与缸体、柱塞与滑靴、柱塞与缸体间几对关键摩擦副的磨损加大，使液压系统发热严重。这可通过观察泵升温快并有噪声的特点加以判断。

11.1.5　WY80型液压挖掘机铲斗挖掘速度缓慢与挖掘无力故障诊断排除

(1) 故障现象

一台WY80型液压挖掘机，在刚开始施工时铲斗挖掘速度缓慢，但其他各机构动作都正常；工作一段时间后，随着油温的升高铲斗缸逐渐变得无力，铲斗装不满直至不能正常工作。

(2) 原因分析

首先检查先导部分压力。机器刚开始工作时，油温较低，先导压力为3.5MPa，铲斗进行挖掘工作时，先导压力降至2.5MPa；当油温升高至55℃以上后，先导压力为3.0MPa，若此时进行铲斗挖掘，先导压力即降至2.0MPa以下。可见，是铲斗挖掘先导油路存在泄漏致使先导压力油液不能完全打开主换向阀，故铲斗挖掘速度缓慢。

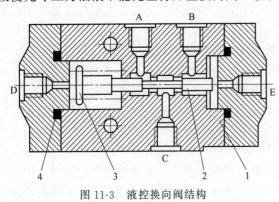

图11-3　液控换向阀结构

1—阀体；2—阀芯；3—弹簧；4—密封圈；

A—进油口；B，E—回油口；C—出油口；D—控制油口

根据该机的液压系统工作原理可知，该机液压系统中共有两个主液压泵，分别为动臂缸和铲斗缸供油，必要时再由一换向滑阀实现合流，使动臂和铲斗能快速动作。在铲斗缸和动臂缸的先导油路中连有一个液控换向阀，其结构如图11-3所示，油口A为进油口，与铲斗缸先导操纵阀相连，油口D为控制油口，与动臂缸先导操纵阀相连，油口C为出油口，与铲斗缸、动臂缸共用的合流换向滑阀相连，油口B、E为回油口，与先导回油路相连。挖掘机只进行铲斗挖掘工作时，阀芯2在弹簧3的作用下位于左侧，油口A与E相通，此时铲斗先导操纵阀可同时控制铲斗换向滑阀和合流换向滑阀动作，向铲斗缸的大腔供油；当动臂起升与铲斗挖掘同时工作时，由于动臂缸和铲斗缸的大腔共用一个合流阀，使此两油缸不能同时快速动作，当油口D进油时，推动阀芯2右移，堵住油口A、E通道，打开油口中B、C通道，这样，C口的压力油卸荷，使动臂缸可以快速动作，而铲斗缸只能通过一个换向滑阀供油，故不能快速动作；当铲斗进行挖掘工作时，如果阀芯2磨损严重，先导油就会从油口B处泄漏，导致先导油压力降低，发生如前所述的故障。

(3) 排除方法

现场可用一块小薄铁片堵住进油口A。当铲斗挖掘时，先导油压力不再降低，但合流换向滑阀不能合流，铲斗缸由于只有一个液压泵供油，工作速度缓慢，但挖掘有力，铲斗能铲满，故此方法只能在应急时采用。

拆下该液控换向阀后发现其阀芯已严重磨损，与阀体的配合间隙很大。当堵住油口C，从油口A注入煤油时，煤油很快就泄漏掉，这表明阀芯和阀体的磨损量已超过了允许的极限值，导致油液泄漏量大。更换该液控换向阀后故障排除。

11.1.6　德国德马克 H95 型液压挖掘机工作装置动作失常故障诊断排除

图 11-4 所示为德国德马克公司生产的 H95 型液压挖掘机液压原理（元件编号引自产品资料，故编号不连续），现将工作中分别出现的几例故障诊断排除方法介绍于下。

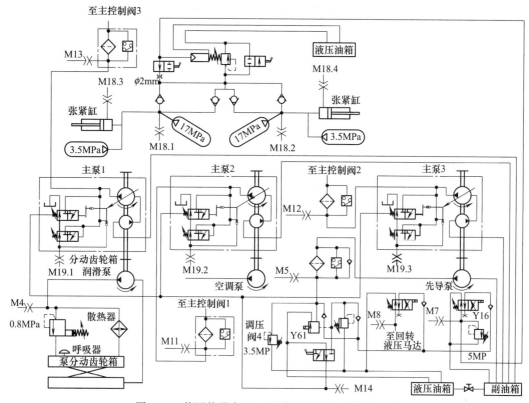

图 11-4　德国德马克 H95 型液压挖掘机系统原理图

Y16—张紧油路电磁阀；Y61—电液控制转换阀；M4，M5，M7，M8，M11～M14，M18.1～M18.4，M19.1～M19.3—测压点

11.1.6.1　液压泵的分动齿轮箱内窜入液压油故障诊断排除

（1）故障现象

液压泵的分动齿轮箱内窜入液压油，并从其呼吸器溢出。

（2）原因分析

因三个主液压泵分别安装在液压泵的分动齿轮箱上，根据系统工作原理分析，窜油部位可能有两个：一是与主泵 1 共轴的分动齿轮箱润滑泵处有液压油侵入，即由于长时间工作，润滑泵的油封骨架损坏或老化，导致主泵 1 内的压力油侵入润滑泵，经循环进入液压泵的分动齿轮箱，久而久之从其呼吸器溢出；二是主泵与其分动齿轮箱连接处窜油，即由于主泵的油封骨架损坏或老化，使主泵内的高压油直接侵入泵的分动齿轮箱，并自呼吸器溢出。

主液压泵油封的转动或轴向移动也会导致液压油侵入润滑系统。其原因有油封安装间隙大，在液压泵轴的带动下产生旋转动作；与泵连接的花键处的轴承磨损，导致液压泵轴的径向跳动，使油封内圈变形、外圈配合间隙增大而产生油封的转动和轴向移动；油液压力的长时间作用，使油封产生轴向移动；油封的硬化致使与其配合的轴径磨损加剧，导致配合间隙增大。

（3）排除方法

取下并拆解润滑泵的油封，检查油封与轴的配合是否良好，有无损坏或老化现象；检查安装油封的轴径处有无明显磨损，进而判断是否为故障发生部位；检查主液压泵油封。拆解三个主液压泵，分别取出油封并检查其内缘是否老化或损坏；油封弹簧是否失效，安装油封处轴的轴向、径向有无磨损的痕迹，从而判断出是否为故障部位。

解决问题的方法有定期更换油封；定期清洗、维护液压系统的散热装置；定期检测系统压力，确保系统的散热正常；通过更换泵轴或将轴的径向磨损部位进行镀铬以修复。

11.1.6.2 发动机工作正常但工作装置无动作故障诊断排除

(1) 故障现象

发动机工作正常，但工作装置却无任何动作。

(2) 原因分析

可能原因有与主泵 3 共轴的先导泵内泄，甚至损坏；先导回路调压阀 4 卡死，处于常开位置；先导回路电磁阀主电路断路；先导油路主油管爆裂；由于电路有故障导致电液控制转换阀 Y61 的电控失灵；发动机与液压泵分动齿轮箱之间的弹性联轴器损坏。

(3) 排除方法

针对故障情况，考虑到三个主液压泵不可能同时损坏，故不必先测系统压力。应先检查液压油箱的液位，不足时添加，如液压油充足，则可检查先导主油路，损坏时应修复或更换。然后，检查先导油路电磁阀主电路是否断路以及电液控制转换阀 Y61 的电路情况，如果电控部分出现故障，则应先将电液控制转换开关转换到液控部分，并测试动臂动作情况。最后，检查先导泵内部损坏情况和调压阀 4 的清洁情况，经修理后试机。先导回路的调定压力为 3.5MPa，当回路压力超过 3.5MPa 时调压阀 4 自动卸压。可以将 6MPa 的压力表连接在 M5 处，测先导回路压力，当压力不符时通过调压阀 4 使回路压力达到 3.5MPa，从而排除故障。

11.1.6.3 履带无张紧或无行走动作故障诊断排除

(1) 故障现象

履带无张紧或无行走动作，其他动作正常。

(2) 原因分析

可能原因有张紧油路电磁阀 Y16 的电路断路；张紧限压阀的阻尼孔（ϕ2mm）堵塞或压力过低；张紧控制回路四个单向阀中的任意两个失效，使之不能建立所需的压力；张紧蓄能器失效等，均可导致履带无张紧动作。行走制动摩擦片烧毁、变形，导致制动抱死；张紧缸漏油严重或行走液压马达损坏；行走操作阀卡死等，均可使机器无行走动作。

(3) 排除方法

首先检查至张紧油路电磁阀 Y16 的相关线路和电磁阀本身是否正常，损坏时应修复或更换，使履带张紧动作恢复正常。否则应通过测试张紧缸 M18.3 和 M18.4 处的压力，判断张紧限压阀的阻尼孔（ϕ2mm）是否堵塞。同时，检查张紧回路的四个单向阀的磨损情况（磨损严重时可导致系统压力建立不起来）和张紧蓄能器的工作情况，损坏时应修复或更换。然后，通过分解、检查张紧缸或行走马达也可发现故障原因，如果液压缸体无严重磨损，可更换密封件甚至更换总成件，也可拆用另一侧的液压缸或液压马达来测试。如果在踏下行走踏板的一瞬间，齿圈有瞬间动作，在电路正常的情况下，即可判断是制动摩擦片因烧毁变形而导致该侧制动器抱死，更换摩擦片即可排除故障，否则应检查操作阀或其柱塞是否卡死。另外，制动油管或油管连接部位漏油也可导致发生该故障，只需更换油管或凸缘处密封件即可。

11.1.6.4 动臂动作缓慢故障诊断排除

(1) 故障现象

动臂动作缓慢，其余动作正常。

(2) 原因分析

可能原因有供动臂液压油的两个液压泵的输油压力过低；动臂的主控制阀的调定压力过低；动臂操作阀卡死，不能全开；动臂缸密封件损坏，内泄或外泄严重。

（3）排除方法

先将两 40MPa 的压力表分别接在 M11、M12 测压点上测试该两组主阀的压力，如果压力过低，应先检查主阀体是否松动，再通过调节主减压阀使压力表指针指在 31MPa 左右。在调试过程中，如果压力始终低于 30MPa 左右，则应测试供动臂液压油的两个主泵测压点 M19.2 和 M19.3 的压力，使其压力都达到 30MPa 左右，然后再调定主减压阀的压力在 31MPa 左右。否则，就要检查操作阀阀芯在行程内是否运动灵活，如阀芯卡死或此处油液外泄，应清洗该阀或更换该部位的密封件。如果故障仍不能排除，最后应拆检动臂缸，更换密封件，解决缸内泄或外泄的问题，故障便能得以排除。

11.2　推土机液压系统故障诊断排除

11.2.1　SD42-3 型推土机电液系统油温异常转向行走失常故障诊断排除

（1）技术参数

SD42-3 型履带式推土机可用于大型基础建设、能源交通、水利工程及土石方工程施工作业。该机的主要技术参数：发动机额定功率为 310kW/(2000r/min)；质量 53000kg；总体尺寸（长×宽×高）9630mm×4315mm×3955mm；履带中心距 2260mm；履带接地长度 3560mm；履带板宽度 610mm；离地间隙 575mm；接地比压 0.123MPa；最小转弯半径 3700mm；爬坡能力 30°。各挡速度：前进 Ⅰ 挡 0～3.69km/h；后退 Ⅰ 挡 0～4.39km/h；前进 Ⅱ 挡 0～6.82km/h；后退 Ⅱ 挡 0～8.21km/h；前进 Ⅲ 挡 0～12.24km/h；后退 Ⅲ 挡 0～14.79km/h。

（2）故障现象

该机在某工地作业时，出现油温高、无右转向及行走时断时续故障现象。

（3）原因分析

据操作人员介绍，该机油温上升快而水温较正常。根据经验判断，该种情况可能为变矩器壳体油多造成。拆卸变矩器滤芯，发现其已严重堵塞，变矩器内积存大量机油，此应为造成油温高的原因。更换后桥箱机油及滤芯、终传动及工作油箱机油后重新试车，开始无右转向，接着左转向也消失了。

用压力表在图 11-5 所示系统的 B、C 测压口处测量压力，操纵手柄至各相应动作位置，压力均为零。由于该机采用电控操作，用小灯泡对转向制动各输出接头进行测试，同时操纵手柄至各相应动作位置，发现小灯泡都亮，由此判断转向制动电气部分正常，无转向应为液压故障。用压力表测试转向泵出口压力，在 1.1～1.9MPa 范围内，基本正常，由此怀疑转向制动阀故障。该机转向制动阀 6 中装有 4 个电磁比例调压阀（图 11-6），分别控制左、右转向和左、右制动。电磁比例调压阀有三个油口：进油口 P，控制油口 RP，回油口 T。

电磁比例调压阀工作原理如下。当比例阀线圈不通电时，控制油口的压力油通过主阀芯上的反馈节流口进入弹簧腔，与弹簧共同作用，将阀芯推到最上端。主阀芯处于封死状态，P 口和 RP 口不相通。P 口少量的先导供油通过主阀芯中央油孔，经过滤器，从主阀芯上方的先导节流口流出，通过常开的球阀直接回油。

当比例阀线圈通入 PWM 电流信号时，衔铁柱塞产生一个与电流成正比的向下的推力，作用在推杆和定位球阀上，通过限制先导回油逐渐建立起球阀和主阀间先导腔的压力。限压：先导油必须克服球阀的压力，将球阀顶开，才能流回油箱。建压：随着线圈电流增加，作用在球阀上的力增加，主阀芯上方的油压相应升高。该油压克服弹簧力将主阀芯向下推，进油口和控制油口相通，先导油经 P 口和 RP 口流入离合器摩擦片活塞腔。同时，离合器摩擦片活塞腔的先导油经主阀芯上的反馈节流口，进入弹簧腔作用于主阀芯下端，将主阀芯向

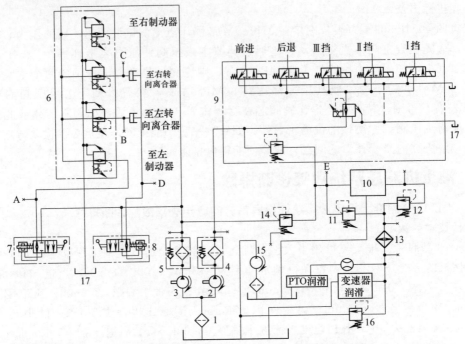

图 11-5　SD42-3 型履带式推土机变速转向液压原理

1—过滤器；2—变速泵；3—转向泵；4—变速过滤器；5—转向过滤器；6—转向制动阀；

7—左制动助力器；8—右制动助力器；9—变速阀总成；10—液力变矩器；11—溢流阀；12—安全阀；

13—冷却器；14—转向溢流阀；15—回油泵；16—润滑阀；17—后桥箱；

A—左侧制动器测压口；B—左侧离合器测压口；C—右侧离合器测压口；D—右侧制动器测压口；E—变速调压阀测压口

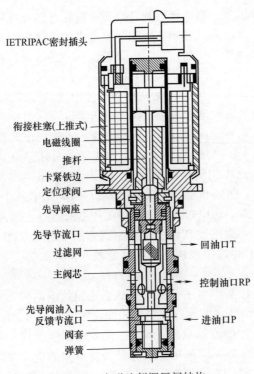

图 11-6　电磁比例调压阀结构

上推，最终上下压力一致，阀芯处于平衡状态。当比例阀线圈中的电流变化时，主阀芯上腔的油压变化，阀芯下腔的压力自动相应调整，最终使阀芯处于平衡状态。

（4）排除方法

从以上原理分析可知，当先导油不能顺利通过主阀芯时，将不能实现调压作用，比例阀 P 口将不能给 RP 口供油，故怀疑是阀芯或过滤网有问题。拆卸转向制动阀并清洗电磁阀，发现阀内过滤网已不同程度堵塞。清洗过滤网后再装机试验，左转向制动正常，右侧无转向，但右侧制动正常。把左转向软管接到右侧离合器入口，操作手柄至左转向位置（因左转向正常，此时可确定右侧离合器有压力油进入），同时踏下右制动踏板，车辆向右侧转弯，说明右侧离合器正常，可判断为右转向电磁阀有故障。换装新电磁阀后，右侧转向也正常。

试车 2h 后，在推土机行走过程中，又出现掉挡现象（有时挂不上挡），时断时续，初步判断为控制器故障或接触不良。经拆检控制手柄，发现手柄上的挡位开关故障，更换后行走正常。

11.2.2　TY320 型推土机液压驱动铲刀提升困难故障诊断排除

(1) 系统原理

TY320 型履带式推土机是引进小松 D155 型推土机技术而制造的产品。图 11-7 所示为该推土机工作装置液压原理。其推土铲升降液压回路由能源元件（液压泵 2）、控制元件（推土铲升降控制阀 5、随动阀 26、快速下降阀 8 等）、执行元件（推土铲升降液压缸 9 等）和辅助元件（油箱 1、24 和过滤器、油管等）四部分组成。

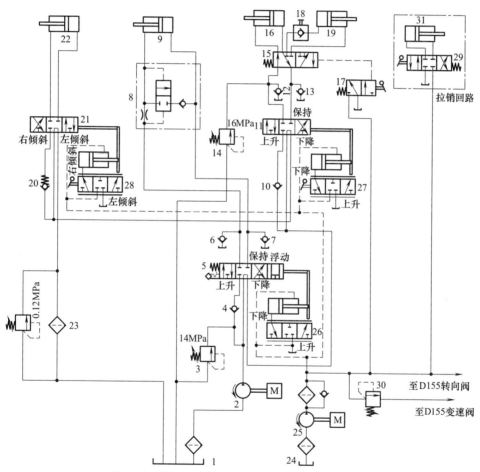

图 11-7　TY320 型履带式推土机工作装置液压原理

1,24—油箱；2,25—液压泵；3,30—溢流阀；4,10—单向阀；5—推土铲升降控制阀；6,7,12,13,20—补油阀；
8—快速下降阀；9,16,19,22,31—液压缸；11,21,29—换向阀；14—过载阀；15—选择阀；
17—二位三通手动换向阀；18—手控单向阀；23—过滤器；26～28—随动阀

操纵推土铲的先导式换向控制阀可使铲刀处于上升、下降、保持和浮动四种不同状态。铲刀在浮动状态时可仿形推土作业，也可使推土机倒行利用铲刀平整场地。

(2) 故障现象

TY320 型推土机在使用中发动机工作正常，出现了推土铲提升困难，甚至提升不起来的故障。

(3) 原因分析

造成这种故障的原因可以用故障树（图 11-8）清晰地表示出来。

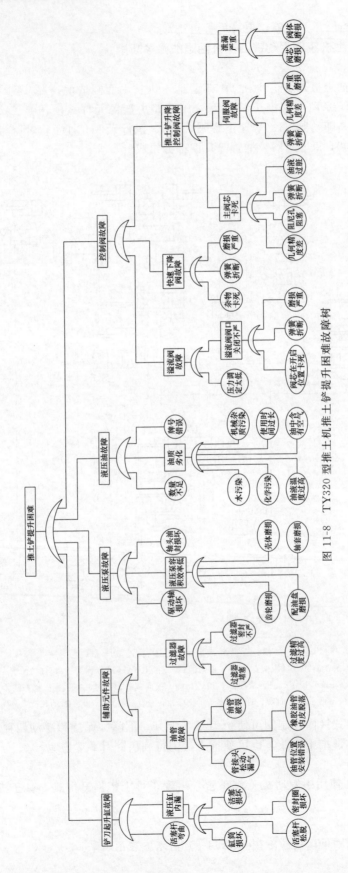

图 11-8　TY320 型推土机推土铲提升困难故障树

通过建立故障树，可非常容易和直观地找出 TY320 推土机推土铲起升困难的可能原因有 5 大类，共计 42 种。由于液压油污染而导致的液压系统故障占整个液压系统故障的 70% 以上，所以首先检查液压油的数量和品质是否符合要求。

根据资料，在百万小时内常用液压件的平均失效率分别为：过滤器 15.7%，液压泵 13.5%，溢流阀 5.7%，换向阀 11.0%，液压缸 8.3%，平衡阀 2.14%，油箱 1.5%。

根据以上液压元件的故障率，确定查找元件故障的顺序为：液压油→过滤器→液压泵→换向阀→液压缸→溢流阀→平衡阀→油箱。

（4）排除方法

推土铲提升困难是推土机在作业中经常发生的故障。遇此故障时应根据液压元件的失效率，参考维修经验，按由简到繁、由外及里的原则进行检查。

① 外观检查。检查液压管路是否有破裂或管接头是否有松动现象。如果推土机刚维修保养过，还应注意检查液压胶管连接是否正确。

② 打开油箱盖，检查油箱中液压油的数量和品质，重点检查液压油的颜色和机械杂质含量，必要时取样送化验室检查。

③ 检查过滤器是否堵塞，若堵塞更换合格的过滤器。

④ 启动发动机后，怠速运转几分钟，使液压油温度上升，稍加油门，观察是否大量回油，若大量回油则表明液压泵损坏的可能性不大，若回油量少或液压油被乳化，则可能是油路中进气或液压泵内漏。

⑤ 为进一步确定液压泵是否完好，可检查液压泵的温度与声音是否正常；也可用便携式液压测试仪器检测液压泵的出口压力。如果液压泵出口压力正常且没有杂音，则可断定泵无故障。否则应拆解液压泵。

⑥ 将推土铲操纵手柄反复提升、下降，观察推土铲和进、回油液压油管是否抖动。若抖动，则可判断为液压缸油路不通或其中一缸的油封损坏。这时可将两缸与推土铲连接销子取出，再提升操纵手柄观察。若有一缸提升，则证明另一缸油封损坏；若两缸都不提升，一种情况是两缸都有故障，另一种情况是故障不在液压缸。油路不通安全阀起作用时，一般可听到安全阀工作时发出的"吱吱"声。

⑦ 将推土铲操纵手柄提升、下降数次，同时用木锤敲击换向阀壳体。此时，若推土铲能提升，则可能是阀芯卡死在回油位置或安全阀被脏物垫起。

⑧ 拆检换向阀，从油管接头孔处观察回油阀锥面是否卡在开始位置，用旋具反复拨动，看其是否运动自如，若有卡滞现象，可能是液压油太脏，需清洗换向阀。

⑨ 拆检溢流阀。检查溢流阀是否被脏物垫起、弹簧是否折断、密封面是否磨损。用尺子测量调节螺钉外露的长度，在安装时保持原来位置，并注意按照规定调整溢流阀弹簧的设定压力。

⑩ 拆检快速下降阀，检查密封面是否磨损，弹簧是否折断。

注意，在拆解液压元件时，要仔细检查各密封面的磨损情况，严格清洗各零件，防止液压系统的污染。

（5）启示

故障树分析在实际工作中解决现场问题具有重要的指导意义，通过故障树可以找出故障的原因和部位，进而找到排除方法。对于经验不足的使用维修人员，通过故障树，也能迅速找出解决问题的方法。

11.2.3　TY320 型推土机行走无力故障诊断排除

TY320 型推土机在阻力大时车不走，履带不动是一种常见故障。出现行走无力的可能原因主要有发动机无力，变矩器无力，变速器无力，变速泵磨损较大，传动油滤芯堵塞等。

推土机出现不能行走故障时，无论是在冷机还是在热机状态，首先应将发动机油门控制在中高速运转，然后拆开驾驶室内的左边脚踏板，观察变矩器输出轴是否转动。若转动，再看挂挡后输出轴是否仍然转动，同时应注意分辨挂挡前后发动机、变矩器、变速器的声音是否有变化。若挂挡后输出轴不转动，则说明故障来自变矩器（如变矩器缺油等）；若挂挡前后输出轴均能转动，则证明变矩器无故障，故障可能在变速器、转向离合器、制动器等。

为了区分是油路系统故障还是机械部分故障，可以拧松变速细滤器上面的排气螺钉，看是否有空气，若有空气且排不尽，则证明低压油路即吸油口到变速泵之间有进空气的地方，为了进一步准确判断进气部位，应继续拧松转向细滤器上面的排气螺钉，若有空气，则证明进气部位在吸油口到粗滤器之间，因为这一段油路为变速与转向共用，若无空气，则证明进气的地方应在粗滤器后到变速泵之间。若变速细滤器、转向细滤器上排气螺钉均无空气，则证明故障不在变速转向油路系统，应在变速器、转向离合器或制动器等处。

11.2.3.1 冷车不能行走故障诊断排除

(1) 故障现象

某推土机冷车启动发动机后，挂挡不能立即行走，起步时间由最初的 5min 逐渐增加到 30min 左右。

(2) 原因分析

拧松变速细滤器上的排气螺钉检查，发现虽无气泡但有油溢出，从变矩器输出轴可以转动，热机后一切正常可知，不能起步的原因应在变速操纵阀。拆下变速器盖上的压板，此压板下面有一个测压螺塞，接上 0~5MPa 压力表，启动发动机并将转速提到高速后，将变速操纵杆分别挂在前进I、II、III挡，测得压力分别为 0.23MPa、0.5MPa、0.55MPa，压力明显不够（规定压力分别为 1.25MPa、2.5MPa、2.5MPa）。10min 以后，再次测得压力分别为 1.1MPa、2.2MPa、2.3MPa，这时推土机才能起步。由此可以断定变速操纵阀有泄漏的地方。

(3) 检查排除

拆下变速操纵阀总成，检查后发现操纵阀上的 O 形圈已被压扁变形，且已失去弹性，特别是缸体上五个进油孔处的两个黑色 O 形圈老化更为严重。为了进一步判明故障，用打气泵高压气管分别向五个进油孔通气，除 1 挡外（因无行星架，全封闭，主、从动摩擦片不外露），其余前进、倒退、II、III挡均能看到活塞推动主、从动摩擦片移动，断气时能听到活塞在弹簧作用下回位的响声（I挡回位采用波状弹簧，弹性较小，活塞回位时响声较弱），从而可以推断变速器各密封圈密封良好。更换操纵阀上各 O 形圈后，冷车不能起步的故障消除。

11.2.3.2 热车不能行走故障诊断排除

(1) 故障现象

两台推土机，工作 5000h 左右。冷车起步、推土均正常，但在工作 45min 以后，随着油温的逐渐升高推土机越来越无力，甚至在无负荷状态下，连行走都困难（此时，发动机油门并未减小，转速也未降低，说明推土机无力，与发动机无关）。若此时停机休息 2h 左右，待油温降低后，再次启动发动机，起步、推土又恢复正常。

(2) 原因分析与排除

当油温升高，推土机出现无力状况时，拆开驾驶室边的脚踏板，发现此时变矩器输出轴仍然转动，拧松变速细滤器上的排气螺钉，发现排出的油中有气泡，且长时间排不尽。若有进空气的地方，可以肯定无论是冷车还是热车都应进空气，冷车状态同样应出现不能行走的现象，而事实上冷车工作正常，故可以肯定低压油路密封状况良好。热车高压油路进空气不能行走，是由低压油路真空度过大引起的。检查发现，吸油口与粗滤器之间橡胶管吸瘪，发动机转速越高，吸瘪的程度越大，造成进油不畅，原因是橡胶管内层随使用时间的增长而老化起泡，随着油温的升高，鼓泡更大，从而堵塞了进油通道，造成真空度过大。更换橡胶管后，故障排除。

11.2.4　TY220 型推土机液压变速系统失灵故障诊断排除

(1) 系统原理

TY220 型推土机是国产推土机的一种先进机型，其变速系统为全液压控制，设计先进，操作方便、灵活。

该推土机变速系统液压原理如图 11-9 所示。变速液压泵 1 的压力油经过滤器一路进入调压阀 2，另一路进入快回阀 3。当系统压力逐步升高到 2.5MPa 时，来自快回阀 3 的控制油经调压阀 2 的遥控口推动该阀阀芯向左移动（图 11-9 位置）。此时压力油（压力由溢流阀 9 设定）进入液力变矩器 8，完成其涡轮输出轴与变速器输入轴之间的动力输出。

当变速阀 5 在空挡位置时，系统压力油经减压阀 4 进入第五离合器液压缸，同时进入启动安全阀 6，由于节流器的节流作用，缓慢推动该阀阀芯移动，使阀口通道与主油路接通，这样当变速阀 5 换上挡时能迅速使压力油进入。如直接换上挡位置，则启动安全阀 6 进油油路被截断，使机车不能行驶。

当变速阀 5 在Ⅰ挡位置时，液压油经快回阀 3 进入减压阀 4 减压到 1.25MPa，再经启动安全阀 6、换向阀 7 使第五、第一离合器（或第二离合器）接合，机车得到前进或后退一挡的速度。

当变速阀 5 在Ⅱ、Ⅲ挡位置时，工作原理同上。压力油分别向第四、第一（或二）及第三、第一（或二）离合器供油，以得到不同的前进与后退速度。

由上可知，要使机车正常行驶，液压变速系统必须同时具备下列条件：液力变矩器应能保证正常供油，且保持一定的油压；变速阀 5 换上挡时必须同时保证两组离合器接合。

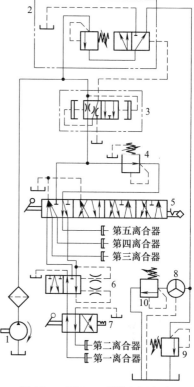

图 11-9　TY220 型推土机变速
系统液压原理

1—变速液压泵；2—调压阀；3—快回阀；
4—减压阀；5—变速阀；6—启动安全阀；
7—手动换向阀；8—液力变矩器；
9—溢流阀；10—背压阀

(2) 故障现象

其中一台 TY220 型推土机在正常换油保养后，试车行走约 20m 就自行停止，变速系统失灵，机车前进、后退各挡位均无反应。修理人员虽采取了多种措施，均未见效。后经仔细观察，发现该推土机的发动机动力和液压工作部分均正常，为此推断可能是液压变速系统的故障使机车发动机与变速器之间的动力输出间断，而造成机车失灵。

(3) 原因分析及排除

从故障现象看，液压变速系统中某油路或主要元件有严重的泄漏或堵塞，引起系统主油路断流，否则不可能出现机车挂上各挡位都不能行驶的现象。通过对系统工作原理的分析，认为主要原因很可能是快回阀 3 发生了堵塞、泄漏等故障而造成了主油路断流。

如果是快回阀 3 的节流处出现堵塞，则阀芯向左移动，该阀进油路被切断。此时调压阀 2 中压力油由控制油口经快回阀 3 流回油箱，在弹簧力的作用下，阀芯右移。这样来自泵 1 的压力油则经调压阀 2 中的溢流阀流回油箱，使液压系统无法建立压力，而发生机车不能行驶的现象。

当拆下快回阀 3 时，发现在该阀节流小孔处有许多杂质。经清洗重新安装后，系统压力恢复正常，推土机变换各挡位均能正常行驶。

（4）启示

对于该类重型工程机械故障，应根据现象仔细判断是液压问题还是机械问题，切不可盲目拆解。因为此类机械的零部件较为笨重，拆装十分不便。如果是液压问题，则应根据液压原理图认真分析油路和主要元件的功能，然后再进行修理。由于工程机械一般都在野外作业，环境恶劣，所以要特别注意液压系统的清洁度。在保养、换油、添油过程中应注意不要将杂物等掉入液压系统，以免发生故障。

11.2.5　TY220 型推土机松土器液压缸漏油故障诊断排除

（1）故障现象

一台 TY220 型推土机，先后从事于露天矿开采以及尾矿库构筑等工程的土方剥离工作，运行约 9000h。前期松土器液压缸端盖只是轻微漏油，驾驶员未能引起重视，加上松土作业量较少，一直未对松土器液压缸进行检修。当进行松土作业时，发现松土器液压缸端盖漏油严重，需要经常补充液压油；夜间停车将松土器升至最高位置，第二天早晨启动车辆时，松土器已经完全落至地面。

将松土器液压缸进行解体，检查发现左侧液压缸的活塞与缸筒局部磨损，有清晰的划痕（图 11-10），且液压缸筒内有较多的铁屑，缸的活塞杆轻度弯曲（图 11-11）；右侧液压缸端盖内导向环及油封过度磨损（图 11-12），且密封沟槽松旷。

 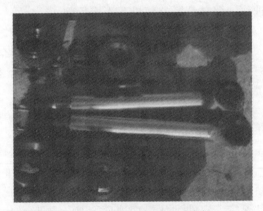

图 11-10　磨损的液压缸缸筒　　　　　图 11-11　弯曲的液压缸活塞杆

（2）原因分析

① 在车辆使用的过程中，曾经利用推土机松土器进行被陷车辆牵引及其他拖曳作业。由于所需牵引力较大，加上固定钢丝绳时未能选择合理的位置（该松土器为三个松土齿配置）或者牵引方向偏差较大造成松土器承受较大的侧向阻力，使松土器受力严重不均衡，从而造成松土器两侧液压缸受力不均匀，其中一侧液压缸因受力过大而产生弯曲变形。

② 松土器液压缸各铰接点润滑不到位，尤其是松土器液压缸与车体下端连接铰接点（距离履带较近）。推土机行驶过程中，履带黏附的泥土等杂质进入铰接位置，严重影响该铰接位置的润滑，极易造成铰接轴及销套异常磨损（图 11-13），从而产生配合间隙，造成松土器与车体固定松旷，并由此造成作业过程中两侧液压缸受力不均。

③ 松土作业需转向时，驾驶员未能及时将松土器升起，而是采取一边转向、一边继续进行松土作业方式，造成两侧液压缸在承受纵向力的同时，还要承受较大的侧向力作用。

④ 风化岩石层存在大块的岩石，进行深土层松土作业时，岩石通过松土器的齿尖，对松土器液压缸造成非常大的机械冲击。

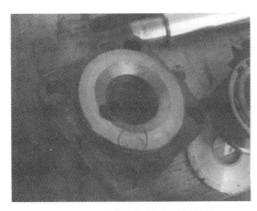

图 11-12　异常磨损的液压缸缸盖

图 11-13　异常磨损的铰接轴

⑤ 液压系统维护保养不到位，如液压油及滤芯未及时更换，图 11-14 所示为过脏的过滤器滤芯。

（3）改进措施与效果

① 对左侧液压缸进行修复，需校正活塞杆，并对活塞杆、液压缸缸筒内壁进行电刷镀，同时更换活塞、液压缸端盖总成以及全套油封。

② 对右侧液压缸进行修复，需更换液压缸端盖总成以及全套油封。

上述维修方案工期长，难度较大，且维修费用不菲。经咨询配件经销商，更换两侧液压缸总成仅需 4000 余元。故综合考虑，不再修复故障元件，直接更换松土器两侧液压缸总成。

图 11-14　过脏的过滤器滤芯

安装完毕后，将液压油滤芯以及液压系统内液压油全部予以更换，试车正常。

（4）启示

为了提高机器的可靠性，用户在推土机使用过程中应做好如下预防措施：避免使用松土器进行超负荷牵引、拖曳等作业，并要选择合理的牵引位置（确保受力平衡）；松土作业过程中需要进行转向时，驾驶员必须待松土器提升后方可进行转向操作，严禁带负荷转向；尽量避免在风化岩石层进行松土作业；定期对液压系统进行维护。

11.2.6　TY220 型推土机液压液力机构工作无力故障诊断排除

（1）故障现象

一台 TY220 型推土机工作 1000h 后，出现履带行走无力，推土板推力下降。特别是当推土铲受外负荷作用时，履带原地打滑，而平地空载行走速度基本能达到规定要求。

（2）原因分析

该机采用液力机械式传动系统，行星式动力换挡变速器，弹簧压紧油压分离常接合式转向离合器。图 11-15 所示为变速系统液压原理。推土机作业时履带行走无力应是发动机功率不足，或是某一传动环节传递功率下降所致。中央传动和最终传动采用齿轮传动，当其失效时推土机将不能行走。因此，只需对发动机、变矩器、变速器、转向离合器等逐一进行分析诊断。

① 发动机在额定负荷下，动力和加速性能良好，额定转速为 1800r/min，最高空载转速与额定转速差小于 200r/min，发动机工作正常。

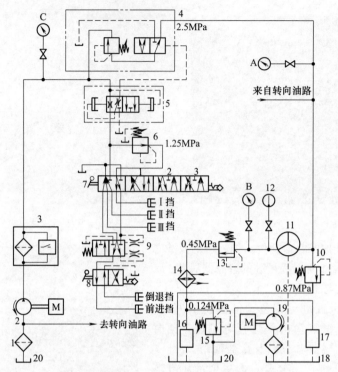

图 11-15　TY220 型推土机变速系统液压原理

1—粗过滤器；2—变速液压泵；3—精过滤器；4—调压阀；5—急回阀；6—减压阀；
7—变速阀；8—方向阀；9—安全阀；10—溢流阀；11—液力变矩器；12—油温计；13—调节阀；14—冷却器；
15—润滑阀；16—变速器润滑点；17—分动箱润滑点；18—变矩器壳体；19—回油泵；20—后桥箱；
A—变矩器进油测压口；B—变矩器出油测压口；C—操纵阀进油测压口

② 变矩器传递功率不足的主要原因在于供油不足或严重泄漏。变矩器工作正常时，循环圆内充满有一定压力高速流动的液体。发动机转速正常，变矩器泵轮的转速也是足够的。循环圆内是否充满有一定压力的液体，是变矩器工作正常的关键，因而应对其补偿冷却系统进行压力检测，检测项目及压力要求见表 11-1。检测步骤与结果如下。

a. 压力表装在变速离合器调压阀的测压口 C（图 11-15）。将变速操纵杆置于空挡，锁上刹车阀，然后启动发动机，进行全速和怠速两工况压力测量，压力达到标准要求。

b. 检测变矩器进、出口压力（图 11-15 中测压口 A、B），检测步骤同上。测量结果，压力正常。为了进一步证实变矩器传递功率足够，可同时踩下左、右转向制动踏板，挂 I 挡，使机器在高转速情况下失速，此时涡轮输出轴仍以一定的速度旋转。这说明变矩器工作正常，故障出在其后的某一传动环节。

表 11-1　补偿冷却系统的检测项目及压力要求

检测项目	设定压力/MPa	
	发动机全速（2000r/min）	发动机怠速（600r/min）
变速离合器调压阀	2.3～2.7	1.8～2.4
变矩器溢流阀	0.7～0.9	—
变矩器调节阀	0.3～0.5	0.2～0.3

c. 该变速器是利用油压使换挡离合器活塞压紧主、从动摩擦片，制动行星排中一元件

实现换挡的。因而，若变速液压回路中油压不足，将使换挡离合器摩擦片打滑或无法接合，变速器传递功率下降。该变速器由一个两挡方向变速器和三挡速度变速器串联而成，用五个换挡离合器来实现六种挡位。首先测量变速器挂挡后换挡离合器活塞处的压力，其标准值见表 11-2。检测五个换挡离合器的油压都在标准范围内，这说明各换挡活塞密封性能良好，制动压力足够。因而可以怀疑摩擦片磨损严重，摩擦因数减小，从而造成传递功率下降。

表 11-2　换挡离器活塞处的压力标准值

检测项目	设定压力/MPa	
	发动机全速（2000r/min）	发动机怠速（600r/min）
Ⅰ挡	1.25	1.25
前进、后退Ⅱ、Ⅲ挡	2.3～2.7	1.8～2.4

在发动机高速运转下，使机器失速，分别挂各个挡位，观察变矩器输出轴的转动情况。挂前进三个挡位时变矩器输出轴以一定的速度旋转；而挂后退三个挡位时，变矩器输出轴被制动。由于动力换挡变速器的每一个挡位是由一个方向离合器和一个速度离合器同时作用串联而成的，故可以初步断定前进挡离合器打滑了。

打开中央传动箱后面观察孔盖板，在发动机高速运转机器失速情况下，观察不同挡位时大螺旋锥齿轮的转动情况。可以看到，前进任何挡位时，该齿轮并没有转动，这说明转向离合器并没有打滑。故可以认为前进挡离合器摩擦片磨损严重而打滑。

（3）排除方法

解体检查变速器发现，前进挡离合器四片从动摩擦片磨损严重，其中有两片的铜基粉末冶金衬面剥落近 1/3；主动摩擦钢片表面磨损也较严重，呈沟槽状；而其他离合器的主、从动片的磨损较正常。由于前进挡离合器的三片压板已接近使用极限尺寸，但又无法购到配件，考虑到推土机经常在Ⅰ挡大负荷作业，而后退Ⅲ挡一般只用来行走，负荷较小，后退挡离合器的两片压板和Ⅲ挡离合器的一片压板与前进挡离合器的三片压板厚度基本一样，更换前进离合器的三片压板，以解工程施工之急需。

变速器重新组装后，用气压检查各挡活塞密封圈密封性能、运动状态和行程。在 0.6～0.7MPa 气压下保持一段时间，气压不下降，表明密封性良好。放气时可听到活塞回位的响声，表明活塞和回位弹簧工作正常。

变速器装机试用，推土作业恢复正常。

（4）启示

液力机械传动系统故障诊断，关键是要弄懂系统的工作原理和各总成，部件的功用，掌握各检测点位置和相应的标准数据，对照故障进行综合分析。分析中从易到难，逐一排除可疑故障点，不要急于解体机器。在初步确定故障范围后，借助检测，进行数据分析比较，从而确定故障点和故障源，有针对性地检拆、维修。

11.3　装载机液压系统故障诊断排除

11.3.1　ZL50G 型装载机液压动臂提升缓慢故障诊断排除

（1）系统原理

装载机是目前广泛使用的施工机械。图 11-16 所示为 ZL50G 型装载机液压原理，为采用电-液控制的先导系统。

（2）故障现象

在柴油机额定转速下，操纵先导阀手柄，使动臂从最低位置提升到最高位置所需要的时间大于满载提升时间。

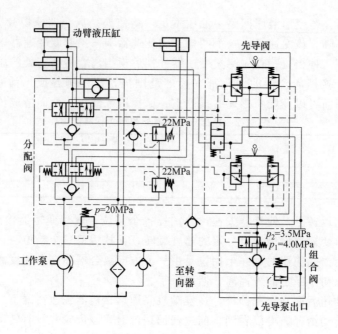

图 11-16　ZL50G 型装载机液压原理

（3）原因分析

根据液压动力元件的特征，动臂提升缓慢的原因是推动液压缸的油量不足，主要原因如下。

① 从泵口到动臂液压缸大腔之间的管道、接头、阀及各接合面等发生严重的外漏。

② 液压油含有大量的气泡或严重变质，丧失应有的黏度。

③ 吸油过滤器堵塞或吸油软管内壁脱落造成吸油管堵塞等，导致工作泵输出流量不够。

④ 工作泵发生严重的内漏，造成其输出流量不足。

⑤ 动臂液压缸发生严重的内漏（由于拉缸或密封件的损坏等原因造成）。

⑥ 动臂液压缸大腔通过组合阀中的选择阀从组合阀的回油口产生内漏。

⑦ 分配阀的主安全阀压力过低（由于调压弹簧折断、阀芯有脏物卡在开启位置、阀体上有沙眼或沟槽与回油腔相通等原因造成）。

⑧ 分配阀阀体的进油道与回油道之间有严重的内漏（由于沙眼或阀体材料的崩缺等原因造成）。

⑨ 分配阀动臂换向阀杆或阀孔过度磨损，使阀芯和阀孔的配合间隙远大于设计值。

⑩ 分配阀阀杆开度不够（由于换向阀阀杆被卡、动臂大腔先导阀阀芯卡滞或沙眼内漏或组合阀的压力过低等原因使输出的先导压力不足等造成）。

⑪ 回油路堵塞。

（4）故障检测及排除

① 围绕以上可能原因，首先启动机器并提升动臂，观察从泵口到动臂液压缸大腔之间的管道、接头、阀及各接合面等是否发生严重的外漏。

② 如果没有外漏现象发生，则应进行基本检查：油箱中的液位是否在最低油位以上，液压油是否含有大量的气泡或变质等。油位不够应加油；液压油变质应更换液压油并彻底清洗油箱、液压缸、管路等整个液压系统。

③ 在判断液压油没有异常时，则应启动机器，操作先导阀收斗使液压系统负载，同时注意辨听工作泵是否有尖叫声，有尖叫声则说明工作泵的吸油严重不足，此时应检查吸油过滤器及吸油软管等。

④ 在辨听工作泵无尖叫声的情况下，可以对工作泵是否发生严重的内漏进行判断。启动机器，操纵先导阀，使泵负载 1～2min，发动机熄火，用手小心触摸工作泵外壳，如果工作泵外壳烫手，则可判定工作泵发生严重的内漏，造成其输出流量不足。需要对工作泵进行拆检维修或更换。

⑤ 针对第⑤～⑨种可能原因，需要先进行压力测试。用一量程为 0～25MPa 的压力表连接在分配阀进口的测压口上，启动机器操作先导阀手柄，观察压力表，其读数应达到设计压力（20MPa），否则应对第⑤～⑨种可能原因进行逐一判断。

a. 第⑤种可能原因判断。启动机器并操作先导阀手柄使动臂下降到最低位置、铲斗后倾至最大位置，发动机熄火并打开动臂液压缸大腔软管并将其引回液压油箱；启动机器并操作先导阀手柄使动臂下降，观察动臂液压缸大腔油口是否连续有液压油冒出，如果有液压油连续冒出，则说明动臂液压缸有严重内漏，需要对该液压缸进行拆检维修或更换。

b. 第⑥种可能原因判断。发动机熄火，操纵先导阀手柄，将动臂放至最低，然后将动臂液压缸大腔全组合阀之间的单向阀反接。

c. 第⑦种可能原因判断，拆检和清洗主安全阀，此时如果出现的是阀芯或阀孔变形等不可修复的情况，应更换主安全阀。

d. 如果进行了 a、b、c 的判断后，系统压力仍未能达到设计压力（20MPa），则对第⑧及第⑨种可能原因进行判断，即拆检分配阀的动臂阀杆，仔细检查阀体、阀杆、阀孔及阀杆与阀孔的配合情况等。

⑥ 当液压系统压力达到设计值（20MPa）而动臂提升缓慢故障仍未排除时，则应对第⑩种可能原因进行检测及排除。

a. 操纵先导阀将动臂及铲斗放至最低，打开分配阀动臂阀杆无弹簧端的端盖，手动阀杆使之作轴向移动，注意观察阀杆移动的距离是否异常，回位是否灵活等。

b. 将控制转斗阀杆的先导管与控制动臂阀杆的先导管相互对调，启动机器，操纵先导阀，观察动臂举升是否正常。如果正常，则应拆检和清洗先导阀的动臂阀片。否则应进行下面的检测。

c. 启动机器，用量程为 0～6MPa 的压力表检测组合阀的压力，如果压力小于 4MPa，而与组合阀连接的液压泵无异常，应拆检和清洗组合阀的调压阀芯。然后再次检测该压力，直到压力为 4MPa。

d. 如果检测组合阀的压力为大于或等于 4MPa，则应启动机器，用量程为 0～6MPa 的压力表检测先导阀的压力，该压力应为 3.5MPa，否则应拆检和清洗组合阀的选择阀，之后再次进行检测，若仍未达到 3.5MPa，则应拆检和清洗先导阀。

⑦ 若液压系统压力正常，而动臂升降均缓慢，且回油管道胶管总易压破，则说明回油路背压大。检查回油滤清器和回油管路，更换堵塞的滤芯，排除堵塞油道的异物。

(5) 小结

ZL50G 型装载机动臂提升缓慢，往往是由多种因素的共同影响造成的，检查和修理时应综合考虑，逐项检查并排除系统中的所有故障，使动臂完全恢复技术标准要求。

11.3.2　ZL50G 型装载机液压齿轮泵损坏故障诊断排除

(1) 故障现象

ZL50G 型装载机是某公司开发的新产品，批量生产后经常出现液压泵损坏、机器不能正常工作的现象。主要表现为在装载机使用1~2个月后，普遍出现动臂举升缓慢、铲装无力、转向沉重、液压油向变矩器变速箱串油等现象。拆下工作泵及双联泵（转向泵和先导泵串联而成）发现两泵（均为齿轮泵）损坏，侧板严重磨损，轴端骨架油封损坏。更换齿轮泵后，故障仍然发生。

(2) 原因分析

首先，分析认为可能由于泵输入轴与连接的变矩器泵驱动轴的内花键配合间隙不合适，引起泵齿轮端面与侧板偏磨，造成泵的损坏。为此，根据齿轮泵连接的技术条件要求，严格控制泵输入轴与连接的变矩器泵驱动轴的内花键配合间隙，并对内、外花键的同轴度和垂直度采用了更高的精度要求，但试验后，问题如故。随后，又对全液压转向器、优先阀、多路阀、压力选择阀等液压元件和有关管路进行了更换，但试验结果排除了这些液压元件引起泵损坏的可能。接着，又对液压系统的压力与结构进行了调整，调低了系统压力，在管路中增加了溢流阀和单向阀，消除了压力过高和不稳定对泵的影响和破坏。重新试验后，故障仍旧发生。

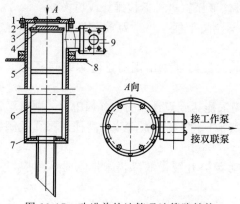

图11-17 改进前的油箱吸油管路结构

1—法兰盖；2—橡胶垫；3—压紧弹簧；
4—压板；5—吸油管；6—吸油过滤器；
7—过滤接盘；8—油箱顶板；9—三通块

经多次分析、改进与试验断定，原有油箱和吸油管路结构不合理，形成气穴引起气蚀，造成齿轮泵损坏。如图11-17所示，油箱的吸油管5为粗长的钢管，插入油箱中液面以下，为工作泵和双联泵共用；网式吸油过滤器6于钢管内，通过弹簧3用压板4固定；钢管上部焊有固定法兰将吸油管固定在油箱顶板8上，侧面焊有钢管及连接法兰，通过三通块9分别向两泵供油；吸油管顶部用橡胶垫2和法兰盖1进行连接密封。

经分析，此结构存在以下一系列缺点：尽管吸油管置于液面以下，但直径太大，而且出油口在侧面而非顶部最高位置，容易造成油液不能填充顶部空腔，引起吸油困难；吸油过滤器因置于钢管内部，外形尺寸受限，通流能力偏小，容易堵塞造成供油不足；吸油时，顶部存在空腔，加之顶部法兰盖由于加工误差和弹簧支承力作用，容易造成密封不好，引起泵吸入空气或吸油困难；由于两泵共用一个吸油管路，通过三通块分流，容易引起两泵"争油"现象，使其中吸油阻力较大的泵吸油不足；整个吸油管路存在许多局部阻力变化区域，如管路直径突变、90°方向过渡、分流三通块等，油液经过这些区域将产生不可忽视的压力损失。

总之，由于上述泵吸油困难、吸油不足或吸油压力损失大等问题的存在，很容易导致气穴气蚀现象的发生，不可避免地造成泵的损坏；而泵的损坏随后将引起泵轴端骨架油封损坏，使液压油串入变速箱中，以及工作无力、转向沉重等故障，严重时，机器陷入瘫痪状态。

(3) 改进措施与效果

根据以上分析，对原有油箱和吸油管路进行了改进。如图11-18所示，将原来的两泵共用一个吸油管改为各自独立从油箱中吸油，杜绝"争油"现象；将吸油过滤器尺寸加大（加粗加长），将两吸油钢管插入其中，增加通流能力，以解决供油不足问题；将法兰座直接与吸油钢管焊在一起，固定于油箱顶部，避免了空气的吸入；取消了分流三通块，两吸油钢管通过橡胶管接头体直接与液压泵吸油口相连，去掉管路中的管路直径突变，局部90°换向采用大圆角，减小局部压力损失。

改进后，经长时间试验表明，改进效果非常理想，没有再出现以前故障。证明了分析和解决办法的正确性。

（4）启示

保障吸油管路的畅通、减少吸油阻力和压力损失对齿轮泵的安全、可靠、正常的使用具有重要意义。为此，在液压系统设计尤其是管路设计中，一定要采取措施防止液压系统压力过度降低，产生气穴气蚀现象。如减少吸油管路的弯曲和突变；选用适当的吸油过滤器，并经常清洗；尽量降低吸油高度；管路连接处严格密封，防止空气吸入等。

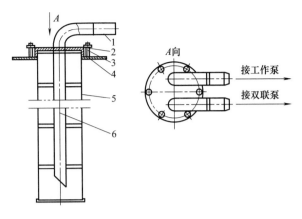

图 11-18　改进后的油箱吸油管路结构
1—橡胶管接头体；2—法兰盖；3—密封垫；
4—油箱顶板；5—吸油过滤器；6—吸油钢管

11.3.3　装载机液压动臂举升无力和转向失灵故障诊断排除

装载机在恶劣工况下长时间高负荷运转，不可避免地会出现故障。如果按照传统的拆解排查、逐项检查的模式进行管理，将很难适应昼夜运转的生产形势。通过体外诊断，可对出现故障的液压机械不拆卸或尽量少拆卸，通过对压力、声响、振动、温度等的检测、分析，诊断故障所在部位，从而及时有效地排除故障，可以避免拆卸的盲目性并减少停机时间，提高作业效率。

11.3.3.1　举升无力故障诊断排除。

（1）故障现象

一台装载机在作业中出现举升无力现象，空载时加油门才能勉强举升，但油门一松，动臂又自动回落。

工作部分的油路也分为主油路和控制油路（先导油路）。主油路由工作泵提供高压油，流经多路阀，再至夹具、翻斗、各举升液压缸，最高压力为 21MPa。控制油路由 PPC 泵提供压力油，经蓄能阀、蓄能器、PPC 阀（操作手柄）至多路阀，通过控制多路阀的夹具阀杆、翻斗阀杆、举升阀杆的移动来控制夹具缸等的伸缩。工作部分出现故障（如夹具无力、举升无力等）的原因也是多种多样的，一一拆卸查找十分繁琐，通过压力测量，可将问题简化。

（2）检测分析与排除

首先测得翻斗缸或夹具缸的压力为 18MPa。这说明主油路、工作油路均正常，因为夹具、翻斗、举升三缸共用主油路和控制油路。因此故障原因只能是多路阀中举升阀杆处于举升位无法回位或举升缸损坏。如果举升阀杆处于举升位无法回位，那么发车后加油门（不动举升操作手柄），动臂应有举升动作，哪怕是一点点，而事实上是一点反应也没有。至此可以判定问题在举升缸本身。举升缸有两个，拆下其中一个液压缸的油管，并用堵头封住，这时用不着测量压力，只需发车即可。发车后，将举升操纵手柄拉起，看有无反应。如果动臂轻易举起，则损坏的缸即为被拆油管的那一个，否则是另一个。两个缸时加油门也不一定能举升，而单个液压缸怠速时却能轻易举升，这是因为两个液压缸是并联的，只要其中一个液压缸油封损坏，就将形成回路。通过这样的体外诊断检查，确定了被拆卸油管的缸即右缸损坏。随即解体检查，发现该缸活塞与缸筒内壁已严重拉伤。换上备用缸后恢复正常。

需要注意的是，测量压力时要注意安全。如果被测缸的一端处于高压状态，则应将相应的操纵手柄回拉几次，使该处液压油与油箱接通以泄压，然后才能拆卸堵头进行测量。不然堵头一拆掉，高温高压的油流会像喷泉一般喷出，极易伤人。

一个举升无力的故障，按液压流程逐项拆检，2个人3天不一定能解决。但体外诊断则只需2～3 h。同时由于不拆或少拆无故障部分，减少了故障隐患，提高了修理质量。

11.3.3.2　转向失灵故障诊断排除。

(1) 故障现象

一台装载机在简易场地作业时出现转向失灵现象。该机转向部分的油路由主油路和控制油路组成。主油路由转向泵和转换泵或补偿泵给转向系统提供高压油，经过转向阀至转向缸。主油路最高压力由转向阀内的主溢流阀设定为21MPa。控制油路由PPC泵（先导泵）提供低压油，经蓄能阀、转向器至转向阀，最高压力由蓄能阀内的溢流阀设定为3MPa。其作用是控制转向阀的开闭及开闭程度的大小，也就是说，控制通往转向缸的液压油的流量及压力，通过转向阀来实现低压油控制高压油。

出现此类故障的原因很多，就主油路来说，转向泵损坏、转向阀堵塞或阀芯卡住、主溢流阀常开或弹簧折断、转向缸拉坏、油封冲坏等，都会造成转向失灵。就控制油路来说，PPC泵损坏、溢流阀常开（阀芯不能回位）、转向器失灵等，也会造成转向失灵。

(2) 检测分析及排除

首先，测量通往转向缸的压力油的最大压力，将0～25MPa量程的压力表接上转向缸油路，发车后左右转动转向盘并加大油门，测得左转、右转时压力均为10MPa。转向正常（空载）的同类车左转、右转压力分别为0、8MPa或8、0MPa，可见空载实现转向的最小压力差为8MPa。故障车的转向缸压力可达10MPa，也就是说，转向泵、转向阀、控制油路可提供10MPa的压力油。通过比较，可知这样的压力可实现空载转向，问题在于故障车左转、右转时的压力均为10MPa，即压力差为0。液压缸两端的压力相同，只能理解为活塞油封严重损坏或脱落，致使两腔相通。至此，可以确定转向缸已损坏。

但转向缸有两个，问题出在哪一个，还需要进一步判别。判别的方法是将其中一缸的两根油管卸下并用封头堵住油管，发车转动转向盘，测量另一个缸的压力，如果两边的压力都是10MPa，那么就是另一个缸损坏。否则问题在被拆卸油管的液压缸。

采用此法查出了该车的左转向缸损坏。解体检查发现该液压缸活塞已脱落。随即换上备用缸后系统恢复正常。从接到故障报告到故障排除，仅花了2.5h。

11.4　起重搬运及消防车辆液压系统故障诊断排除

11.4.1　CPC20型内燃叉车液压系统门架起升速度不足故障诊断排除

(1) 系统原理

叉车是叉式装卸车的简称，它是一种由自行轮式底盘和能垂直升降并可前后倾斜的工作装置组成的物流装卸搬运车辆。叉车由底盘（包括车架、动力及行走装置等）、工作装置（包括门架、货叉等）和转向装置等组成。叉车的货叉起升、门架倾斜和转向均采用液压传动。工作时，驾驶员坐在座椅上，通过操纵转向盘和操纵杆实现货物的装卸搬运作业。

图11-19所示为CPC20型内燃叉车液压原理。系统油源为液压泵1（高压齿轮泵）。操纵阀12用于控制门架的起升与下降，操纵阀11用于控制门架的前倾与后倾，系统最高压力由溢流阀16设定，泵1可通过阀11和12的中位实现卸荷。全液压转向器2用于控制转向液压缸3实现后轮转向的控制，溢流阀14用于实现转向工作回路的安全保护，该回路的卸荷可通过转向器2上的转阀的中位实现。

当工作装置和全液压转向器都不工作时，泵1卸荷。泵1的压力油一路经单稳分流阀5（大量油液）→起升操纵阀12中位→倾斜操纵阀11中位→过滤器15→油箱；另一路压力油

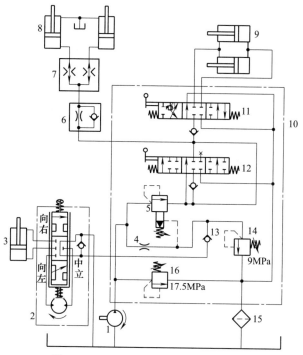

图 11-19 CPC20 型内燃叉车液压原理

1—液压泵；2—全液压转向器；3—转向液压缸；4—节流器；5—单稳分流阀（先导溢流阀）；
6—下降限速阀；7—分流集流阀；8—起升液压缸；9—倾斜液压缸；10—多路阀；11—倾斜操纵阀；
12—起升操纵阀；13—单向阀；14,16—溢流阀（安全阀）；15—过滤器

经节流器 4→单向阀 13→转向器 2 上的转阀的中位→油箱，导致节流口 4 出口压力很低。

当工作装置工作时，泵 1 的压力油→单稳分流阀 5→起升操纵阀 12→下降限速阀 6→分流集流阀 7→起升液压缸 8；或者，泵 1 的压力油→单稳分流阀 5→倾斜操纵阀 11→倾斜液压缸 9。

当全液压转向器工作时，泵 1 的压力油→节流器 4→单向阀 13→全液压转向器 2→转向液压缸 3。

（2）故障现象

叉车在空载时，门架起升速度正常；满载货物时，门架起升速度不足。此故障表明，该叉车液压系统的工作压力能够满足需要，但进入起升缸下腔的有效流量不足。

（3）原因分析

围绕进入起升缸下腔的有效流量不足，归纳出的可能原因如下：①油箱油量不足；②油温过低，使油液黏度过高，造成泵 1 吸空；③油温过高，使油液黏度过低，造成泵 1 内部泄漏；④泵 1 磨损，内漏严重，容积效率过低；⑤多路阀上的安全阀 14 有泄漏，单稳分流阀 5 卡死在打开位置或弹簧折断；⑥多路阀上安全阀 16 压力调得过低或发生泄漏，部分油液流回油箱；⑦起升操纵阀 12 内漏严重；⑧起升液压缸 8 发生一定泄漏。

（4）排除方法

这里用故障诊断分类排除法。即首先将可能发生的故障划分为容易排除的和不容易排除的两大类，确定容易排除的故障是否存在，如果存在，马上排除，如果不存在，也可以忽略，然后对余下的不容易排除的故障，按照故障可能发生的概率，从大到小按照顺序依次排除。

对于上述 CPC20 型叉车满载时门架起升速度缓慢这一故障，容易排除的故障有①、②、

③、⑧，其余为不容易排除的故障。排除了容易排除的故障后，如果系统故依旧，则对④、⑤、⑥、⑦按照故障可能发生的概率，按从大到小的顺序排列为④＞⑦＞⑥＞⑤。最后依次排除这些不容易排除的故障。实际应用中，一般不必进行完上述全过程，就已经完成了故障诊断与排除的任务。

实践表明，分类排除法对于液压系统故障诊断是行之有效的。采用此法可快速、有效地诊断和排除液压系统故障，减少诊断盲目性。

11.4.2 多田野 TL-360 型汽车起重机液压吊臂下落故障诊断排除

(1) 系统原理

采用液压传动的汽车起重机是一种典型的行走起重机械，用于重物的升降作业，它由汽车、回转台、变幅机构、动臂、伸缩臂及支退等机构组成。其中变幅机构主要用来改变作业半径和作业高度，通常要求它能带载变幅且变幅动作平稳。图 11-20 所示为日产多田野 TL-360 型起重机变幅液压原理。变幅液压缸 5、6 由手动换向阀 4 操纵控制。双联齿轮泵 2a 既向变幅液压缸供油，也向伸缩液压缸供油，2b 向支腿油路供油。最大工作压力由溢流阀 8 限定为 17.5MPa。平衡阀 7 安装在液压缸底部，起锁紧和防止超速下降作用，其控制油路设有可变节流阀，如有下降不稳时，可对该阀节流开度加以调节。

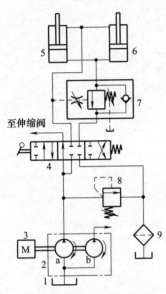

图 11-20　TL-360 型起重机
变幅液压原理

1—油箱；2—双联液压泵（齿轮泵）；
3—发动机；4—手动换向阀；
5,6—变幅液压缸；7—平衡阀；
8—溢流阀；9—回油过滤器

(2) 故障现象

两台 TL-360 型起重机中的一台在进行一次吊臂起升作业时，突然出现异响，吊臂突然下落，以后空载时吊臂虽能少量起升但马上回落。经试验检验，发动机运转正常，可断定故障应是变幅液压回路的问题引起的。

(3) 原因分析及排除

根据变幅液压回路的原理，结合故障现象分析故障原因有以下四种可能：①双联齿轮泵磨损，泄漏严重或泵吸油管吸入空气；②溢流阀失效，造成压力不能建立；③变幅液压缸漏油；④手动换向阀磨损严重。

通过进一步分析发现，伸缩回路和变幅回路的最大压力都由溢流阀 8 限定。为此，操纵伸缩阀实现吊臂伸缩，结果发现伸缩作业能正常进行，这样就排除了①、②两种可能。把变幅液压缸 5、6 的上腔油管在管接头处拆开，放掉余油，然后进行吊臂起升作业。此时发现大量液压油自上腔油管处流出，从而断定故障是由于缸的泄漏造成。将两缸拆下，解体检查，发现活塞上 O 形密封圈及活塞杆密封圈均正常，接着又对缸体进行圆度、锥度检查。结果发现，其中一个液压缸底部圆度误差达 3mm，上下锥度最多达 6mm。初步判定作业过程中由于某种原因产生液压冲击，安全阀开启滞后，造成压力瞬时上升过大，加之变幅液压缸缸体铸造缺陷，整车年久失修，使液压缸严重变形，导致密封失效。

从同型号无故障的车上拆下变幅液压缸装到该故障车上，开车作业故障消除，说明判断和检查正确。

11.4.3 NK-300 型起重机液压系统压力不足故障诊断排除

(1) 系统原理

NK-300 型起重机系从日本进口的液压伸缩臂起重设备，图 11-21 所示为其变幅液压原理，油源为液压泵 1，其压力油（供油压力由溢流阀 2 设定）通过增压器 3 增压（增压压力由先导式溢流阀 4 限定）后供变幅液压缸 7 使用。变幅液压缸 7 的伸缩则由手动换向阀 5 操控。

（2）故障现象

在一次现场施工中发现，当变幅角度为 42°时，伸缩臂伸出三节，用卷扬和变幅同时起吊重物时，变幅系统突然不工作。将操纵杆反复置于变幅增大和减小的位置均无反应，而卷扬、伸缩臂和回转系统均能正常工作。根据液压系统原理图，利用车上原有压力表，对故障进行初步诊断。首先测得变幅系统压力为 5.2MPa，而正常工作压力应为 24MPa，故系统不能正常工作的原因是压力不足。

（3）原因分析

系统压力不足的可能原因有油箱油面过低；泵 1 发生故障；增压器 3 发生故障；电磁换向阀 8 处于卸荷状态；主溢流阀 2、4 有严重泄漏等。

由于泵 1 同时还供给回转系统压力油，而回转系统工作正常，故可断定泵 1、溢流阀 2 均无故障，油箱油面也不低。

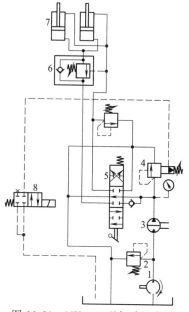

图 11-21　NK-300 型起重机变幅
液压原理
1—液压泵；2—溢流阀；3—增压器；
4—先导式溢流阀；5—手动换向阀；
6—平衡阀；7—变幅液压缸；
8—电磁换向阀

根据先易后难的原则，先检查自动停止电磁换向阀 8。这个阀是由力矩限制器控制的，当起重负载超过额定起重量时，力矩限制器输出一控制信号，使阀 8 的电磁铁通电，阀 8 动作，先导式溢流阀 4 卸荷。故先检查阀 8 的工作状态。用万用表测其线圈，发现没有带电现象，同时观察力矩限制器指示盘上超载报警装置，均未发现异常现象。

然后检查溢流阀 4。先调节弹簧预紧力，提高其开启压力，结果，系统压力还是没有提高。接着，进一步对溢流阀 4 进行剖析，卸下其先导阀与主阀的连接部分，检查先导阀的锥阀芯与阀座接合面的接触情况，未发现磨损和不密合情况。将溢流阀继续拆解，取出主阀的柱塞及柱塞弹簧，发现弹簧缩短，弹力不足。这就使主阀柱塞开启后，不能在系统压力低于阀开启压力后自动恢复到原来关闭状态，从而导致卸荷孔与压力油孔相通，使溢流阀一直处于泄漏状态，造成系统压力不足。

（4）解决方法及效果

针对上述原因，在溢流阀的柱塞与弹簧之间加一个中间有孔的垫圈，以增加柱塞弹簧的预紧力。然后调整其开启压力到规定的 24MPa，变幅系统又恢复了原有正常工作状态。

11.4.4　CDZ53 型登高平台消防车伸缩臂液压缸回缩与噪声故障诊断排除

（1）系统原理

CDZ53 型登高平台消防车举升高度约 53m，平台载重为 400kg，水泵及水炮额定流量为 50L/s。水炮额定射程不小于 60m，最高车速不小于 85km/h。整车采用了先进的电液比例先导控制系统，压力、流量复合控制负载反馈变量泵，闭环比例阀调平系统，确保操作方便，工作平稳可靠，具有良好的微动性能。在工作高度，平台承载量和灭火救援能力等方面处于国内 50m 系列登高消防车领先水平。

该车的四节伸缩臂的同步伸缩由行程 816m 的伸缩液压缸加链条来实现。图 11-22（a）

所示为改进前伸缩臂液压原理，当 A 口通压力油时，压力油经单向阀 2 进入伸缩液压缸 4 右腔，其左腔的油液经 B 口排回油箱，缸筒向右伸出运动。当 B 口通液压油时，压力油一路作用于平衡阀 3 的阀芯下控制腔使阀 3 切换至下端节流位置，另一路进入伸缩液压缸 4 的左腔，其右腔的油液经平衡阀 3 的下位（节流位置）从 A 口排回油箱，缸筒向左缩回运动，缩回速度由平衡阀的开度决定。二位二通电磁换向球阀 1 的作用是紧急回缩，当其电磁铁通电时，在伸缩液压缸左腔压力油的作用下，右腔油液经阀 1 流回油箱，实现快速回缩。

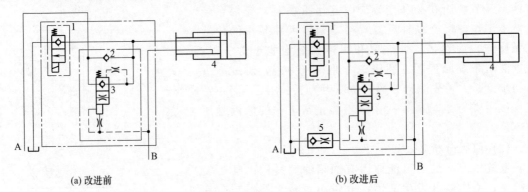

(a) 改进前　　　　　　　　　　　　　　(b) 改进后

图 11-22　伸缩臂液压原理

1—二位二通电磁换向球阀；2—单向阀；3—平衡阀；4—伸缩液压缸；5—单向节流器

（2）故障现象

一台 CDZ53 型登高平台消防车在使用中伸缩臂偶尔出现"咚咚"声，有时会持续两三个小时，揭开伸缩臂末端检修盖，响声更加明显。用一根钢管抵住伸缩液压缸缸壁，测量液压缸回缩量，在 15min 内竟回缩了 21mm。该车有四节伸缩臂同步伸缩，反映到工作台就是 84mm，远远超过 GB 9465.3—1985《高空作业车技术条件》6 中"在空中停留 15min，测定平台下沉量不得大于 30mm"的规定。

（3）原因分析及改进方案

首先判断是平衡阀闭锁性能不好，内泄严重，更换同类型平衡阀阀芯或总成后，故障依旧。化验油质无任何问题；排空气后也不起作用。该车配有应急电磁阀，其作用是当发动机或其他动力装置出现故障时，使伸缩液压缸在伸缩臂重力的作用下自动收回。正常工作时应急阀断电，紧急降落时通电，经检查该车电磁阀工作正常。在检查中发现，该响声只是出现在平台高度 PAT 显示臂长 21m 附近。由于该伸缩液压缸长度近 9m，在加工过程中精度要求非常高。因此怀疑液压缸缸壁存在加工误差，液压缸活塞停在此处时，大、小腔内漏，使小腔内油压升高，打开平衡阀，引起伸缩臂下沉。由此看出，更换活塞密封件只能短时间解决问题，时间长了该故障还会出现，彻底解决只有更换价值 8 万余元的伸缩液压缸。

经拆装，将伸缩臂整体拆下，换上新的伸缩液压缸。装配完成后继续测试，原以为能解决问题，但噪声依旧。不过出现位置由原来的 21m 改到了 18m，下沉量由原来的 21mm/15min 变为 10mm/15min。问题仍未解决。经过多次整车对比测试，发现这一现象在 CDZ 系列登高车中较为普通。问题的根源在于长达 9m 的伸缩液压缸加工精度很难保证，再次更换不仅投入资金较大，而且还不一定能解决问题。

只有从改进设计着手。从上述分析可知，伸缩臂的下沉是由于伸缩液压缸某处缸壁加工精度差，造成该处闭合不严，大腔的液压油向小腔泄漏使小腔内油压上升导致平衡阀打开造成的。只有在小腔回油管道上进行旁通泄压，才能解决此问题。考虑到操作的平顺性，减少运动时的冲击，经过多次试验，采用 2mm 的阻尼孔［图 11-22（b）中的件 5］能够有效避免因流速过大带来的冲击；为了防止在高空停放时间较长造成小腔内油液释放太多，造成重新动作时的延缓，将单向阀的背压增加 2kgf/cm² （约 0.2MPa），经改进后，反复试验，伸缩臂不再回缩，操作平稳快捷，故障彻底排除。

11.4.5　CDZ32 型举高消防车水平支腿无法伸展故障诊断排除

（1）系统原理

支腿是消防车的重要支撑部件，图 11-23 所示为 CDZ32 型举高消防车水平支腿伸缩液压原理。

当换向阀 4、5 切换至上位时，压力油进入缸 9、10 的无杆腔，使活塞杆伸出，控制水平支腿的伸展。两缸既可同步运动，也可单独运动。当换向阀 4、5 切换至下位时，压力油进入缸 9、10 的有杆腔，使活塞杆收缩，控制水平支腿的收回。溢流阀 8 分别通过单向阀 6、7 连接到缸 9、10 的无杆腔，起安全保护作用，保证液压缸不会因卡滞而损坏零部件。

（2）故障现象

某 CDZ32 型消防车在使用中出现水平支腿无法伸展的故障。

（3）原因分析及排除

此处利用故障树法对消防车水平支腿无法伸展故障进行分析。将这一故障作为顶事件，找出系统中顶事件发生的所有直接和间接原因作为第二级事件，然后根据

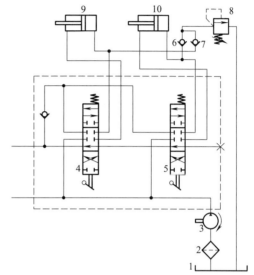

图 11-23　CDZ32 型举高消防车水平
支腿伸缩液压原理

1—油箱；2—过滤器；3—液压泵；4,5—手动换向阀；
6,7—单向阀；8—溢流阀（安全阀）；9,10—水平液压缸

演绎分析法，再找出造成第二级事件发生的原因，逐级查找下去，直至追查到顶事件发生的根本原因（底事件）。

根据分析，此故障顶事件的发生主要由三个可能原因引起：油源部分故障、控制油路故障和液压缸故障。三者只要出现其一，就会导致水平支腿无法伸展，因此用"或"门将它们与顶事件相连。若油源部分出现故障，可能是油箱油量不足，也可能是液压泵故障等，任何一个事件发生，都会使油源部分无法正常工作，故也用"或"门连接。按照此分析方法，建立故障树如图 11-24 所示，符号含义列于表 11-3，其中 T 代表顶事件，M 代表中间事件，X 代表底事件。

为了识别故障模式，判明潜在故障，最终指导故障诊断，下面进行定性分析。割集为故障树中一些底事件的集合，当这些底事件都发生时，顶事件必然发生，若将割集中所含的底事件任意去掉一个就不再成为割集，则该割集就是最小割集。故障树的一个最小割集就可以导致系统顶事件发生，因此求出最小割集，对于排除系统故障十分必要。

① 求最小割集。求故障树最小割集的方法很多，常用的有上行法和下行法两种。这里采用上行法，即从最下级的中间事件开始，按逻辑门表达式进行计算，自下而上直到将顶事件表达成基本事件乘积之和，再利用逻辑运算加以简化，简化后每一个乘积项就是一个最小割集。此处的系统故障树布尔代数表达式为

$$T = (X_1 + X_2 + X_9 + X_{10} + X_{11} + X_{12} + X_{13} + X_{14} + X_{15}) + (X_3 + X_4 + X_5 + X_{16} + X_{17} + X_{18} + X_{19} + X_{20}) + (X_6 + X_7 + X_8 + X_{21} + X_{22})$$

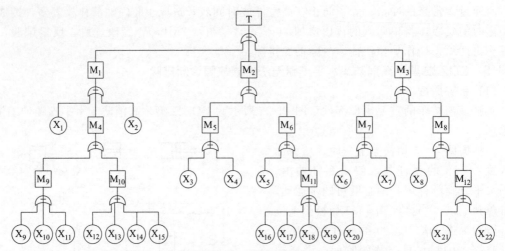

图 11-24　举高消防车水平支腿伸缩液压系统故障树

表 11-3　故障树符号含义

符号	含　　义	符号	含　　义
T	水平支腿无法伸展	X_6	活塞杆弯曲
M_1	油源部分故障	X_7	活塞杆两端螺母拧得过紧,同轴度下降
M_2	控制油路故障	X_8	密封圈失效
M_3	液压缸故障	X_9	泵轴密封损坏
M_4	液压泵故障	X_{10}	活塞与缸体磨损
M_5	换向阀故障	X_{11}	缸体与配油盘损坏
M_6	阀件故障	X_{12}	轴向间隙与径向间隙过大
M_7	活塞杆故障	X_{13}	泵体裂纹与气孔泄漏
M_8	液压缸内泄漏	X_{14}	压力阀失灵
M_9	液压泵泄漏	X_{15}	油液黏度太高或油温太高
M_{10}	液压泵流量不足	X_{16}	主阀阀芯阻尼孔堵塞
M_{11}	阀体压力升不上去	X_{17}	主阀阀芯与阀座配合精度差
M_{12}	活塞杆与缸筒摩阻过大	X_{18}	主阀阀芯复位弹簧折断或弯曲
X_1	油箱油量不足	X_{19}	活塞杆密封圈老化或损坏
X_2	滤油器堵塞	X_{20}	污物卡住阀芯
X_3	异物卡住	X_{21}	活塞杆与缸体卡住
X_4	弹簧失效或太软	X_{22}	活塞杆与缸体不同轴
X_5	调整压力太低		

这里，由上行法运算得全部最小割集就是全部底事件，即全部最小割集为 $\{X_1\}$、$\{X_2\}$、$\{X_3\}$、$\{X_4\}$、$\{X_5\}$、$\{X_6\}$、$\{X_7\}$、$\{X_8\}$、$\{X_9\}$、$\{X_{10}\}$、$\{X_{11}\}$、$\{X_{12}\}$、$\{X_{13}\}$、$\{X_{14}\}$、$\{X_{15}\}$、$\{X_{16}\}$、$\{X_{17}\}$、$\{X_{18}\}$、$\{X_{19}\}$、$\{X_{20}\}$、$\{X_{21}\}$、$\{X_{22}\}$。

②分析。求出最小割集可以全面掌握顶事件发生的各种可能性，为事故的调查分析、预测和预防提供可靠的依据。最小割集定性地给出了底事件的重要度，在各个底事件发生概率比较小，其差别相对不大的条件下：阶数越小的最小割集越重要；在低阶最小割集中出现的底事件比高阶最小割集中的底事件重要。由本系统中的故障树最小割集可知，任一底事件的发生均会导致水平支腿无法伸展故障，各底事件均只出现了一次，且每一割集均为一阶，所以每一底事件都很重要，均应引起重视。各底事件发生概率参考值见表 11-4。

③故障诊断策略与排除。根据图 11-24，造成举高消防车水平支腿无法伸展的底事件共有 22 个，对底事件逐个进行排查比较费时费力，因此可以根据表 11-4 所列故障发生率，初

步确定检查顺序为 X_8、X_{12}、X_{21}、X_{22}、X_6、X_7、X_5、X_{14}、X_3、X_{10}、X_{11}、X_{13}、X_{16}、X_{17}、X_{20}、X_4、X_{18}、X_2、X_{19}、X_9、X_1、X_{15}。

表 11-4　底事件发生概率参考值

底事件	发生概率	底事件	发生概率
X_1	0.0003	X_{12}	0.0076
X_2	0.0018	X_{13}	0.0032
X_3	0.0053	X_{14}	0.0061
X_4	0.0025	X_{15}	0.0002
X_5	0.0061	X_{16}	0.0031
X_6	0.0062	X_{17}	0.0031
X_7	0.0062	X_{18}	0.0021
X_8	0.0374	X_{19}	0.0017
X_9	0.0008	X_{20}	0.0031
X_{10}	0.0036	X_{21}	0.0073
X_{11}	0.0036	X_{22}	0.0068

在系统故障中，由于油箱液位及滤油器堵塞情况通过目测的方法即可检查，故可以先检查此部分，确定无故障即可排除底事件 X_1、X_2。由于液压缸换向系统正常，说明换向阀和液压泵没有故障，可以排除底事件 X_3、X_4、X_9、X_{10}、X_{11}、X_{12}、X_{13}、X_{14}、X_{15}。然后考虑概率较大的液压缸内泄漏故障，即底事件 X_8、X_{21}、X_{22}。将液压缸拆卸，经检查发现活塞杆严重弯曲，导致与缸体不同轴，密封损坏，液压缸内泄漏严重，更换液压缸后，工作正常，故障排除。实际故障原因与采用故障树法得到的结论一致。

（4）启示

故障树法可以为系统故障诊断与系统设计提供理论指导。它可快速找到故障原因，节约诊断时间，减少不必要的拆卸过程。

第 **12** 章
农林机械液压系统故障诊断排除典型案例

12.1 农业机械液压系统故障诊断排除

12.1.1 JD-7000 型播种机的支重轮升降柱塞缸无法回缩引起的轮胎爆裂故障诊断排除

(1) 系统原理

JD-7000 型精密播种机系从美国引进的精量播种机械，其播幅宽（14m）、重量大（6t），与拖拉机的连接采用牵引式。为了减少支重轮对地面的比压，该播种机采用六个支重轮的起落机构，并用液压缸控制支重轮的升降。图 12-1 所示为 JD-7000 型播种机支重轮升降液压原理。

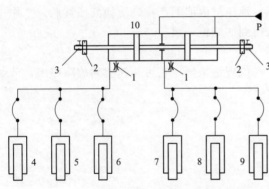

图 12-1 JD-7000 型播种机支重轮升降液压原理
1—补油孔；2—限位卡环；3—调整螺栓；
4~9—柱塞缸；10—双活塞缸

该液压系统中的六个柱塞缸 4~9 沿播种机横梁均布，每个柱塞缸控制一个支重轮的升降。为了保证左右两组缸能够同步运行，以防止播种机的机架倾斜，该系统采用了双活塞缸 10（两个单活塞缸串联而成）作等量分流阀使用。缸 10 两端伸出的活塞杆上分别装有限位卡环 2 和调整螺栓 3。限位卡环由两个半圆形卡环组成，外圆用一个钢丝卡簧固定，故限位卡环可随调整螺栓的调整而轴向移动。

在工作中，当压力油从 P 管路进入双活塞缸 10 时，两个活塞同步向左运行，从而使通往两组柱塞缸的管路获得同等的流量。如果拆下右端的限位卡环，当缸 10 活塞左行到终点时，六个柱塞缸的柱塞应伸出最大行程。如果由于外泄漏，使某柱塞缸的柱塞伸出行程不足时，此刻压力油可以通过双活塞缸内部的补油孔 1 直接进入柱塞缸，从而使所有柱塞均伸出最大行程为止。此过程又称为补油过程。

但是播种机在行走过程中，并不需要所有柱塞都伸出最大行程。因此，上述补油过程结束后，应装上限位卡环，这样就限定了双活塞缸活塞向左运动的行程，从而也限定了所有柱塞缸柱塞的平均伸出行程。原因是当拖拉机牵引播种机运输时，根据地面高低不平的具体情况，有的柱塞伸出行程大些，有的往塞伸出行程小些，如果某个支重轮遇到一凸起的障碍物使其所受重力集中时，该支重轮上面的柱塞缸就能在回缩的同时将另两个柱塞缸的柱塞向外推出一定行程。因为每组三个缸为并联油路，压力等值传递。这样就能保证三个柱塞所控支重轮所受重力均等。

当播种机在田间播种作业时，P 管路与系统回油路相通，此时在重力作用下各柱塞缸的柱塞回缩，双活塞缸活塞向右运动，但柱塞缸柱塞的平均回缩行程由双活塞缸左端调整螺栓的轴向固定位置决定。因此，根据不同农作物对播种深度的不同要求，驾驶员可以调整双活塞缸 10 左端的螺栓。

(2) 故障现象及原因分析

在实际工作中，双活塞缸经过长期使用，有时限位卡环外圆周表面上的钢丝卡簧折断，从而引起限位卡环丢失。另外，有些播种机由于通往柱塞缸的管接头渗漏，经常需要拆卸定位卡环来补油，反复多次就会造成钢丝卡簧损坏而无法装上限位卡环，但操作人员并未重视限位卡环的作用。这样尽管播种机在行走时支重轮的升起高度比以前还高，但由于六个柱塞缸柱塞均伸出最大行程，所以当某个支重轮受力集中时，该柱塞缸无法自动回缩，从而造成该支重轮的橡胶充气轮胎发生爆破的现象。

(3) 解决方法

把限位卡环重新装上，轮胎爆裂现象再未发生。

12.1.2 联合收割机液压系统常见故障诊断排除

联合收割机常见故障诊断排除见表 12-1。

表 12-1　联合收割机常见故障诊断排除

故障现象		故障原因	排除方法
收割台上升高度不够		①油箱的油太少,油路中的油压不足 ②油管漏油或污物堵塞了油管	①及时检查油箱液位,不足时补充 ②更换、疏通油管
收割台跳跃上升		油路中有空气	松开油管接头,把油管接头的外套螺母拧出 1.5~2 圈向外放油,直到流出的油无气泡为止,然后将外套螺母拧紧
收割台升降迟缓		①油温过高,使液压油黏度降低,油压下降 ②连接收割台的油缸油管被压损变形,使通过油管的油流量减少 ③安全阀密封性不好(漏油)或调整不当,使高压油路油压不足 ④分配阀拉孔未对正 ⑤分配阀磨损,不能回位或回位不够,致使油流动不畅通 ⑥齿轮泵壳体内腔磨损,径向间隙增大,或密封圈损坏,漏油严重,造成油路油压不足;传动带松弛	①更换规定的液压油,切不可用一般的机油替代 ②修复油管,使之恢复原状或更换新管 ③将安全阀拆开,用手锤垫上冲子轻轻打击阀珠,使阀珠与阀座紧贴,保证密封良好。压力不够时,可用专用扳手松开锁紧螺母,拧动调整螺母压缩弹簧,使压力增高,一般应在试验台上进行调整 ④检查分配阀杆轴向和径向的位置,并进行适当的调整 ⑤只要动一下分配阀手柄,使槽对正 ⑥更换密封圈或齿轮泵。油泵传动带太松也会引起泵油量不足,使收割台上升缓慢,此时需将带轮张紧度加大
收割台升起后不能下降或自动下降	收割台升起后不能下降	主要是因为操纵软轴长度调整不当,使操纵杆位于中立位置时而滑阀却位于下降位置,或者是因为七路阀中的割台一路尼龙阀芯烧损(发生过油温过高故障),卡在阀座上	重新调整或修复阀芯、阀座
	收割台升起后自动下降	单向阀钢球(五路阀)与阀座封闭不严,单向阀座上的 O 形圈损坏	修复阀芯、阀座,更换密封圈
拔禾轮转速不平稳或不能升降	拔禾轮转速不平稳	无级变速器内进入了空气	松开油缸接头,排出空气

续表

故障现象		故障原因	排除方法
拨禾轮转速不平稳或不能升降	拨禾轮不能升降	①油缸和柱塞严重变形或柱塞杆被油污卡住 ②拨禾轮支架被涂料层粘住(新车),或滑动支架被压坏、变形而卡滞,不能滑行	①成套地更换变形件或进行有关保养 ②校正支架并对运动关节进行润滑
收割台或拨禾轮从升起位置自动下降		①分配器磨损漏油或轴间位置不对 ②单向阀密封不严	①修复或更换分配器 ②研磨单向阀的锥面,并更换密封圈
行走无级变速器不能上下移动		①操纵阀磨损,限位元件损坏,手柄推动量超过极限,油路失调或油流量过小 ②分配阀手柄不在工作位置,使油的自由循环受到阻碍,液压油被迫通过安全阀进行循环 ③操纵阀控制机构壳体在阀杆上的紧固螺栓松动,致使阀杆孔位置不对,影响了无级变速器的正常工作 ④无级变速器中间盘在轴套上卡死,造成中间盘不能移动而引起不能变速	①拆修调整操纵阀和流量 ②在升降收割台和拨禾轮,或拨禾轮变速后,应立即将分配阀手柄扳回工作位置(中立位置) ③紧固螺栓 ④修复
所有液压缸都不能工作		①检查液压油是否太少,双联泵传动带是否太松 ②检查操纵软轴长度是否调整不当,滑阀行程是否正确 ③检查双联泵吸油管是否进气或破损 ④如果上述检查都正常,说明可能是双联泵损坏。双联泵进油管是否进气或破损,以及双联泵是否损坏,可通过适度松开双联泵至多路阀压力油管的接头,小油门启动主机,观察是否有压力油来判断(在没有检查仪器的情况下)	
转向失灵		造成转向失灵有多种原因;检查双联泵至转向机的压力油路,如无压力油再检查双联泵进油管是否进入空气,如果没有进空气,也没有破损现象,说明双联泵损坏,需要修理或更换;若双联泵至转向机的压力油路正常,检查转向油缸油管有无压力油,如无压力油,说明转向机损坏,如果有压力油,证明转向油缸密封圈损坏	
液压油温度过高		①打开油箱盖,检查液压油是否太少、太脏,黏度是否太高; ②检查操纵球铰是否磨损过度,软轴长度是否调整不当,而导致滑阀中立位置不正确或滑阀卡死 ③检查操纵手柄和转向机在极限位置停留时间是否过长,转向机机芯是否不回中 ④如果以上检查都正常,有可能是液压油滤芯太脏,或安全阀失灵,使回油压力高或回油不畅,而造成油温过高	

12.1.3 1000系列谷物联合收获机割台升降液压缸提升不能定位故障诊断排除

(1) 系统原理

国产的 JL-1055 型、JL-1065 型、JL-1075 型收获机统称 1000 系列谷物联合收获机,是国内企业引进美国约翰·迪尔公司 1000 系列的产品技术制造的,其液压操纵系统设计先进,操作方便、灵活,该机型已广泛应用于全国各垦区,在垦区的农业生产中发挥着重要作用。

图 12-2 所示为 JL-1075 型收获机液压原理。系统的油源为双联液压泵的左泵。多路阀 3 是由三位六通 Y 型手动换向阀、安全阀和液控单向阀等组成的组合阀,用来控制工作机构的运动方向和系统的工作压力,保障系统安全。多路阀的结构如图 12-3 所示,根据工作需要,装有一个或两个液控单向阀。泵的卸荷油路为串联形式,压力油路和回油路均为并联形式。

多路阀中的滑阀式换向阀有中位、提升、下降三个工作位置,相应的液压操纵系统工作过程如下。

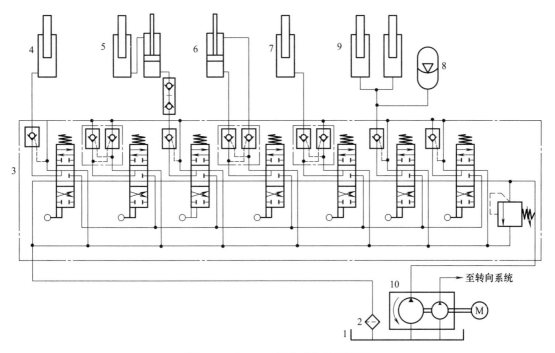

图 12-2　JL-1075 型收获机液压原理

1—油箱；2—回油过滤器；3—多路阀；4—滚筒无级变速缸；5—拔禾轮升降缸；6—卸粮搅龙摆动缸；

7—行走无级变速缸；8—蓄能器；9—割台升降缸；10—双联液压泵（齿轮泵）

① 中位。当所有滑阀都处于中位时，双联液压泵 10 中左泵的压力油经多路阀卸荷油路和过滤器 2 排回油箱，泵卸荷。各液压缸由单向阀封闭其油腔。此时，液控小活塞两端经回油路与油箱相通，使各单向阀可靠关闭。

② 提升。将任意一个滑阀扳至提升位置（滑阀上位）时，卸荷油路被堵死，泵不能经此油道卸荷，压力油经换向阀、液控单向阀到液压缸，使液压缸的活（柱）塞移动，提升重物。移动双作用缸的控制滑阀时，压力油到液压缸一腔的同时，推动液控小活塞反向导通另一个液控单向阀，使液压缸另一腔油液经液控单向阀、换向阀排回油箱。

③ 下降。将任意一个滑阀移到下降位置（滑阀下位）时，泵卸荷油路被滑阀堵死，压力油经换向阀推动液控小活塞推开单向阀，使液压缸回油。移动单作用缸的控制滑阀时，由于液控小活塞的特殊结构，在液压缸回油的同时，泵的压力油也经液控小活塞的节流口返回油箱，这时节流阻力比较小，仅能维

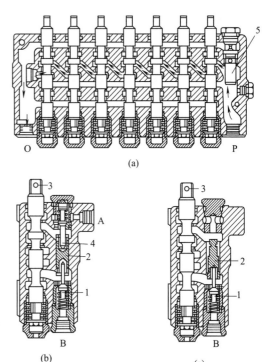

图 12-3　多路阀的结构

1—单向阀；2—液控小活塞；3—滑阀；

4—单向阀；5—安全阀

持液控小活塞推开单向阀，即使液压缸回油，泵的压力也不会太高，减少了功率损失。移动双作用缸的控制滑阀时，其原理与提升情况相同，只是改变液压缸的运动方向。

(2) 故障现象

在实际生产中，随着使用年限的增加，收获机液压系统出现了如下典型故障现象：在割台提升到某一工作位置后，总是不能定位。

(3) 原因分析及排除

根据液压系统原理图及工作过程分析，导致割台升起后不能定位的可能原因如下：割台升降缸缸筒上密封圈划伤，导致外泄漏严重；油液不清洁，油中的杂质使液控小活塞卡住，单向阀在下降位置不能关闭；单向阀关闭不严。

经过观察，液压缸无外泄漏痕迹。检查油箱盖、通气器和回油过滤器完好。通过对操纵系统工作原理的分析，认为割台不能定位很可能是单向阀关闭不严造成的。如果单向阀关闭不严，割台升降缸进油口经换向阀与回油路相通，液压缸内的油液就会从单向阀的缝隙经换向阀和回油路流回油箱，从而使割台不能定位。

当拆下液控单向阀时，果然发现单向阀锥面磨损严重。更换一个自制的新单向阀后，割台不能定位的现象消失，收获机工作恢复正常。

(4) 启示

割台升降缸锁紧油路采用液控单向阀控制有两个作用：保证收获机作业时定位可靠；割台日常维修与保养时，发动机熄火状态下，保障驾驶员的人身安全。由此可知，液控单向阀对于保证机车正常、安全作业是至关重要的。由于单向阀阀芯是尼龙件，如果单向阀处经常产生压力冲击或油液温度过高时，易产生磨损。为了避免发生此类故障，在实际工作中应注意以下两点：操纵换向阀手柄，使其从一个工作位置到另一个工作位置时，动作要敏捷、准确，不得在过渡位置停留，以免阀芯将从泵来的压力油封闭，而使油压突然升高，产生压力冲击，导致将安全阀开启，使油液温度升高；当割台运动到行程终点后，应立刻使换向阀回到中位，避免安全阀长时间开启溢流，使系统油温升得太高。

12.1.4 东风-5型联合收割机割台升降液压缸提升无力故障诊断排除

(1) 功能结构

联合收割机作业时，要不断调整割茬高度，并且经常进行运输状态和工作状态的相互转换，故割台必须能方便地升降。东风-5型联合收割机割台的控制采用液压升降，液压系统由 CB-32 型齿轮泵来提供动力。

(2) 故障现象

该收割机在一次收割作业中出现了割台提升无力的故障。

(3) 原因分析

经初步观察和诊断，首先排除了割台的机械故障，本着从外到内、从简单结构到复杂结构的原则入手对液压系统进行了如下检查，以便缩短检修时间，提高检修效率，准确诊断出故障点，避免盲目拆卸造成不必要的麻烦。

① 检查割台升降液压缸供油管路及管接头处有无漏油现象。若出现漏油情况，会造成割台升降液压缸供油压力不足，应及时修复或更换油管及管接头。经检查，油管及管接头完好无损。

② 检查齿轮泵传动带的张紧情况。传动带过松，会使齿轮泵转速降低，导致出油流量和压力下降，造成割台提升无力。检查发现齿轮泵传动带略有松动，把传动带适当张紧后，割台提升无力情况仍然存在。

③ 检查油箱是否缺油。油箱液面高度应为油箱高度的 2/3 以上，若油箱缺油，会导致

液压吸油不足，割台不能正常提升。在停机检查时，油位正好位于最低刻度线，无明显缺油迹象，但随着收割机的行进，油液在油箱中晃动，使瞬时油位高低不定，液压泵在吸入液压油的同时也可能吸入了一些空气，使油液流量减少。因此，为保证充足供油，向油箱中又添加了些同型号的液压油，并且检查管路中是否有空气存在。在检查管路中是否有空气存在时，将液压泵出油口螺母和割台升降液压缸进油口的螺母拧松两圈，启动发动机，使液压泵工作，观察液压泵出油口处溢出的油液，确定没有气泡，将螺母拧紧。经检查发现，故障依然存在，排除了缺油的可能性。

④ 检查吸油口过滤器滤油是否正常。检查发现，滤网没有明显被堵的现象。

⑤ 检查分配阀和操纵阀是否工作正常。若分配阀和操纵阀密封不严，压力油直接经回油管路流回油箱，在割台升降液压缸中不能建立起油压，致使割台提升缓慢无力。当换上备用分配阀和操纵阀后，故障仍然存在，仍需查找其他原因。

⑥ 检查安全阀是否工作正常。在液压系统工作时，调压弹簧变形或折断、安全阀封闭不严，液压油经安全阀回流到油箱，也会使系统压力降低。为进一步确认安全阀是否存在故障，又检查了拨禾轮的升降情况，也存在提升缓慢无力的现象，只是不像割台故障那么明显。由此可判断安全阀存在问题。

当打开安全阀后发现，调压弹簧已折断，导致阀口封闭不严，大部分液压油直接经安全阀回流到油箱，使割台升降液压缸的供油压力降低而导致割台故障。

(4) 解决办法

换上新的调压弹簧，并重新调整压力。调整方法为中速运转发动机，将升降手柄扳至起升位置，拧松安全阀锁紧螺母并拧出调节螺栓，使割台完全降到最低位置，然后重新慢慢拧入调节螺栓，直到割台刚刚能顺利提升，此时弹簧压力已调好，液压系统内的压力为最佳压力。若压力太高，容易引起油液发热，齿轮泵会因负荷过大而损坏；若压力太低，则割台不能顺利提升。调整好后，将锁紧螺母拧紧。此时，再检查割台的提升情况，故障完全消除。

12.1.5　E-514 型谷物联合收获机行走液压无级变速失控故障诊断排除

(1) 功能结构

E-514 型谷物联合收获机发动机至行走变速箱的动力传递采用带传动。行走无级变速的调整采用液压操纵系统中两个柱塞缸控制行走传动中间变速带轮来实现。柱塞缸由座阀式换向阀控制。座阀式换向阀（图 12-4）是 E-514 型谷物联合收获机液压操纵系统多路阀中的一组换向阀，它只有一个通往柱塞缸的油路 A，故只能控制单作用缸，阀中的单向阀和回油阀起液控单向阀（液压锁）的作用。该阀有中立、提升和下降三个工作位置。

① 中立。当不进行操纵时，操纵手柄中立，阀芯在定位弹簧作用下处于中立位置。此时，从多路阀进油端盖经油道来的压力油经各阀的油道、回油端盖返回油箱。由于泄油口 P_K 此时也是开启的，多路阀进油端盖内的先导型溢流阀开启，液压泵低压卸荷，柱塞缸进油口 A 封闭。

② 提升。当控制手柄操纵凸轮 11 逆时针方向转动时，将进油阀 7 的阀芯压下，关闭泄油口 P_K，打开压力油口 P，压力油经油道推开单向阀钢球 16 进入柱塞缸 A 口，使柱塞缸提升。

③ 下降。当控制手柄操纵凸轮 11 顺时针方向转动时，将回油阀 12 的阀芯压下，打开回油口 O 通往柱塞缸进油口 A 的油路，柱塞缸内的油液经回油口 O 返回油箱。此时，进油阀 7 仍在中立位置，液压泵来油低压卸荷。

(2) 故障现象

在工作中，收获机经常发生行走液压无级变速调整失控的故障。具体表现为驾驶员操纵液压无级变速手柄，收获机在各挡位上均可实现慢挡至快挡的速度调整。但操纵手柄回到中

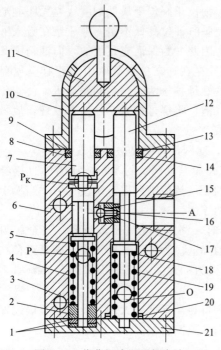

图 12-4　收获机液压无级变速
系统座阀式换向阀结构

1,9,13—垫圈（塑料）；2,8,14,20—密封圈；
3,5,18—弹簧座；4,17,19—弹簧；6—阀体；
7—进油阀；10—上盖；11—控制凸抢；12—回油阀；
15—单向阀弹簧座；16—单向阀钢球；21—下盖；
P—压力油口；P_K—泄油口；
O—回油口；A—柱塞缸进油口

立状态后，收获机行走速度也很快降到慢挡速度。检查行走传动无级变速装置，发现控制无级变速带轮的两个缸的柱塞不能保持在所调定的任意工作位置上。

（3）原因分析与排除

当确定该柱塞缸性能良好，油管及管接头均无外漏的情况之后，根据座阀式换向阀的构造和工作原理，认为故障原因是单向阀钢球 16（图 12-4）关闭不严所引起。因为该系统柱塞缸的柱塞外伸工作时，刚好是收获机行走加速工况。在外负载力作用下，柱塞缸内的油液有一定的压力，油液经单向阀的缝隙泄漏到阀左腔。又因为手柄中立时液压泵低压卸荷，P 口油压也很低，泄漏到左腔的油液又通过进油阀锥座流出。因此，该柱塞缸的柱塞外伸后位置不能固定，就造成了收获机行走无级变速失控。拆开该阀门，检查发现单向阀钢球 16 确实严重磨损，更换了一个同样直径的钢球，故障排除。

12.1.6　液压榨油机常见故障诊断排除

（1）功能结构

液压榨油机主要用于大豆的冷榨，豆饼中的蛋白不被损坏，可以用来制作豆腐、豆浆等豆制品，剩余的渣料可以作为饲料和肥料，其使用较为广泛。液压榨油机由液压和榨机两大部分组成。

（2）常见故障、原因及排除方法

液压榨油机常见故障、原因及排除方法见表 12-2。

表 12-2　液压榨油机常见故障、原因及排除方法

故障现象	故障原因	排除方法
液压泵压力不足	①出油活门有污物或接触不良 ②榨机上进、出油阀螺塞与阀座接触不良或未旋紧造成回油 ③小活塞与泵体磨损间隙过大	①拆洗后加以研磨，使其密合 ②研磨榨机上进、出油阀螺塞和阀座,使其密合或旋紧螺塞 ③更换新泵
液压泵吸不上油	①滤油网被阻塞 ②油液使用过久,有沉淀物附着在进油活门上,使其不密合 ③油箱内油液黏度高或因天冷凝固 ④油箱中油量不足 ⑤液压泵中未形成真空	①清洗滤油网 ②更换新油或放出旧油,过滤油液并清洗进油活门,加以研磨,使其密合良好 ③更换黏度合适的油液,冷天应提高室温 ④向油箱中加足油液 ⑤拔出小活塞,注入油液后再压
压力表指针不能保持,示值迅速下降	①安全阀不密封 ②进、出油阀螺塞和钢球接触不良 ③各油管接头及液压缸螺塞与液压缸进油孔未旋紧 ④三通回油阀门与钢球接触不良	①研磨安全阀使其密合 ②研磨进、出油阀使其密合 ③旋紧各油管接头和液压缸螺塞 ④研磨回油阀门

续表

故障现象	故障原因	排除方法
摇杆顶起	①出油阀门与钢球接触不良 ②弹簧头部脱离钢球	①研磨出油阀门,更换新钢球 ②扩大弹簧头部
扁料	①油料蒸炒温度不合适,料温太低,饼坯含水量太高 ②饼坯厚薄不均匀 ③装饼时,叠饼坯不正 ④压榨时太急过猛	①采取恰当的蒸炒方向,提高料温至 85℃以上,控制含水量低于 7% ②制饼时注意饼厚均匀 ③装饼时饼坯要叠正 ④适当降低压榨速度
油液从液压缸与活塞的间隙中泄出	①皮碗碗口向上装错 ②皮碗损坏	①重新安装皮碗 ②更换新皮碗
安全阀失灵	①油不干净,污物黏附于接触表面 ②弹簧失去弹性 ③调节螺钉回松未到规定压力 ④经常超压作业,钢球将阀门碰伤	①拆开清洗,如阀口、阀针损坏应研磨 ②更换弹簧 ③重新调节螺钉,使压力达到 40MPa ④重新研磨阀门,更换新钢球并注意按规程操作

12.2　林业机械液压系统故障诊断排除

12.2.1　人造板生产线 M-48 型热磨机喷放阀液压系统油温过高故障诊断排除

(1) 系统原理

某公司人造板生产线上使用的 M-48 型热磨机系进口设备,其主要部件均以液压自动控制调整为主。图 12-5 (a) 所示为该机改进前喷放阀液压原理。系统采用定量液压泵 (齿轮泵) 4 供油,系统工作压力由溢流阀 5 设定为 5MPa;液压缸 2 的换向由三位四通换向阀 7 控制,缸 2 的锁紧由液控单向阀 8、9 控制,缸的速度由单向节流阀 10、11 调节。

(2) 故障现象

该液压系统使用中存在油温易过高的故障现象,并存在结构不合理问题。具体表现如下。

① 油温易过高,工作温度达到 68℃并引起以下问题。

a. 液压缸密封件容易损坏 (每 2 个月就要更换一次液压缸密封件)。

b. 液压泵与阀座的密封件也易老化,造成泄漏 [此液压系统泵的出油口通过密封件与阀座连在一起,参见图 12-6 (a),一般 5 个月左右要更换一次密封件]。

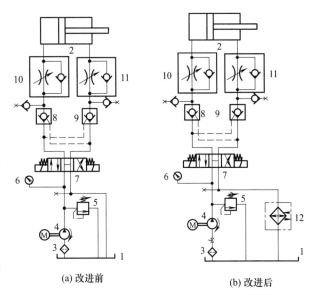

(a) 改进前　　　　　　　(b) 改进后

图 12-5　M-48 型热磨机喷放阀液压原理

1—油箱;2—液压缸;3—过滤器;4—液压泵;
5—溢流阀;6—压力表;7—三位四通换向阀;
8,9—液控单向阀;10,11—单向节流阀;12—冷却器

c. 泵轮泵内部密封件在油温高时也出现老化损坏造成内泄漏,从而影响泵的功能 (原来没有发现这个问题时,仅是对泵进行更换,每年都要换一个泵)。

② 结构不合理。

a. 液压泵与阀台连在一起［图 12-6 (a)］，而液压泵又是浸泡在油里面，当液压泵与阀台密封处出现泄漏时不能及时发现，也不容易发现问题，给设备故障分析带来一定难度。

b. 溢流阀的阀体在液压系统的阀台里，密封性能没有得到很好的保证，使整个液压系统的压力不能按要求得到满足，给设备的正常操作带来了一定的难度，致使液压操作件不符合生产工作要求。

c. 液压系统的油箱容积小，圆筒油箱体积仅为 3.8L（直径 0.18m，长 0.15m），而泵的排量为 8mL/r，驱动电机转速为 1420r/min，则其流量计算得 11.4L/min，而且该液压系统工作场所的环境温度比较高（环境温度达到 45℃），在整个工作循环过程中，系统循环工作时间较长，所以系统的发热是由于系统循环造成的。

按系统循环来计算系统温升如下：液压泵的输入功率为 $P_1 = 550$W，工进时的输出功率为 $P_2 = 0$W（设备工进阶段所占的时间却比较短，仅约 1s，可忽略不计），故系统总的发热功率为 $P = P_1 - P_2 = 550$W。

按所用油箱容积 $V = 3.8$L，算得油箱散热面积 $A = 0.1586$m^2，现场通风良好，则可得油液温升为 $\Delta T = 231$℃，则热平衡温度为 $T_1 = 45 + 231 = 276$℃$\gg 55$℃，可见该油箱散热不能达到要求。

d. 该液压系统没有油冷却系统，油液没能得到及时降温也是造成油温容易升高的原因，况且这个液压系统又是 24h 工作制，这就使油温更容易升高。

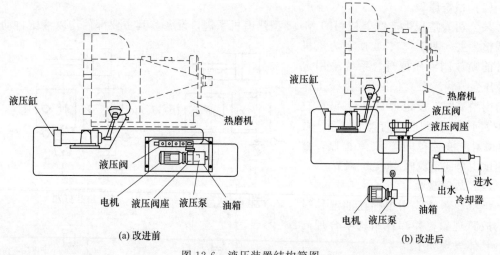

(a) 改进前　　　　　　　　　　　　　(b) 改进后

图 12-6　液压装置结构简图

(3) 改进方案

改进后的液压原理和液压装置结构简图分别如图 12-5 (b) 和图 12-6 (b) 所示。

① 对液压阀台进行改造，制作一个独立的液压阀台，通过管道实现液压阀台与其他元件的连接，也易对液压系统进行检查。

② 对现有的液压泵进行选配，采用国产的齿轮泵取代现有的进口齿轮泵，既便于配件的采购（进口泵的采购时间需 2 个月以上，国产泵仅 5 个工作日），又便于泵的检查维护保养工作。

③ 加大液压系统的油箱［图 12-6 (b)］，由于液压系统属于中压系统，故油箱有效容积应是 $V = \alpha q_p = 7 \times 11.4 = 79.8$L。改进后，油箱的容积为 79.8L，泵的流量仍为 11.4L/min。在整个工作循环过程中，系统循环工作时间比较长，因此按系统循环来计算系统温升。

系统总的发热功率与改进前相同，为 $P = 550$W。容积为 $V = 79.8$L 的油箱的散热面积

$A=1.2\mathrm{m}^2$，现场通风良好，则可得油液温升为 $\Delta T=30.6℃$，则热平衡温度为 $T_1=45+30.6=75.6℃>55℃$。可见该油箱散热也不能达到要求。

④ 增设冷却器［图 12-5（b）和图 12-6（b）］。根据生产现场空间条件，不可能无限加大油箱容量，所以在该油箱的基础上增加一个水冷却器。要想油温达到小于或等于 55℃，则当冷却器进油温度是 75℃ 时（油箱的热平衡温度），出油温度最大达到 55℃。此时，冷却器入口水温为 25℃，出口水温应为 35℃ 左右（根据生产现场的循环水温测出）。因此，平均温度 $\Delta T=35℃$（根据机械设计手册算得），油箱散热系数估取为 $K=40\mathrm{W}/(\mathrm{m}^2\cdot℃)$（根据机械设计手册公式得出），算得所需冷却器面积 $A=0.39\mathrm{m}^2$，根据冷却器规格系列，选择冷却面积达到 $A=0.5\mathrm{m}^2$ 的冷却器。

此外，还应使液压系统尽可能地远离热磨机高温区，液压油工作温度保持在（50±5）℃，以延长密封件的使用寿命，减少因为设备密封不良造成的故障。

⑤ 把油箱的进油口工作位置降低，使其与液压泵的进油口在低位串联起来，保证液压泵始终浸泡在油液里，以免液压泵吸空现象。

（4）效果

改进后的液压系统运转半年多来，液压缸未出现泄漏情况，且工作平稳，减少了设备故障率；液压油温度基本保持在（50±2）℃，延长了液压油的使用寿命；液压泵工况保持良好，没有出现压力建立不起来的情况，工作压力保持在 5MPa；改进后的液压系统没有出现管道或其他泄漏情况，油箱的油位基本保持在投入使用时的位置。

12.2.2　X643A 型中密度纤维板压机液压系统油管接头漏油故障诊断排除

（1）故障现象及原因

X643A 型中密度纤维板生产线压机液压系统油管接头在生产过程中经常出现漏油现象，产生这种情况除了安装维护工作不完善及管理不到位外，还有一个原因就是接头设计不合理。在液压系统中，多处采用了平面凹凸接触的管接头（特别是高压管路，油管与柱塞缸的接头及高压油管与阀座的接头），或用紫铜垫及 O 形圈等密封件。这种接头往往不可靠，只要两管中心不一致，即发生泄漏。因此，不少接头在使用一段时间后，由于液压冲击振动或因焊接后应力引起中心线偏摆而漏油。

（2）改进措施

为了达到设备的最大完好利用率，减少因漏油故障引起的停机并降低维护成本，达到高产降耗，采取了如下改进措施。

① 把管接头改成球形接头（图 12-7）。在普通的车床上加工球形接触面，保证配合尺寸锥角为 $37°±0.5°$，球头粗糙度 Ra 值不大于 3.2。这种球形接头可允许两段管轴线之间有微小的偏摆，在焊接后引起的变形中可以自动补偿，由于它不用紫铜垫或 O 形圈等密封件，只靠接头球面与锥面的接触，故可以多次装拆而不必进行任何处理或更换密封件。这种接头既可用于小直径的管道（$D=8\mathrm{mm}$），也可用

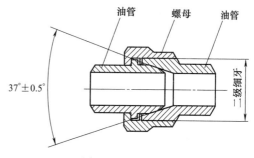

图 12-7　球形接头

于大直径（$D=150\mathrm{mm}$ 左右）的管道，使用压力高达 45MPa 以上，远远超出生产要求的 18MPa。在管道直径大于 80mm 时，不采用螺母压紧而改为高压法兰压紧。

② 适当降低管路系统的换向速度，减少液压冲击。如图 12-8 所示，把 Y 型中位机能的三位四通电磁换向阀 3、4 改为带阻尼器的电液换向阀，通过控制由电磁先导阀进入液控主

阀控制腔的流量而减缓主阀换向速度。在压机上升快转慢、下降快转慢的控制油路中装上节流阀 5、6，可消除高速运动柱塞缸突然停止或启动时的液压冲击。

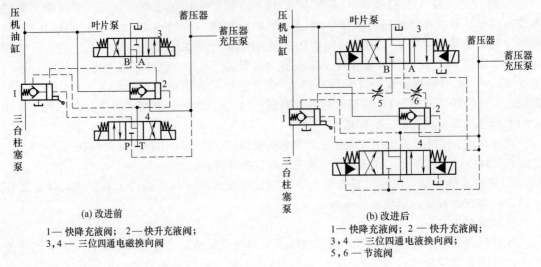

(a) 改进前

1— 快降充液阀； 2— 快升充液阀；
3，4 — 三位四通电磁换向阀

(b) 改进后

1— 快降充液阀； 2— 快升充液阀；
3，4 — 三位四通电液换向阀；
5，6 — 节流阀

图 12-8　换向阀

③ 油管安装必须牢固、可靠和稳定，对易产生振动处加木块或橡胶衬垫，以起阻尼和减振作用。平行或交叉的管道之间必须留有 12mm 以上的间隙，以防止相互干扰而振动。

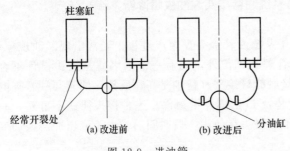

图 12-9　进油管

④ 防止油管接头焊缝开裂。压机下部七通进油管（七通体）是直角式分管，生产中接头焊缝处易开裂，如图 12-9 (a) 所示。根据生产现场情况分析验证，对其进行了改装 [图 12-9 (b)]，加长了分管，并改变了分管弯曲角度和连接方式，增加了分管的弹性。此外，还加装了分油缸，以分油缸方式分油。

⑤ 加强管理。按液压站巡视表要求，每班当班机修工及技术员至少检查一次，并做好记录，出现异常情况及时处理，把故障消灭在萌芽状态。

(3) 效果

改进后的压机液压系统油管接头十分可靠，长时间使用表明改进效果明显。

第13章
铁路与公路机械液压系统故障诊断排除典型案例

13.1 铁路机械液压系统故障诊断排除

13.1.1 900t 运梁车走行液压系统行走失常故障诊断排除

(1) 功能结构

900t 运梁车是高速铁路建设中重要的架运设备，由于该设备驱动负载较重，故走行液压系统采用了 2 台发动机驱动的 4 台力士乐 A4VG250 变量泵及 22 个变量马达作为一个走行闭式系统。液压马达由变量泵提供的高压油驱动而旋转，从而实现运梁车的行走动作，通过液压泵进、出油口的变换，可实现马达及运梁车运转方向的变换。

(2) 故障现象

运梁车架运最初几片梁时，运行正常，再接下来运梁车出现走走停停、行走无力的状况，直至停运。

(3) 原因分析

检查发现，A4VG250 走行泵的补油压力为 0.6MPa，压力较低，MH 口无压力油输出，初步断定走行泵出现问题。然后检查油箱回油过滤器发现滤芯内存有大量铜屑，由此断定系统存在异物而造成系统二次污染，使 A4VG250 走行泵损坏。

系统制造厂一般操作比较严格，对液压系统钢管进行了清洗，各类液压元件也达到了洁净度要求，不会产生系统污染，并且出厂时已进行了液压系统油液污染在线测试，结果合格，故确定制造厂内生产环节无问题。而设备安装时是生产制造单位的专业人员在工地对运梁车进行组装，该过程中组装人员非常重视，也不存在二次污染问题。后经了解，用户在现场给液压走行系统加装了一根高低速钢管。因现场条件差，未进行彻底清洁就直接接入，因而导致液压走行系统污染。

(4) 排除方法

系统污染是工程机械液压走行系统容易出现的问题。在排除这种故障时，重点应根据运梁车液压回路的特点和管路实际情况进行管路清洗。清洗前要做好准备工作：准备清洁的空油桶 2~3 只（180kg）；走行系统油口接头 2~3 个；驱动系统胶管；滤油小车 1 台（最好可调压）；清洗剂采用 L-V68 矿物液压油。

系统清洗时间控制在 15min 左右，过滤器滤芯采用 125μm 和 25μm 两种，分别作为粗滤和精滤。连接走行管路系统清洗，采用两只干净的油桶进行循环。一般不主张采用设备油箱作为吸油和回油容器，因容易造成系统二次污染。清洗完成后，再用干净的粗丝绸对钢管、胶管反复抽拉，以保持系统清洁。

液压油箱内的油抽出后，必须更换油箱回油过滤器和吸油过滤器，并对油箱内侧进行清洁（可用和好的面粘除污染物，保持油箱洁净），然后进行油箱封闭，为加油做准备。油箱清理完成后通过滤油小车给液压油箱加入新油，保持系统油液的干净。应注意油液严格按照厂家提供的型号进行购置，若自己选用可按照液压油选用要求进行。油品过滤应保证油质达到 NAS1638 标准的 8 级。新设备运行 300~500h 进行一次系统换油。液压系统运行一年后需彻底换油，以免油液污染而造成走行系统故障。

经过上述处理后，重新更换走行系统的 A4VG250 走行泵，试车运行一切正常。

13.1.2 DF 系列架桥机支腿液压缸缸盖紧固螺钉被拉断故障诊断排除

(1) 系统原理

某公司生产的 DF 系列架桥机起重量最高达 450t，设计者从整个架桥机安全性考虑，1号支腿采用大缸径（$D=200mm$）、大杆径（$d=185mm$）、长行程（2800mm）、高工作力的液压缸，为了防止工作中发生软腿现象，在支腿液压缸 2 的大、小腔油口处设有液压锁[图 13-1（a）]。

(2) 故障现象

架桥机正常工作时如果不进行收放支腿的操作，则无论承受多大的外载荷，液压缸内的液压油都被封闭在油腔内部。在某工地施工时，发生了缸盖紧固螺钉被拉断的故障。

(3) 原因分析

架桥机属大型野外施工设备，由于施工人员平时不太注意液压系统的保养工作，造成液压油严重污染，而施工单位又未及时更换新的液压油，被污染的液压油中固体颗粒卡死液压锁弹簧，造成液压缸的有杆腔不能回油。而架桥机液压缸缸径和活塞杆直径较大，速比 $i=6.93$，当活塞杆伸出时，一旦液压锁中的 B 阀被卡紧，即回油口被堵，活塞杆腔压力将迅速升高，其受力平衡式为

$$p_1 A_1 = p_2 A_2 \tag{13-1}$$

式中，p_1、A_1 分别为液压缸大腔工作压力、有效作用面积；p_2、A_2 分别为液压缸小腔工作压力、有效作用面积。

$$p_2 = p_1 A_1 / A_2 = 6.93 p_1 \tag{13-2}$$

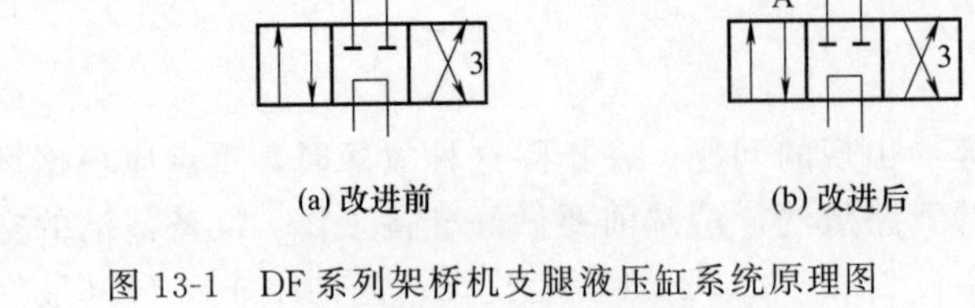

如此高的压力，再加上工作过程中的额外冲击载荷，液压缸小腔压力还要高，足可以将缸盖的紧固螺钉拉断。

(4) 改进方案与效果

① 在设计选取支腿缸时，在满足整机稳定性及速度的前提下，注意选取合适的速比，应尽量取小的速比，速比 i 不要超过 7。

② 去掉系统中支腿缸 2 有杆腔液压锁的阀 1-2，再增设一溢流阀（安全阀）4 [图 13-1（b）]，其设定压力高于系统的工作压力，过载时安全阀打开后回油，使液压缸得到保护。

(a) 改进前　　　　(b) 改进后

图 13-1　DF 系列架桥机支腿液压缸系统原理图

1.1,1.2—液压锁；2—支腿液压缸；
3—三位四通换向阀；4—溢流阀（安全阀）

③ 要求施工单位严格保证液压油的清洁，尽可能防止污染。

改进液压系统设计后的架桥机经工地使用，较好地满足了架桥的施工流程和要求，再未

发生过液压缸缸盖紧固螺钉被拉断的故障。

(5) 启示

改进后的液压系统实质上是拟通过三位四通换向阀的中位 A 口的封闭实现支腿缸向下的锁紧，但换向阀的磨损带来的内泄漏可能导致缸锁紧可靠性下降。

13.1.3 铁路接触网检修作业车液压平台回转冲击故障诊断排除

(1) 系统原理

接触网检修作业车是一种轨道车辆产品，它是在轨道车的基础上，通过缩短车楼，在空出的底盘上加装吊机和液压平台而形成的。检修人员站立在平台上，通过对液压系统驱动的平台升降和旋转控制来实现对接触网的全面检修工作。

平台液压原理如图 13-2 所示。工作时，首先启动作业车的柴油机，然后操作电磁阀的控制按钮，挂上变速箱的取力器，齿轮泵 2 开始工作。泵 2 的压力油通过电磁换向阀 8 的右位（或左位）进入平台系统（或吊机系统），经电磁换向阀 16 进入回转液压马达 10，驱动平台旋转。作业要求液压平台在回转过程中的理想运动过程为缓慢加速—匀速—缓慢减速。

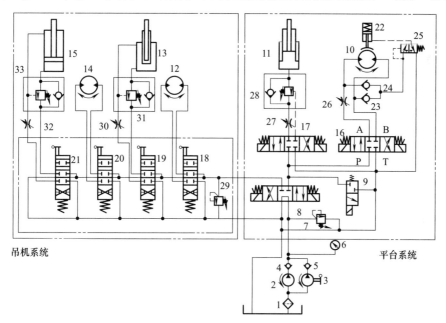

图 13-2　接触网检修作业车平台液压原理

1—过滤器；2—齿轮泵；3—手摇泵；4,5,23,24—单向阀；6—压力表；7,29—溢流阀；
8,16,17—三位四通电磁换向阀；9—二位三通电磁阀；10,12,14—双向定量液压马达；
11,13—伸缩式液压缸；15—活塞式液压缸；18～21—三位四通手动换向阀；22—制动缸；
25—二位三通液控阀；26,27,30,32—节流阀；28—单向顺序阀；31,33—外控平衡阀

(2) 故障现象

系统在实际使用中存在着如下缺陷：当提升液压平台的回转速度时，平台在回转过程中发生抖动，冲击较大，作业人员难以站稳，给提高接触网检修作业的效率带来了困难。

(3) 原因分析

由于系统所选用的电磁换向阀为 4WE 系列产品，而这种电磁换向阀因无节流调速的功能，即电磁换向阀换向的接通时间和断开时间都极短（0.05～0.07s），故其实际运动过程为：急剧加速—匀速—急剧减速。此种状况下，由于电磁换向阀突然从中位切换到左（右）位，而使回转液压马达两腔的油路完全接通主油路，回转液压马达将驱动平台急剧加速运

动，直至最高运动速度。当液压平台以一定的回转速度运行到位时，电磁换向阀断电突然复至中位，使回转液压马达两腔的油路封闭，液压平台的惯性力仍将使液压回转马达继续运动，此时马达的回油腔油液因受压缩而压力突然升高，进油腔油液的压力降低并有可能出现空穴现象，造成两腔压力反向变化，当平台装置的动能转化为回转液压马达两腔封闭油液的势能时，平台停止运动并改变运动方向，引起液压回转马达的一次抖动振荡，这种振荡一直衰减到不足以克服制动缸22提供的制动力为止。

由此分析可知：问题主要出在系统回路的电磁换向阀上。

(4) 改进方案

为了改善液压平台启停中的抖动和冲击，需对原液压系统进行改造，方案有以下几种。

① 采用节流阀，减小液压回转马达的供油量，达到节流调速的功能，来实现液压平台在回转过程中的理想运动，不足是平台的回转速度较低。

② 采用手动换向阀代替电磁换向阀，以人工缓慢操作换向阀的手柄达到节流调速的功能，来实现液压平台在回转过程中的理想运动（有一定经验的人员才可以实现），但要求手动换向阀随液压平台和作业人员运动，实现起来不太现实。

③ 采用各种比例阀，输入比例信号来控制阀件实现调速，来达到液压平台在回转过程中的理想运动，但成本较高。

④ 采用电液换向阀，加装换向时间调节器，以延长换向阀的换向时间，来实现液压平台在回转过程中的理想运动，此方案较易实现。

综合考虑，采用方案④即电液换向阀加装换向时间调节器最为理想。带换向时间调节器的电液换向阀由普通的电磁换向阀和液动换向阀组合而成，前者是先导阀，用以改变油液的流向来使后者换向，后者是主阀，它在控制油液的作用下，改变阀芯的位置，使主油路换向。在先导阀和主阀之间安装一个双单向叠加式节流阀（即换向时间调节器），通过调节双单向叠加式节流阀，使主阀滑阀的端部回油路上建立适当的节流背压，以延长主阀阀芯的换向时间，减小系统的冲击，这样就构成了一个有延时调速功能的电液换向阀，其结构及图形符号如图13-3所示。

将回转液压马达前的电磁换向阀16更换为带换向时间调节器的电液换向阀，P、T、A、B口分别对应相连，即完成系统的改进。当先导阀两端的电磁铁1YA、2YA都不通电时，其阀芯将处于中位，而主阀阀芯因其两端的油液都与油箱相通，在对中弹簧的作用下处于中位，回转液压马达10不接通主油路，平台将静止。

当电磁铁1YA通电使先导阀切换至左位时，控制油液经先导阀、双单向叠加式节流阀左边的单向阀进入主阀左端控制腔，推动主阀阀芯移向右端，而主阀右端控制腔的油液则经双单向叠加式节流阀右边的节流阀、先导阀排回油箱；在节流阀的作用下，主阀阀芯缓慢移向右端，主油路P→A与B→T接通，液压回转马达带动平台开始缓慢加速旋转，直至主阀阀芯完全打开，平台匀速旋转。

当电磁铁1YA断电，使先导阀复至中位时，主阀左端控制腔的油液经双单向叠加式节流阀左边的节流阀、先导阀、双单向叠加式节流阀右端的单向阀补给主阀右端容腔，多余的油液流回油箱，在对中弹簧的作用下，主阀阀芯移向中位，由于节流阀的作用，主阀阀芯缓慢移向中位，主油路被逐渐切断，液压回转马达带动平台开始缓慢减速旋转，直至主阀阀芯完全闭合，压力油不足以克服制动缸22提供的制动力，平台停止旋转。主阀阀芯移动的速度（即主阀的换向时间）由双单向叠加式节流阀的节流阀开口大小决定。同理，当电磁铁2YA通电时，平台反方向缓慢加速旋转直至匀速旋转；当电磁铁2YA断电时，平台缓慢减速旋转直至停止。

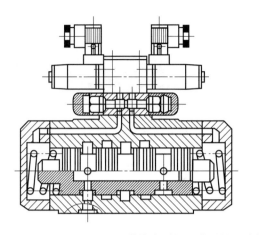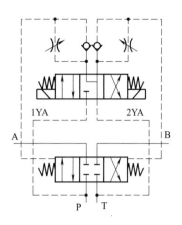

图 13-3　带换向时间调节器的电液换向阀结构及图形符号

13.1.4　机车起复设备液压缸故障诊断排除

机车液压起复设备是用于铁路各型机车脱轨后快速起复的一种专用设备，由于其结构紧凑、机动灵活、轻便快速，故特别适用于空间低矮、场地狭小的环境及吊机无法起吊和无电源的场合下进行救援起复。

机车液压起复设备主要由液压泵站、液压操作站、顶升镐及爬升垫环、复轨桥、横移系统及架镐支架等组成。其中液压泵站主要由汽油机、液压泵等组成，给设备提供动力；液压操作站由三组三位六通阀部件组成，主要将泵站提供的动力分配到各工作机构，以实现脱轨机车顶升和横移复位操作；复轨桥有长桥和短桥两种，根据机车脱轨的距离而选用。液压起复设备结构示意如图 13-4 所示。

本设备是在机车脱轨后，利用顶升缸和横移小车，将机车顶起并移动复位，顶升镐装在带滚轮的横移小车上，小车安放在双工字形结构的复轨桥上，顶升时镐中部的活塞上升，顶起镐头，待机车顶起到一定位置时，高于一个垫环厚度，放置一环，然后落下活塞，使镐头

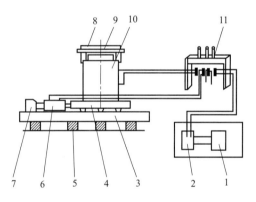

图 13-4　液压起复设备结构示意
1—汽油机；2—液压泵；3—复轨桥；4—横移小车；
5—垫枕；6—横移缸；7—横移支座；8—活动镐头；
9—爬升垫环；10—顶升缸；11—液压换向操作站

与环面接触，外环将镐头传递来的重量直接加在镐体上，再从环口处放入活塞上一个内垫，将活塞顶升，顶起镐头，重复上述工作，直到机车被顶升到所需高度。同时，操作横移机构，可以实现机车的横移。

13.1.4.1　液压缸损坏（炸缸）故障及其诊断排除

（1）故障现象

机车液压起复设备的顶升机构改进前液压原理如图 13-5（a）所示。在设备使用过程中，出现多次顶升缸 5 损坏（炸缸）的情况。当多路换向阀 6 切换至右位时，顶升缸无杆腔进油，有杆腔回油路上的快换接头没插到位时出现了液压缸损坏的情况；而当多路换向阀切换至左位时，有杆腔进油，无杆腔回油路上快换接头没插到位时不会出现液压缸损坏的情况。

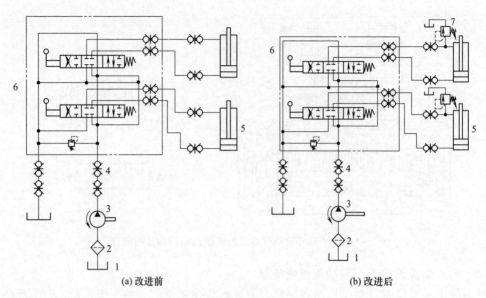

(a) 改进前   (b) 改进后

图 13-5　顶升机构液压原理

1—油箱；2—过滤器；3—液压泵；4—快速接头；5—顶升缸；6—多路换向阀；7—安全阀

（2）原因分析

检查分析发现，出现液压缸损坏的原因是当液压缸无杆腔进油，有杆腔回路上的快换接头没插到位时，缸的无杆腔会承受较高的压力，从而使液压缸受高压损坏。液压泵的出口压力可达 35MPa，而液压缸大腔的承压面积是小腔面积的三倍，所以当液压缸无杆腔进油，有杆腔回油路上的快换接头没插到位时，液压缸无杆腔会承受 105MPa 的压力，导致液压缸炸缸。

（3）解决方案与效果

为了保护液压缸，在液压缸无杆腔油路上增加安全阀 7 [图 13-5（b）]，其设定压力为 36MPa。加安全阀后，在设备使用中，系统恢复正常，没再出现由于快换接头没插到位而使液压缸损坏的情况。

13.1.4.2　液压缸体与缸盖连接螺钉拉断故障及其诊断排除

（1）故障现象

机车液压起复设备在系统调试中，曾出现液压缸缸体与缸盖连接处的 8 个内六角螺钉全部拉断的事故。

（2）原因分析

经检查分析，初步推断是液压缸缸体与缸盖连接处内六角螺钉的强度等级不够。对内六角螺钉的强度进行了校核，考虑到内六角螺钉连接在此主要承受拉伸应力，故按拉伸强度校核公式（13-3）进行强度校核，其中顶升缸的输出最大力为 700kN，缸体与缸盖处用了 8 个等级为 8.8 级 M10 的内六角螺钉。

$$\sigma = \frac{4F}{\pi d^2} \leqslant [\sigma] \tag{13-3}$$

$$\sigma = \frac{4F}{\pi d^2} = \frac{4 \times 700 \times 10^3}{\pi \times 8 \times 10^2} = 1114\text{MPa} > [\sigma] = 800\text{MPa}$$

可见，当顶升镐的输出力达到最大时，内六角螺钉承受的拉伸应力远大于许用应力，从而会出现上述故障。

（3）解决措施

考虑到安全系数，需要把内六角螺钉更换为 12.9 级 M10 的内六角螺钉或更换为 8.8 级 M12 的内六角螺钉，为了不改变液压缸其他零部件结构尺寸，最终选择更换为 12.9 级 M10 的内六角螺钉，保证了连接的强度。

13.1.5　特种铁路货车液压缸外漏故障诊断排除

（1）功能结构

某特种铁路货车主要用于运输发电机定子以及多个行业国家重点建设项目的货物（如变压器、轧钢机牌坊、核电站压力壳等）。该车为全液压设备，装卸货物的动作均由液压缸的伸缩带动机械传动机构完成。为提高液压系统的可靠性，液压缸密封件全部采用某国际知名公司的进口件。液压缸在装车前均按相关标准及设计技术条件进行耐压试验。调试阶段，液压系统分别进行了管路循环冲洗、系统排气、系统耐压试验、空载调试、负载调试及液压系统的验收。

（2）故障现象

该车在出厂后执行第一次运输任务中，发现 1 个关键的液压缸（全车共 4 个同样的液压缸）发生轻微外漏，鉴于运输任务的紧张，同时泄漏轻微，又进行了第二次运输，结果 4 个液压缸同样部位均发生不同程度的外漏现象，具体部位如图 13-6 所示。分析可知，该处为静密封，为 O 形圈＋挡圈的典型、通用密封形式。

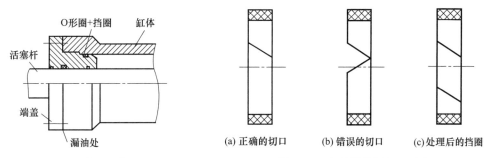

图 13-6　液压缸简图　　　　　　图 13-7　密封圈挡圈切口示意

（3）原因分析

拆下液压缸端盖后，发现 4 个故障缸的故障原因是操作者将挡圈切口切错。工作中，压力油的多次冲击造成 O 形圈在缺口（切口）部位损坏（图 13-7），导致外漏事故的发生。

（4）解决措施与效果

根据上述原因，更换 O 形圈及挡圈，问题即可迎刃而解。但实际情况是易损备件中，同规格的 O 形圈有库存，但同规格的挡圈仅有 1 个（也无大于该规格的挡圈）。迫于运输任务、进口挡圈采购周期为 4 周以及采用国产挡圈也需生产周期为 2 周（因该液压缸缸径为 ϕ480mm），后考虑到合格的挡圈在组装时也需有切口的情形，经讨论和咨询，最终采用了将仅有的 1 个挡圈及装车的 4 个挡圈进行拼接的方案，即每个液压缸的挡圈由两部分拼接，相当于每个挡圈有 2 个切口，组成合格的 4 个挡圈。装车运用近 4 年来，液压缸无外漏现象的发生，效果很好。

13.1.6　铁路捣固车捣固装置液压系统常见故障诊断排除

（1）系统原理

捣固车是大型的铁路养路机械设备，广泛应用于铁路的新线路建设、旧线路大型清筛作业和线路维修中，包括线路拨道、起道抄平、道床石砟捣固和道床石砟的夯实作业。使用捣固车作业可以使轨道的方向、左右的水平高度差和前后的高度均达到线路设计要求。液压捣固装置是捣固车主要的执行机构，用于道床捣实，由此保证线路道床的稳定。以 08-32 型捣固车为例，它有左右两套捣固装置，可以同时对道床上的石碴进行捣固作业，也可以单独使用一套捣固装置工作。捣固装置工作时下插深度、夹持时间和夹持力均据施工要求进行调节，捣固作业时可按需选择夯实器对两旁石碴夯实。当需用夯石器配合捣固装置作业时，夯实器升降缸与捣固装置升降缸同步动作；捣固装置横移缸根据线路情况随时动作。除振动液压马达外，捣固装置夹持缸及升降缸均为间歇式工作。捣固作业时，液压缸的基本动作循环是升降缸使捣固镐插入道床一定的深度→夹持缸动作→升降缸把捣固装置升起，与此同时，夹持缸动作使内外捣固镐张开→准备下一次捣固。

图 13-8 所示为 08-32 型捣固车左右捣固装置液压原理。升降缸、横移缸和夹持缸由三

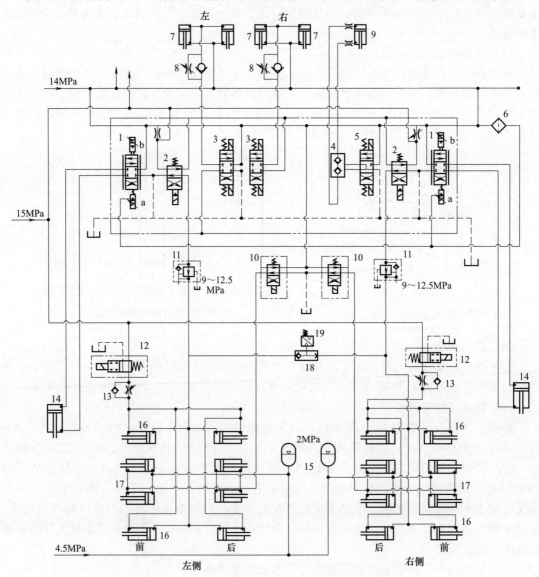

图 13-8　08-32 型捣固车左右捣固装置液压原理

1—电液比例方向阀；2,10,12—二位四通电磁换向阀；3,5—三位四通电磁换向阀；4—液压锁；6—过滤器；
7—夯实器升降缸；8,13—单向节流阀；9—横移缸；11—单向减压阀；14—升降缸；15—蓄能器；
16—外侧夹持缸；17—内侧夹持缸；18—梭阀；19—压力继电器

个不同压力的回路供油，系统可分为几个独立的液压回路。各回路的主要特点分述如下。

① 外侧夹持缸液压回路。该液压回路的压力为 15MPa。一侧捣固装置上的四个外侧夹持缸 16 并联，油缸的大腔和小腔油路分别由二位四通电磁换向阀 2 和 12 控制。通往外侧夹持缸小腔的油路上装有二位四通电磁换向阀 12 和单向节流阀 13。在初始位置，15MPa 压力油通油缸小腔。通往外侧夹持缸大腔的油路上装有二位四通电磁换向阀 2 和单向减压阀 11，初始油路大腔通油箱。当电磁换向阀不动作时，油缸小腔的压力油使活塞缩回，捣固镐头处于张开状态。

外侧夹持缸动作时，电磁换向阀 2 通电切换至下位，15MPa 的压力油经单向减压阀减压到 9～12.5MPa 后进入夹持缸大腔。此时虽然夹持缸的大、小腔都有压力油，但活塞大腔端的作用力大于小腔端的作用力，活塞伸出，捣固装置进行夹持动作。当电磁换向阀 12 通电换向时，切断夹持缸小腔的油路，外侧夹持缸不能进行夹持动作，这时只有内侧夹持缸的夹持动作，即实现单侧夹持捣固作业。

在外侧夹持缸小腔的进油路上，单向节流阀 13 用于改变夹持缸小腔回油的流量，从而改变外侧夹持缸的夹持动作速度。外侧夹持缸的大腔油路上装有梭阀 18 和压力继电器 19，用于检测夹持动作时的油液压力。当油压达到压力继电器的设定值时，压力继电器动作，为捣固过程自动循环的控制系统提供夹持终了电信号。

② 内侧夹持缸液压回路。一侧捣固装置的四个内侧夹持缸 17 并联，夹持缸的大腔由 4.5MPa 的液压泵供油，夹持缸的小腔由 14MPa 的液压泵经电磁换向阀 10 供油。电磁换向阀 10 初始位使夹持缸小腔通油箱。阀不动作时，内侧夹持缸大腔内有 4.5MPa 的低压油，活塞伸出，捣固镐处于张开状态。当电磁换向阀 10 换向时，高压油进入夹持缸小腔，作用在内侧夹持缸活塞小腔端的力大于大腔端的作用力，活塞杆缩回，夹持缸进行夹持作业。两个蓄能器 15 用于吸收压力脉动和液压冲击，同时兼有补油保压作用。

③ 捣固装置横移缸液压回路。捣固装置横移缸 9 由电磁换向阀 5 控制，横移缸的大、小腔油路上装有固定节流器和液压锁 4。阀 5 不动作时，横移缸的大、小腔由液压锁关闭，活塞杆处于某一固定位置不移动。阀 5 动作时，压力油将液压锁顶开，沟通横移缸的大、小腔油路，活塞杆移动。因捣固装置横移速度较低，故横移缸进出油路上用固定节流器限制流量，降低横移缸的动作速度。

④ 夯实器升降缸液压回路。左、右两台夯实器各有两个升降缸 7，两个升降缸采用并联油路，由电磁换向阀 3 控制其升降。升降缸的大腔油路上装有单向节流阀 8，用以调节升降缸的进油流量，改变夯实器的下降速度。

⑤ 捣固装置升降缸液压回路。捣固装置升降缸 14 由比例方向阀 1 控制，因采用电液位置比例控制，故具有位置控制精度高、捣固镐头下插深度调整方便等特点。该回路压力油为 14MPa，比例控制要求油液清洁度高，故装有高压管路过滤器 6。捣固电液位置控制系统由电液比例方向阀、电子放大器、设定电位器、位置传感器和升降缸组成，其原理为捣固装置下降时，位置传感器把下降位置变成电信号输入电子放大器，与设定电位器的信号进行比较，偏差信号经放大后输入比例方向阀 1 的比例电磁铁 b，比例方向阀输出与输入电信号成比例的压力油流量进入升降缸，推动活塞下移。随着捣固装置插入深度接近设定深度，偏差信号逐步减少到零，比例方向阀回到零位。此时，输出流量也为零，升降缸停止动作。捣固装置的夹持动作完成后，放大器向电液比例方向阀 1 的比例电磁铁 a 输入一定的电信号，压力油进入升降缸小腔，捣固装置上升至设定的高度。

(2) 故障诊断排除

① 液压软管爆裂和管接头松动漏油。

对此类故障，只要及时关闭相应的控制阀切断相应管路的油源，更换液压管路或把松动的管接头拧紧即可。

② 捣固装置中各执行元件不能动作或动作不到位。

执行元件不能动作或动作不到位，可能原因是控制这个液压缸的电磁阀或比例阀不动作或动作不到位。可以用压力测量仪器实测进油路上的压力。如果压力正常，则可能是液压阀出现故障。这时要分析是哪种情况引起阀工作不正常。如果油液污染严重或其中有较大的固体颗粒，这时要更换或拆解液压阀进行清洗，以免污物进入阀体使液压阀卡滞或不动作。控制电信号不正常也会引起阀工作失常，可用万用表测量控制电压和电流，检查其是否和阀规定的电压和电流相同。施工作业中曾经出现过控制捣固装置的升降缸因比例方向阀的伺服电流过低而使阀不能动作导致捣固装置不能下插的情况，对此要检查相应的控制电路。

液压泵的输出压力不足、回路中的过滤器堵塞后也会引起压力不足而使执行机构动作无力。如果是液压泵的故障而造成输出压力和流量不足，就要检查发动机作业时的转速，发动机在作业时的转速不够 2000r/min 会引起液压泵的输出压力和流量不足，这时要调整转速使它达到额定转速。如果发动机的转速正常，那就是液压泵的故障，可能是液压泵的摩损而使间隙加大导致内部泄漏，使泵的输出压力和流量达不到要求，这时要更换或维修液压泵。如果油液被污染，就要更换过滤器，必要时要更换液压油。

13.2 公路机械液压系统故障诊断排除

13.2.1 CA25 型振动压路机行走液压系统进退异常故障诊断排除

(1) 故障现象

一台 CA25 型单钢轮振动压路机在施工过程中出现了只能后退、不能前进的故障现象，其他工况一切正常，故因此初步判定为行走液压系统出现故障。

(2) 原因分析

一个完整的液压系统由五个部分组成，即动力元件、执行元件、控制元件、辅助元件和液压油。根据该机表现的故障现象及其液压原理图分析，初步可以判断有如下可能原因：行走主泵故障——换向机构不正常；行走马达故障；补油系统故障——单向阀处密闭不严而泄漏；散热系统故障——冲洗回路泄漏；安全溢流阀故障——溢流阀密闭不严而泄漏；其他。

(3) 故障检查与排除

CA25 型振动压路机的行走系统为闭式液压系统。液压泵和液压马达均为双向的，前进和后退功能的实现，是以改变泵的供油压力方向来实现的。而要实现泵的出口压力方向的改变，则是靠改变配油盘的方向来实现。液压系统的检测方法有很多，但在实际操作时由于现场的条件有限，很难采取较为先进的科学方法，借助简单的检测条件和实际操作经验也可以解决实际问题。检查的原则是先"看"后"动"；先"易"后"难"；先"外"后"内"；先"主"后"次"；能不打开尽量不打开。

① 测量行走系统两侧的油压，发现前进时一侧的压力不正常，不能行走；后退时高压区压力正常，可以后退。由此可以初步判断此行走泵正常。若是泵没有问题，则可能为行走泵的换向机构（或系统）出现问题。

② 打开泵的换向机构检查，发现泵的换向机构连接正常；用吹烟法检查换向机构的液压系统，发现各种状态均正常。通过以上两项检查初步判断故障不在主泵的位置。

③ 检查行走马达部分，从可以后退、不能前进和换向时两侧压力不同，可以排除行走马达故障的可能性。

经以上几个步骤的检查，可以进一步明确故障可能出现在以下几处：补油系统的两个单向阀处某一位置；闭式回路的溢流限压阀；闭式系统冲洗阀处。

　　根据该压路机液压系统的实际布置，为便于操作，首先拆下行走系统主回路的溢流限压阀，未见磨损和卡阻现象；继续拆下冲洗回路溢流安全阀时，发现有似弹簧碎片的金属物，清洗后，把以上压力安全阀装上重新测试，仍不能前进；再拆下冲洗阀的两端堵头，发现一侧回位弹簧已经断为多节，换上一个新弹簧后，重新试车，前进、后退恢复正常。

13.2.2　振动压路机电液伺服系统伺服阀控制故障诊断排除

(1)　功能结构

　　我国在 20 世纪 90 年代末从德国引进数批全液压振动压路机，这些压路机一般由两套独立的电液伺服控制系统组成，它们分别是行走机构和振动机构，其原理如图 13-9 所示。

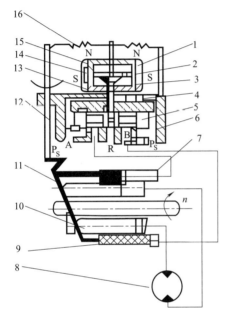

图 13-9　压路机液压伺服控制原理

1—磁钢；2—衔铁；3—导磁体；4—喷嘴；5—阀芯；
6—节流孔；7—伺服液压缸；8—液压马达；9—复位弹簧；
10—柱塞；11—斜盘；12—连杆反馈机构；13—挡板组件；
14—弹簧管；15—控制线圈；16—调零弹簧

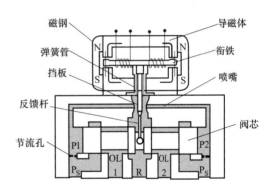

图 13-10　电液伺服阀结构

　　该电液伺服系统中的电液伺服阀是一个典型的力反馈两级电液伺服阀（从图 13-9 中摘掉两根调零弹簧 16），它由力马达（电气-机械转换器）、双喷嘴挡板阀（先导级阀）和滑阀（功率级主阀）三部分组成，如图 13-10 所示。当控制线圈 15 中有电流通过时，衔铁挡板组件围绕弹簧管 14 的支点转动，两个喷嘴与挡板之间的间隙一侧增加，一侧减少；一侧压力降低，一侧压力升高。在两侧压差的作用下，阀芯移动使进油口 P_S 与一个控制腔相通。阀芯的移动带动反馈杆下端的小球，给衔铁挡板组件一个与电磁力矩相反的恢复力矩，当这两个力矩相等时，阀芯停在一个与输入电流成比例的位置上。若进油口 P_S 的压力恒定，执行机构中的流量与阀芯的位置成正比时，可以得到与输入电流成比例的控制流量。

　　压路机液压伺服控制系统由电液伺服阀、连杆反馈机构、变量柱塞泵和马达（如用在行走机构中为行走马达，如用在振动机构中为振动马达）组成。在控制线圈 15 无输入电流时，通过调节调零弹簧 16，使阀芯处于零位，此时，P_S 腔和 R 腔、A 腔和 B 腔互不相通，且 A、B 两腔的压力相等，两个伺服液压缸 7 在复位弹簧的作用下，将斜盘 11 的倾角 α 变为 0°，此时变量柱塞泵无油液输出，液压马达 8 不工作；如果控制线圈 15 输入一电流信号，则电液伺服阀输出一定的流量，设 A 腔为输出油腔，B 腔为回油腔，与 A 腔相通的伺服液压缸 7 推动斜盘转动一个角度，斜盘通过连杆反馈机构 12 进行反馈，拉动调零弹簧 16，使阀芯回到零位，此时，斜盘便平衡在某一设定角度，马达以一定的转速和转矩工作。当输入到控制线圈的信号发生变化时，马达的转速也随之改变，即压路机的行走速度随输入信号的变化而变化。振动幅度和振动频率也随着输入信号的变化而改变。

（2）故障现象及其诊断排除

该类型压路机最易出现故障且最难维修的部件是电液伺服阀，而电液伺服阀出现的故障大多是由油液污染造成的。为此，在更换或添加新油时必须用过滤器进行过滤 36h 以上，以确保工作油液的清洁度达到 NAS7～8 级。电液伺服阀的常见故障与排除方法见表 13-1。

表 13-1　振动压路机电液伺服阀的常见故障与排除方法

故障现象	检查部位
马达不能旋转	线圈的接线方向是否正确；线圈的引出线是否虚焊；线圈的阻值是否正确；进、回油管路是否畅通；进、回油管是否接反；阀芯是否卡死；节流孔是否同时堵塞；喷嘴是否同时堵塞
马达只能朝一个方向旋转，改变控制线圈的输入信号不起作用	两个节流孔是否堵塞；喷嘴是否堵塞；弹簧管是否断裂；阀芯是否卡死
改变控制线圈的输入信号，马达有两个正反方向的最大旋转速度，但不能调节速度大小	反馈杆是否折断；反馈杆下部钢球是否脱落
电液伺服阀漏油	顶盖或信号插座漏油，查看一级座底面和弹簧管处密封圈是否老化，检查弹簧管是否破裂；阀体端盖漏油，检查端盖上各处密封圈是否老化或损坏；阀体底部漏油，应拆下伺服阀，检查阀体底部密封圈是否老化或损坏

第 14 章

航空、河海机械及武器装备液压系统故障诊断排除典型案例

14.1 航空器及相关机械设备液压系统故障诊断排除

14.1.1 飞机液压刹车系统动作失常故障诊断排除

(1) 系统原理

飞机刹车系统用于飞机刹车减速、控制地面转弯等，是飞机的一个重要系统。飞机正常刹车系统液压原理如图 14-1 所示。刹车时，如果刹车压力表 3 左右指示都正常，但刹车不起作用，则说明刹车压力表至刹车手柄之间的元件工作正常，刹车压力表之后的元件工作不正常。

为了防止机轮拖胎，提高刹车效率，飞机上采用了先进的电子防滑液压刹车系统。其核心元件是喷嘴挡板式二级电液伺服阀，它主要由壳体、力矩马达、挡板、喷嘴、阀芯、弹簧和反馈柱塞等组成（图 14-2）。由于伺服阀内部结构复杂，配合间隙较小，节流孔的直径只有 0.25mm，喷嘴与挡板的间隙只有 0.035~0.045mm，阀芯与衬筒的间隙更小，因而对液压油的清洁度要求高。当伺服阀的力矩马达无电信号输入时，挡板处于中位，阀芯左、右两

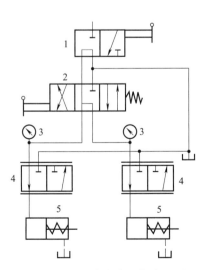

图 14-1 飞机正常刹车系统液压原理

1—液压刹车阀；2—刹车分配阀；3—刹车压力表；

4—电液伺服阀；5—刹车动作缸

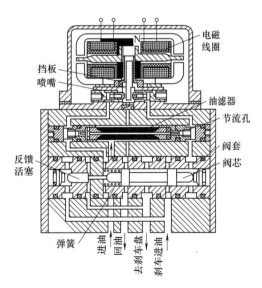

图 14-2 电液伺服阀结构

端的压力相等，在弹簧力作用下，阀芯处在右极限位置，此时来自刹车分配阀的压力油经过阀芯直接与刹车盘相通，左、右机轮刹车压力大小取决于刹车手柄的握压程度和脚蹬行程的大小。当机轮拖胎时，控制盒输出电信号至力矩马达，使力矩马达驱动挡板逆时针偏转，右喷嘴阻力增大，使阀芯右端的液压力比左端液压力大，在这个压力差的作用下，阀芯克服弹簧力左移，关小刹车供油，使刹车盘与回油路相通，释放部分刹车压力，解除机轮拖胎。当解除拖胎后，控制盒输出电流变为零，挡板回到中位，阀芯两端压力相等，阀芯在弹簧作用下回到右极限位置，关闭回油路，使刹车供油路与刹车盘又相通。

（2）故障现象

某次飞行时，当飞机实施第二个起落滑至主跑道后进行刹车时，飞行员感觉到飞机向右偏转，蹬脚蹬调整刹车压力时也不明显，发现正常刹车不起作用，但此时刹车压力表指示正常。随后飞行员立即采用应急刹车才使飞机停住，避免了一次严重的飞行事故。

（3）原因分析与排除

维修人员将飞机拉回机库，接上地面油泵车和压力表，对刹车压力进行检查时发现：左、右刹车压力正常，均为 7.8MPa。当检查电液伺服阀最大输出压力时，发现左机轮刹车压力为 3.8MPa，右机轮刹车压力为 7.8MPa。用机轮驱动车同时驱动两边机轮转动，当刹车时，右机轮停止转动，左机轮仍转动，故障再现。维修人员怀疑可能是信号输出有问题，随即更换了左速度传感器，但故障仍未排除。当拆开导管接头更换左伺服阀时，发现从伺服阀内部流出浑浊的油液。在对系统内部进行循环清洗，并装上新的伺服阀后，故障排除。结合故障的现象和排除，断定该故障主要是由于左伺服阀工作不正常引起的。

引起液压油污染的原因据了解主要有以下几个方面：一是少数机务人员未认识到液压污染对系统的危害性，故对预防油液污染不够重视，在维修工作中不能自觉做好防污染工作；二是外场维护环境较差，维护手段比较落后，有时领来新油也很难达到使用标准，且在添加过程中也易污染；三是没有把好拆装和试验关，使污染物进入系统。

另外，刹车系统的设计也存在不足，系统的供油管路上未安装精密油滤器，如该型飞机的前后缘机动襟翼操作系统，其管路中也安装有同型号的电液伺服阀，系统对污染度的要求与液压刹车系统相同，但由于在其供油管路上安装了精密油滤器，因而，从故障统计看，前后缘机动襟翼操作系统中的伺服阀故障要比刹车系统中的伺服阀故障少得多。这说明安装精密油滤器有利于提高伺服阀的工作可靠性。

为了有效预防此类故障的发生，应注意做好以下工作。

首先要改进系统设计，提高系统抗污染能力。选用对油液污染等级要求低的电液伺服阀是系统提高抗污染能力的重要措施。一般来说，喷嘴挡板式电液伺服阀的控制油口直径小，抗污染能力相对较弱，对液压系统的过滤精度要求较严，为 NAS5 级左右。而动圈式电液伺服阀和射流管式电液伺服阀的控制油口直径大，抗污染能力相对较强，通常为 NAS8 级左右。因此，建议在系统设计时选用抗污染能力较强的电液伺服阀。另外在刹车系统的供油管路上加装双筒高精度过滤器，用来进一步滤除系统中的污染物，以保证伺服阀工作稳定可靠。

其次是把好六关（表 14-1），使污染控制落到实处。使维修人员明确飞机液压系统污染控制工作的重要性、艰巨性和长期性，加强有关污染控制标准、知识和规定的学习，增强防污染的自觉性。

表 14-1　污染控制需把好的"六关"

项　目	说　明
把好"病从口入关"	严格防止从各种接口,如加油口、吸油接头和增压接头等处混入污染物;严格防止在加、拆、装、换的过程中混入污染物

项　　目	说　　明
把好"油料关"	加入液压系统和保障设备的液压油必须符合规定的污染度要求,各种化验、批准手续齐全,新油也要化验、检查和过滤
把好"修理关"	避免液压附件在分解、装配、调整和试验等一系列维修活动中混入污染物;液压系统一般容易发生大维修伴随着大污染,故修理全过程都要采取有效的污染控制措施
把好"监控关"	机务人员不仅要经常、仔细检查油液污染状况,而且要不断提高测试设备性能和监控手段,以便对污染实施有效控制
把好"验证关"	对污染严重的飞机液压系统清洗合格后,必须加强监控。如检测结果达不到控制标准,则应视为异常情况,应查明原因、排除故障,直至合格为止
把好"地面保障设备关"	地面保障设备应按规定保养,使其处于良好状态,并严格执行管理制度和操作规程,避免因违规操作而使系统严重污染

14.1.2　歼七飞机起落架减振支柱漏油故障诊断排除

(1) 故障现象

歼七某号飞机减振支柱内筒表面铬层损伤严重,经退铬、磨修,重新镀铬修复后,通过耐压、静压试验证明其密封性良好。但在使用过程中发现,当飞机停放数小时后,内、外筒的密封接合处有油液沉积,即出现漏油现象。减振支柱漏油不仅会减少其内部液体容量,而且会使气体的初始压力下降。理论分析和实践都已证明,减振支柱内部液压油的灌量和气体的初始压力是保证减振支柱良好减振性能的重要因素。因此判明漏油故障原因,保证良好的密封性是减振支柱日常维修保障的关键。

(2) 原因分析

减振支柱主要由内筒 1、外筒 3 及密封胶碗组件 2 等组成,如图 14-3 所示。

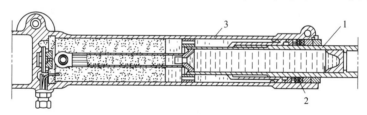

图 14-3　飞机起落架减振支柱
1—内筒;2—密封胶碗组件;3—外筒

从减振支柱的构造与工作原理上不难看出,其外部漏油的原因不外乎以下几种:密封胶碗组件变形、损伤;内筒工作表面存在轴向划伤;内筒变形、圆柱度超差;外筒变形;内、外筒的基体上存在裂纹。

根据以上分析,对该故障件按照技术条件要求进行了彻底分解、严格检查、测量、磁力探伤和试验,结果一切正常,各个零部件无故障和缺陷。装机使用后,在飞机停放过程中漏油现象又重新出现。根据此故障特点,结合镀铬修复工艺、铬层性质,对该故障进行了认真研究和分析,终于找出了漏油的直接原因。

电镀铬是修复磨损液压零部件的一种切实可行的方法。其主要优点是镀层沉积过程温度不高,不会使零件表面受损、变形,也不影响基体的组织结构,而且可提高零件表面硬度,改善耐磨性能。但是,硬铬镀层组织内存在着分布不规则的裂纹网状组织和气孔（图 14-4）。裂纹网状组

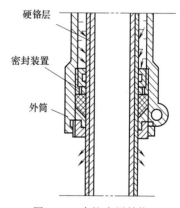

图 14-4　支柱内层结构

织的密度、气孔率、铬层硬度、耐磨性在镀液成分固定以后主要取决于电流密度和温度，尤其是温度必须严格控制。低温时（40～50℃）采用任何电流密度得到的是灰白色的有裂纹网的镀层，镀层硬且脆，耐磨性差；中温（50～60℃）时，镀层光亮、坚硬且耐磨性高，裂纹网较细且密，分层较薄；较高温度（65℃）时，镀层呈乳白色（不变亮），组织致密，气孔率低，密封性好，但硬度低且耐磨性差。因此，镀液温度控制不好会降低密封性能。

在本案例中，由于镀铬修复时执行工艺不严格，电流密度和温度控制精度不够，引起支柱内筒表面网状组织稀疏、气孔率高。当飞机停放一段时间（超过 10h）后，减振支柱内筒在一定压力 [内部初始气压（3.0±0.1）MPa 和飞机重力引起的压力] 持续作用下，内部油液就会经铬层内部的网状组织和气孔不断地渗入、渗出（图 14-4）。最后表现为外部漏油。在试验台上进行密封性试验时，由于承压时间较短，这种漏油现象往往表现不出来。

（3）故障修复

针对这一故障的特点，采用了一种"渗蜡"的修复工艺对该故障进行了修复，较好地恢复了减振支柱的密封性。其工艺过程如下。

用洗涤汽油清洗故障支柱内筒→将内筒放入碳酸钠和氢氧化钠溶液中，加热至 70～100℃煮沸 3～5min，进行化学除油→用冷气冲洗→放入烘箱，在 150℃的温度下烘烤 90min左右，使内部组织的残余油液充分挥发→将石蜡放入密封耐压容腔内，并加热至熔化→将内筒放入石蜡溶液中，在一定的压力下蒸煮 120min 左右，使石蜡进入铬层的气孔和网状组织→自然冷却后，除去表面石蜡。

（4）启示

采用电镀硬铬方法恢复液压件形状、尺寸时要严格控制和掌握电镀铬的工艺过程，以避免类似故障的出现。

14.1.3　飞机场旅客登机车液压系统故障诊断排除

飞机场旅客登机车是一种液压传动、登机平台可上下前后移动的车载式设备，用于旅客的登机服务。由于其工作的特殊性决定了对登机车的特殊要求：使用时必须有六个支腿将车辆支撑起来，以此增加设备使用过程中的稳定性和抗倾覆性能；登机车在工作完成后要可靠撤离工作现场，保证飞机安全、正常地起飞。机场旅客登机车的液压原理如图 14-5（a）所示，它是一个单泵、定量、并联、开式油液循环系统。主泵 4 为齿轮泵，泵的工作压力为10MPa，流量为 40L/min。

14.1.3.1　主泵损坏后登机车不能尽快撤离飞机

（1）故障现象

主泵损坏后，由于原液压系统中的应急系统仅靠手动泵 25 实现滑梯的下降和支腿的收起，需要花费很长的时间，甚至有可能延误航班。

（2）解决方法

增加电动泵 26 [图 14-5（b）]。一旦主泵 4 损坏或其他部件故障造成主泵 4 不能正常工作，启动电动泵 26 迅速降下推举缸 16 并收起前支撑缸 19、直支撑缸 21、斜支撑缸 22，之后登机车便可顺利撤离飞机。增设电动泵 26 这一冗余油源后，地面服务设备的可靠性大大增强。

14.1.3.2　六个支腿的某些支撑有时不能完全着地而无法实现可靠支撑

（1）故障现象

六个支腿完全放到位是靠压力继电器 20 控制的，由于压力继电器本身的控制精度不高，所以误动作时有发生，对旅客的安全构成了潜在的威胁。

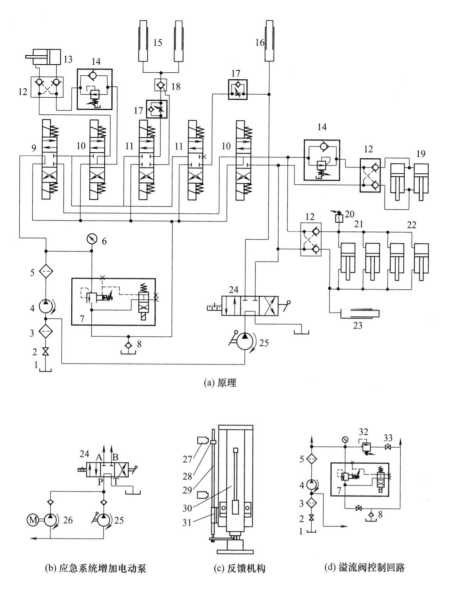

(a) 原理

(b) 应急系统增加电动泵　　(c) 反馈机构　　(d) 溢流阀控制回路

图 14-5　机场旅客登机车液压系统

1—油箱；2,33—截止阀；3—粗滤器；4—主泵（齿轮泵）；5—压力管路滤油器；6—压力表；7—电磁溢流阀；
8—单向阀；9～11—电磁换向阀；12,18—液控单向阀；13—平台伸缩缸；14—单向减压阀；15—微调缸；
16—推举缸；17—单向节流阀；19—前支撑缸；20—压力继电器；21—直支撑缸；22—斜支撑缸；23—尾梯缸；
24—手动换向阀；25—手动泵；26—电动泵；27—接近开关；28—控制挡板；29—导向杆；
30—直支撑左液压缸；31—固定座；32—溢流阀

(2) 解决方法

设计了一套反馈机构 [图 14-5（c）] 来替代压力继电器 20，该反馈机构由上下接近开关 27、控制挡板 28、导向杆 29、固定座 31、直支撑左液压缸 30 组成，另外在此液压缸的进回路安装了节流阀。动作原理为先调整节流阀使缸 30 的上下运动速度低于其余 5 个支撑缸的运动速度；如果缸 30 完全伸到位，那么可确保其余 5 个支撑缸也完全伸到位；如果缸30 完全缩到位，那么可确保其余 5 个支撑缸也完全缩到位。图示位置为直支撑左液压缸 30 完全缩到位的位置，当缸 30 向下运动时，导向杆 29 也跟随下移并带动控制挡板 28 一起下移，当控制挡板 28 位于下接近开关的前部时，缸 30 完全伸到位，同时电磁铁断电，换向阀 10 恢复中位，反之亦然。

14.1.3.3 溢流阀出现故障所有应急系统将全部失灵

(1) 故障现象

本系统仅设置一个溢流阀 7，一旦该阀出现故障，如溢流阀阀芯卡死在大开口位置时，液压泵输出的压力油通过溢流阀流回油箱，即压力油与回油路短接，或调压弹簧折断等原因而造成系统无压力，此时将无法实现滑梯的下降和支腿的收起，登机车不能安全撤离飞机，从而造成延误航班的事故发生。

(2) 解决方法

为防止此事故的发生，在系统中又增加了一个溢流阀 32［图 14-5 (d)］。在实际工作中，溢流阀 32 的压力比溢流阀 7 的压力要调高 2～3MPa，这样一旦溢流阀 7 出现故障，就会把其后的截止阀关闭，溢流阀 32 自动进入工作状态，不会影响系统的正常工作。

改进后的液压系统在用户使用过程中取得了很好的效果，达到了预期的目的，整机的安全性得到了提高。

14.1.4 飞机场配餐车故障诊断排除

飞机场配餐车是一种液压传动、剪式升降、平台可前后左右移动的车载式设备，用于飞机食品装卸服务。由于机场对航班的安全正点航行有严格的要求，故机场对配餐车提出了特殊要求：使用时必须有四个支腿将车辆支撑起来，以此增加设备使用过程中的稳定性和抗倾覆性能；配餐车在工作完成后要可靠撤离工作现场，保证飞机安全及正常地起飞；厢体升降时要平稳，速度要适中，以利对飞机的保护。目前机场用配餐车无论是进口的，还是国产的，基本都能满足使用要求，但在使用中仍存在一些问题。针对所存在问题经改进设计后的机场配餐车液压原理如图 14-6 所示。该系统为单泵、定量、并联、开式油液循环系统，其主泵 2 为齿轮泵（工作压力为 12MPa，流量为 50L/min）。

14.1.4.1 在厢体上升或下降时有一个支腿会缓慢收起

(1) 故障现象及原因分析

如图 14-6 所示，原系统使用的元件 17 是 O 型中位机能的电磁换向阀，其设计意图是基于配餐车对安全性要求较高的考虑，为防止油管爆裂而造成配餐车危及飞机安全，四个支腿的液控单向阀都安装在支腿上，这样便在换向阀和液控单向阀 15 之间形成了一个密闭空间。当厢体升降时，管路充满了高压油，由于换向阀本身并不能完全锁住液压油，故在换向阀和液控单向阀之间就有高压油存在，四个液控单向阀中开启压力最小的就会打开，此支腿就会缓慢地收起，造成此处承载能力下降，整车发生歪斜，飞机安全性受到威胁。

(2) 解决方法

为解决此问题，把 O 型中位机能的换向阀改为图 14-6 所示 Y 型中位机能的换向阀，此故障现象消失。

14.1.4.2 四个支腿在放下时有时会发出刺耳的尖叫声

(1) 故障现象及原因分析

噪声对该设备危害非常大，不仅造成设备损坏，而且淹没各种控制信号，易出现事故。经分析噪声的产生主要是因为在用工作油压作为控制压力的回路中，会出现液控单向阀控制压力过高的现象，产生冲击和振动并伴随着噪声。

(2) 解决方法

为消除这种现象，在管路中增加叠加式溢流阀 16，如图 14-6 所示，同时调整 A、B 两口的压力值，A 口溢流阀压力调整为 10～12MPa，B 口溢流阀压力调整为 4～5MPa，液控单向阀控制压力降低，刺耳的尖叫声随之消失。

14.1.4.3　溢流阀出现故障所有应急系统将全部失灵

为保证飞机的安全，系统设计了多种应急系统，但前提是系统能建压，所以一旦溢流阀19出现故障，所有应急系统将全部失灵。

（1）原因分析

当电磁溢流阀19出现故障，如溢流阀阀芯卡死在大开口位置，液压泵输出的压力油通过溢流阀流回油箱，即压力油与回油路短接或调压弹簧折断等原因而造成系统无压力。此时，如需升起或降下厢体则无法完成，从而造成航班延误的事故发生。

（2）改进方法

由于溢流阀是较易出故障的元件之一，故为防止此事故的发生，在系统中增加了一个备用溢流阀18。在实际工作中，溢流阀18的压力比溢流阀19的压力要调高2～3MPa。这样，一旦溢流阀19出现故障，就把其后的截止阀关闭，溢流阀18自动进入工作状态，不会影响系统的正常工作。

14.1.4.4　厢体上升速度快慢无法调整

（1）原因分析

如图14-6所示，原系统仅有单向节流阀11，故只能调整厢体下降速度，厢体上升速度快慢无法调整。

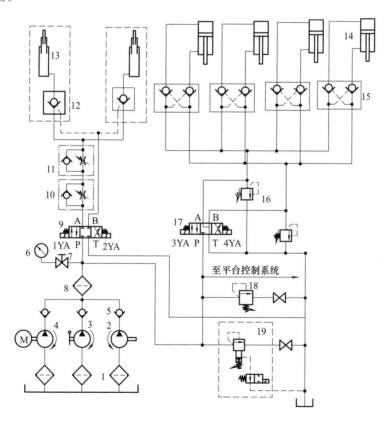

图 14-6　机场配餐车液压原理

1—吸油过滤器；2—主泵（齿轮泵）；3—手摇泵；4—应急电动泵；5—单向阀；6—压力表；7—截止阀；

8—压力管路过滤器；9,17—电磁换向阀；10,11—单向节流阀；12,15—液控单向阀；

13—升降液压缸；14—支腿液压缸；16—叠加式溢流阀；18—溢流阀；19—电磁溢流阀

(2) 改进方法

在升降液压缸 13 的主回路上增加单向节流阀 10，即节流阀 10 和节流阀 11 串联使用，即可实现升降液压缸的双向速度调整。

14.1.5 航空地面液压源噪声与降噪措施

(1) 功能结构

航空地面液压源用于在航空部队和航空修理厂检查液压系统和液压附件工作性能时提供具有一定压力、流量、温度的油液，其应用比较广泛，是使用频率较高的液压设备。

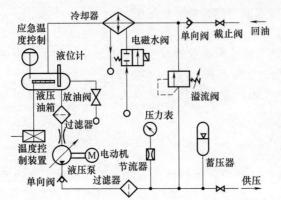

图 14-7 航空地面液压源典型结构组成

航空地面液压源由电动机、液压泵、过滤器、单向阀、溢流阀、蓄压器、冷却器、电磁水阀、截止阀以及压力、流量、温度指示装置等组成，典型结构组成如图 14-7 所示。电动机驱动液压泵工作时，液压泵的压力油液经单向阀、过滤器和截止阀输出。蓄压器用于吸收泵出口的压力脉动，溢流阀用于限制泵的出口压力；回油经截止阀、单向阀、冷却器排回油箱。

(2) 噪声现象

航空地面液压源工作时产生的噪声污染，日益受到人们的重视。近年来，随着液压技术向高速、高压和大功率方向发展，液压源的压力、流量在逐渐提高，液压源的噪声也日趋严重，严重影响了人们的正常工作环境。

(3) 原因分析

电动机和液压泵是液压源的主要发声元件，其本身是一个噪声源，过滤器、溢流阀、油箱和管道等本身不会发声，不是独立的噪声源，但液压泵产生的机械噪声和液体噪声会激发它们产生振动，从而产生和辐射出较大的噪声。

① 电动机的噪声。电动机噪声主要来源是机械噪声、通风噪声和电磁噪声。机械噪声主要是由于转子不平衡引起的噪声、轴承有缺陷和安装不合适引起的高频噪声以及电动机支架与电动机之间共振所引起的噪声。

② 液压泵的噪声。在液压源中液压泵是最主要的噪声源，液压泵的流体噪声主要是由液压泵的压力、流量的周期性变化以及气穴现象引起的。在液压泵的吸油和压油的循环中，产生周期性的压力和流量变化，形成压力脉冲，从而引起液压振动发出噪声。一般来说，液压泵的噪声随功率的提高而增加。液压功率是由液压泵输出压力 p、排量 q 以及转速 n 这三个参数决定的，它们对泵噪声的影响程度是不同的，转速 n 对噪声的影响最大，而液压泵排量 q 对噪声的影响受压力 p 变化的影响。为获得最低的噪声级，一般使用最低的实用转速（如 $1000 \sim 1200 \text{r/min}$）和压力组合以提供所要求的功率。

③ 液压泵和电动机的安装噪声。液压泵和电动机是高速的回转体，其转动部分不可能绝对平衡，液压泵和电动机高速回转时会产生周期性的不平衡力，这种不平衡力引起轴承的弯曲振动而产生噪声，当液压泵或电动机固定不牢靠或联轴器安装不同轴将引起较大的振动噪声。

④ 液压阀的噪声。液压源的压力和流量脉动是由其自身的结构决定的。压力脉动是一种激振力，液压源内各类阀安装不牢固则会在这种激振力的作用下振动，产生噪声。此外，过滤器不清洁对高压油液起节流作用而产生流体噪声；单向阀选择不合理，液体流向单向阀

时，其内的阀芯易产生振动引起噪声。

⑤ 管道引起的噪声。管道本身不是振动源，但若管道的选择和安装不合理，在液压油的压力脉动作用下，将会产生共振，同时发出的噪声很大，必须对此类噪声进行抑制和消除。常用的方法是设置蓄能器或采用高压软管来吸收液压泵的压力脉动，阻止机械振动传播，这是一种简单、易行和有效的方法。

(4) 降噪措施

从液压源噪声产生的机理可以看出，噪声虽不能完全消除，但在设计时，选择合适的液压元件和合适的设计方案，可以大大地降低液压源的噪声。

① 选用低噪声液压元件。液压元件选型时应选用流阻小、工作可靠、工作噪声低的元件，如选用低噪声摆线内啮合齿轮泵、带有阻尼活塞式先导阀结构的低噪声溢流阀、浸油电磁阀等。

② 设计合理的结构。液压源设计、布局是否合理，直接影响机械噪声的大小。液压泵和电动机的连接件加工、安装精度应严格要求，液压泵和电动机的连接可采用挠性联轴器来降低联轴器噪声，安装时确保固定牢靠。如果空间尺寸允许，可将液压泵与电动机采用同一基准安装，并与油箱分离安置，以隔离泵振动对油箱的影响。如果泵置于油箱盖板上，则应在泵底座下采取隔振措施，如加装橡胶隔振垫，用来切断机械噪声的传播通道，防止油箱振动。对于液压泵产生的噪声，可利用并联液压泵和卸荷回路等措施来控制。油箱设计时在允许的情况下可提高结构刚度，如设计加强筋，使其不易被其他激振力激振。设计油箱形状时，在保证散热要求的前提下，力求减小油箱表面积，以降低其辐射噪声。设计和安装管道时，要考虑管道长度，避开外界激振频率和共振点。导管连接时，泵进、出油口分别使用软管连接，以截断液压泵的机械振动。

③ 防止流体噪声。混入液体中的空气在系统出现局部低压或负压时将产生气穴现象，气穴在高压区溃灭时会产生局部压力阶跃升高并伴随强烈噪声。防止气穴噪声，第一要防止空气进入系统，第二要排除已混入系统的空气。

④ 减小压力脉动噪声。液压泵周期性的流量脉动是系统主要的压力脉动源。由于压力脉动，将导致系统中元件和管道作周期性振动，从而激发噪声。特别是当脉动频率与管路固有频率接近或重合时，会激发系统共振使噪声增大。因此，设计液压源时，在泵的出口处加装蓄压器、缓冲瓶或消声器以减小液压源的压力脉动。设计管路时，使管长尽量避开发生共振的管长，一般在管道中配置一定数量的管夹，提高管道的连接刚度，同时通过改变管夹的固定或支承部位来调节导管本身固有频率，避开共振管长。

⑤ 限制噪声的传播。限制噪声传播就是对液压源采用隔声、吸声等技术措施来限制噪声的传播。可把液压泵或油箱、或整个液压源用隔声罩罩起来，限制噪声的传播。

14.1.6 电液伺服系统高频颤振故障诊断排除

(1) 系统原理

电液伺服系统是重要的航空附件之一，飞机上的舵机系统、自动驾驶系统和起落架控制系统均由电液位置伺服系统作执行机构。

图 14-8 所示为电液伺服系统液压原理方块图，偏差电压信号经放大器放大后变为电流信号，控制电液伺

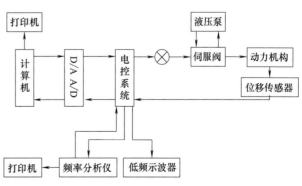

图 14-8 电液伺服系统液压原理方块图

服输出压力，推动液压缸移动，随着液压缸的移动，反馈传感器将反馈电压信号与输入信号进行比较，然后重复以上过程，直至达到输入指令所希望的输出量值。电液伺服系统试验台液压原理如图14-9所示，计算机自动生成控制信号，自动检测系统的状态及分析系统的时域响应和频域响应等，实现控制系统自动运行。

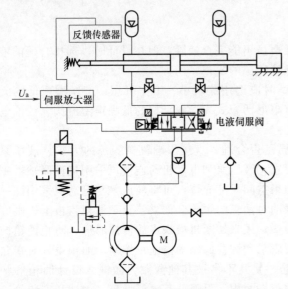

图 14-9　电液伺服系统试验台液压原理

(2) 故障现象

电液伺服系统（图14-9）在试验台上调试时，液压缸运动中出现高频颤振现象，尤其当输入信号频率在 5～7Hz 时更为严重。

(3) 原因分析及排除

经分析及检查，发现液压缸的高频颤振现象是由于电液伺服阀颤振造成的。电液伺服阀 1～7Hz 的输入信号被 50Hz 的高频交流信号所调制，致使伺服阀处于低幅值高频抖动。

如果伺服阀经常处于这种工作状态，则伺服阀的弹簧管将加速疲劳，刚度迅速降低，最终导致伺服阀损坏。此 50Hz 的高频交流信号为干扰信号，其来源可能有两方面，一是电源滤波不良，二是外来引入的干扰信号。

由于整个电路工作正常，所以排除了电源滤波不良的可能性。在故障诊断中，将探头靠近控制箱内腔的任何部位，都出现干扰信号，即使将电源线拔下，还是有干扰信号，于是检查与控制箱连接的地线，发现未与地线网相连，而是与暖气管路相连接。由于暖气管路与地接触不良，不但起不到接地作用，反而成为了天线，将干扰信号引入。

将地线重新与地线网连接好，试验台工作正常。

14.1.7　8m×6m 低速风洞特大攻角试验设备液压系统油源压力故障诊断排除

(1) 系统原理

8m×6m 低速风洞特大攻角试验设备是飞机模型风洞试验支撑装置，用于实现飞机模型在特大攻角状态下的风洞试验。该设备的液压系统可实现试验模型各种高难状态的自动驱动与控制，液压系统主要由液压泵站（油源）、七个（四组）伺服液压缸及其控制元件等组成。

该设备的运动支臂机构通过伺服液压缸控制可实现 Y 向、攻角方向和两个侧滑角方向三个方向的运动，如图 14-10 所示，其中，Y 向运动由一个伺服液压缸控制，攻角方向运动由一组（两个）伺服液压缸在支臂的前端下面进行控制，侧滑角方向运动分别由两组（四个）伺服液压缸在支臂的后端左右进行控制，通过这三个方向的运动组合实现模型不同姿态角的自动控制。

该风洞特大攻角试验设备液压伺服系

图 14-10　8m×6m 低速风洞特大攻角试验设备

统（图 14-11）是一套完全独立的系统，主要用于实现攻角机构、前侧滑角机构、后侧滑角机构、Y 向机构的协调运动。系统主要包括油源部分和执行部分。系统额定压力为 21MPa；最高压力为 25MPa；最大流量为 200L/min；电动机功率为 45kW×2。工作介质采用 YH-10 航空液压油。油箱容积为 1000L；工作温度为 15～50℃。

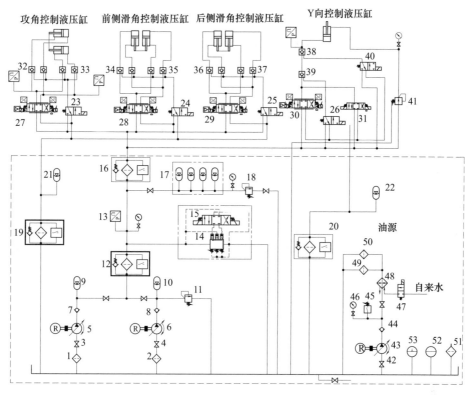

图 14-11　风洞试验设备伺服系统液压原理

1,2,49,50—过滤器；3,4,42—截止阀；5,6,43—柱塞泵；7,8,44—单向阀；9,10,21,22—蓄能器；11,18—溢流阀；12,16,19,20—带滤芯堵塞发信器的过滤器；13—压力传感器；14—先导式三级溢流阀；15,31—三位四通电磁换向阀；17—蓄能器组；23～26,40—二位三通电磁换向阀；27～30—电液伺服阀；32～37—液压锁；38,39—液控单向阀；41—减压阀；45—压力继电器；46—压力表；47—电磁水阀；48—冷却器；51—空气过滤器；52—温度传感器；53—液位计

① 油源部分。系统的油源为两台功率各为 45kW 电动机分别驱动的两台变量柱塞泵 5、6，各泵流量为 100L/min，最高工作压力为 25MPa；油源由三级溢流阀 14 进行调压，可减小调压时的压力冲击，升压方式为卸荷→中压→高压逐级升压，降压方式为高压→中压→卸荷逐级降压；另设有溢流阀 11，限制系统最高压力而起到安全保护作用；液压泵出口设置单向阀 7、8，用于防止液压油倒灌，以保护液压泵；单向阀后设液压滤波器即蓄能器 9 和10，用于消除压力脉动；高压油路和回油路上分别设置带滤芯堵塞发信器的过滤器 12、16 和 19，发信器具备同时向控制台发出电信号和本地灯光指示功能；高压油路上设有检测油路压力的压力传感器 13，油箱内还设置了检测油温的温度传感器 52，压力和温度的数值可以通过控制台上的数显表读出，同时起到监控作用。

另外，为防止流量瞬间增大，造成油源供油量不足，设置蓄能器组 17 作为辅助油源，蓄能器组共四只蓄能器，每只容积 40L，最高工作压力为 31.5MPa。

② 执行部分。执行部分共有四组（七个）伺服液压缸，各组液压缸的动作自左至右依

次受电液伺服阀 27～30 的控制，通过指令信号控制伺服阀的开口，来控制液压缸进、出口的油量，从而控制液压缸的运动方向和速度。模型通过四组液压缸运动的组合，可以按照给定算法的轨迹运动，实现姿态角控制。在伺服阀与液压缸之间的管路上装有液压锁 32～37（只有 Y 向控制液压缸上腔与伺服阀之间未装），在系统失压状态下可将液压缸锁死，起到保护模型和设备的作用。

(2) 故障现象

在试验间歇时，机构带着模型缓慢上升，所有操作均无法控制，即使将所有电源切断模型仍然继续上升，直到与风洞上洞壁相撞才停止。由于当时系统全部处于断电状态，各监测信号均无法正常监测，也增加了故障点排查的难度。

(3) 原因分析

首先，模型上行失控的最直接原因就是在上行回油路上未加装单向阀进行断电自锁（图 14-11）。针对这一分析，决定在上行回油路上加装一个内控单向阀进行断电自锁，但在调试过程中发现机构无法正常上行，经分析是内控单向阀未能打开所致，后换成外控单向阀调试成功，机构上行完全可以断电自锁。但仍未找到问题的根源。因为在设计时考虑到整个机构和模型约有上吨的重量，估计在系统卸压或断电状态下不会上升，所以着重考虑模型与机构下行时的断电自锁。经进一步对系统原理以及各元件的基本功能和控制方式进行分析后发现，一是控制机构 Y 向运动的伺服阀在断电情况下阀芯处于浮动状态并且有一定的开口，导致油液可以流动，二是在所有电源均被切断的情况下，机构能克服上吨的自身重力而上升，系统中应存有一定的压力，应该是溢流阀未能完全卸荷。

该液压系统的有级压力控制，是通过选用北京华德液压公司所产 DB3U20E-3-30/315 G 24Z5 L 型多级电液先导溢流阀来实现的。该阀为先导控制的两节同心式三级溢流阀 [图 14-12 (a)]，主阀和导阀均为锥阀式结构。通过电磁换向阀可以控制系统的压力实现三级变

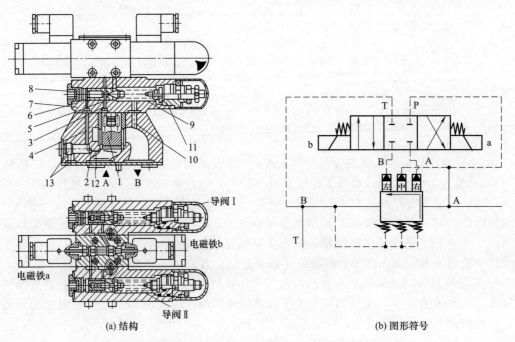

(a) 结构　　　　　　　　　　　　　　　　(b) 图形符号

图 14-12　DB3U…E…/…型多级电液先导溢流阀

1—主阀阀芯；2,3—阻尼器；4,5,10,12—通道；6—锥阀阀芯；7—导阀；8—调压弹簧；
9—弹簧腔；11—调压螺钉；13—遥控口及其螺塞

化。DB3U…E…/…型多级电液先导溢流阀主要由主阀、三位四通电磁换向阀和三个导阀组成。导阀Ⅰ、Ⅱ为直动型溢流阀。

DB3U…E…/…型多级电液先导溢流阀中的三位四通电磁换向阀，其中位机能为 O 型，如图 14-12（b）所示。

① 当电磁铁断电时，A 腔压力由导阀 7 控制。A 腔的压力油作用在主阀阀芯 1 下端的同时，通过阻尼器 2、3 和通道 12、4 和 5 作用在主阀阀芯上端和导阀 7 的锥阀阀芯 6 上。当系统压力超出调压弹簧 8 调定的压力时，锥阀阀芯 6 被打开，同时主阀阀芯上端的压力油通过阻尼器 3、通道 5、弹簧腔 9 及通道 10 排回油箱。这样，压力油通过阻尼器 2、3 时在主阀阀芯上产生一个压力差，主阀阀芯在此压力差的作用下打开。此时，在调定的压力下压力油从 A 腔流到 B 腔溢流。

② 当电磁铁 a 通电时，A 腔压力由导阀Ⅱ控制。当电磁铁 b 通电时，A 腔压力由导阀Ⅰ控制。由于无论导阀Ⅰ和Ⅱ哪个工作时，A 腔压力油都要通过阻尼器 2、3 和通道 12、4 和 5 作用在主阀阀芯上端和导阀 7 的锥阀阀芯 6 上，再通过电磁换向阀作用在导阀Ⅰ或Ⅱ的锥阀上，所以导阀 7 的调定压力一定要高于导阀Ⅰ和Ⅱ的调定压力。

该液压系统开始选用的就是这种型号的多级溢流阀，由此产生一个关键问题就是在三位四通电磁换向阀处于失电的中位状态时 A 腔压力完全由导阀 7 控制，其调定压力又必须高于导阀Ⅰ和Ⅱ的调定压力，故此时的压力是系统的最高压力，并未卸荷。在此状态下液压缸若没有自锁，浮动状态的伺服阀又有开口，机构肯定要开始运动，而且在蓄能器压力油的作用下会一直运动到行程终端。

（4）排除方法

针对以上原因，改用 DB3U…H…/…型多级溢流阀代替原有溢流阀，这个溢流阀的三位四通电磁换向阀的中位机能为 H 型，如图 14-13 所示，在断电时 A 腔压力油作用在主阀阀芯 1 下端的同时，通过阻尼器 2、3 和通道 12、4 和 5 作用在主阀阀芯上端并通过电磁换向阀中位直接回油箱，主阀阀芯打开，系统处于卸荷状态，而系统压力的两级控制分别由导阀Ⅰ和Ⅱ调定。但此时导阀 7 的调定压力仍然要高于导阀Ⅰ和Ⅱ的调

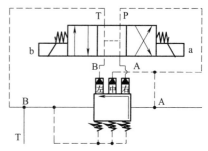

图 14-13　DB3U…H…/…型
多级电液先导溢流阀图形符号

定压力，这个调定压力可起到安全阀的作用。至此，该液压系统排障和改进全部完成。

（5）效果和启示

经过故障排除并改进后的液压系统更好地满足了风洞试验安全性要求，至今已完成多期风洞试验。

14.2　河海机械液压系统故障诊断排除

14.2.1　轮船液压执行元件速度过慢或不动作故障诊断排除

（1）故障现象

某轮船在作业时，舱口盖装置工作开始时速度正常，此后速度逐渐降低，直至无法工作。

（2）原因分析及排除

基于液压执行元件的运动速度取决于进入其供油流量，首先对作为油源的齿轮泵进行检查。拆检泵的进口滤网，发现上面粘满黑色胶质物，将其洗掉后试车，速度稍有加快，但仍达不到要求。并且发现随着使用时间的延长，油温不断升高，当升到 60～70℃ 时，就不能

动作了。同时，系统压力随着使用时间有所下降，即使可以调高，也无法提高速度。因此认为，泵的容积效率已经很低。拆解发现齿轮泵磨损严重，轴向和径向间隙都超限很多。更换齿轮泵，系统恢复正常。

由上可见，该系统在工作之初，油温较低、黏度较高、内漏泄量较少，因此工作速度还可以达到要求。随着使用时间的延长，正常工作引起油温升高，泵本身容积效率低所产生的能量损失形成的热量使油温加速升高，油的黏度降低，泵的内漏泄量加大，并形成恶性循环，直至设备不能工作。

（3）启示

执行元件的运动速度取决于进入执行元件的流量，因此出现这类故障首先要判断流量减少的原因。它既可能是液压泵流量不足或完全没有流量；也可能是系统泄漏过多，进入执行元件的流量不足；还可能是溢流阀压力调整过低，克服不了工作机构的负载阻力等。

14.2.2 轮船液压系统压力故障诊断排除

（1）故障现象

某轮船在开舱作业时，舱口盖液压系统压力逐渐下降，由原来的 12MPa 降至 8MPa 就不再恢复，再也调不上去。

（2）原因分析及排除

由于该系统使用时间较长，起初估计可能是液压泵（齿轮泵）长期使用磨损严重导致内漏泄量加大引起。拆检齿轮泵，发现齿轮磨损程度并不严重，轴向和径向间隙稍有增大，重新调整间隙装复后试车，故障依旧。但试车发现，系统原来在 12MPa 下运转压力平稳，现在 8MPa 下压力也仍平稳，在压力变换中，系统没有发现明显破坏现象。据此分析认为，既然压力变换前后都平稳，系统也未发现明显破坏现象，那么可以推断该故障可能发生在溢流阀处，因为溢流阀的工作性能是容易受到其他因素影响而发生变化的。拆卸溢流阀检查发现阀座处有污物，密封不良。清洗阀座后予以装复，系统压力恢复正常。

（3）启示

上述故障是由于油中污物偶然停留于阀座处，破坏了该处的密封而使系统压力下降。污物清除后该处密封作用恢复正常，所以系统压力也恢复了正常。对于此种故障，如果污物偶尔被冲走，系统也可自行恢复压力正常，但一旦污物再在此处停留，则又会造成压力低落。因此应净化油液或更换油液，以防后患。

14.2.3 轮船液压系统噪声和振动故障诊断排除

（1）故障现象

某轮船起货机液压系统，工作时会出现啸叫声。

（2）原因分析及排除

仔细检查发现，系统压力在 4.5～6.5MPa 时有此噪声，且随着压力的增大而增大，当压力升到 6.5MPa 时系统产生连续的啸叫声。此外发现啸叫声发生在液压泵出口管路的先导式溢流阀上，而泵和其他阀上均无此声音。故认为啸叫声与该溢流阀有关。解体该阀发现，主阀阀芯上阻尼孔过大。更换阀芯后，啸叫声消除。

（3）启示

先导式溢流阀主阀阀芯上的阻尼孔过大，主阀阀芯下面的压力油通过阀芯上的阻尼孔，再作用于导阀上的锥阀阀芯时，液压油的压力脉动极易与锥阀阀芯-调压弹簧构成的质量弹簧系统产生共振，使溢流阀振动产生噪声。阻尼孔变小后，压力油经过阻尼孔再作用于先导锥阀，由于压力油通过阻尼小孔后压力达到平衡，就不再与先导锥阀发生共振，锥阀不再振动，啸叫声随即消失。

14.2.4　EXC100-1B 型水文巡测车液压支撑缓慢下滑故障诊断排除

(1) 功能原理

EXC100-1B 型水文巡测车是一种水文巡测设备，图 14-14（a）所示是其改进前支撑系统液压原理，要求支撑液压缸 4 在测流过程中伸出，将车体支撑起来减少右前轮负荷，承载较长时间锁紧定位。

(2) 故障现象

在使用过程中，支撑液压缸多次出现高位锁不定，缓缓下滑的现象。

(3) 原因分析

造成支撑液压缸缓缓下滑的主要原因如下。

① O 型中位机能的三位四通电磁换向阀 1 不起锁定作用，阀芯在锁紧状态下不能完全复位，出现泄漏。

② 支撑液压缸本身有内泄漏。

如图 14-14（a）所示，假设三位四通电磁换向阀复位正常，检查支撑液压缸 4 是否存在内泄漏，使三位四通电磁换向阀切换至左位，压力油进入支撑液压缸的无杆腔，活塞杆直接推动将汽车支起，打开液压缸有杆腔回油孔，使阀 1 左位连续工作 1min，看是否有油液持续溢出，如果油液持续溢出，断定液压缸内泄，并根据溢出油液的速度判断内泄严重程度，溢出越快内泄越严重，反之内泄越轻微。若未出现以上情况，则故障原因是三位四通电磁换向阀存在问题，需更换新阀（或设计完全可靠的油路）。

(4) 解决方法及效果

① 更换新的活塞密封圈。

② 在原油路基础上增加一个双向液压锁 5 ［图 14-14（b）］，当支撑液压缸 3 活塞杆全部伸出，而三位四通电磁换向阀 1 处于中位时，双向液压锁 5 关闭，液压缸两腔的介质体积不会发生变化，不能产生油液流动，活塞杆的位置能在较长时间内稳定，完全满足使用要求。

但需要注意的是，作为升级改造后的液压系统，如果液压缸活塞内泄失效后要继续使用，则液压缸工作压力不能过低。

液压缸额定工作压力确定方法如下。如图 14-15 所示，$p_1 = p_2 =$

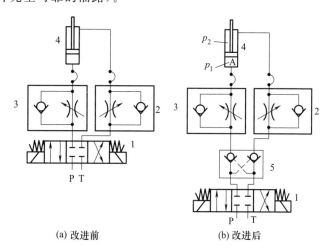

(a) 改进前　　　　　　(b) 改进后

图 14-14　水文巡测车支撑系统液压原理
1—三位四通电磁换向阀；2,3—单向节流阀；
4—支撑液压缸；5—双向液压锁

G/A_0（A_0 为活塞杆面积）。失效液压缸在该油路锁定状态下，活塞液压缸实际上成为一柱塞缸，在理想状态下（活塞无内泄），忽略背压（即 $p_{o2} = 0$），有 $p_{o1} = G/A$（A 为活塞有效面积）。因为 $A > A_0$，所以 $p_{o1} < p_1$，$p_{o1}/p_1 = A_0/A$，额定压力 $p_{o1} \geq (A_0/A)p_1$，即只要额定压力满足 $p_{o1} \geq (A_0/A)p_1$ 时，即使活塞失效，该系统也可以完全可靠地使用。

改进后的液压系统，大大提高了水文巡测车液压系统的可靠性和稳定性，且较以往通过更换液压缸活塞密封圈或更换三位四通电磁换向阀，节省了维护时间并降低了成本。

(5) 启示

为了保证液压支撑高位锁定的可靠性，液压支撑系统的三位四通电磁换向阀采用 Y 型

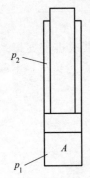

图 14-15　液压缸

中位机能更佳，这样可以在锁定期间将双向液压锁 5 的控制压力能泄掉，保证液压锁中阀芯的严密关闭。

14.2.5　波浪补偿起重机液压系统故障诊断排除

　　波浪补偿起重机原理样机是在折臂式起重机基础上，加装一套主动式波浪补偿系统改进而成的。该机是利用起重机式吊杆加油装置原有的绞车作为主起升动力，起重索在补偿液压缸驱动的两组动滑轮上缠绕后，再经过一个定滑轮来起吊重物。波浪补偿的目的是通过保持相对平稳的着船速度，减小货物着船的冲击加速度，使货物能平稳地下放到接收船上。补给物资的着船速度与补给船、接收船的升沉速度无关。机器的液压原理如图 14-16 所示，它由主机液压系统和补偿液压系统两部分组成。

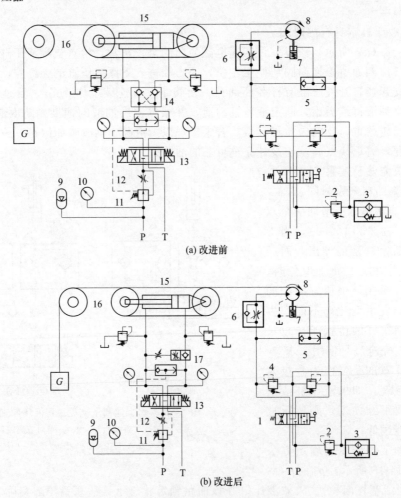

(a) 改进前

(b) 改进后

图 14-16　波浪补偿起重机液压原理

1—多路阀；2—主安全阀；3—过滤器；4—限压阀；5—梭阀；6—单向节流阀；7—制动缸；
8—绞车马达；9—蓄能器；10—压力表；11—减压阀；12—节流阀；13—电磁比例阀；
14—双向液压锁；15—补偿液压缸；16—滑轮组；17—平衡阀

　　主机工作时，操作多路阀的手柄，压力油经过梭阀使制动缸缩回，打开锁紧装置，同时压力油驱动绞车马达 8，绞车开始起吊或放下货物。进行波浪补偿时，先由激光传感器测得两船的相对运动参数和货物下降运动参数，然后利用有线传输方式将信号传给波浪补偿控制器，波浪补偿控制器根据控制算法计算出控制参数，控制电磁比例阀 13 的动作，改变液压系统油流的方向和速度，从而控制补偿液压缸 15 的伸缩，最终达到对起重索进行收放控制，实现波浪补偿的功能。其中蓄能器 9 起消振作用，减压阀 11 用于稳定电磁比例阀 13 两端的压力差，限压阀 4 保护缸 15 或绞车马达 8 承受过大载荷时不被损坏。

14.2.5.1　起重索下行抖动

(1) 原因分析

在系统现场调试时，未加负载时比较正常。加载后，起重索上升时运行平稳，但在下降过程中整机产生抖动现象，且载荷越重，抖动越明显。

经检查，系统的液压泵、电磁比例阀、溢流阀和减压阀等均无异常，双向液压锁开启频繁。经压力检测发现，起重索下降时，电磁比例阀出油口压力表指针摆动严重，幅度较大，其摆动规律与双向液压锁的启闭规律极为近似。分析得知，下降时，负载运动方向与液压缸活塞杆缩回方向一致，液压缸活塞杆快速下降时，有杆腔供油不足产生真空，发生液压缸"失速"现象。"失速"导致有杆腔的压力快速下降，当有杆腔的压力低于液压锁的开启压力 $0.14 \sim 0.20 \mathrm{MPa}$ 时，无杆腔双向液压锁控制油路的压力会迅速下降而使其迅速关闭。闭锁后，无杆腔无法排油，液压缸活塞杆停止缩回。系统继续向有杆腔供油使有杆腔油路升压，直到油路压力升至液压锁的开启压力后，再次打开无杆腔液控单向阀，液压缸活塞杆再次回收，这样无杆腔液控单向阀会时开时闭，造成活塞杆回收运动时断时续，产生抖动。

(2) 改进措施

为解决液压缸"失速"问题，起初在无杆腔油路上设置了一单向节流阀，以增加该油路背压，保证双向液压锁的正常工作。但实际试验后发现，调节单向节流阀到一定开口后，电磁比例阀 13 的调节范围有很大限制。电磁比例阀开口全开时，液压缸活塞杆速度仍然达不到预期最大值；开口太小时，起重索仍然会出现抖动。由于波浪补偿控制对补偿精度有一定要求，在高、低速不能兼顾的情况下，该措施无法满足要求。

后经进一步分析，将回路中的双向液压锁 14 改为 FD 型平衡阀 17 [图 14-16 (b)] 可以满足要求。FD 型平衡阀可以在有杆腔压力降低时，自动控制无杆腔油路的通流面积，保证阀启闭过程中节流开口面积变化缓慢，从而使液压缸活塞杆伸缩平稳，达到使用要求。该结构不仅具有液压锁的锁紧功能，同时还具有平衡液压缸两腔压力和流量的功能，防止液压缸"失速"。经试验后表明，使用效果良好。

14.2.5.2　补偿液压系统发热严重

(1) 原因分析

补偿系统液压站开启一段时间后，无论补偿液压缸工作与否，油温均很快升到 70℃，不得不停机，等待系统自然冷却，严重影响了试验进度。同时，油温过高直接导致以下问题：橡胶密封件变形，提前老化失效，缩短使用寿命，丧失密封性能，造成泄漏，泄漏又会进一步造成部件发热，产生温升，试验时，补偿系统液压站出油口出现喷油，拆卸检查后发现，该处密封圈严重老化变形，更换后，喷油现象消失；加速油液氧化变质，并析出沥青质，缩短液压油使用寿命，析出物质堵塞阻尼小孔和缝隙式阀口，导致压力阀调压失灵、流量阀流量不稳定和方向阀卡死不换向等故障；系统压力降低，油中溶解的空气逸出，产生气穴，致使液压系统工作性能降低，在电磁比例阀开口由极小慢慢变大时，偶尔出现刺耳的啸叫声。

(2) 改进措施

在补偿液压系统中，电磁比例阀 13 为 Y 型中位机能 [图 14-16 (a)]，中位时系统处于保压状态，此时液压泵通过溢流阀高压溢流。试验时，由于经常需要调试控制程序，此时液压系统不动作，而液压泵一直连续地向系统充压，高压溢流损失转换成了系统热量，使油温很快达到 70℃。针对高压溢流现象，用 H 型中位机能电磁比例阀 [图 14-16（b）] 替换了该 Y 型中位机能电磁比例阀，使其在中位不动作时液压泵低压卸荷，减少了溢流损失。同时在回油管路上加装了冷却器（因装在油源部分，图中未画出），以保证压力油在进入油箱前充分冷却。改进后，工作时油温处于正常范围内，以上故障基本排除。

14.2.5.3 绞车起重无力

(1) 原因分析

在起重机改装后，绞车能够正常起吊和下放 500kg 以下的重物，但是 500kg 以上的无法起吊。

(2) 解决措施

针对绞车起重无力问题，首先考虑到系统压力的影响。经检查，各油路及元器件均无明显漏油现象；分别调高主安全阀和限压阀的设定压力，调高后压力由 10MPa 上升到 13MPa后，无法继续调高，仍然无法起吊 1000kg 的货物。马达驱动的绞车有过载保护装置，该装置在负载达到 1.2 倍设定力时，制动器的摩擦片打滑，绞车实行自动放索。松开绞车侧端调整螺钉的锁紧螺母，适当拧紧调整螺钉后，试机后仍无法达到要求。排除所有可能的调整不当因素外，分析可能为元器件故障。按照容易出现问题的程度，由易到难，依次拆卸了主安全阀、限压阀，未发现明显故障；替换了液压马达，问题依然存在；最后考虑到高压直接向低压泄漏的可能性，拆卸了梭阀后发现，梭阀锥形密封面受到管接头的干涉翘曲变形，阀芯无法紧贴密封面，绞车上升时，部分高压油直接经过梭阀流向低压管路，从而导致绞车液压系统压力上不去，难以起重较重货物。经修整密封面后，绞车可以正常起吊 1000kg 货物。

改进后的液压系统基本稳定，控制性能较好，符合在一般海况下波浪补偿使用需求。波浪补偿起重机原理样机是机械、液压、电气以及计算机技术的综合体，排除故障时，必须认真研究液压系统原理，结合液压技术和相关经验，对引起故障的因素逐一进行分析，找出主要矛盾，本着"先易后难""先洗后修""先外后内"的原则，才能准确快速地找到故障原因并对其进行改进。

14.2.6 船用绞缆（锚）机液压马达壳体破裂故障诊断排除

(1) 功能结构

船用液压马达系统具有结构简单、低速性能良好、抗冲击、工作可靠等特点，被广泛用于船舶的绞缆（锚）机上。某港口轮驳公司 3088kW 大马力拖轮的液压绞缆机上采用 MRH-750 型径向柱塞式液压马达，用于拖轮助泊作业。

(2) 故障现象

液压绞缆机采用 MRH-750 型液压马达在拖轮助泊作业过程中，马达壳体先后破裂 5次，主要有以下 3 种情况。

① 放缆过程。大马力拖轮在助泊作业过程中，采用的是顶推联合作业。在助泊过程中，主缆始终系在被助泊的大轮上。顶推时，主缆回收；拖离时，拖轮倒车，绞缆机放缆，放到一定长度时，开始拖离作业。这样，每次助泊作业过程中，绞缆机平均需 10 次左右收、放缆作业。如需从顶推紧急换成拖离时，拖轮迅速倒车，绞缆机快速放缆，当拖轮倒车航速高于绞缆机放缆速度时，绞缆机液压马达出现壳体破裂。

② 刹车打滑。拖轮在拖离作业时，放出拖缆，绞缆机处于刹车状态，在风浪较大时，因风浪影响，主缆受到船体晃动的冲击力或作顶推时拖缆系在大轮上放出的缓冲长度小于浪高，在波谷时拖缆受船体重量的影响，使缆绳受力大于刹车力，绞缆机刹车打滑，造成液压马达壳体破裂。

③ 刹车失灵。采用液压刹车的绞缆机，当在拖离作业时，刹车系统故障或液压泵突然停泵，刹车不能自锁而失灵，使主缆的作用力直接作用在马达上，造成马达壳体破裂。

从 5 次液压马达壳体破损现象看，破裂的部位和形状有一定的规律。

① 从壳体破裂所分布的缸号来看，3 次出现在第Ⅳ缸（图 14-17），2 次出现在第Ⅰ缸。如以绞缆机放缆为基准，液压马达为 B 管进油，A 管排油时，不管是在放缆过程中还是刹车打滑和刹车失灵后出现的壳体破裂，都在第Ⅳ缸；如 A、B 管相反，则壳体破裂在第Ⅰ缸。

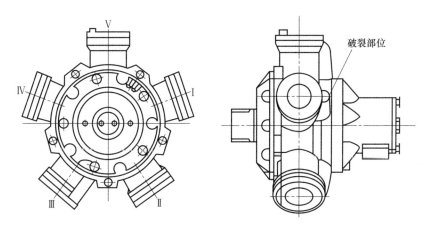

图 14-17　液压马达破裂部位示意

② 从壳体破裂的形状看，5 次破裂形状相同，裂纹都出现在缸体油道进口处，以油道进口处为中心向外分布，只是裂纹的长度和数量不同。

液压马达破裂后，经拆检，除壳体裂纹外，缸盖、活塞件及传动件都正常。系统中的管系、安全阀、操纵阀有轻微异常，其他正常，只要更换马达的壳体，系统即恢复正常。

(3) 原因分析

从液压马达壳体破裂情况分析，都存在外力大于马达输出力，使马达出现泵工况。综合壳体破裂的现象分析，主要原因如下。

① 在放缆过程中，拖轮倒车航速高于绞缆机放缆速度，绞缆机外力大于马达输出力，使马达处于泵工况，对应所需吸收流量为 110～140L/min。而液压泵输出流量不够，使系统出现真空状态，系统液压油会分离释放空气形成气穴，导致出现气液两相流。因放缆时，通常 B 管进油，A 管排油，马达各缸工作顺序为Ⅰ-Ⅱ-Ⅲ-Ⅳ-Ⅴ循环，这样会使系统中处于最高位置的第Ⅳ缸最先出现气液两相流，在第 4 缸活塞下行时，缸内油道进口处出现大气穴，循环到活塞上行时，气穴迅速破裂爆炸，产生高压，造成马达缸体以油道进口处为中心的裂纹。如 A、B 管接入相反，则破裂出现在马达的第Ⅰ缸上，成因相同。但可排除马达超速的可能，因该液压马达的转速范围为 1～400r/min，对应马达在 400r/min 时，放缆速度为 150m/min，航速要高于 6 节。而拖轮在带缆倒车时（主机转速为 400～450r/min），难以达到这一速度，所以完全可排除超速损坏的可能性。

② 刹车打滑和失灵时，液压马达壳体破裂，主要出现在没有补液的液压系统中。绞缆机刹车时，操纵阀联锁关闭，系统不向马达供油，当刹车打滑时，主缆滑出，带动马达向放缆方向转动成泵工况，A 管排油经安全阀通过 B 管进油。通常液压马达的容积效率为 90%～95%，在循环过程中，有近 10% 的液压油进入马达低压油腔，经低压管系排回油箱，使系统油量不断减少，产生真空。同样，在相对位置最高的第Ⅳ缸最先出现气液两相流，造

成马达壳体破裂。如 A、B 管接入相反，则破裂出现在第 I 缸。

（4）预防措施与效果

从造成液压马达壳体破裂事故的原因来看，是由于液压马达处于泵工况时，造成系统真空所引起的。要防止液压马达壳体破裂，必须防止系统真空的出现，主要措施如下。

① 在作业时，要防止拖轮高速倒车，使拖轮的倒车航速与绞缆机的放缆速度相同；在大风浪顶推作业时，要根据浪高，在甲板上放出相应长度的缓冲缆，防止在波谷时，拖轮的船体重力作用在主缆上，造成刹车打滑；在拖离时，适当放长拖缆，长度应在 70m 以上，防止受风浪影响，主缆受冲击力大于刹车力，造成刹车打滑。必要时主缆在缆桩上挽一道或人工脱开离合器。

② 在设计绞缆机液压系统时，应充分考虑到实际作业中对快速放缆的需要。从马达本身性能和绞缆机装船尺寸来看，放缆速度可达到 150m/min，可以满足紧急放缆的要求。关键是液压泵的输出流量，在设计时要保证马达全速时的供油，选用变量泵，最大流量在 150L/min 左右；要增加能快速单向补油的补油系统，补油管要接到马达放缆时的进油管上，补油量要大于马达最大可能的泵油量，防止马达出现泵工况而使系统出现真空；安全阀的安装位置尽量靠近马达；绞缆机的离合器能遥控方便地离合，使放缆时，在控制台操纵离合器脱开，可以自由放缆，马达不受影响；刹车时，脱开离合器，即使刹车打滑，马达也不受外力影响，或采用单向输出离合器，防止外力反输到马达上；刹车系统采用弹簧液压刹车，即使遇刹车系统故障或液压泵突然停泵，刹车能自锁。

上述措施已得到国内外有关绞缆机制造厂商的认同并在新订购的绞缆机上进行了相应改进和推广应用，取得了良好的效果，有效地防止了此类事故的发生。

14.2.7　船用起锚机锚链绞车液压系统发热故障诊断排除

（1）系统原理

船用起锚机锚链绞车（图 14-18）用于放缆时的紧缆作业，其主要工作部件为液压缸驱动的压紧装置和液压马达驱动的卷筒。前者的液压缸沿导向杆驱动滑座压紧卷筒，对卷筒起

图 14-18　船用起锚机锚链绞车

支撑和压紧作用，以防卷筒运转时掉落；后者的液压马达通过开式齿轮传动机构将动力传递到卷筒主轴上，为主轴上的卷筒放缆提供一个反向扭矩。

图 14-19 所示为某船用锚链绞车的液压原理，系统采用单向手动变量泵 2 供油，其最高压力由直动式溢流阀 8 设定，以保证系统安全。压紧装置液压缸 20 由三位四通手动换向阀控制，锁紧由液压锁 19 完成，节流阀 11 用于缸的调速；卷筒的液压马达 17 由定差溢流型比例方向流量阀换向（收缆和放缆）及调速，单向顺序阀组 13 用于马达的双向制动限速，溢流阀 14 和 15 用于设定缆绳张力的双向调节。

（2）故障现象

系统运转时液压泵站的温度过高。

（3）原因分析及排除

该系统属于手动调节型容积节流调速系统。系统工作时，一直处于高压状态，即始终有压力油液经阀组 12 中的定差溢流阀溢流，而绞车一般全天候使用，因无卸荷措施，故即使绞车不运转，而电动机带动液压泵长时间运转也会引起油温升高。所以只有在绞车不工作时

关停电动机，或在系统安装冷却器，才能解决发热故障。

（4）启示

对于间歇型液压设备，应考虑卸荷措施，以免等待期间高压溢流而使系统发热，影响系统工作性能；对于开式循环的液压系统，若安装空间允许，应尽量使油箱容积足够大，以保证有足够的散热面积。本系统采用了双向液压锁 19 锁紧液压缸 20，以防卷筒运转时掉落。但为了保证锁紧的可靠性，O 型机能换向阀 18 应改为 H 或 Y 型，以便在锁紧期间，将液压锁的控制压力能泄掉。

14.2.8　船舶起锚机液压系统泵马达损伤故障诊断排除

（1）故障现象

某轮船在夏季台风来袭时，因业务需要而于港外抛下双锚以避风，当两天后台风离去而起锚时发现双锚锚链打结。经过 4h 的起锚作业很勉强将左锚回收，但右锚因机械故障无法拉起。

由于船期制约最后只好拖带右锚驶向目的地，请求陆上支援处理。经工厂仔细检查发现两台起锚机的主液压泵（三螺杆泵）轴承磨损及两台叶片式液压马达的叶片与油缸壁严重刮伤及部分断裂，使公司营运上重大不便和修理费用的大幅增加，造成重大损失。

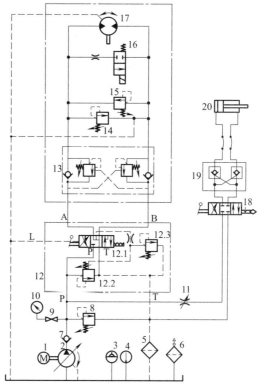

图 14-19　船用锚链绞车液压原理

1—电动机；2—变量泵；3—液位计；4—温度计；
5—回油过滤器；6—空气过滤器；7—单向阀；
8,14,15—溢流阀；9—压力表开关；10—压力表；
11—节流阀；12—手动比例方向阀组；13—单向顺序阀组；
16—二位换向阀；17—双向定量马达；18—三位四通
手动换向阀；19—双向液压锁；20—液压缸

（2）原因分析及排除

该船液压系统为挪威生产制造，基于寒带使用进行设计，故冷却器容量很小。该轮船通常于起落锚及进出港线缆约 30～45min 完成，因而液压油温度并未明显上升，日久致使轮机操作者疏忽而忘开启冷却海水泵。这一关键性动作颇为重要，尤其是在起锚、进港、靠码头时，锚机除了要起锚外还要用于码头作业绞缆，温度上升是必然现象。因此海水冷却系统必须开启以冷却液压系统。

经请示先由船方轮机操作者自行处理，发现系统液压油稍减少，经补充液压油并清洁过滤器，发现液压油温高达 70℃，偏高但短期使用尚不致有重大危害，经反复多次测试发现，启动及暖机时一切正常，但当吊升出力达 3MPa 时液压泵声响异常，吊升时液压马达出力不足且声响异常。

此外，进行以下维护与检查：清洁过滤器，补充液压油；拆卸液压马达控制把手，确定内部一切动作正常；拆卸液压马达压力调整阀，确定内部及弹簧一切动作正常。

经反复测试确定两台液压泵及两台液压马达均故障严重，请求公司有关部门支援，提出的解决方案是：将两台锚机液压泵及液压马达依序分两次拆下送厂检修，待修妥并试妥后再拆另一组。如此尽管未造成营运业务上的任何船期损失，却造成维修经费的大幅增加。

14.2.9 集装箱空箱堆高机变速箱液压系统漏气故障诊断排除

图 14-20 变速箱实物照片

(1) 功能结构

空箱堆高机是集装箱堆场上起吊堆垛空集装箱的一种专用起重设备,它能将符合 ISO 标准的 20～40ft 长、9ft 6in 高的集装箱堆至 6 个箱高,或 8ft 6in 高的集装箱堆至 7 个箱高❶。

某公司进口的额定起重量为 9t 的系列堆高机所配置的变速箱(图 14-20),通过内部液压系统控制,具备自动动力换挡、油液过滤和冷却、适应前后瞬时迅速换挡、无液压冲击和滞后现象等技术性能。

(2) 故障现象

2010 年初,投产运行仅 3500h 的一台堆高机在码头生产作业期间出现一种特殊故障,其现象如下。

① 堆高机大车行驶过程中,偶然间出现不能前行或者后退。

② 技术人员将堆高机操纵手柄回零后熄灭发动机,等待 3min 左右后重新着机,堆高机前行和后退又完全正常,继续作业中不经意间上述故障又会再次发生,且突发的周期越来越短。

③ 上述故障频发期间,油尺显示变速箱内油液液面通常处于上下线之间的正常位置。但若继续加注变速箱油液,直至油液面超越油尺上线 2cm 并加强检查使油液面一直保持在此高度时,上述故障现象将不再出现。变速箱油液面长期处于超限位置,这不利于变速箱的散热效果,油液面回归正常位置上述故障又频发,这对港区的安全生产、生产效率、堆高机可靠性均产生了较为严重的影响,必须设法查清成因并予以根除。

(3) 原因分析

① 技术人员详细排查了变速箱外部机况以及与变速箱连接安装的所有机件,并未发现任何异常,于是将上述故障的成因锁定在了变速箱内部。

② 利用安装有变速箱专用管理程序的手提电脑连接机体上的变速箱控制电脑(ECM),逐项对变速箱齿轮传动比、变矩器输出速度、液压系统压力、挡毂间转速、变速箱输出速度及变速箱油温等参数进行标定,也未发现任何异常,于是又将上述故障成因缩小在了变速箱内部液压系统零部件上。

③ 依据以往的变速箱维修经验,在变速箱尚未拆解前,决定先抽取变速箱内油液进行例行检查。于是在启动发动机的状态下,拆掉变速箱油路控制阀气压口上螺塞,利用变速箱内液压系统残余压力(资料显示为 17～21bar❷)将变速箱内油液排至集油盘,此时异常情况出现,所排出的油液液面上存在大量气泡,在静置约 1h 后,油液中气泡全部消失。至此又将上述特殊故障的成因进一步缩小在液压系统组件的密封性上,密封不足造成空气进入变速箱液压系统。

结合前面所述的一旦油液面处于超线 2cm 故障即消失的特殊现象,技术人员认定密封性出现问题的液压组件是处于与油尺油液上线几乎等高的位置,该变速箱的拆解也因此势在必行。

在制定了可行、严谨的变速箱拆卸工艺方案,并认真清洁维修场地,准备充足的拆卸工具后,进行了拆解。

---

❶ 1ft=12in, 1in=0.0254m。

❷ 1bar=0.1MPa。

① 重点对变速箱液压系统各组件进行了详细检查，本着出现问题的液压组件是处于与油尺油液上线几乎等高位置的判断依据，发现变速箱内部此位置上是液压泵吸油管的水平段，吸油管材质为钢质，因空间狭小，技术人员置入检视镜片，顺着吸油管外围逐步检查，终于在吸油管与液压泵进油口处的椭圆形法兰盘焊缝上发现异常裂纹（图 14-21）。

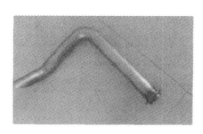

图 14-21　焊缝裂纹　　　　图 14-22　吸油管及支撑装置

结合变速箱工作机理及前述的各故障现象，认定此裂纹正是上述特殊故障的成因所在。因此裂纹的出现，致使变速箱液压泵吸油时，若变速箱内油液液面低于裂纹所在位置时（此时变速箱油尺显示油液量正常），通过变速箱透气孔进入的空气便会被液压泵吸入液压系统，影响液压系统正常驱动齿轮啮合，无法行车的故障便随之出现。

② 对变速箱内部的各部位密封组件、摩擦片、止推垫片、轴承等零部件进行详细的检查和磨损量检测的结果显示这些部件均正常，且有关部件磨损量均在允许范围内。

③ 对该裂纹成因进一步分析，认为有如下几个因素：椭圆形法兰盘与吸油管之间的焊接安装工艺存在缺陷，吸油管壁厚仅 2mm，穿过法兰盘中孔后直接焊接，焊接电流的控制或焊材的选择不当等极易留下吸油管穿孔、应力集中等缺陷。

吸油管通体只是靠下端的椭圆形法兰盘固定，在吸油过程中的液压冲击、液压泵运作和堆高机作业都极易致使吸油管产生振动现象，加剧焊缝开裂。

（4）改进方案与实施效果

① 通过观察裂纹具体位置，认为该裂纹已有效释放掉了原焊接过程中所产生的应力，保持目前法兰盘与吸油管整体无内应力的自由状况，只要控制好焊接电流、选择合适焊材在原焊缝外围实施补焊，可完全保证焊缝质量，同时避免了重新加工吸油管与法兰盘总成，也会有效缩短变速箱维修时间。

② 在吸油管腰部合理位置增加一道简易支撑装置，来减缓吸油管的振动，有效保护焊缝。重点在于简易支撑装置位置需选择合理，不得干涉变速箱内部其他组件正常运作，且支撑装置体积需尽量小，支撑装置刚性尽量大。

在对吸油管与法兰盘之间焊缝进行补焊后，在变速箱内部吸油管的安装中增加了简易支撑装置（图 14-22），最后完成变速箱有关密封修理包的更换及变速箱在堆高机上的组装，恢复了堆高机出勤。还用上述方法对同系列的另一台堆高机变速箱出现的相同故障，实施了同方案整改，使用至今，再未出现这种特殊故障。

14.3　武器装备液压系统故障诊断排除

14.3.1　火炮液压调平系统故障树

（1）功能结构

某火炮主要以精度保证其作战效能，其调平系统采用的是一套液压调平装置，结构复杂、精度高。设置了自动调平和手动调平两种功能。液压调平系统主要由调平动力装置、液

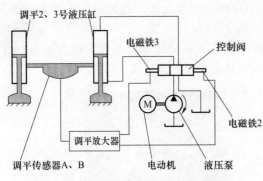

图 14-23　火炮液压调平系统原理简图

压伺服装置、调平控制电气装置、液压管路等组成。火炮液压调平系统原理简图如图 14-23 所示。

手动调平与自动调平主要是动力来源不同，自动调平工作原理如下。该装备在战斗状态时炮脚以三点支撑，调平时以 1 号炮脚作为基准，不受电液调平系统控制，而 2、3 号炮脚分别由功能完全相同的两路电液调平系统控制它们的升降。图 14-23 仅表示 2 号炮脚的控制。装有调平传感器 A（检测 2 号炮脚）、B（检测 3 号炮脚）的测量头安装在炮车内部，当火炮不水平时，调平传感器经电桥输出一误差电压，该电压经交流放大、相敏整流后导通或截止功率放大器，使控制阀上相应的电磁铁 3 吸引或推开控制阀的滑阀，打开液压控制阀相应的"升"或"降"的油口，使 2 号炮脚（3 号炮脚）液压缸的活塞杆伸缩，使火炮逐渐趋于水平，误差电压逐渐减小，直到火炮达到水平状态。

(2) 故障现象

液压调平系统常见的几种功能性故障有液压伺服机构通电后系统不建压，手动调平无动作，自动调平不动作，自动调平通电后反应迟钝；自动调平精度超差大，自动调平出现炮床抖动或自激振荡等。此处仅以自动调平伺服机构通电后系统不动作故障为例，来说明其故障树的建立方法。

(3) "自动调平伺服机构通电后系统不动作"故障树的建立

如第 1 章所述，系统故障树是一种特殊的逻辑关系图。它将引起系统出现故障的不安全因素（包括人为因素与环境因素），用逻辑门与系统故障连成树状结构图，用以模拟或计算系统的故障模式、故障概率，以及各部件或环节对系统故障的影响程度。而调平系统故障分析和故障判断针对在调平操作过程中发生的各种故障建立故障树，其目的是从系统层次上对各种可能的故障进行预测分析，在故障发生后，能及时查明故障原因，同时加深对系统的了解。

构建系统故障树首先要定义清楚问题的边界条件，明确限定的故障树范围，并进行一定的假设。此处调平系统的边界以系统液压油路和控制电路所连接部件为对象；去掉指示控制、遥测插座以及其他与外界的连接件。假设管路正常，不出现断裂、堵塞等故障，也未出现未加注油液等致命性操作失误。选择自动调平系统通电后不动作为分析目标，即作为顶事件，以演绎法建立故障树。将已确定的顶事件写在顶部矩形框内，将引起顶事件的全部必要而又充分的直接原因事件，置于相应事件符号中画出第二排，再根据实际系统中它们的逻辑关系，用适当的逻辑门连接顶事件和这些直接原因事件。如此遵循故障树规则逐级向下发展，直到所有最低一排的因事件都是底事件为止。其故障树如图 14-24 所示，故障事件列于表 14-2 中。

确定顶事件后，首先找出直接导致顶事件发生的各种可能因素或因素的组合即中间事件。在顶事件和中间事件之间，根据故障逻辑关系，相应地画上逻辑门。然后，再对中间事件进行类似分析，找出其发生的直接原因，逐次下去，最终到不能分解的基本事件为止。

接下来就以给定的系统故障为对象，寻找导致系统故障的全体失效模式（故障树的全体最小割集）。由基本事件的失效概率预测系统故障概率（顶事件发生概率），以及分析各基本

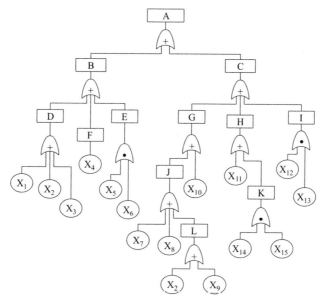

图 14-24　自动调平系统不动作故障树

事件的失效对系统故障的影响程度，即结构重要度。

通过对液压调平系统进行全面的建树分析，可以找出系统的薄弱环节，同时也为部队维修人员提供一个排除系统故障的直观参考，在实际应用中取得了良好效果。

表 14-2　自动调平系统不动作故障树事件

事件代号	事件名称	事件代号	事件名称	事件代号	事件名称
A	自动调平系统不动作	J	液压泵未供油	X_7	液压泵气蚀
B	调平电路故障	K	控制阀线圈故障	X_8	液压泵反转
C	液压油路故障	L	液压泵电动机 MS 不工作	X_9	电动机 MS 故障
D	控制电路无工作电压	X_1	线路断路	X_{10}	管路泄漏严重
E	放大器无输入信号	X_2	K28 故障	X_{11}	控制阀阀芯卡死
F	放大器无输出	X_3	K21 故障	X_{12}	2 号调平液压缸卡死
G	系统未建压	X_4	调平放大器组合故障	X_{13}	3 号调平液压缸卡死
H	控制阀故障	X_5	调平传感器 B 失效	X_{14}	电磁铁 2 故障
I	调平液压缸故障	X_6	调平传感器 A 失效	X_{15}	电磁铁 3 故障

14.3.2　液压工作平台泄漏故障诊断排除

（1）功能结构

液压工作平台的主要作用是为安装在此平台上的仪器设备提供一个所需的工作环境，特别是对工作平台水平度的要求比较高。在非工作时工作平台处于收起状态，在工作前要展开工作平台将其调平，调平工作采用液压传动。某液压工作平台为一方行的平台，在四个角上分别安装四个支腿液压缸，用于支撑和调平。平台工作载荷很大，并要求长时间保持特定的水平度。

（2）故障现象

液压系统泄漏问题一直影响设备的性能。

（3）原因分析

引起液压回路泄漏的原因是多方面的，主要包括阀的表面几何精度不够；铸造的零件有砂眼、气孔、裂缝；密封件老化或损坏；相对运动表面严重磨损；油管接头松动；液压缸漏油，原因有密封件选型结构不合理，沟槽加工尺寸、加工精度及安装不合理，或密封圈长期使用产生疲劳变形或老化等。

目前设备上减小泄漏采用的方法是在每一个支腿液压缸附近增设一个双向液压锁（图14-25），将每个支腿液压缸上下两腔的油液封死，最大限度地减少泄漏造成的影响，从而保证工作平台长时间保持特定水平度。但是在实际工作中时常还是会出现因泄漏影响平台性能的现象，主要是由于长时间工作液压油会含杂质，往往会使双向液压锁阀芯密封不严，会产生正反两腔的油液封闭不严，在载荷的作用下使液压缸下沉；再者液压缸密封元件的老化、磨损、变形等原因，同样会产生内、外泄漏，影响平台的正常使用。

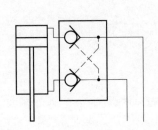

图 14-25　支腿缸的双向液压锁

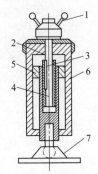

图 14-26　液压螺旋支腿液压缸结构
1—手柄；2—旋杆；3—键；4—螺旋筒；
5—活塞杆组合；6—缸体；7—支座

（4）改进方案

要想工作平台长时间保持特定的水平度，只要四个支腿液压缸长时间定位即可。故通过改进支腿液压缸的结构来实现其长时间定位的问题。在原来支腿液压缸的基础上，在活塞杆内部增设螺旋套筒定位结构（图14-26），旋杆2通过键与螺旋筒4连接，旋杆2可带动螺旋筒4旋转。螺旋筒4与活塞杆组合5螺纹连接，螺旋筒4转动可在活塞杆组合5内上下移动。活塞杆组合5通过球头轴与支座7连接，适应不同的地面状况。当液压缸大腔供油、小腔排油时，使活塞杆伸出，平台调平好后，顺时针旋动手柄1使旋杆2旋动，通过键3带动螺旋筒4在活塞杆筒内转动，通过螺纹传动，使螺旋筒4向上移动，定在上缸头上。此时无论液压油路怎样泄漏，由螺旋筒4顶住负载，使支腿不会下降，这样就确保了工作平台长时间保持特定的水平度的要求。回收支腿液压缸时，首先必须逆时针旋动手柄1，使螺旋筒4向下移动回到原位，才能反向供油，使支腿液压缸缩回。

下篇

第**15**章
待诊断排除液压故障典型案例

15.1 液压泵及液压泵站待排除故障案例

案例 15-1 以齿轮泵或叶片泵为油源的低压液压系统在使用一段时间后会出现如下故障：不排油或无压力；噪声增大；液压缸及液压马达快速运动（快进）速度达不到设计值和新设备的规定值；负载时工作（工进）速度随负载的增大显著降低。待寻求故障原因及对策。

图 15-1 崩碎的叶片泵转子

案例 15-2 某液压系统采用双作用叶片泵供油，每当停泵 3～4h 后再开泵时，必须向泵出口注油，才能实现吸油。待寻求故障原因及对策。

案例 15-3 新叶片泵装上后系统运转时噪声极大，过一段时间转子就崩碎了（图 15-1），待寻求故障原因及对策。

案例 15-4 丹尼逊叶片泵工作时，叶片不能自叶片槽甩出，待寻求故障原因及对策。

案例 15-5 用了多年的高压泵其高压橡胶管（图 15-2）里偶尔有间断的刺耳异响（"嗞嗞"声），曾怀疑吸入空气所致，但把吸油口的连接螺栓紧固了一遍 并更换了泵上的测压接头，仍有这种声音，待寻求故障原因及对策。

图 15-2 高压泵及高压橡胶管

图 15-3 有剧烈声响的液压泵

案例 15-6 图 15-3 所示液压泵工作时有剧烈声响，待寻求故障原因及对策。

案例 15-7 斜盘式变量柱塞泵的斜盘起始位置是处于排量最大位置还是排量最小位置？

案例 15-8　结构类型相同但不同排量的液压泵哪个自吸能力更强？

案例 15-9　某轧钢机液压系统的液压泵在油箱外的吸油管路装有过滤器，工作中泵的工作压力突然由最高值降至零且伴有强烈声响，待寻求故障原因及对策。

案例 15-10　液压泵的驱动电机经常过载，待寻求故障原因及对策。

案例 15-11　某平面磨床工作台液压系统采用新更换的齿轮泵供油，工作中工作台移动速度很慢且工作压力很低（主机不工作时压力可以达到 1.8MPa，工作台移动时压力马上就没有了），待寻求故障原因及对策。

案例 15-12　单向变量斜盘式柱塞泵在工作时，建立不起压力，为此改变电机接线使电机反转，则可建立起压力，但下一次又需要反转才可以建立起压力，待寻求故障原因及对策。

案例 15-13　叶片泵供油的液压系统，设定的泵压力为 4MPa，在换向阀换向时，系统压力却上升到了 6.4MPa，压力表完好，待寻求故障原因及对策。

案例 15-14　某简单负载液压系统，采用恒压变量泵供油，泵出口并联一先导式溢流阀。在给泵设定压力时，一旦把溢流阀调到 14MPa，系统压力就出现较大振摆，超过 14MPa 无振摆，更换了泵上的调压装置，上述故障消失，待进一步寻求故障原因及对策。

案例 15-15　力士乐 PV7 变量叶片泵运转时噪声很大。

案例 15-16　调试过的 A4V 柱塞泵性能很好，但装入系统上开机后泵就出现异响且出油管振动很大，拆解泵发现滑靴和柱塞滚压包球处产生了松动，且柱塞和缸体孔有拉痕，待寻求故障原因及对策。

案例 15-17　液压系统新更换的组合泵（图 15-4）压力不足且噪声过大，待寻求故障原因及对策。

案例 15-18　一台四柱液压机采用柱塞泵供油，按加压按钮时，柱塞泵有异响，然后会发出"嘭"的一声响，待寻求故障原因及对策。

案例 15-19　某液压系统原来采用的定量叶片泵怀疑有内泄，故换了一台新泵，转向正确，吸油口向下，距油箱液面最多 100mm，排油口向上且有空气排出，但启动泵后发现无论如何也吸不上油来，注入油液也不行，油会流回油箱，拆解泵发现叶片并无卡滞，换回旧泵，立刻能吸、排油，待寻求故障原因及对策。

案例 15-20　图 15-5 所示的摆线齿轮泵工作时有压力，但声音很大且运转 2min 后泵壳表面就烫手，待寻求故障原因及对策。

图 15-4　新更换的组合泵

图 15-5　摆线齿轮泵

案例 15-21　图 15-6 所示为某测试台调试中液压泵站系统简图（所有元器件均为新的）。泵 1 是 Parker 公司的 PV 系列变量柱塞泵（附有压力补偿阀和比例控制阀，泵的输出靠这两个阀控制），其输出压力最高为 23.8MPa，流量最大为 69L/min。泵的吸、排油口均为软管连接，泵的吸油口管路通径为 25mm。系统高压管路通径为 20mm，回油管路通径为 25mm。油箱 15（约 340L）高架于泵 1 之上倒灌自吸，吸油口过滤器 16 的过滤精度为 100μm。工作介质为磷酸酯液压油。在系统调试中出现如下故障现象：泵 1 在零排量时，压力很稳定；但只要有一点排量，压力就会开始周期性地波动，且泵伴随有变量的声音，压力波动为 0.68～1.36MPa。待寻求故障原因及对策。

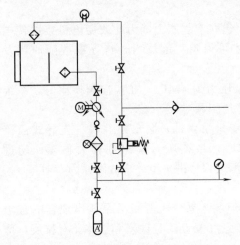

图 15-6 测试台液压泵站系统简图

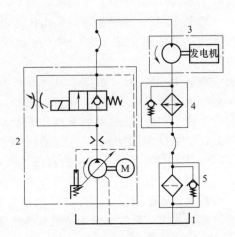

图 15-7 液压发电机系统简图
1—油箱；2—变量泵；3—定量马达；
4—冷却器；5—回油过滤器

案例 15-22 图 15-7 所示为进口的液压发电机系统简图，系统的油源为带流量传感器和开关阀的变量泵 2，执行元件为驱动发电机工作的定量马达 3。液压泵和液压马达之间用软管连接。变量泵的转速可自动控制，从而根据发电机的负载大小自动调节泵的斜盘角度，以实现流量的连续自动控制。当发电机空载时，泵的斜盘倾角处于 0°，泵产生的流量仅用于自润滑及自冲洗，因而泵的发动机卸荷工作。当泵中的电磁阀通电开启后，泵的压力油进入液压马达，发电机在设定的速度下按要求运转。冷却器 4 保护系统以免过热，回油过滤器 5 用于保持系统清洁。新机系统在现场调试时，出现了空载噪声大〔有啸叫声，大约在 90dB（A）〕，发电机带载后噪声明显降低的现象。在进行压力和流量调节时噪声无变化，改变发动机转速噪声也无变化，发电机工作一切正常。待寻求故障原因及对策。

案例 15-23 某液压泵站，压力调不到规定值，能听到类似漏气的声音。待寻求故障原因及对策。

案例 15-24 某液压系统的执行元件为摆动液压马达，向该马达供油的变量叶片泵在使用一段时间后压力不稳，待寻求故障原因及对策。

案例 15-25 某压路机液压系统行走部分的液压泵不能及时停车，有延迟现象，待寻求故障原因及对策。

案例 15-26 闭式液压系统用斜盘式变量柱塞泵供油，执行元件为液压马达，那么当泵的斜盘在 0°时，液压马达会转动吗？如果转动是不是马达有故障了？

15.2 液压马达及液压缸待排除故障案例

案例 15-27 锚机液压系统的双向液压马达（图 15-8）能够正常正转，但不能反转，将配油盘旋转 180°重装后可以反转但不能正转，更换了一个新的平衡阀后故障如故，检查密封圈并未破裂，待寻求故障原因及对策。

图 15-8　锚机液压系统的
双向液压马达

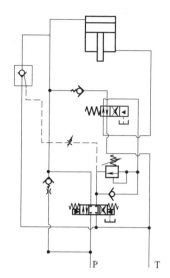

图 15-9　压力机液压系统简图

案例 15-28　某液压机使用两年后，在主缸下降时，其辅助液压缸的缸盖崩碎了，待寻求故障原因及对策。

案例 15-29　某液压挖掘机在运转中，发现斗杆收回后，斗杆缸无杆腔锁不住油致使斗杆总是往下掉，待寻求故障原因及对策。

案例 15-30　某进口液压设备的立置缸工作时其活塞杆上下运动，以往工作正常，但目前当活塞杆停于上方而液压泵停止供油时，活塞杆就会自行下落约 2mm。因活塞杆上方装有一个行程开关，故只要活塞杆落下来一点，活塞杆就会重新向上升，上升到位后一停就又会落下来，机器又会启动，周而复始一直不停，为此将换向阀、液压锁、流量调节器以及管路及作动筒都进行了更换，但上述故障如故，待寻求故障原因及对策。

案例 15-31　某机械手液压缸通过三位手动换向阀控制换向，当阀处于中位时，出现缸自动外伸的故障，待寻求故障原因及对策。

案例 15-32　行程大于 2m 的液压缸垂直向下做功，该缸可否采用单根导向杆进行导向？

案例 15-33　图 15-9 所示压力机液压系统在停机时，液压缸及其驱动的滑块运动至主机顶端，待几秒后会自动下滑，但开机时，滑块移至顶端，却不会下滑，待寻求故障原因及对策。

案例 15-34　某细长液压缸拉动负载时工作正常，但反向推动负载时，液压缸的活塞杆和工件拉杆都会出现翘起现象，待寻求故障原因及对策。

案例 15-35　某液压机在拉延工作中，下顶缸的压力突然升高（高出原设定值的几倍），此种现象每个班次偶尔有 1～2 次，待寻求故障原因及对策。

案例 15-36　图 15-10 所示为液压缸内部自带位移传感器的液压系统，用了一年多后，出现了液压缸每次回缩不到位现象（差 30～40mm）。为此，更换了一个新缸，上述现象消失。但用了大约一个月后又出现上述现象，且随着时间的推移，回缩不到底部的距离由 5～6mm 慢慢增加到约 40mm。待寻求故障原因及对策。

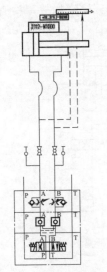

图 15-10　带位移传感器
的液压缸系统简图

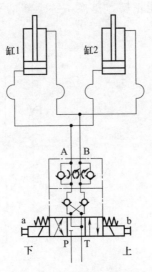

图 15-11　对称布置的双缸
液压同步系统简图

图 15-12　拉伤的液压缸

案例 15-37　某双缸驱动液压折弯机下行时总出现不同步，双缸位移总是大致相差 15mm，待寻求故障原因及对策。

案例 15-38　某液压机械，采用分流集流阀控制两个液压缸同步动作，但经常不同步，待寻求故障原因及对策。

案例 15-39　图 15-11 所示双缸液压同步系统，对称布置的两个液压缸在上升时，缸 2 出现爬行。与单向节流阀有关系吗？待寻求故障原因及对策。

案例 15-40　图 15-12 所示液压缸表面被严重拉伤，待寻求故障原因及对策。

案例 15-41　某小型液压系统，采用高压油泵加溢流阀油源，执行元件为一缸径为 50mm、行程为 70mm 的液压缸，双向节流阀和电磁换向阀各一，油管长 8m。在系统使用一年多后出现了换向阀在中位时液压缸自行伸出 20mm 的现象。为此曾更换过液压缸、电磁换向阀和双向节流阀，但故障依旧。待寻求故障原因及对策。

案例 15-42　小型压力机的液压缸用电液换向阀控制其上下运动。但工作时，踩下脚踏开关，电磁主阀指示灯点亮，而液压缸的活塞杆却不下行，拆检电磁阀线圈有磁性，阀芯也工作，缸有时能上下几次，然后又不工作了。待寻求故障原因及对策。

案例 15-43　图 15-13 所示液压系统，同规格（$\phi63/45\times1150$）的液压缸 1 和液压缸 2

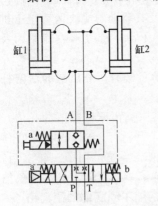

图 15-13　双缸液压系统简图

在工作时活塞杆处于外伸状态，在伸出状态下停放两天关闭液压泵以及在这两个缸附近的液压马达旋转时，液压缸活塞杆会自行下降（约 10mm），待寻求故障原因及对策。

案例 15-44　某闸式剪板机的液压系统有压力但不能充液，故刀架不能上行（感觉就是主缸上腔的油液无法排回油箱），所以用户只能停机后用行车将剪板机刀架吊上去再充液，待寻求故障原因及对策。

案例 15-45　由液压缸传动上下动作的某主机，只要上行至端点，液压泵一停机，释放压力时，液压缸的活塞杆就会下落 20mm，此时该液压缸上方设置的行程开关发信，缸就会重新上升，升到位后一停就又会落下来，机器又会启动，如此周而复

(a) 横梁及液压缸

喷油的阀组
(b) 局部放大

图 15-14　液压机横梁及喷油的阀组

始地一直不停。这个系统有手动泵和电动泵，现在每次都是手动摇到顶部，再切换自动，这时也还会落下一点，但再转手动时，活塞杆就会自动回弹上去，但偶尔也会不自行下落。待寻求故障原因及对策。

案例 15-46　由 PLC 总控的 11 个小泵站分别向 11 个顶升液压缸供油，缸的负载为 750t，行程为 500mm，缸一般升降正常。但在空载下降瞬间有缓冲或者回弹现象出现［特别是在高位（300～400mm）时］。此前从未出现过此故障，更换了液压锁和阻尼阀情况未改善。待寻求故障原因及对策。

案例 15-47　轧机液压系统的液压缸以及管道常常被水汽严重腐蚀，待寻求对策。

案例 15-48　力士乐 A6VM 液压马达，在更换新的柱塞和缸体及配油盘重装之后运转时有异响，且响声会随转速增大而增大，待寻求故障原因及对策。

案例 15-49　图 15-14 所示液压机，其横梁下方液压缸端部处的阀组向外喷油，待寻求故障原因及对策。

案例 15-50　图 15-15 所示系统中的升降液压缸工作时上升慢，停止时会出现下滑现象，待寻求故障原因及对策。

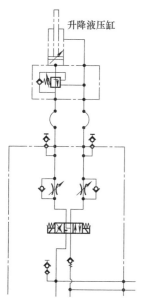
升降液压缸

图 15-15　升降液压缸
系统简图

图 15-16　向液压缸供油的液压站

案例 15-51　某简单液压系统的液压缸由图 15-16 所示液压站供油，但该缸只能前进而不能后退，更换进、排油管路无效，待寻求故障原因及对策。

案例 15-52　A320（空客 320）前顶（图 15-17）是航空公司常用的一种飞机维护保养支护升降工具。某前顶在使用中发现，在泄压阀（放油阀）全部打开时，顶柱（活塞杆）下降极慢（基本上看不到下降，但是实际上是在下降），待寻求故障原因及对策。

案例 15-53　某钢板翻转机通过 5 个液压缸驱动 5 个翻转臂翻转钢板（30t），这实际上就是一个简单的杠杆机构。图 15-18 所示为机器的液压系统简图，采用同轴刚性连接的 5 个液压马达进行同步控制，而各翻转臂以及各液压缸之间均独立工作，之间无刚性连接。系统在现场调试中，工件在初始位置和终点位置都能正常翻动，但无论空载还是负载的情况下，5 个液压缸带动的 5 个翻转臂在翻转过程中运动不能同步（有三个能同步），即各翻转臂之间初始夹角为 0°，随着翻转过程的进行，夹角越来越大。当到达终点位置时，各翻转臂之间夹角又回到 0°。待寻求故障原因及解决方案。

图 15-17　A320 前顶

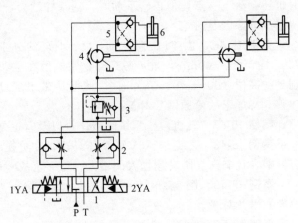

图 15-18　钢板翻转机液压系统简图
1—电液换向阀；2—叠加式单向节流阀；3—平衡阀；
4—双向定量马达（5 个）；5—液压锁（5 个）；6—液压缸（5 个）

案例 15-54　图 15-19 所示液压系统中的柱塞式平衡缸用来平衡压力机滑块自重。正常运行时，液压油通过插件在液压缸和蓄能器之间来回流动；当停机时，插件上面的二位三通电磁导阀断电处于图 15-19 所示位置，插件关闭，液压油封闭在平衡缸中，使滑块不因自重而下落。但是现在有时断电后会出现滑块下落的故障，待寻求故障原因及对策。

案例 15-55　两立置液压缸刚性连接同步，回油路设置双向液压锁锁紧，但下行到端点时缸的位置不能锁定，会向上回弹 200mm，待寻求故障原因及对策。

案例 15-56　图 15-20 所示为轧钢厂钢卷小车升降运动示意，通过液压缸的升降，实现 20t 钢卷的高度变化，满足下一工序的要求，升降高度的实际数值可由齿轮、齿条及编码器进行实际计算，操作画面、程序上可监控。图 15-21 所示为小车升降液压系统简图，系统采用高低速油路结构，左右两侧分别为低速和高速油路。以左侧为例，液压缸 1 的升降由电液换向阀 7.1 操控，缸 1 的位置锁定由双向液压锁 5.1 控制，缸 1 的升降速度可通过单向节流阀 3.1 和 4.1 进行调节。该系统在升降动作完成，电液换向阀 7.1 两侧电磁铁均断电而处于中位时，要求液压缸停止升降。然而液压缸 1 的高度数值显示其仍在下降（当电液换向阀断电后约 1.5s，高度就下降了约 13mm），且无论是低速还是高速和有无负载，皆存在类似的问题。另外一台同样的钢卷小车则不存在此现象。待寻求故障原因及对策。

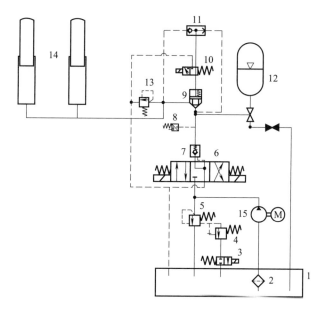

图 15-19　压力机滑块平衡缸系统简图

1—油箱（100L）；2—吸油过滤器；3—二位二通电磁阀；4—远程调压阀；5—先导式溢流阀（21MPa）；

6—三位四通电磁阀；7—液控单向阀；8—压力继电器（接通 15MPa，关 17MPa）；9—插件；

10—电磁导阀；11—梭阀；12—蓄能器（充气压力 12MPa）；13—溢流阀（25MPa）；

14—柱塞式平衡缸（ϕ60mm）；15—液压泵

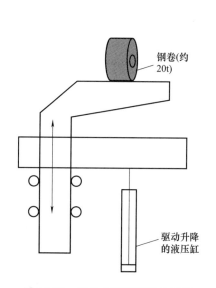

图 15-20　钢卷小车升降运动示意

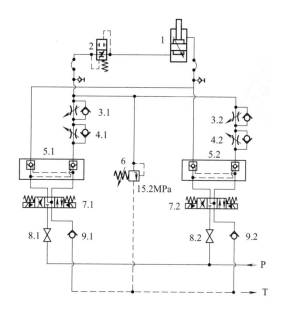

图 15-21　钢卷小车升降液压系统简图

1—液压缸；2—液动换向阀；3.1,3.2,4.1,4.2—单向节流阀；

5.1,5.2—双向液压锁；6—溢流阀；7.1,7.2—电液换向阀；

8.1,8.2—截止阀；9.1,9.2—背压单向阀

案例 15-57　图 15-22 所示液压系统在图示位置，柱塞缸位置不能锁定，待寻求故障原因及对策。

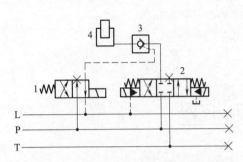

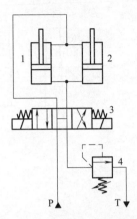

图 15-22　立置柱塞缸锁紧液压系统简图

1—二位四通电磁阀；2—三位四通电液换向阀；

3—液控单向阀；4—柱塞缸

图 15-23　并联液压缸保压系统简图

1,2—液压缸；3—电磁阀；4—溢流阀

案例 15-58　两并联液压缸（图 15-23）1 和 2 用电磁阀 3 控制其双向运动，两腔的压力都是靠 P 口溢流阀 4 调定（调定值为 18.5MPa）。保压时无杆腔能保压到 18.5MPa，而有杆腔只能保压到 12MPa，且换了电磁阀后还是一样。可否断定液压缸存在内泄？待寻求故障原因及对策。

案例 15-59　焦化厂拦焦车液压系统，只要液压泵一启动，提门液压缸的活塞杆就自动伸出十几厘米，待寻求故障原因及对策。

案例 15-60　某液压系统的执行元件为双级伸缩液压缸，工作时先使缸的大活塞杆伸出后（不伸出小活塞杆）即回缩，会出现小活塞杆先是伸出一段距离后才回缩的现象，待寻求故障原因及对策。

案例 15-61　现场换下来的液压缸的活塞磨损相当严重（图 15-24），待寻求故障原因及对策。

图 15-24　严重磨损的液压缸活塞

15.3　液压阀待排除故障案例

案例 15-62　某折弯机液压系统，采用比例溢流阀控制压力，使用两个比例换向阀控制两个液压缸同步运动，系统的回油口与吸油口相隔 1m 左右。在系统工作时，只要一加压，尤其保压时比例溢流阀的溢流口即产生大量气泡，且机器使用一段时间后就会产生异响，将比例溢流阀排气后，异响消失，机器工作正常。待寻求故障原因及对策。

案例 15-63　某压力机液压系统使用了图 15-25 所示的液压阀，该阀的名称是什么？

案例 15-64　压力机液压系统的充液阀弹簧螺栓总是松动，有时还会掉落下来，待寻求故障原因及对策。

案例 15-65　某淬火机三班作业，其中一个液压缸的有杆腔为主工作腔（图 15-26），并采用进油口节流回路，即通过节流阀 1 与溢流阀 2 配合，调节液压缸的工作速度。在系统工作中节流阀 1 损

图 15-25　液压阀

坏频繁且经常漏油，待寻求故障原因及对策。

案例 15-66　在订购力士乐比例减压阀时，不慎出现订货错误，即将 4～20mA 输入信号的阀订成了 0～10V 输入信号的。请问能否通过自行更换比例阀放大器部分解决这一问题（即把电流信号直接换成电压信号）？更换时有何注意事项？

案例 15-67　某设备液压系统（图 15-27）采用了插装阀控制，电磁铁 Y1 和 Y9 通断电后系统的压力如何变化？

案例 15-68　通径为 10mm 的常开型电磁溢流阀可否改成常闭型？

案例 15-69　垃圾站垃圾压缩机的液压系统在工作时出现了只有低压不能转高压的故障，待寻求故障原因及对策。

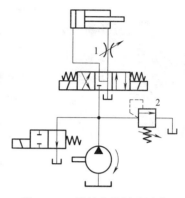

图 15-26　进油节流调速回路
1—节流阀；2—溢流阀

案例 15-70　图 15-28 所示力士乐比例阀插头为 7 芯的，现需要焊线，其前端如何拆解？

案例 15-71　欲对某试验机液压系统进行技术改造，但发现液压站中原更换的比例换向阀（图 15-29）铭牌已遗失，如何根据其外形判断该比例阀生产厂商及型号功能？

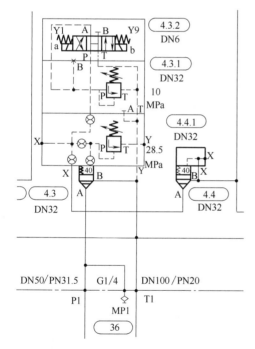

图 15-27　插装阀液压系统（部分）

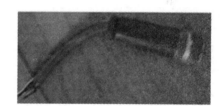

图 15-28　力士乐比例阀 7 芯插头

图 15-29　遗失铭牌的比例换向阀

案例 15-72　喷嘴挡板式二级电液伺服阀在给定控制电流，但供油压力发生变化时，对伺服阀的主阀芯位移是否会产生影响？

案例 15-73　新购制的液压钻机，液压系统中比例阀 P 口的组合垫渗油严重，检查 P 口平整无毛刺，为此更换了几个组合垫也无效果，待寻求故障原因及对策。

案例 15-74　某液压系统采用 ATOS 比例方向阀调控液压马达的转速，现场出现了马达只能向一个方向旋转，且在液压马达停机时还要动作的故障现象，待寻求故障原因及对策。

案例 15-75　某引进的钢丝压延生产线液压系统有一用于调节辊距的 MOOG 系列电液伺服

图 15-30　MOOG 电液伺服阀

阀（图 15-30），其型号为 G761-3008，H19JOGM4VPH，额定压力为 21MPa，额定电流为 ±1500mA。在使用中出现了无法调节辊距的故障现象，即显示器所显示的数值为正常，而实际上启动之后无法调节辊距，亦即配套的 D136-001-007 伺服控制器（图 15-31）无法控制伺服阀，直接更换控制器后重新设置参数则恢复正常，而伺服阀未更换也无需调节。待寻求原控制器故障原因及对策。

案例 15-76　由插装式单向阀 1～4 和先导式溢流阀 5 组成的桥路液压加载系统如图 15-32 所示，B 口串联一个背压溢流阀，系统压力在 6～12MPa 之间有啸叫声，但高于或者低于此压力段无此现象；若 B 口直接接油箱，则系统加载正常。待寻求原控制器故障原因及对策。

图 15-31　伺服控制器

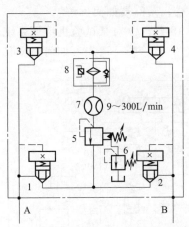

图 15-32　桥路液压加载系统简图
1～4—插装式单向阀；5—先导式溢流阀；6—远程调压阀；
7—流量计；8—带污染发信报警过滤器

图 15-33　ATOS 比例液压阀

图 15-34　油箱上方管路中的液压元件

案例 15-77　ATOS 比例液压阀（图 15-33）工作时其放大器无输出，待寻求原控制器故障原因及对策。

案例 15-78　某液压系统其换向阀切换时会出现失压，来回动几下或者把减压阀调一下压力就又升起来，待寻求原控制器故障原因及对策。

15.4　液压辅件及液压油液待排除故障案例

案例 15-79　图 15-34 所示油箱上方管路中所接液压元件的名称及作用是什么？

案例 15-80　图 15-35 所示液压油箱上面的两黑色元件有何功用？

图 15-35　液压油箱上的黑色元件

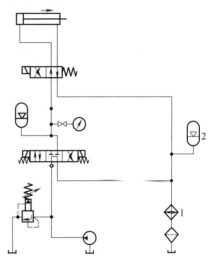

图 15-36　液压系统简图
1—冷却器；2—蓄能器

案例 15-81　图 15-36 所示为某机械的液压系统，工作中有以下故障现象：冷却器 1 经常损坏；回油路上蓄能器 2 的充气芯漏油；系统在换向时冲击很大。待寻求故障原因及对策。

案例 15-82　某履带式推土机液压系统的压力通常为十几兆帕，满载时瞬间峰值压力可达 30MPa。当推土机转向时，无缝钢管弯头位置会出现爆裂故障，且几乎平均每月爆裂一次。待寻求故障原因及对策。

案例 15-83　耐压 35MPa 的高压管使用短则几十小时长则 1000 多小时即出现漏油，拆解发现在扣压接头附近有横向裂口。

案例 15-84　液压系统的油箱、管路及油缸油液中有泡沫，对系统运转有何影响？如何消除泡沫？

案例 15-85　某液压系统的油箱液位（图 15-37）近期出现异常波动，规律如下：停机时液位在中线偏上一点［图（a）］，开机后逐渐上升［图（b）］，1h 左右升到液位计顶部［图（c）］；停机后液位下降至中线偏上一点，开机后先下降，后升高至顶部。所以出现因液位低报警开不起机来，补油后开机运行一段时间，油液又会因液位高产生外溢。待寻求故障原因及对策。

案例 15-86　注入新油的新液压站，因置于露天环境中无挡雨装置，故导致雨水进入液压站油箱。寻求油液继续使用的对策。

案例 15-87　某公司几台液压站的油液已使用了近四年，现计划更换液压油并寻求如下问题的解决方案：如何清理油箱底部沉淀的杂质等污物？换油时的注意事项有哪些？若换的新油牌号与旧油牌号相同，但生产厂不同，此外液压缸内的旧油也排放不彻底，两种油液能

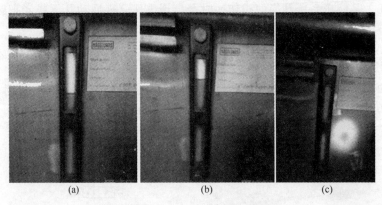

图 15-37　液压系统波动的油箱液位

混在一起吗？

案例 15-88　某有色金属生产线的叠加阀式液压系统工作压力为 12MPa，每天运转时间大约为 11h，油温达 60℃，其几组阀台（图 15-38）的渗油严重，影响了工件质量和设备运转，更换新阀后故障依旧，待寻求故障原因及对策。

图 15-38　液压系统渗油严重的阀台

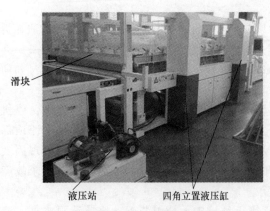

滑块

液压站　　　四角立置液压缸

图 15-39　巨台压力机布局

案例 15-89　某液压冲孔机液压系统，其工作压力为 22MPa，已使用两年，一直存在漏油情况，为此生产厂将液压系统管道原用的钢管更换成液压软管，但漏油如故，目前漏油位置主要集中在机器底部，待寻求故障原因及对策。

案例 15-90　某立式巨台压力机通过四角立置液压缸的活塞杆拉动滑块（压头）升降（图 15-39），缸与主机法兰连接（图 15-40），通过链条引导四缸同步。液压缸尺寸不大，为低载、中速、低压活塞式液压缸，工况简单，载荷变化小；缸底与缸筒采用螺纹连接，接液压缸的管道为橡胶软管并采用胶管总成，采用 46 号抗磨液压油。系统工作时，液压缸有三处泄漏点（图 15-41）：缸底与缸筒螺纹连接处、管接头与液压缸油口处、活塞杆从缸盖伸出处。待寻求故障原因及对策。

图 15-40　拉动链条的立置液压缸

图 15-41　泄漏的液压缸

案例 15-91　某轧机电液伺服压下系统（图 15-42）传动侧从阀台出口到液压缸之间的连接油管（图 15-43）在工作时出现间歇性抖动（用手摸可感觉到油液一股一股流动），待寻求故障原因及对策。

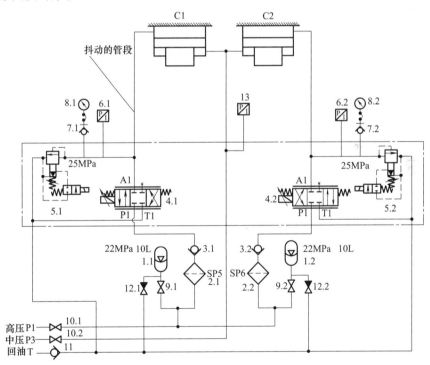

图 15-42　轧机电液伺服压下系统简图

1.1,1.2—蓄能器；2.1,2.2—精过滤器；3.1,3.2—单向阀；4.1,4.2—电液伺服阀（MOOG D661-4539）；
5.1,5.2—电磁溢流阀；6.1,6.2—高压压力传感器；7.1,7.2—测压接头；8.1,8.2—压力表；
9.1,9.2,10.1,10.2,12.1,12.2—截止阀；11—背压阀；13—中压压力传感器

案例 15-92　某水泥立磨机生产线液压站在正常运转中，油箱突然起火（图 15-44），油箱盖子被掀起，而油箱其他处完好，待寻求故障原因及对策。

案例 15-93　某车辆采用闭式液压系统驱动，系统介质为 L-HM46 抗磨液压油，系统常用压力在 20MPa 以下（通常在 16MPa），系统设定的散热器开启温度为 60℃，系统每天作

业时间不超过 2h。该系统在运转一段时间后液压油黏度降低很多（最低时降到了 $35\mathrm{mm}^2/\mathrm{s}$）。待寻求故障原因及对策。

图 15-43　抖动的油管　　　　　图 15-44　起火的立磨机生产线液压站油箱

案例 15-94　某进口机床液压系统油源部分原理如图 15-45 所示，液压泵组为泵 1 及泵 2 构成的双联泵与一个单泵 3 组成三联泵，双联泵流量分别为 18.925L/mim 和 227L/min，单泵流量为 227L/min。图样要求高压泵 1 压力调节为 6.8MPa，低压泵 2 和 3 的压力调节为 6.12MPa。由于该系统运行时间长，目前高、低压泵压力分别调为 5.68MPa、5.2MPa。该液压系统低压泵 3 出口与卸荷阀 8 连接的那段管路频繁出现开裂现象，每个月平均为两次。用户为了提高产量曾对压力和流量进行了调节，调节后系统一直运行不平稳，系统执行元件（液压缸，图中未画出）动作时噪声非常大。为此又重新对该系统的压力及流量进行了调整，噪声明显降低，但管道振裂现象依然未能彻底解决。待寻求故障原因及对策。

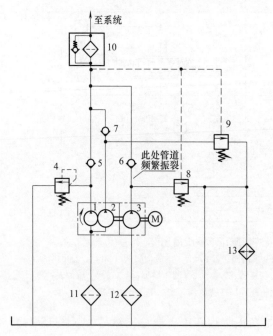 

图 15-45　进口机床液压系统（油源部分）　　　图 15-46　串联冷却器的油箱

1—小泵；2,3—大泵；4—溢流阀；5～7—单向阀；8,9—卸荷阀；
10—管路过滤器；11,12—吸油过滤器；13—冷却器

案例 15-95　某液压系统工作压力为 25MPa，采用量程为 40MPa 的电接点压力表测量系统压力，工作中压力表指针经常被打弯，待寻求故障原因及对策。

案例 15-96　某液压系统采用板式冷却器对系统进行冷却，使用中冷却器出现了漏水现象，换油后元件内仍有乳化状液体，待寻求故障原因及对策。

案例 15-97　摆式液压剪板机在主机及液压系统保养后，更换了新刀片和新液压油以及液压缸的密封，油箱滤芯也已清洗干净，系统无外泄漏。系统压力可以调节自如，最大可达 40MPa。机器运转后出现下列不正常现象：机器空载下行带压 13MPa（通常机器下行基本不带压）；可以断断续续剪下来剪 6mm 厚 1.5m 长的普通钢板，但一会儿就剪不动了；机器振颤断电。待寻求故障原因及对策。

案例 15-98　某液压系统压力不足，且昨天刚更换的新液压油，今天就成了黄色，经检查液压泵并无损坏，待寻求故障原因及对策。

案例 15-99　液压油箱有一定的真空度好一些，还是有一定的预压力好一些？

案例 15-100　液压系统油箱（图 15-46）温度较高，可否通过两只冷却器串联对其进行降温？

参 考 文 献

[1] 张利平. 现代液压设备与系统故障诊断排除及典型案例. 北京：化学工业出版社，2014.

[2] 张利平. 液压元件选型与系统成套技术. 北京：化学工业出版社，2018.

[3] 张利平. 液压气动元件与系统使用及故障维修. 北京：机械工业出版社，2013.

[4] 张利平. 现代液压系统使用维护及故障诊断. 北京：机械工业出版社，2017.

[5] 张奕. 工程机械液压系统分析及故障诊断. 北京：人民交通出版社，2011.

[6] 张利平. 液压气动技术速查手册. 第2版. 北京：化学工业出版社，2016.

[7] 王洁等. 液压传动系统. 第4版. 北京：机械工业出版社，2015.

[8] 张利平. 现代液压技术应用220例. 第3版. 北京：化学工业出版社，2015.

[9] 刘延俊. 液压系统使用与维修. 北京：化学工业出版社，2013.

[10] 张利平. 液压系统典型应用100例. 北京：化学工业出版社，2015.

[11] 李壮云. 液压元件与系统. 第3版. 北京：机械工业出版社，2011.

[12] 张利平. 液压阀原理、使用与维护. 第3版. 北京：化学工业出版社，2015.

[13] 张利平. 液压控制系统设计与使用. 北京：化学工业出版社，2013.

[14] 王春行. 液压控制系统. 北京：机械工业出版社，2004.

[15] 湛从昌. 液压可靠性与故障诊断. 第2版. 北京：冶金工业出版社，2009.

[16] James E. Anders, Sr. Industrial Hydraulics Troubleshooting. McGraw-Hill，Inc，1983.

[17] 路甬祥. 液压气动技术手册. 北京：机械工业出版社，2002.

[18] 路甬祥. 流体传动与控制技术的历史进展与展望. 机械工程学报，2001（10）：1-9.

[19] 张利平. 微型液压技术的研究与发展. 航空制造工程，1996（2）：35-36.

[20] 张利平. 美国推出新型摆动液压、气动马达. 机床与液压，2002（6）：109.

[21] 张秀敏，张利平. 机电液一体化的伺服控制柱塞泵及其应用. 现代机械，1993（4）：36-38.

[22] 张利平. 大功率液压系统泄压噪声控制与节能. 机床与液压，1993（5）：279-281.

[23] 张利平. 现代液压机研发中的液压系统设计. 锻压机械，2002（6）：7-8.

[24] 张利平. 全液压淬火机液压系统. 液压与气动，2002（1）：24-25.

[25] 张利平. 金刚石工具热压烧结机及其电液比例加载系统. 制造技术与机床，2006（1）：51-52.

[26] 张利平. 西德汽缸体双面铣组合机床液压系统分析. 机床与液压，1998（4）：86-87.

[27] 张利平. 一种新型整体式液压变速器. 现代机械，1995（4）：35-37.

[28] 张利平. 注塑机的电液比例控制系统. 国外塑料，1996（1）：27-28.

[29] 张利平. 石材连续磨机的流体传动进给系统. 工程机械，2003（9）：37-39.

[30] 张利平. 金刚石工具热压烧结机及其电液比例加载系统. 制造技术与机床，2006（1）：50-52.

[31] 张利平. 现代工程机械液压技术的新应用. 工程机械，2002（7）：42-45.

[32] 张利平. 缓冲器原理与应用. 现代机械，1999（1）：49-51.

[33] 张利平. 加工U形管用液压自动成型机床的设计. 组合机床与自动化加工技术，1996（3）：2-3.

[34] 张利平. 压力卷管机压辊装置的电液压方控制系统. 液压气动与密封，1993（3）：32-36.

[35] 张利平. 一种新型节能液压系统. 中国机械工程，1992（6）：33-34.

[36] Bard Anders Harang. Cylinderical reservoirs promote cleanliness. Hydraulics & Pneumatics，Feb. 2011：20.

[37] Hitchcox A L. Water Hydraulics Continues Steady Growth. Hydraulics & Pneumatics，Dec. 1999：31.

[38] Medvick R. Water Hydraulics Powers Sensitive Application. Hydraulics & Pneumatics，Aug. 1999：57.

[39] Jack L. John. Speed control of hydraulic motors. Hydraulics & Pneumatics，Apr. 2006：22-25.

[40] Accessories aren't just bells and whistles. Hydraulics & Pneumatics，Dec. 2007：41.

[41] Jack L. Johnson，P. E. Summarizing two-pump control. Hydraulics & Pneumatics，Jun. 2007：22.

[42] Yu Zu-Yao. Seawater as a Hydraulics fluid？Hydraulics & Pneumatics，Apr. 2006：26.

[43] Jack L. Johnson，P. E. Electrohydraulic Pressure Control. Hydraulics & Pneumatics，May 2005：18-21.

[44] Anthony Esposito. Fluid Power with Application. Prentice-Hall，Inc.，Englewood Cliffs，New Jersey，1980.

[45] Zhang Liping. New Achievements in Fluid Power Engineering（'93'ICFP）. Beijing：International Academic Publishers，1993：172-173.